이 책을 펴고 있는 그대를 환영합니다.

밑줄을 긋고
형광펜을 칠하고
메모를 하고
틀리고 맞고를 반복할 그대

쿵. 쿵. 쿵

알아가는 즐거움으로
심장이 벅차게 뛰기를

이 책을 펴고 있는 그대를 응원합니다.

BETTER CONTENT BETTER LIFE

대수 494제

WRITERS

김동은 대신고 교사
김한결 상문고 교사
변도열 상명고 교사
서미경 영동일고 교사
원슬기 신일고 교사
정재훈 영동일고 교사
최승호 서울고 교사

COPYRIGHT

인쇄일 2024년 11월 15일(1판1쇄)
발행일 2024년 11월 15일

펴낸이 신광수
펴낸곳 ㈜미래엔
등록번호 제16-67호

교육개발1실장 하남규
개발책임 주석호
개발 박은지, 박혜령, 조희수

디자인실장 손현지
디자인책임 김기욱
디자인 페이퍼눈

CS본부장 강윤구
CS지원책임 강승훈

ISBN 979-11-7311-137-2

1등급 만들기

대수
494제

구성과 특징

핵심 개념

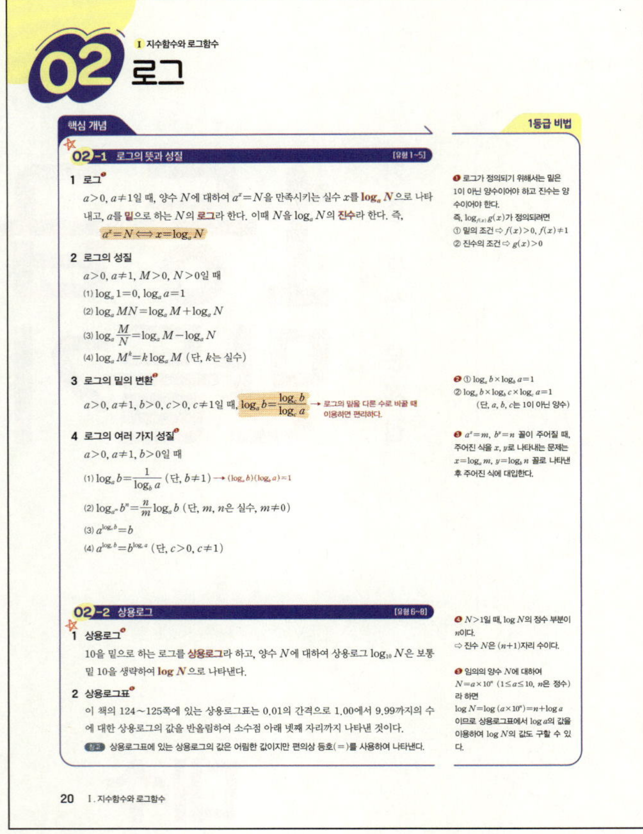

1등급 만들기 3단계 문제 코스

1등급 만들기의 3단계 문제를 풀면 1등급이 이루어집니다.

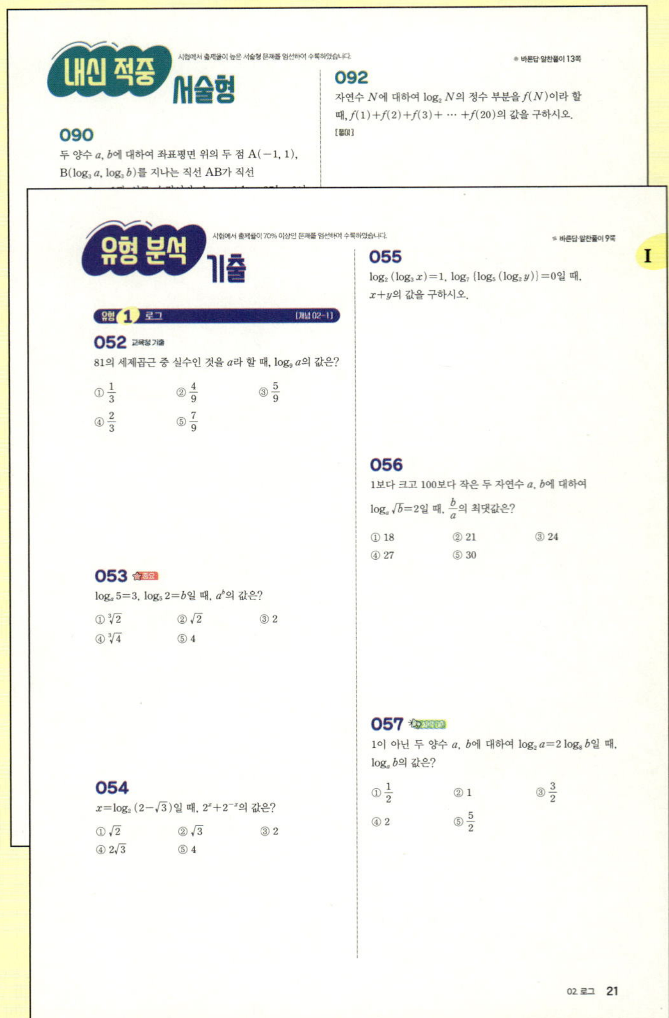

시험에 자주 나오는 핵심 개념 파악하기

학교 시험에 자주 나오는 개념을 일목 요연하게 정리하여 핵심 개념을
빠르게 파악할 수 있도록 구성하였습니다.

1등급 비법 1등급을 위하여 문제 해결에 활용할 수 있는 비법을
제시하였습니다.

STEP 1 기출 문제로 실전 감각 키우기

유형 분석 기출

기출 문제를 유형별로 분석한 후 출제율이 70% 이상인 문제를 선별하여
수록하였습니다. 문제를 풀며 탄탄하게 실력을 키울 수 있습니다.

⭐**중요** 시험에서 출제 빈도가 매우 높은 문제입니다.

실력 UP 실력을 한 단계 높일 수 있는 문제입니다.

교육청 기출, 평가원 기출, 수능 기출 최근 5개년에 출제된 기출 문제입니다.

내신 적중 서술형

배점이 높은 서술형 문제도 꼼꼼히 준비할 수 있도록 출제율이 높은 서술형
문제를 수록하였습니다.

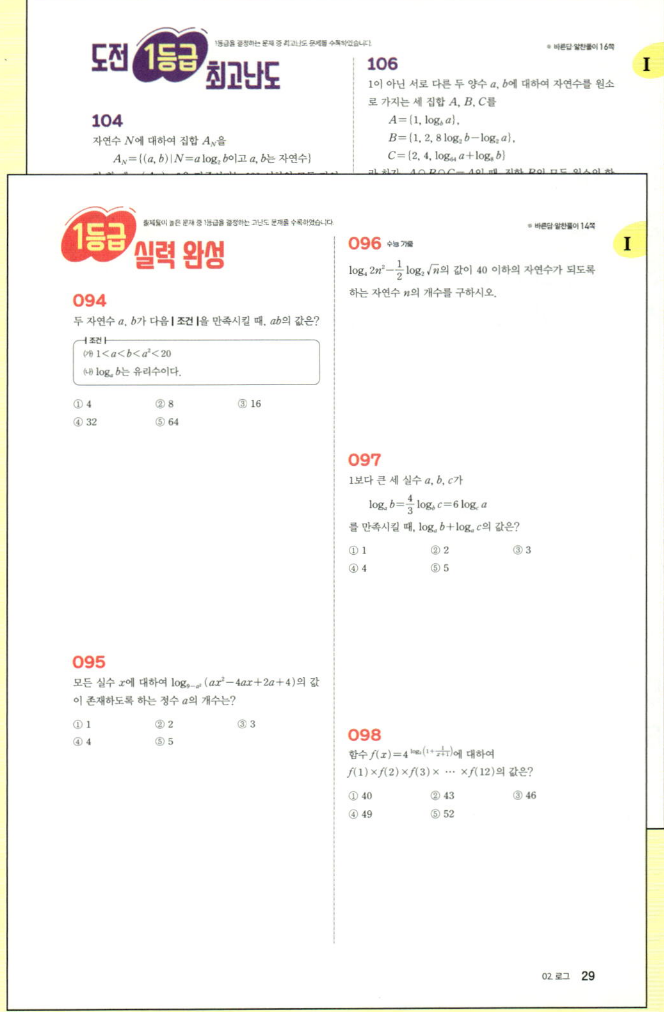

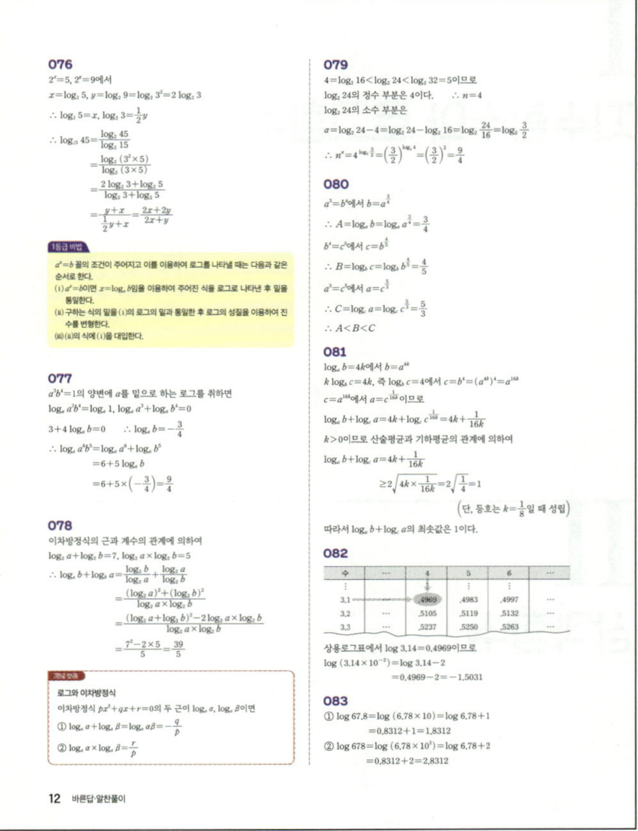

STEP 2 1등급 문제로 실력 향상시키기

1등급 실력 완성

등급의 차이를 결정하는 어려운 문제도 자신 있게 풀 수 있도록 중요 기출 문제 중에서 개념 통합형 문제와 높은 사고력을 요구하는 고난도 문제를 수록하였습니다.

STEP 3 최고난도 문제로 1등급 도전하기

도전 1등급 최고난도

1등급을 결정하는 최고난도의 문제로 시험에서 1등급을 정복할 수 있습니다.

자세한 해설로 문제별 핵심 다시 파악하기

이해하기 쉽도록 자세하고 친절한 풀이를 제시하였습니다.
1등급 실력 완성 문제와 도전 1등급 최고난도 문제에는 해결 전략을 단계적으로 제시하여 문제 해결 능력을 강화할 수 있습니다.

1등급 비법 1등급을 달성할 수 있는 노하우를 수록하였습니다.

개념 보충 놓치기 쉬운 개념을 다시 한번 정리하였습니다.

1등급 만들기로 1등급 완성하자!

하나 문제를 풀기 전에는 절대로 풀이를 보지 말고, 문제가 풀릴 때까지 **스스로의 힘으로 풀자!**

둘 잘 모르거나 틀린 문제는 해설을 보면서 어느 부분에서 **왜 틀렸는지 반드시 파악하자!**

셋 계산 실수 때문에 틀리는 경우가 없도록 한 문제 한 문제를 **꼼꼼히 풀자!**

넷 **등급을 가르는 문제**들은 따로 체크해 두고, 틈틈이 풀면서 **익숙해 지도록 하자!**

1 기본기를 탄탄히 하려면?

교과서로 기본 개념을 익힌 후, 시험에 꼭 나오는 핵심 개념만을 모은 **1등급 만들기의 핵심 개념**을 반복해서 읽자. 중요 공식은 반드시 암기하고, **1등급 비법**을 숙지하자.

2 시험에 대비하려면?

시험에 자주 출제되는 문제로 공부하되, 쉬운 문제부터 어려운 문제까지 차근차근 공부하자. **1등급 만들기의 유형 분석 기출 문제**와 **내신 적중 서술형 문제**를 풀면서 기출 문제에 대한 감을 익힌 후, **1등급 실력 완성 문제**로 실력을 높이자. 각 단계를 공부한 후에는 채점하여 틀린 문제에 표시하고, 오답노트를 만들어 다시 한번 풀어 보자.

3 1등급을 정복하려면?

1등급이 되려면 실생활 문제, 여러 단원의 개념을 묻는 통합 문제 등을 해결할 수 있어야 한다. 수학적 사고력을 필요로 하는 **1등급 만들기의 도전 1등급 최고난도 문제**를 풀면서 문제 해결 능력을 키우자.

한 걸음 나아가는 것

일정한 단계에 도달한 후에도
오히려 스스로 자만하지 않는 마음을 가지고
백척간두에서도 또 한 걸음 나아가고
태산의 정상에서도 다시 태산을 찾아
바라고 또 바라기를
힘껏 노력하다가 죽은 후에야
그만두기를 목표로 삼아야 한다.

– 조선 정조 임금

I

지수함수와 로그함수

✓ 학습 계획 Check

- 학습하기 전, 중단원이 무엇인지 먼저 확인하세요.
- 이해가 부족한 개념이 있는 단원은 ☐ 안에 표시하고 반복하여 학습하세요.

지수

01-1 거듭제곱과 거듭제곱근   [유형 1~5]

1 거듭제곱과 거듭제곱근

(1) 어떤 수 a를 n번 곱한 것을 a^n으로 나타내고, a, a^2, a^3, $\cdots$, a^n, $\cdots$을 통틀어 a의 **거듭제곱**이라 한다. 이때 a^n에서 a를 거듭제곱의 **밑**, n을 거듭제곱의 **지수**라 한다.

(2) n이 2 이상인 자연수일 때, n제곱하여 실수 a가 되는 수, 즉 방정식 $x^n=a$의 근 x를 a의 **n제곱근**이라 하고, a의 제곱근, 세제곱근, 네제곱근, $\cdots$을 통틀어 a의 **거듭제곱근**이라 한다.

(3) n이 2 이상인 자연수일 때, 실수 a의 n제곱근 중 실수인 것은 다음과 같다.[1]

	$a>0$	$a=0$	$a<0$
n이 짝수	$\sqrt[n]{a}$, $-\sqrt[n]{a} \rightarrow$ 2개	$0 \rightarrow$ 1개	없다. $\rightarrow$ 0개
n이 홀수	$\sqrt[n]{a} \rightarrow$ 1개	$0 \rightarrow$ 1개	$\sqrt[n]{a} \rightarrow$ 1개

2 거듭제곱근의 성질[2]

$a>0$, $b>0$이고 m, n이 2 이상인 자연수일 때,

(1) $\sqrt[n]{a}\,\sqrt[n]{b}=\sqrt[n]{ab}$ 　(2) $\dfrac{\sqrt[n]{a}}{\sqrt[n]{b}}=\sqrt[n]{\dfrac{a}{b}}$ 　(3) $(\sqrt[n]{a})^m=\sqrt[n]{a^m}$

(4) $\sqrt[m]{\sqrt[n]{a}}=\sqrt[mn]{a}=\sqrt[n]{\sqrt[m]{a}}$ 　(5) $\sqrt[np]{a^{mp}}=\sqrt[n]{a^m}$ (단, p는 자연수)

01-2 지수의 확장[3]   [유형 4~7]

(1) 0 또는 음의 정수인 지수

$a\neq0$이고 n이 양의 정수일 때,

① $a^0=1$ 　② $a^{-n}=\dfrac{1}{a^n}$

참고 0^0은 정의하지 않는다.

(2) 유리수인 지수

$a>0$이고 m, n ($n\geq2$)이 정수일 때,

① $a^{\frac{1}{n}}=\sqrt[n]{a}$ 　② $a^{\frac{m}{n}}=\sqrt[n]{a^m}=(\sqrt[n]{a})^m$

(3) 지수가 실수일 때의 지수법칙

$a>0$, $b>0$이고 x, y가 실수일 때,

① $a^x a^y=a^{x+y}$ 　　　　② $a^x \div a^y=a^{x-y}$

③ $(a^x)^y=a^{xy}$ 　　　　④ $(ab)^x=a^x b^x$

참고 지수법칙이 성립하기 위한 지수의 범위에 따른 밑의 조건은 다음과 같다.

지수의 범위	자연수	정수	유리수	실수
밑의 조건	모든 실수	(밑)$\neq0$	(밑)>0	(밑)>0

[1] 실수 a의 n제곱근은 복소수의 범위에서 n개가 있다. 이때 실수 a의 n제곱근 중 실수인 것의 개수는 함수 $y=x^n$의 그래프와 직선 $y=a$의 교점의 개수와 같다.

[2] 거듭제곱근의 대소를 비교할 때는 다음을 이용한다.

① $a>0$, $b>0$이고 n이 2 이상인 자연수일 때,
$$a<b \Longleftrightarrow \sqrt[n]{a}<\sqrt[n]{b}$$

② $a>0$, $b>0$이고 k, m, n이 2 이상인 자연수일 때,
$$(\sqrt[m]{a})^k<(\sqrt[n]{b})^k \Longleftrightarrow \sqrt[m]{a}<\sqrt[n]{b}$$

[3] (1) $\dfrac{a^x-a^{-x}}{a^x+a^{-x}}$ 꼴의 식의 값 구하기

주어진 식의 값을 이용할 수 있도록 $\dfrac{a^x-a^{-x}}{a^x+a^{-x}}$의 분모, 분자에 각각 a^x을 곱한다.
$$\Rightarrow \dfrac{a^x(a^x-a^{-x})}{a^x(a^x+a^{-x})}=\dfrac{a^{2x}-1}{a^{2x}+1}$$

(2) $a^x=k$ 꼴의 조건이 주어질 때 식의 값 구하기

실수 x, y에 대하여 $a^x=k$, $b^y=k$ $(a>0, b>0, xy\neq0)$일 때, $a=k^{\frac{1}{x}}$, $b=k^{\frac{1}{y}}$임을 이용하여 밑을 통일한다.
$$\Rightarrow ab=k^{\frac{1}{x}+\frac{1}{y}}, \dfrac{a}{b}=k^{\frac{1}{x}-\frac{1}{y}}$$

유형 분석 기출

시험에서 출제율이 70% 이상인 문제를 엄선하여 수록하였습니다.

유형 1 거듭제곱근 [개념 01-1]

001 ⭐중요

다음 중 옳은 것은?

① $\sqrt{(-5)^2}$ 의 제곱근은 ±5이다.

② 4의 세제곱근은 $\sqrt[3]{4}$뿐이다.

③ -64의 세제곱근 중에서 실수인 것은 -4이다.

④ 네제곱근 81은 ±3이다.

⑤ $\sqrt{16}$ 의 네제곱근은 $\pm\sqrt{2}$이다.

002

실수 a, b에 대하여 a는 -2의 세제곱근이고 $\sqrt{2}$는 b의 네제곱근일 때, $\left(\dfrac{b}{a}\right)^3$의 값은?

① -32 　　② -16 　　③ -8

④ 16 　　⑤ 32

003

옳은 것만을 | 보기 |에서 있는 대로 고른 것은?

(단, n은 2 이상인 자연수이다.)

| 보기 |

ㄱ. -8의 세제곱근 중에서 실수인 것은 없다.

ㄴ. n이 짝수일 때, 3의 n제곱근 중에서 실수인 것은 n의 값에 관계없이 항상 2개이다.

ㄷ. n이 홀수일 때, 실수 a에 대하여 방정식 $x^n=a$의 실근은 $\sqrt[n]{a}$이다.

① ㄱ 　　② ㄴ 　　③ ㄷ

④ ㄱ, ㄴ 　　⑤ ㄴ, ㄷ

004

모든 실수 x에 대하여 $\sqrt[3]{ax^2+2ax-3}$이 음의 실수가 되도록 하는 정수 a의 개수는?

① 1 　　② 2 　　③ 3

④ 4 　　⑤ 5

005 교육청 기출

$n\geq2$인 자연수 n에 대하여 $2n^2-9n$의 n제곱근 중에서 실수인 것의 개수를 $f(n)$이라 할 때, $f(3)+f(4)+f(5)+f(6)$의 값을 구하시오.

006 ★중요

다음 중 옳지 <u>않은</u> 것은?

① $\sqrt[7]{-128}=-2$ ② $\sqrt[3]{3}\times\sqrt[3]{729}=3$

③ $\dfrac{\sqrt[3]{-125}}{\sqrt{(-2)^2}}=-\dfrac{5}{2}$ ④ $\sqrt[4]{\sqrt[3]{5^{24}}}=25$

⑤ $\left(\sqrt[3]{10}\times\dfrac{1}{\sqrt{10}}\right)^6=10$

007

$\dfrac{\sqrt[5]{64}}{\sqrt[5]{2}}-\sqrt[4]{\sqrt{2^8}}+\sqrt[3]{4}\times\sqrt[3]{2}$ 를 간단히 하면?

① 2   ② 4   ③ 6

④ 8   ⑤ 10

008   교육청 기출

$\sqrt{(-2)^6}+(\sqrt[3]{3}-\sqrt[3]{2})(\sqrt[3]{9}+\sqrt[3]{6}+\sqrt[3]{4})$ 를 간단히 하면?

① 7   ② 9   ③ 11

④ 13   ⑤ 15

009

$a>0$, $b>0$일 때, $\sqrt{2a^2b}\times\sqrt[12]{a^7b^6}\div\sqrt[6]{8a^3b^5}=\sqrt[12]{a^pb^q}$ 이다. 자연수 p, q에 대하여 $p+q$의 값을 구하시오.

010 ★중요

$a>0$일 때, $\sqrt[3]{\dfrac{\sqrt{a}}{\sqrt[4]{a}}}\div\sqrt[4]{\dfrac{\sqrt{a}}{\sqrt[3]{a}}}\times\sqrt{\dfrac{\sqrt[4]{a}}{\sqrt[3]{a}}}$ 를 간단히 하면?

① 1   ② $\sqrt{a}$ ③ $\sqrt[3]{a}$

④ $\sqrt[4]{a}$ ⑤ $\sqrt[12]{a}$

011

$a>0$, $b>0$이고, a가 b의 네제곱근일 때,
$\sqrt{4a^2b} \times \sqrt[6]{a^4b^6} \div \sqrt[3]{a^3b^5}$의 값은?

① 1   ② 2   ③ 4

④ 8   ⑤ 16

유형 ③ 거듭제곱근의 대소 비교   [개념 01-1]

012 ⭐중요

세 수 $\sqrt{3}$, $\sqrt[3]{9}$, $\sqrt[5]{27}$의 대소 관계를 바르게 나타낸 것은?

① $\sqrt{3} < \sqrt[3]{9} < \sqrt[5]{27}$ ② $\sqrt{3} < \sqrt[5]{27} < \sqrt[3]{9}$

③ $\sqrt[3]{9} < \sqrt{3} < \sqrt[5]{27}$ ④ $\sqrt[3]{9} < \sqrt[5]{27} < \sqrt{3}$

⑤ $\sqrt[5]{27} < \sqrt[3]{9} < \sqrt{3}$

013

세 수 $\sqrt{2}$, $\sqrt{\sqrt{5}}$, $\sqrt[3]{\sqrt{10}}$ 중에서 가장 작은 수를 a, 가장 큰 수를 b라 할 때, 부등식 $a < \sqrt[12]{n} < b$를 만족시키는 자연수 n의 개수는?

① 56   ② 57   ③ 58

④ 59   ⑤ 60

014

세 수 $\sqrt{3\sqrt[3]{2}}$, $\sqrt[3]{3\sqrt{5}}$, $\sqrt[3]{4\sqrt{3}}$ 중에서 가장 큰 수를 a, 가장 작은 수를 b라 할 때, $a^6 + b^6$의 값을 구하시오.

유형 ④ 지수의 확장과 지수법칙   [개념 01-1, 2]

015

다음 중 옳은 것은?

① $64^{-\frac{2}{3}} = \dfrac{1}{8}$ ② $\dfrac{1}{\sqrt[6]{3^5}} = 3^{-\frac{6}{5}}$

③ $2^{-\frac{3}{2}} \times 2^{0.5} = -2$ ④ $2^{\sqrt{2}+3} \div 2^{\sqrt{2}-2} = 32$

⑤ $\{(-5)^2\}^{\frac{3}{2}} = -125$

016

$a > 0$일 때, $\left(\dfrac{a^{\sqrt{7}}}{a}\right)^{\sqrt{7}+1} \div (\sqrt[3]{a})^{12}$을 간단히 하면?

① 1　　　② a　　　③ a^2
④ a^3　　　⑤ a^4

017 ⭐중요

$a > 0$, $b > 0$일 때, $(a^{-3}b^3)^{\frac{1}{6}} \times (a^3 b^{\frac{9}{2}})^{\frac{2}{3}} \div (a^{\frac{2}{3}} b^{-2})^{-\frac{3}{4}}$을 간단히 하면?

① ab　　　② ab^2　　　③ $a^2 b$
④ $a^2 b^2$　　　⑤ $a^2 b^3$

018

다음 등식을 만족시키는 유리수 m, n에 대하여 $3m+n$의 값을 구하시오.

$$3^{-\frac{1}{2}} \times (4^2)^{\frac{1}{3}} \div (12^{-0.5} \times 18^{-2}) = 2^m \times 3^n$$

019

$4^{\frac{6}{n}}$, $\left(\dfrac{1}{256}\right)^{-\frac{n}{16}}$이 모두 자연수가 되도록 하는 모든 정수 n의 값의 합은?

① 20　　　② 22　　　③ 24
④ 26　　　⑤ 28

유형 5 거듭제곱근을 지수를 사용하여 나타내기 　[개념 01-1, 2]

020

$a = \sqrt{7}$, $b = \sqrt[3]{5}$일 때, $\sqrt[6]{35}$를 a, b를 이용하여 나타내면?

① $a^{\frac{1}{2}} b^{\frac{1}{3}}$　　　② $a^{\frac{1}{2}} b^{\frac{1}{6}}$　　　③ $a^{\frac{1}{3}} b^{\frac{1}{2}}$
④ $a^{\frac{1}{6}} b^{\frac{1}{3}}$　　　⑤ $a^{\frac{1}{6}} b^{\frac{1}{6}}$

021 ⭐중요

$\sqrt{2\sqrt{2\sqrt{2\sqrt{2}}}}=2^{k}$일 때, 유리수 k의 값은?

① $\dfrac{3}{8}$ ② $\dfrac{9}{16}$ ③ $\dfrac{7}{8}$

④ $\dfrac{15}{16}$ ⑤ $\dfrac{31}{32}$

022 실력 UP

1이 아닌 양수 a에 대하여 $\sqrt{a\sqrt{a\sqrt[3]{a^2}}}=\sqrt[3]{\dfrac{\sqrt[4]{a^n}}{\sqrt{a}}}$을 만족시키는 자연수 n의 값은?

① 13 ② 15 ③ 17

④ 19 ⑤ 21

023

가로, 세로의 길이와 높이가 각각 $\sqrt{32}$, $\sqrt[3]{4}$, $\sqrt[3]{\sqrt{128}}$인 직육면체의 부피와 한 모서리의 길이가 a인 정육면체의 부피가 서로 같을 때, 실수 a의 값은?

① $\sqrt[9]{2^{11}}$ ② $\sqrt[3]{2^4}$ ③ $\sqrt[9]{2^{13}}$

④ $\sqrt[9]{2^{14}}$ ⑤ $\sqrt[3]{2^5}$

024 교육청 기출

등식

$$\left(\dfrac{\sqrt[6]{5}}{\sqrt[4]{2}}\right)^{m}\times n=100$$

을 만족시키는 두 자연수 m, n에 대하여 $m+n$의 값은?

① 40 ② 42 ③ 44

④ 46 ⑤ 48

025

$a=5$, $b=2$일 때, $\left(a^{\frac{1}{3}}-b^{\frac{1}{3}}\right)\left(a^{\frac{2}{3}}+a^{\frac{1}{3}}b^{\frac{1}{3}}+b^{\frac{2}{3}}\right)$의 값은?

① 1 ② 2 ③ 3

④ 4 ⑤ 5

026

$a=9$일 때,
$$(a^{\frac{1}{8}}-a^{-\frac{1}{8}})(a^{\frac{1}{8}}+a^{-\frac{1}{8}})(a^{\frac{1}{4}}+a^{-\frac{1}{4}})+(a^{\frac{1}{4}}-a^{-\frac{1}{4}})^2$$
의 값을 구하시오.

027

$a=\sqrt[3]{5}$일 때, $\dfrac{a^{-1}+a^{-2}+a^{-3}+a^{-4}+a^{-5}}{a+a^2+a^3+a^4+a^5}$의 값은?

① $\dfrac{1}{25}$ ② $\dfrac{1}{5}$ ③ 1

④ 5 ⑤ 25

028 ⭐중요

$a>0$이고 $a^{\frac{1}{2}}+a^{-\frac{1}{2}}=\sqrt{6}$일 때, a^2+a^{-2}의 값은?

① 10 ② 12 ③ 14

④ 16 ⑤ 18

029

$a=2+\sqrt{3}$, $b=2-\sqrt{3}$에 대하여 $x=a^{\frac{1}{3}}+b^{\frac{1}{3}}$일 때, x^3-3x의 값은?

① 0 ② 3 ③ $2\sqrt{3}$

④ 4 ⑤ $4\sqrt{3}$

030 ⭐중요

양수 a에 대하여 $a^{2x}=3$일 때, $\dfrac{a^{3x}-a^{-3x}}{a^x+a^{-x}}$의 값은?

① $\dfrac{5}{12}$ ② 1 ③ $\dfrac{8}{5}$

④ 2 ⑤ $\dfrac{13}{6}$

031

$\dfrac{5^x+5^{-x}}{5^x-5^{-x}}=2$일 때, $5^{2x}+5^{-2x}$의 값은?

① 2 　　② $\dfrac{7}{3}$ 　　③ $\dfrac{8}{3}$

④ 3 　　⑤ $\dfrac{10}{3}$

유형 7 지수법칙을 이용한 식의 값 구하기 (2) [개념 01-2]

032 ★중요

실수 a, b에 대하여 $184^a=32$, $46^b=8$일 때, $\dfrac{5}{a}-\dfrac{3}{b}$의 값은?

① 1 　　② 2 　　③ 3

④ 4 　　⑤ 5

033 교육청 기출

양수 a와 실수 x, y가 $15^x=8$, $a^y=2$, $\dfrac{3}{x}+\dfrac{1}{y}=2$를 만족시킬 때, a의 값은?

① $\dfrac{1}{15}$ 　　② $\dfrac{2}{15}$ 　　③ $\dfrac{1}{5}$

④ $\dfrac{4}{15}$ 　　⑤ $\dfrac{1}{3}$

034

실수 x, y, z에 대하여 $2^x=5^y=\left(\dfrac{1}{10}\right)^z$일 때, $\dfrac{1}{x}+\dfrac{1}{y}+\dfrac{1}{z}$의 값을 구하시오. (단, $xyz\neq0$)

035 실력 UP

세 실수 x, y, z에 대하여 $a^x=b^y=36^z$, $\dfrac{2}{x}+\dfrac{2}{y}=\dfrac{1}{z}$일 때, ab의 값은? (단, $a>0$, $b>0$)

① 2 　　② 4 　　③ 6

④ 8 　　⑤ 10

036

양수 a, b, c에 대하여 $a^6=2$, $b^5=3$, $c^2=5$일 때, $(abc)^n$이 자연수가 되도록 하는 자연수 n의 최솟값을 구하시오.

[풀이]

037

어느 열차단필름의 두께를 $P\,\mathrm{mm}\,(P>0)$, 입사하는 빛의 세기를 Q, 투과 후 빛의 세기를 R이라 하면 다음과 같은 관계식이 성립한다고 한다.

$$R=Q\times 4^{-P}$$

열차단필름 A, B의 두께가 각각 $p\,\mathrm{mm}$, $(p+2)\,\mathrm{mm}$이고, 입사하는 빛의 세기가 서로 같을 때, 열차단필름 B의 투과 후 빛의 세기가 열차단필름 A의 투과 후 빛의 세기의 k배이다. k의 값을 구하시오. (단, $p>0$)

[풀이]

038

$0<a<1$이고 $a^{\frac{1}{4}}+a^{-\frac{1}{4}}=\sqrt{5}$일 때, 다음 물음에 답하시오.

(1) $a^{\frac{1}{2}}+a^{-\frac{1}{2}}$의 값을 구하시오.

[풀이]

(2) $a^{\frac{1}{2}}-a^{-\frac{1}{2}}$의 값을 구하시오.

[풀이]

(3) $a^{\frac{3}{2}}-a^{-\frac{3}{2}}$의 값을 구하시오.

[풀이]

039

실수 x, y가 다음 **| 조건 |**을 만족시킬 때, 양수 a의 값을 구하시오.

| 조건 |
- (가) $3^x=2$, $a^y=8$
- (나) $3x+y=4xy$

[풀이]

1등급 실력 완성

출제율이 높은 문제 중 1등급을 결정하는 고난도 문제를 수록하였습니다.

040

실수 a와 2 이상의 자연수 n에 대하여 a의 n제곱근 중에서 실수인 것의 개수를 $S(a, n)$이라 하자.

$$S(-3, n)+S(-2, n+1)+S(5, n+2)=3$$

을 만족시키는 10 이하의 자연수 n의 값의 합은?

① 10   ② 20   ③ 30

④ 40   ⑤ 50

041   교육청 기출

2 이상의 두 자연수 a, n에 대하여 $(\sqrt[n]{a})^3$의 값이 자연수가 되도록 하는 n의 최댓값을 $f(a)$라 하자. $f(4)+f(27)$의 값은?

① 13   ② 14   ③ 15

④ 16   ⑤ 17

042

1보다 큰 자연수 n과 양의 정수 a에 대하여 항상 옳은 것만을 | 보기 |에서 있는 대로 고른 것은?

| 보기 |
ㄱ. $\sqrt[n]{(-a)^{2n}}=a^2$
ㄴ. $\sqrt[n]{(-a)^n}=a$
ㄷ. $\{\sqrt[n]{(-a)^2}\}^n=-a^2$
ㄹ. $(\sqrt[n]{-a})^n=-a$ (단, n은 홀수)

① ㄱ, ㄷ   ② ㄱ, ㄹ   ③ ㄴ, ㄷ

④ ㄴ, ㄹ   ⑤ ㄷ, ㄹ

043

세 수 $A=3+\sqrt[4]{3}$, $B=3+\sqrt[3]{2}$, $C=\sqrt[4]{3}+\sqrt[3]{28}$의 대소 관계를 바르게 나타낸 것은?

① $A<C<B$ ② $B<A<C$

③ $B<C<A$ ④ $C<A<B$

⑤ $C<B<A$

044

자연수 m, n에 대하여

$\sqrt{\dfrac{3^m \times 5^n}{5}}$ 이 자연수, $\sqrt[3]{\dfrac{2^{n+1}}{7^m}}$ 이 유리수

일 때, $m+n$의 최솟값을 구하시오.

045

$a>0$이고 $a^{\frac{1}{2}}+a^{-\frac{1}{2}}=\sqrt{6}$일 때, $\dfrac{a^4+6a^2+1}{a^3+a}$의 값은?

① 1   ② 2   ③ 3

④ 4   ⑤ 5

046 교육청 기출

등식

$$(3^a+3^{-a})^2=2(3^a+3^{-a})+8$$

을 만족시키는 실수 a에 대하여 27^a+27^{-a}의 값을 구하시오.

047

$x=\dfrac{a^{\frac{1}{15}}+a^{-\frac{1}{15}}}{2}$일 때, $(x-\sqrt{x^2-1})^{60}$을 a에 대한 식으로

나타내면? (단, $0<a^{\frac{1}{15}}<1$)

① a^{-4} ② a^{-2} ③ a

④ a^2 ⑤ a^4

048

양수 a, b가

$$2^a=10^b=k,\ a^2+b^2=2ab(a-b+1)$$

을 만족시킬 때, k의 값은?

① $\sqrt{2}$ ② $\sqrt{3}$ ③ 2

④ $\sqrt{5}$ ⑤ $\sqrt{6}$

도전 1등급 최고난도

1등급을 결정하는 문제 중 최고난도 문제를 수록하였습니다.

049

자연수 m $(m \geq 2)$에 대하여 m^3의 n제곱근 중에서 정수가 존재하도록 하는 2 이상의 자연수 n의 개수를 $f(m)$이라 하자.

$$f(2) \times f(3) \times \cdots \times f(n)$$

의 값이 12의 배수가 되도록 하는 30 이하의 자연수 n의 개수를 구하시오.

050

2 이상의 자연수 n에 대하여 $n^2 - k$의 n제곱근 중에서 실수인 것의 개수를 $f(n)$이라 하자.

$$f(2) + f(3) + f(4) + \cdots + f(10) = 10$$

을 만족시키는 모든 자연수 k의 개수를 구하시오.

051

$\left(\sqrt{2\sqrt[3]{4}} \right)^m \times 2^n$이 네 자리의 자연수가 되도록 하는 자연수 m, n에 대하여 mn의 최솟값을 구하시오.

02 로그

핵심 개념

02-1 로그의 뜻과 성질　　[유형 1~5]

1 로그

$a>0$, $a\neq1$일 때, 양수 N에 대하여 $a^x=N$을 만족시키는 실수 x를 $\log_a N$으로 나타내고, a를 **밑**으로 하는 N의 **로그**라 한다. 이때 N을 $\log_a N$의 **진수**라 한다. 즉,

$$a^x=N \Longleftrightarrow x=\log_a N$$

2 로그의 성질

$a>0$, $a\neq1$, $M>0$, $N>0$일 때

(1) $\log_a 1=0$, $\log_a a=1$

(2) $\log_a MN=\log_a M+\log_a N$

(3) $\log_a \dfrac{M}{N}=\log_a M-\log_a N$

(4) $\log_a M^k=k\log_a M$ (단, k는 실수)

3 로그의 밑의 변환 [2]

$a>0$, $a\neq1$, $b>0$, $c>0$, $c\neq1$일 때, $\log_a b=\dfrac{\log_c b}{\log_c a}$ → 로그의 밑을 다른 수로 바꿀 때 이용하면 편리하다.

4 로그의 여러 가지 성질 [3]

$a>0$, $a\neq1$, $b>0$일 때

(1) $\log_a b=\dfrac{1}{\log_b a}$ (단, $b\neq1$) → $(\log_a b)(\log_b a)=1$

(2) $\log_{a^m} b^n=\dfrac{n}{m}\log_a b$ (단, m, n은 실수, $m\neq0$)

(3) $a^{\log_a b}=b$

(4) $a^{\log_c b}=b^{\log_c a}$ (단, $c>0$, $c\neq1$)

02-2 상용로그　　[유형 6~8]

1 상용로그 [4]

10을 밑으로 하는 로그를 **상용로그**라 하고, 양수 N에 대하여 상용로그 $\log_{10} N$은 보통 밑 10을 생략하여 $\log N$으로 나타낸다.

2 상용로그표 [5]

이 책의 124~125쪽에 있는 상용로그표는 0.01의 간격으로 1.00에서 9.99까지의 수에 대한 상용로그의 값을 반올림하여 소수점 아래 넷째 자리까지 나타낸 것이다.

> 참고　상용로그표에 있는 상용로그의 값은 어림한 값이지만 편의상 등호(＝)를 사용하여 나타낸다.

---

[1] 로그가 정의되기 위해서는 밑은 1이 아닌 양수이어야 하고 진수는 양수이어야 한다.
즉, $\log_{f(x)} g(x)$가 정의되려면
① 밑의 조건 ⇨ $f(x)>0$, $f(x)\neq1$
② 진수의 조건 ⇨ $g(x)>0$

[2] ① $\log_a b\times\log_b a=1$
② $\log_a b\times\log_b c\times\log_c a=1$
　　(단, a, b, c는 1이 아닌 양수)

[3] $a^x=m$, $b^y=n$ 꼴이 주어질 때, 주어진 식을 x, y로 나타내는 문제는 $x=\log_a m$, $y=\log_b n$ 꼴로 나타낸 후 주어진 식에 대입한다.

[4] $N>1$일 때, $\log N$의 정수 부분이 n이다.
⇨ 진수 N은 $(n+1)$자리 수이다.

[5] 임의의 양수 N에 대하여
$N=a\times10^n$ ($1\le a\le10$, n은 정수)
라 하면
$\log N=\log(a\times10^n)=n+\log a$
이므로 상용로그표에서 $\log a$의 값을 이용하여 $\log N$의 값도 구할 수 있다.

시험에서 출제율이 70% 이상인 문제를 엄선하여 수록하였습니다.

유형 1 로그 [개념 02-1]

052 교육청 기출

81의 세제곱근 중 실수인 것을 a라 할 때, $\log_9 a$의 값은?

① $\dfrac{1}{3}$ ② $\dfrac{4}{9}$ ③ $\dfrac{5}{9}$

④ $\dfrac{2}{3}$ ⑤ $\dfrac{7}{9}$

053 ★중요

$\log_a 5 = 3$, $\log_5 2 = b$일 때, a^b의 값은?

① $\sqrt[3]{2}$ ② $\sqrt{2}$ ③ 2

④ $\sqrt[3]{4}$ ⑤ 4

054

$x = \log_2 (2 - \sqrt{3})$일 때, $2^x + 2^{-x}$의 값은?

① $\sqrt{2}$ ② $\sqrt{3}$ ③ 2

④ $2\sqrt{3}$ ⑤ 4

055

$\log_2 (\log_3 x) = 1$, $\log_7 \{\log_5 (\log_2 y)\} = 0$일 때, $x + y$의 값을 구하시오.

056

1보다 크고 100보다 작은 두 자연수 a, b에 대하여 $\log_a \sqrt{b} = 2$일 때, $\dfrac{b}{a}$의 최댓값은?

① 18 ② 21 ③ 24

④ 27 ⑤ 30

057 실력 UP

1이 아닌 두 양수 a, b에 대하여 $\log_2 a = 2 \log_8 b$일 때, $\log_a b$의 값은?

① $\dfrac{1}{2}$ ② 1 ③ $\dfrac{3}{2}$

④ 2 ⑤ $\dfrac{5}{2}$

유형 2 로그의 밑과 진수의 조건 [개념 02-1]

058 ⭐중요

$\log_{x+1}(-x^2+x+12)$가 정의되도록 하는 모든 정수 x의 값의 곱은?

① 0 ② 1 ③ 2

④ 6 ⑤ 24

059

다음 중 $\log_{x-1}(x-3)^2$과 $\log_{|7-x|}(7-x)$가 모두 정의되도록 하는 x의 값이 <u>아닌</u> 것은?

① $\dfrac{3}{2}$ ② 4 ③ $\dfrac{9}{2}$

④ 6 ⑤ $\dfrac{13}{2}$

060 📢실력 UP

$\log_{x-1}\{-x^2+(a+1)x-a\}$가 정의되도록 하는 정수 x의 개수가 3일 때, 실수 a의 최댓값은? (단, $a>1$)

① 3 ② 4 ③ 5

④ 6 ⑤ 7

유형 3 로그의 성질 [개념 02-1]

061

다음 중 옳은 것은?

① $\log_2 1 = 1$

② $\log_3 7 = \log_3 2 + \log_3 5$

③ $\log_5 2 \times \log_5 3 = \log_5 6$

④ $\log_2 \dfrac{3}{5} = \log_2 3 - \log_2 5$

⑤ $(\log_3 2)^2 = 2\log_3 2$

062 ⭐중요

$\log_2 6 - \dfrac{3}{2}\log_2 3 + \log_2 4\sqrt{3}$의 값은?

① 2 ② $\dfrac{5}{2}$ ③ 3

④ $\dfrac{7}{2}$ ⑤ 4

063

세 양수 x, y, z가 $\log_6 x + \log_6 \sqrt{3}y - \log_6 3z = 1$을 만족시킬 때, $\dfrac{xy}{z}$의 값은?

① 6 ② $6\sqrt{2}$ ③ $6\sqrt{3}$

④ 12 ⑤ $6\sqrt{5}$

064 ⭐중요

1이 아닌 세 양수 a, b, c가 다음 **┃조건┃**을 만족시킬 때, $ab+c$의 값은?

┃조건┃
(가) $\log_2 a + \log_2 b - 2\log_2 c = 1$
(나) c는 ab의 세제곱근

① 2 ② 4 ③ 6
④ 8 ⑤ 10

065

다음 식의 값을 구하시오.

$$\log_2\left(1+\frac{1}{2}\right) + \log_2\left(1+\frac{1}{3}\right) + \log_2\left(1+\frac{1}{4}\right) \\ + \cdots + \log_2\left(1+\frac{1}{15}\right)$$

유형 ④ 로그의 밑의 변환과 여러 가지 성질 [개념 02-1]

066

1이 아닌 세 양수 a, b, x에 대하여 $\log_a x = \dfrac{1}{4}$, $\log_b x = \dfrac{1}{9}$일 때, $\dfrac{1}{\log_{ab} x}$의 값은?

① 11 ② 12 ③ 13
④ 14 ⑤ 15

067 ⭐중요

$\left(\log_3 \sqrt{5} + \dfrac{3}{4}\log_{\sqrt{3}} 5\right) \times \log_{25} 3\sqrt{3}$의 값은?

① $\dfrac{1}{2}$ ② 1 ③ $\dfrac{3}{2}$
④ 2 ⑤ $\dfrac{5}{2}$

068 교육청 기출

1보다 큰 두 실수 a, b에 대하여 $\log_a \dfrac{a^3}{b^2} = 2$가 성립할 때, $\log_a b + 3\log_b a$의 값은?

① $\dfrac{9}{2}$ ② 5 ③ $\dfrac{11}{2}$
④ 6 ⑤ $\dfrac{13}{2}$

069 교육청 기출

1보다 큰 두 실수 a, b에 대하여
$$\log_{16} a = \frac{1}{\log_b 4}, \quad \log_6 ab = 3$$
이 성립할 때, $a+b$의 값을 구하시오.

070

$(\log_{25} 32)(\log_4 9)(\log_{27} 5) = \dfrac{n}{m}$일 때, 서로소인 두 자연수 m, n에 대하여 $m+n$의 값은?

① 11 ② 12 ③ 13
④ 14 ⑤ 15

071

$25^{2\log_5 3 - \log_{\frac{1}{5}} 27 - \log_{25} 243}$의 값은?

① 144 ② 169 ③ 196
④ 225 ⑤ 243

072 교육청 기출

1이 아닌 두 양수 a, b에 대하여 $\dfrac{\log_a b}{2a} = \dfrac{18\log_b a}{b} = \dfrac{3}{4}$
이 성립할 때, ab의 값을 구하시오.

073

세 수
$$A = 2^{\log_4 3},\ B = \log_{\sqrt{3}} 9 - 2,\ C = \log_2 9 + \log_3 2$$
의 대소 관계를 바르게 나타낸 것은?

① $A < B < C$ ② $A < C < B$ ③ $B < A < C$
④ $B < C < A$ ⑤ $C < B < A$

074

1보다 큰 세 실수 a, b, c에 대하여 $\log_c a : \log_c b = 2 : 3$
일 때, $\log_a b + \log_b a$의 값을 구하시오.

075

$\log_2 3 = a$, $\log_3 5 = b$일 때, $\log_{24} 30$을 a, b에 대한 식으로 나타내면?

① $\dfrac{ab}{a+3}$ ② $\dfrac{ab+a+1}{a+3}$ ③ $\dfrac{ab+a+2}{a+3}$
④ $\dfrac{ab+2a+1}{a+3}$ ⑤ $\dfrac{ab+2a+2}{a+3}$

076 ⭐중요

$2^x=5$, $2^y=9$일 때, $\log_{15} 45$를 x, y에 대한 식으로 나타내면?

① $\dfrac{2x+y}{x+y}$ ② $\dfrac{x+2y}{2x+y}$ ③ $\dfrac{2x+y}{x+2y}$

④ $\dfrac{2x+2y}{x+2y}$ ⑤ $\dfrac{2x+2y}{2x+y}$

077

두 양수 a, b에 대하여 $a^3 b^4=1$일 때, $\log_a a^6 b^5$의 값을 구하시오. (단, $a \neq 1$)

078 ⭐중요

이차방정식 $x^2-7x+5=0$의 두 근을 $\log_2 a$, $\log_2 b$라 할 때, $\log_a b + \log_b a$의 값은?

① 7 ② $\dfrac{36}{5}$ ③ $\dfrac{37}{5}$

④ $\dfrac{38}{5}$ ⑤ $\dfrac{39}{5}$

079

$\log_2 24$의 정수 부분을 n, 소수 부분을 α라 할 때, n^α의 값은?

① $\dfrac{1}{4}$ ② $\dfrac{3}{4}$ ③ $\dfrac{5}{4}$

④ $\dfrac{7}{4}$ ⑤ $\dfrac{9}{4}$

080

1이 아닌 세 양수 a, b, c에 대하여 $a^3=b^4=c^5$이 성립할 때, 세 수
$$A=\log_a b, \quad B=\log_b c, \quad C=\log_c a$$
의 대소 관계를 나타내시오.

081 🔊실력 UP

1보다 큰 세 실수 a, b, c와 양수 k에 대하여
$$\log_a b = k \log_b c = 4k$$
가 성립할 때, $\log_a b + \log_c a$의 최솟값은?

① 1 ② 2 ③ 3

④ 4 ⑤ 5

유형 6 상용로그 　　　　　　　　[개념 02-2]

082 교육청 기출

다음은 상용로그표의 일부이다.

수	$\cdots$	4	5	6	$\cdots$
$\vdots$		$\vdots$	$\vdots$	$\vdots$	
3.1	$\cdots$	.4969	.4983	.4997	$\cdots$
3.2	$\cdots$	.5105	.5119	.5132	$\cdots$
3.3	$\cdots$	.5237	.5250	.5263	$\cdots$

$\log (3.14 \times 10^{-2})$의 값을 위의 표를 이용하여 구한 것은?

① -2.5119 　　② -2.5031 　　③ -2.4737

④ -1.5119 　　⑤ -1.5031

083 ⭐중요

$\log 6.78 = 0.8312$일 때, 다음 중 옳지 <u>않은</u> 것은?

① $\log 67.8 = 1.8312$

② $\log 678 = 2.8312$

③ $\log 6780 = 3.8312$

④ $\log 0.678 = -1.8312$

⑤ $\log 0.0678 = -1.1688$

084

$\log 3.02 = 0.48$일 때,
$$\log a = 2.48, \quad \log b = -0.52$$
를 만족시키는 a, b에 대하여 $a + 1000b$의 값은?

① 600 　　② 602 　　③ 604

④ 606 　　⑤ 608

유형 7 상용로그의 활용 　　　　　　[개념 02-2]

085

$100 < x < 1000$일 때, $\log x$와 $\log \sqrt{x}$의 합이 정수가 되도록 하는 x의 값을 구하시오.

086 ⭐중요

$10 < x < 100$일 때, $\log x^2$과 $\log \dfrac{1}{x}$의 차가 정수가 되도록 하는 모든 x의 값의 곱은?

① 10^2 　　② 10^3 　　③ $10^{\frac{10}{3}}$

④ 10^4 　　⑤ $10^{\frac{13}{3}}$

유형 8 상용로그의 실생활에의 활용 [개념 02-2]

087

우리 눈에 보이는 별의 밝기를 등급으로 나눈 것을 겉보기등급이라 한다. 겉보기등급이 m_1, m_2인 별의 밝기를 각각 l_1, l_2라 하면

$$\log \frac{l_1}{l_2} = \frac{2}{5}(m_2 - m_1) \ (m_1 < m_2, \ l_1 > l_2)$$

이 성립한다고 한다. 겉보기등급이 2인 별의 밝기는 겉보기등급이 7인 별의 밝기의 몇 배인지 구하시오.

088 교육청 기출

주어진 채널을 통해 신뢰성 있게 전달할 수 있는 최대 정보량을 채널용량이라 한다. 채널용량을 C, 대역폭을 W, 신호전력을 S, 잡음전력을 N이라 하면 다음과 같은 관계식이 성립한다고 한다.

$$C = W \log_2 \left(1 + \frac{S}{N} \right)$$

대역폭이 15, 신호전력이 186, 잡음전력이 a인 채널용량이 75일 때, 상수 a의 값은? (단, 채널용량의 단위는 bps, 대역폭의 단위는 Hz, 신호전력과 잡음전력의 단위는 모두 Watt이다.)

① 3   ② 4   ③ 5
④ 6   ⑤ 7

089

초원지역에서의 풍속은 지표면으로부터의 높이에 따라 변한다. 어느 초원지역에서 지표면의 거친 정도를 나타내는 값을 r, 지형지물의 평균 높이를 h, 지표면으로부터의 높이를 z라 할 때, 풍속 $U(z)$는 다음 식을 만족시킨다고 한다.

$$U(z) = u \log \frac{z-h}{r} \ (z - h > r \text{이고 } u \text{는 상수})$$

지표면의 거친 정도를 나타내는 값이 0.2이고 지형지물의 평균 높이가 0.3인 어느 초원지역에서 지표면으로부터의 높이가 7.5일 때의 풍속을 U_1, 지표면으로부터의 높이가 43.5일 때의 풍속을 U_2라 할 때, $\dfrac{U_2}{U_1}$의 값은?

(단, 높이의 단위는 m이고 풍속의 단위는 m/s이다.)

① $\dfrac{7}{6}$ ② $\dfrac{6}{5}$ ③ $\dfrac{5}{4}$
④ $\dfrac{4}{3}$ ⑤ $\dfrac{3}{2}$

090

두 양수 a, b에 대하여 좌표평면 위의 두 점 $\mathrm{A}(-1, 1)$, $\mathrm{B}(\log_3 a, \log_3 b)$를 지나는 직선 AB가 직선 $y=-2x-1$과 서로 수직이다. $\log_2 a+\log_2 27b=6$이 성립할 때, $27(a+b)$의 값을 구하시오.

[풀이]

091

두 실수 x, y에 대하여 $\dfrac{1}{3x}+\dfrac{1}{y}=2$이고 $27^x=12^y$일 때, $3x\log_6 9+y\log_6 12$의 값을 구하시오.

[풀이]

092

자연수 N에 대하여 $\log_2 N$의 정수 부분을 $f(N)$이라 할 때, $f(1)+f(2)+f(3)+\cdots+f(20)$의 값을 구하시오.

[풀이]

093

이차방정식 $x^2-8x+4=0$의 두 근을 $\log_2 \alpha$, $\log_2 \beta$라 할 때, 다음 물음에 답하시오.

(1) $\log_\alpha 2+\log_\beta 2$의 값을 구하시오.

[풀이]

(2) $\log_\alpha 2\times\log_\beta 2$의 값을 구하시오.

[풀이]

(3) $\log_\alpha 4+\log_\beta 4$, $\log_\alpha 4\times\log_\beta 4$를 두 근으로 하고 최고 차항의 계수가 1인 이차방정식을 구하시오.

[풀이]

1등급 실력 완성

094

두 자연수 a, b가 다음 **|조건|**을 만족시킬 때, ab의 값은?

> **|조건|**
> ㈎ $1 < a < b < a^2 < 20$
> ㈏ $\log_a b$는 유리수이다.

① 4   ② 8   ③ 16

④ 32   ⑤ 64

095

모든 실수 x에 대하여 $\log_{9-a^2}(ax^2-4ax+2a+4)$의 값이 존재하도록 하는 정수 a의 개수는?

① 1   ② 2   ③ 3

④ 4   ⑤ 5

096 수능 기출

$\log_4 2n^2 - \dfrac{1}{2}\log_2 \sqrt{n}$의 값이 40 이하의 자연수가 되도록 하는 자연수 n의 개수를 구하시오.

097

1보다 큰 세 실수 a, b, c가

$$\log_a b = \frac{4}{3}\log_b c = 6\log_c a$$

를 만족시킬 때, $\log_a b + \log_a c$의 값은?

① 1   ② 2   ③ 3

④ 4   ⑤ 5

098

함수 $f(x)=4^{\log_2\left(1+\frac{1}{x+1}\right)}$에 대하여 $f(1)\times f(2)\times f(3)\times \cdots \times f(12)$의 값은?

① 40   ② 43   ③ 46

④ 49   ⑤ 52

099

1이 아닌 서로 다른 두 양수 a, b가
$$\log_a b : \log_b a = \log_a a^2 b : 3$$
을 만족시킬 때, $\log_a b + \log_b a$의 값은?

① $-\dfrac{5}{2}$ ② $-\dfrac{13}{6}$ ③ $-\dfrac{11}{6}$

④ $-\dfrac{3}{2}$ ⑤ $-\dfrac{7}{6}$

100

세 수
$$A = (\sqrt{3})^{\log_2 12 - \log_2 3}, \quad B = \dfrac{1}{\log_4 2} + \dfrac{1}{\log_3 5}, \quad C = \dfrac{\log_3 30}{\log_3 6}$$
의 대소 관계를 바르게 나타낸 것은?

① $A < B < C$ ② $B < A < C$ ③ $B < C < A$
④ $C < A < B$ ⑤ $C < B < A$

101

1000의 모든 양의 약수를 a_1, a_2, a_3, $\cdots$, a_{16}이라 할 때,
$\log a_1 + \log a_2 + \log a_3 + \cdots + \log a_{16}$의 값은?

① 16 ② 18 ③ 20
④ 22 ⑤ 24

102

$1 \leq x \leq 8$인 x에 대하여 양수 N이 다음 **|조건|**을 만족시킨다.

> **|조건|**
> (가) $\log N = \log_2 x$
> (나) $\log N$과 $\log \dfrac{1}{N}$의 차가 정수이다.

모든 N의 값의 곱이 $10^{\frac{n}{m}}$일 때, $m+n$의 값을 구하시오.
(단, m, n은 서로소인 자연수이다.)

103

어느 물탱크에 서식하고 있는 박테리아를 제거하기 위하여 약품을 투여하려고 한다. 물탱크에 있는 물 1 mL당 초기 박테리아 수를 C_0, 약품을 투여한 지 t시간이 지나는 순간 물 1 mL당 박테리아 수를 C라 할 때, 다음 관계식이 성립한다고 하자.

$$\log \dfrac{C}{C_0} = -kt \quad (k\text{는 양의 상수})$$

물 1 mL당 초기 박테리아 수가 8×10^5이고, 약품을 투여한 지 3시간이 지나는 순간 물 1 mL당 박테리아 수는 2×10^5이 된다고 한다. 약품을 투여한 지 a시간이 지나는 순간 물 1 mL당 박테리아 수가 8×10^2이 된다고 할 때, a의 값은? (단, $\log 2 = 0.3$으로 계산한다.)

① 10 ② 15 ③ 20
④ 25 ⑤ 30

● 바른답·알찬풀이 16쪽

I

104

자연수 N에 대하여 집합 A_N을

$$A_N = \{(a,\, b)\,|\,N = a\log_2 b \text{이고 } a,\, b\text{는 자연수}\}$$

라 할 때, $n(A_N) = 3$을 만족시키는 100 이하의 모든 자연수 N의 값의 합을 구하시오.

105

삼각형의 세 변의 길이 x, y, z에 대하여 다음 **│조건│**을 만족시키는 실수 p, q가 존재한다. 이 삼각형은 어떤 삼각형인가? (단, $x \neq 1$, $y > z$)

> **│조건│**
>
> ㈎ $p\log_x(y+z) = q\log_x(y-z) = 1$
>
> ㈏ $\dfrac{p+q}{2} = pq$

① 예각삼각형

② $x = y$인 이등변삼각형

③ $x = z$인 이등변삼각형

④ 빗변의 길이가 x인 직각삼각형

⑤ 빗변의 길이가 y인 직각삼각형

106

1이 아닌 서로 다른 두 양수 a, b에 대하여 자연수를 원소로 가지는 세 집합 A, B, C를

$$A = \{1,\, \log_b a\},$$
$$B = \{1,\, 2,\, 8\log_2 b - \log_2 a\},$$
$$C = \{2,\, 4,\, \log_{64} a + \log_8 b\}$$

라 하자. $A \cap B \cap C = A$일 때, 집합 B의 모든 원소의 합의 최댓값을 구하시오.

03 지수함수와 로그함수

03-1 지수함수의 뜻과 그래프 [유형 1~4, 10]

1 지수함수

a가 1이 아닌 양수일 때, 실수 x에 대하여

$$y=a^x \ (a>0,\ a\neq1)$$

을 a를 밑으로 하는 **지수함수**라 한다.

> 참고 ① $a>0$, $a\neq1$일 때, 실수 x에 대하여 a^x의 값이 하나로 정해지므로 $y=a^x$은 x에 대한 함수이다.
> ② 함수 $y=a^x$에서 지수 x는 실수이므로 $a>0$인 경우만 생각한다. 또, $a=1$이면 함수 $y=a^x$은 $y=1$인 상수함수가 된다. 따라서 지수함수에서는 밑이 1이 아닌 양수인 경우만 생각한다.

2 지수함수 $y=a^x\,(a>0,\ a\neq1)$의 성질

(1) 정의역은 실수 전체의 집합이고, 치역은 양의 실수 전체의 집합이다.

(2) $a>1$일 때, x의 값이 증가하면 y의 값도 증가한다. → $x_1<x_2$이면 $a^{x_1}<a^{x_2}$

$\quad$ $0<a<1$일 때, x의 값이 증가하면 y의 값은 감소한다. → $x_1<x_2$이면 $a^{x_1}>a^{x_2}$

(3) 그래프는 점 $(0,1)$을 지나고, x축을 점근선으로 갖는다.
→ 곡선이 한없이 가까워지는 직선

(4) 그래프는 지수함수 $y=\left(\dfrac{1}{a}\right)^x$의 그래프와 y축에 대하여 대칭이다.

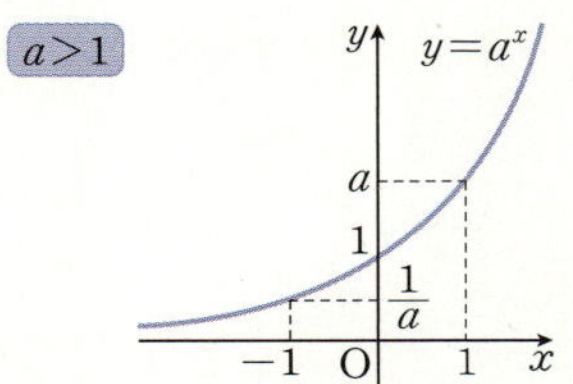
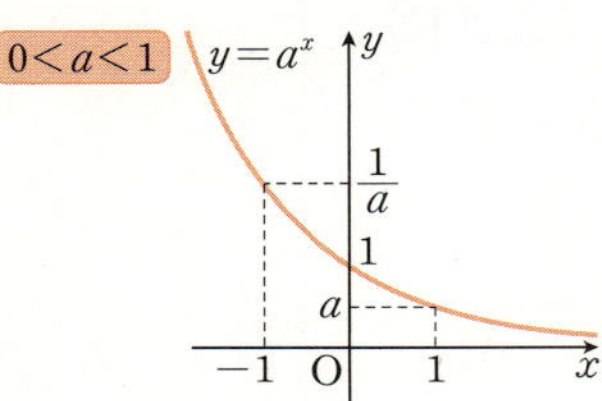

3 지수함수 $y=a^x\,(a>0,\ a\neq1)$의 그래프의 평행이동과 대칭이동

(1) x축의 방향으로 m만큼, y축의 방향으로 n만큼 평행이동한 그래프의 식

$\quad\Rightarrow y=a^{x-m}+n$ ❶

(2) x축에 대하여 대칭이동한 그래프의 식 $\Rightarrow y=-a^x$

(3) y축에 대하여 대칭이동한 그래프의 식 $\Rightarrow y=a^{-x}=\left(\dfrac{1}{a}\right)^x$

(4) 원점에 대하여 대칭이동한 그래프의 식 $\Rightarrow y=-a^{-x}=-\left(\dfrac{1}{a}\right)^x$

❶ 지수함수 $y=a^{x-m}+n$의
① 정의역: $\{x\,|\,x$는 모든 실수$\}$
② 치역: $\{y\,|\,y>n$인 실수$\}$
③ 그래프의 점근선: $y=n$
④ 그래프가 항상 지나는 점: $(m, 1+n)$

03-2 지수함수의 최대·최소 ❷ [유형 5]

정의역이 $\{x\,|\,\alpha\leq x\leq\beta\}$일 때, 지수함수 $f(x)=a^x\,(a>0,\ a\neq1)$은

(1) $a>1$이면 $x=\alpha$일 때 최솟값 $f(\alpha)$, $x=\beta$일 때 최댓값 $f(\beta)$를 갖는다.

(2) $0<a<1$이면 $x=\alpha$일 때 최댓값 $f(\alpha)$, $x=\beta$일 때 최솟값 $f(\beta)$를 갖는다.

❷ a^x꼴이 반복되는 함수의 최대·최소를 구할 때는 $a^x=t\,(t>0)$로 치환한 후 t에 대한 함수의 최대·최소를 이용한다. 이때 t의 값의 범위에 유의한다.

1 로그함수

지수함수 $y=a^x$ $(a>0, a\neq 1)$의 역함수

$$y=\log_a x \ (a>0, a\neq 1)$$

를 a를 밑으로 하는 **로그함수**라 한다.

2 로그함수 $y=\log_a x$ $(a>0, a\neq 1)$의 성질

(1) 정의역은 양의 실수 전체의 집합이고, 치역은 실수 전체의 집합이다.

(2) $a>1$일 때, x의 값이 증가하면 y의 값도 증가한다. → $x_1<x_2$이면 $\log_a x_1<\log_a x_2$

　　$0<a<1$일 때, x의 값이 증가하면 y의 값은 감소한다. → $x_1<x_2$이면 $\log_a x_1>\log_a x_2$

(3) 그래프는 점 $(1, 0)$을 지나고, y축을 점근선으로 갖는다.

(4) 그래프는 로그함수 $y=\log_{\frac{1}{a}} x$의 그래프와 x축에 대하여 대칭이다.

(5) 그래프는 지수함수 $y=a^x$의 그래프와 직선 $y=x$에 대하여 대칭이다.[3]

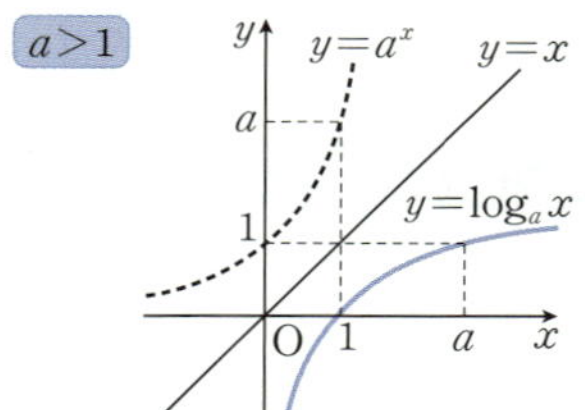
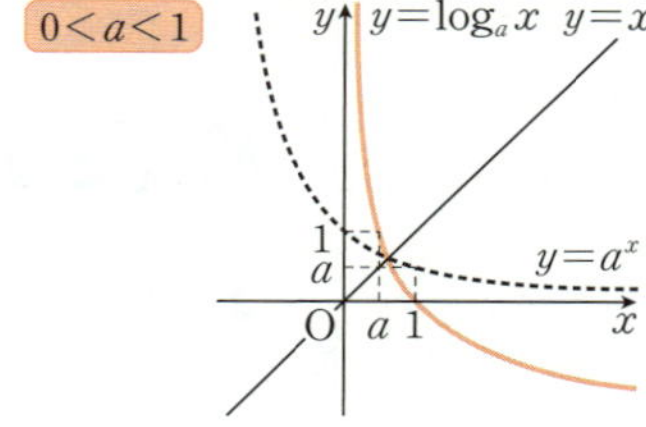

3 로그함수 $y=\log_a x$ $(a>0, a\neq 1)$의 그래프의 평행이동과 대칭이동

(1) x축의 방향으로 m만큼, y축의 방향으로 n만큼 평행이동한 그래프의 식

　　$\Rightarrow y=\log_a (x-m)+n$[4]

(2) x축에 대하여 대칭이동한 그래프의 식

　　$\Rightarrow y=-\log_a x=\log_{\frac{1}{a}} x$

(3) y축에 대하여 대칭이동한 그래프의 식

　　$\Rightarrow y=\log_a (-x)$

(4) 원점에 대하여 대칭이동한 그래프의 식

　　$\Rightarrow y=-\log_a (-x)=\log_{\frac{1}{a}} (-x)$

(5) 직선 $y=x$에 대하여 대칭이동한 그래프의 식

　　$\Rightarrow y=a^x$

정의역이 $\{x \mid \alpha \leq x \leq \beta\}$일 때, 로그함수 $f(x)=\log_a x$ $(a>0, a\neq 1)$는

(1) $a>1$이면 $x=\alpha$일 때 최솟값 $f(\alpha)$, $x=\beta$일 때 최댓값 $f(\beta)$를 갖는다.

(2) $0<a<1$이면 $x=\alpha$일 때 최댓값 $f(\alpha)$, $x=\beta$일 때 최솟값 $f(\beta)$를 갖는다.

---

[3] $a>0$, $a\neq 1$일 때,

두 함수 $y=a^x$과 $y=\log_a x$는 서로 역함수 관계에 있다.

$\iff$ 직선 $y=x$에 대하여 대칭이다.

$\iff$ 점 (m, n)이 함수 $y=a^x$의 그래프 위의 점이면 점 (n, m)은 함수 $y=\log_a x$의 그래프 위의 점이다.

[4] 로그함수 $y=\log_a (x-m)+n$ $(a>0, a\neq 1)$의

① 정의역: $\{x \mid x>m$인 실수$\}$

② 치역: $\{y \mid y$는 모든 실수$\}$

③ 그래프의 점근선: $y=n$

④ 그래프가 항상 지나는 점: $(m+1, n)$

[5] $\log_a x$ 꼴이 반복되는 함수의 최대·최소를 구할 때는 $\log_a x=t$로 치환한 후 t에 대한 함수의 최대·최소를 이용한다. 이때 t의 값의 범위에 유의한다.

시험에서 출제율이 70% 이상인 문제를 엄선하여 수록하였습니다.

유형 1 지수함수의 함숫값　　　[개념 03-1]

107

함수 $f(x)=a^x$ $(a>0,\ a\neq1)$에서 $f(p)=9$, $f(q)=\dfrac{1}{3}$일 때, $f(p+3q)$의 값은?

① $\dfrac{1}{3}$　　　② $\dfrac{2}{3}$　　　③ 1

④ $\dfrac{4}{3}$　　　⑤ $\dfrac{5}{3}$

108 ⭐중요

함수 $f(x)=a^{mx-n}$ $(a>0,\ a\neq1)$에서 $f(0)=\dfrac{1}{2}$, $f(2)=8$일 때, $f(1)$의 값을 구하시오. (단, m, n은 상수이다.)

109

함수 $f(x)=a^x$ $(a>1)$에서 $f(1)+f(-1)=4$일 때, $f(2)-f(-2)$의 값은?

① $2\sqrt{3}$　　　② $4\sqrt{3}$　　　③ $6\sqrt{3}$

④ $8\sqrt{3}$　　　⑤ $10\sqrt{3}$

110

함수 $f(x)=a^x$ $(a>0,\ a\neq1)$에 대하여 옳은 것만을 **| 보기 |**에서 있는 대로 고른 것은? (단, $m\neq0$)

| 보기 |

ㄱ. $f(-m)=\dfrac{1}{f(m)}$

ㄴ. $f(m+n)=f(m)+f(n)$

ㄷ. $f(mn)=\{f(m)\}^n$

① ㄱ　　　② ㄱ, ㄴ　　　③ ㄱ, ㄷ

④ ㄴ, ㄷ　　　⑤ ㄱ, ㄴ, ㄷ

유형 2 지수함수의 그래프　　　[개념 03-1]

111

함수 $f(x)=a^x$ $(a>0,\ a\neq1)$에 대하여 $f(5)=32$일 때, 다음 중 $y=f(x)$에 대한 설명으로 옳지 <u>않은</u> 것은?

① 치역은 양의 실수 전체의 집합이다.

② 그래프는 점 $(1,\ 2)$를 지난다.

③ 그래프는 제1사분면과 제2사분면을 지난다.

④ 그래프의 점근선의 방정식은 $y=0$이다.

⑤ x의 값이 증가하면 y의 값은 감소한다.

112 ⭐중요

오른쪽 그림과 같이 함수 $y=5^x$의 그래프 위에 서로 다른 두 점 $A(a,\ m)$, $B(b,\ n)$이 있다. $mn=125$일 때, $a+b$의 값은?

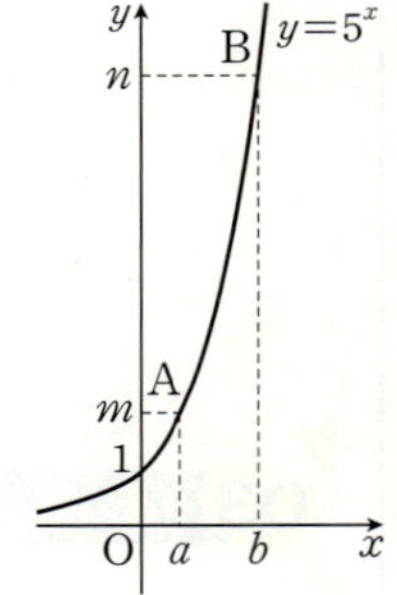

① 2　　　② 3

③ 4　　　④ 5

⑤ 6

113 ▷실력 UP

함수 $y=\left(\dfrac{a^2-2a+1}{4}\right)^x$에서 x의 값이 증가할 때 y의 값이 감소하도록 하는 정수 a의 개수는?

① 1   ② 2   ③ 3
④ 4   ⑤ 5

114

두 곡선 $y=2^x$, $y=\left(\dfrac{1}{4}\right)^x$과 직선 $y=4$가 만나는 점을 각각 A, B라 할 때, 삼각형 OAB의 넓이는?

(단, O는 원점이다.)

① 2   ② 4   ③ 6
④ 8   ⑤ 10

115

오른쪽 그림과 같이 함수 $y=3^x$의 그래프 위에 두 점 A, B가 있다. 점 A의 y좌표가 $\dfrac{1}{3}$이고 선분 AB를 $1:3$으로 내분하는 점 C가 y축 위에 있을 때, 점 B의 y좌표를 구하시오.

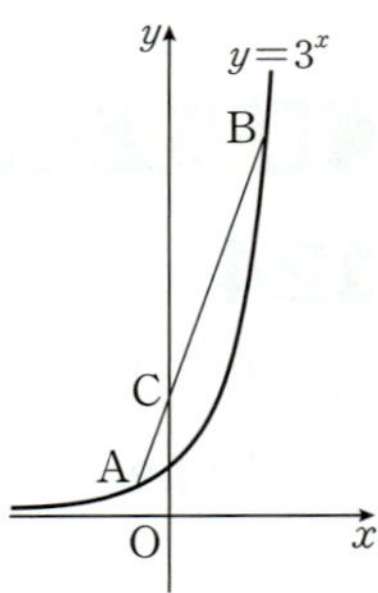

유형 **3** 지수함수의 그래프의 평행이동과 대칭이동   [개념 03-1]

116 교육청 기출

함수 $y=3^x$의 그래프를 x축의 방향으로 m만큼, y축의 방향으로 n만큼 평행이동한 그래프는 점 $(7,\ 5)$를 지나고, 점근선의 방정식이 $y=2$이다. $m+n$의 값은?

(단, m, n은 상수이다.)

① 6   ② 8   ③ 10
④ 12   ⑤ 14

117

다음 중 함수 $y=\dfrac{1}{4}\times 2^x-1$의 그래프에 대한 설명으로 옳은 것은?

① 함수 $y=2^x$의 그래프를 x축의 방향으로 -2만큼, y축의 방향으로 -1만큼 평행이동한 것이다.
② 치역은 $\{y\,|\,y>1\}$이다.
③ 그래프는 점 $(3,\ 0)$을 지난다.
④ 그래프는 제1사분면, 제3사분면, 제4사분면을 지난다.
⑤ 함수 $y=\left(\dfrac{1}{2}\right)^{x-2}+1$의 그래프를 원점에 대하여 대칭이동한 그래프이다.

118

함수 $y=2^{2x+a}+b$의 그래프를 y축에 대하여 대칭이동한 함수 $y=f(x)$의 그래프가 오른쪽 그림과 같을 때, 상수 a, b에 대하여 $a+b$의 값을 구하시오.

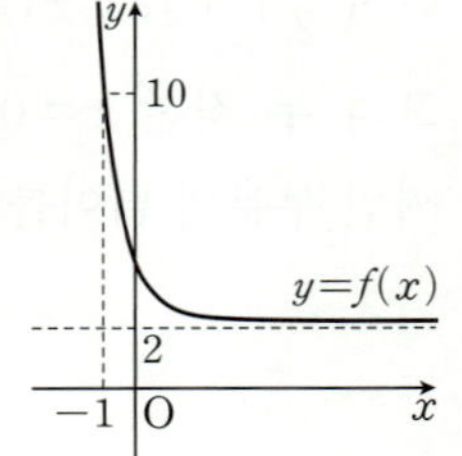

119 ⭐중요

함수 $y=4^x$의 그래프를 평행이동 또는 대칭이동하여 완전히 겹쳐질 수 있는 그래프의 식만을 **보기**에서 있는 대로 고른 것은?

―| 보기 |―
ㄱ. $y=4^{-x}$ ㄴ. $y=2^{2x+1}$
ㄷ. $y=2^{3x-6}$ ㄹ. $y=4^{x-1}+1$

① ㄱ, ㄴ ② ㄱ, ㄹ ③ ㄴ, ㄷ
④ ㄱ, ㄴ, ㄹ ⑤ ㄴ, ㄷ, ㄹ

120 실력 UP

두 함수 $y=2^x+1$, $y=-2^x+n$의 그래프가 제1사분면에서 만나도록 하는 자연수 n의 최솟값은?

① 1 ② 2 ③ 3
④ 4 ⑤ 5

121

오른쪽 그림과 같이 두 함수 $y=\left(\dfrac{1}{2}\right)^x+1$, $y=\left(\dfrac{1}{2}\right)^x+5$의 그래프와 두 직선 $x=0$, $x=2$로 둘러싸인 부분의 넓이를 구하시오.

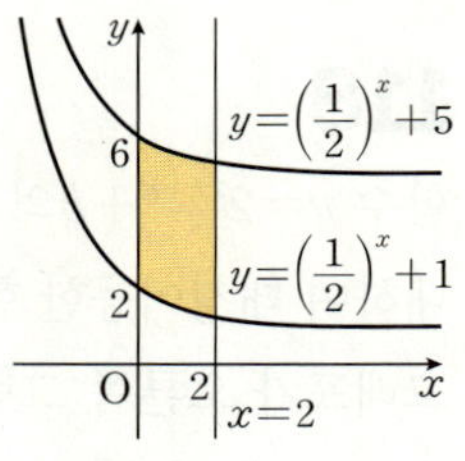

122 ⭐중요

세 수 $A=\dfrac{1}{\sqrt{5}}$, $B=\sqrt[3]{0.04}$, $C=\sqrt[10]{0.2^3}$의 대소 관계를 바르게 나타낸 것은?

① $A<B<C$ ② $A<C<B$
③ $B<A<C$ ④ $B<C<A$
⑤ $C<A<B$

123

$0<a<1$일 때, 다음 세 수의 대소를 비교하시오.

$$a^{a^2}, \quad a^a, \quad a^{\frac{1}{a}}$$

124

정의역이 $\{x \mid 0 \le x \le 3\}$인 함수 $y=5^{x-1}+2$의 최댓값과 최솟값의 합을 구하시오.

125 실력 UP

$-1 \leq x \leq 1$에서 함수 $f(x) = a \times 2^{2-x} + b$의 최댓값이 6, 최솟값이 0일 때, $f(2)$의 값은?

(단, $b > 0$이고, a와 b는 상수이다.)

① 1 ② 3 ③ 5

④ 7 ⑤ 9

126

$1 \leq x \leq 4$에서 함수 $y = 2^{x^2-4x+a}$의 최댓값이 32일 때, 최솟값은?

① 1 ② 2 ③ 3

④ 4 ⑤ 5

127 중요

정의역이 $\{x \mid -1 \leq x \leq 2\}$인 함수 $y = 4^x - 2^{x+1} + 3$의 최댓값을 M, 최솟값을 m이라 할 때, Mm의 값은?

① 20 ② 22 ③ 24

④ 26 ⑤ 28

128

$-3 \leq x \leq 0$에서 함수 $y = \left(\dfrac{1}{4}\right)^x - \left(\dfrac{1}{2}\right)^{x-2} + 3$이 $x = a$일 때 최댓값 b, $x = c$일 때 최솟값 d를 갖는다. 이때 $a+b+c+d$의 값을 구하시오.

129

함수 $y = 9^x + 9^{-x} - 4(3^x + 3^{-x})$은 $x = a$일 때 최솟값 b를 갖는다. 이때 $a-b$의 값은?

① 2 ② 4 ③ 6

④ 8 ⑤ 10

유형 6 로그함수의 함숫값 [개념 03-3]

130

함수 $f(x) = \begin{cases} 2\log_3 x & (x > 0) \\ \left(\dfrac{1}{3}\right)^x & (x \leq 0) \end{cases}$ 에 대하여 $(f \circ f)(-1)$ 의 값은?

① -2 ② -1 ③ 0

④ 1 ⑤ 2

131

함수 $f(x)=\log_2 x$에 대하여 두 양수 a, b가 다음 |조건|을 만족시킬 때, ab의 값은?

┤ 조건 ├
㉮ $f(a)-f(b)=1$
㉯ $f(a+2b)=4$

① 8 　　　② 16 　　　③ 32
④ 64 　　　⑤ 128

132 ★중요

함수 $f(x)=\log_2 x$에 대하여 옳은 것만을 |보기|에서 있는 대로 고른 것은? (단, $n>0$)

┤ 보기 ├
ㄱ. $f(2n)=2f(n)$
ㄴ. $f(n^3)-f(n^2)=f(n)$
ㄷ. $f(2^{n+1})=f(2^n)+2$

① ㄱ 　　　② ㄴ 　　　③ ㄱ, ㄴ
④ ㄱ, ㄷ 　　　⑤ ㄴ, ㄷ

유형 ⑦ 로그함수의 그래프 　　[개념 03-3]

133

다음 중 함수 $f(x)=\log_{\frac{1}{a}} x\ (a>1)$에 대한 설명으로 옳지 <u>않은</u> 것을 모두 고르면? (정답 2개)

① $f(x_1)=f(x_2)$이면 $x_1=x_2$이다.
② $x_1<x_2$이면 $f(x_1)<f(x_2)$이다.
③ 그래프의 점근선은 y축이다.
④ 그래프는 $y=\left(\dfrac{1}{a}\right)^x$의 그래프와 직선 $y=x$에 대하여 대칭이다.
⑤ 그래프는 $y=\log_a x$의 그래프와 y축에 대하여 대칭이다.

134 📢실력 UP

두 함수 $y=\log(k^2-x^2)$, $y=\log(\log x)$의 정의역을 각각 집합 A, B라 할 때, 집합 $A\cap B$에 속하는 정수의 개수가 6이 되도록 하는 실수 k의 최댓값을 구하시오.

(단, $k>0$)

135 교육청 기출

다음 그림과 같이 두 곡선 $y=\log_a x$, $y=\log_b x$ $(1<a<b)$와 직선 $y=1$이 만나는 점을 각각 A_1, B_1이라 하고, 직선 $y=2$가 만나는 점을 각각 A_2, B_2라 하자. 선분 A_1B_1의 중점의 좌표는 $(2, 1)$이고 $\overline{A_1B_1}=1$일 때, $\overline{A_2B_2}$의 값은?

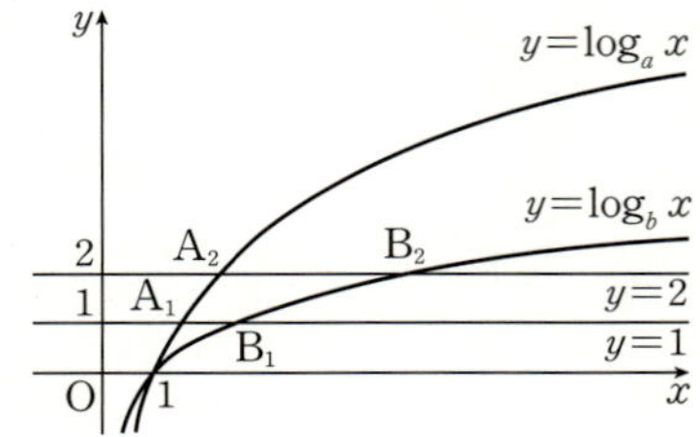

① 4 　　　② $3\sqrt{2}$ 　　　③ 5
④ $4\sqrt{2}$ 　　　⑤ 6

136

오른쪽 그림에서 사각형 ABCD는 한 변의 길이가 3인 정사각형이고, 점 D는 함수 $y=\log_2 x$의 그래프 위의 점이

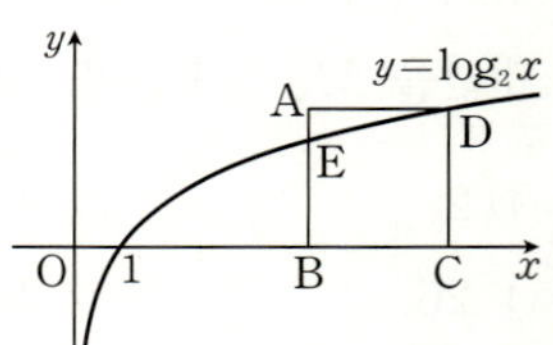

다. 선분 AB가 함수 $y=\log_2 x$의 그래프와 만나는 점을 E라 할 때, 점 E의 y좌표를 구하시오.

(단, 두 점 B, C는 x축 위의 점이다.)

137 ⭐중요

오른쪽 그림은 함수 $y=\log_3 x$ 의 그래프와 직선 $y=x$이다. 다음 중 $\left(\dfrac{1}{3}\right)^{b-c}$ 의 값과 항상 같은 것은? (단, 점선은 x축 또는 y축 에 평행하다.)

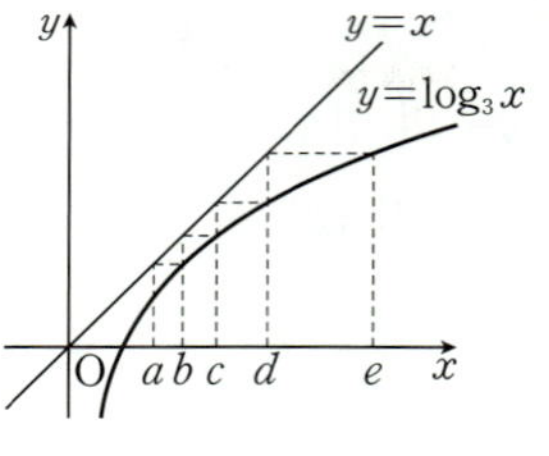

① bc ② $ad-bc$ ③ $\dfrac{d}{c}$

④ $\log_3 (b+c)$ ⑤ $\log_3 \dfrac{d}{b}$

138 교육청 기출

그림과 같이 곡선 $y=\log_4 x$ 위의 점 A와 곡선 $y=-\log_4 (x+1)$ 위의 점 B가 있다.

점 A의 y좌표가 1이고, x축이 삼각형 OAB의 넓이를 이등분할 때, 선분 OB의 길이는? (단, O는 원점이다.)

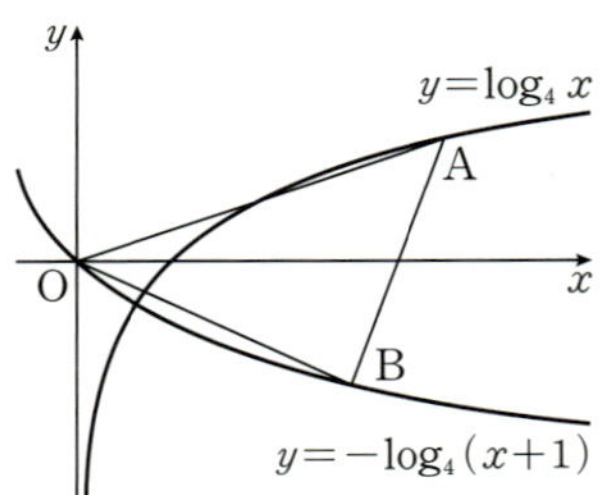

① $\sqrt{6}$ ② $2\sqrt{2}$ ③ $\sqrt{10}$

④ $2\sqrt{3}$ ⑤ $\sqrt{14}$

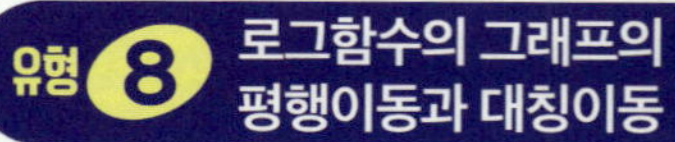

139

함수 $y=\log_3 ax$의 그래프를 y축에 대하여 대칭이동한 후 x축의 방향으로 2만큼 평행이동한 그래프가 점 $(-1, 2)$를 지날 때, 상수 a의 값은?

① 1 ② 2 ③ 3
④ 4 ⑤ 5

140

함수 $y=\log_2 x$의 그래프를 x축 의 방향으로 a만큼, y축의 방향 으로 b만큼 평행이동한 그래프가 오른쪽 그림과 같을 때, $a+b$의 값은?

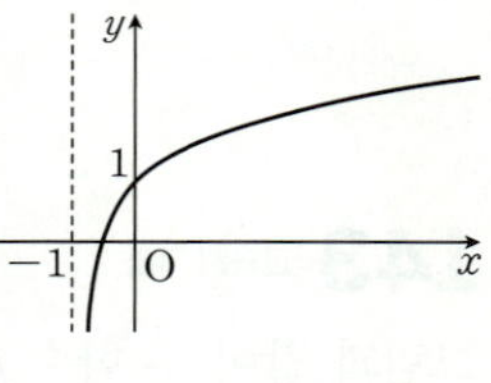

① -3 ② -2 ③ -1
④ 0 ⑤ 1

141

함수 $y=-\log_5 (5-x)+1$에 대하여 옳은 것만을 | 보기 | 에서 있는 대로 고른 것은?

> **보기**
> ㄱ. 정의역은 $\{x|x<5\}$이다.
> ㄴ. x의 값이 증가할 때 y의 값은 감소한다.
> ㄷ. 그래프는 평행이동에 의하여 $y=-\log_5 (-x)$의 그래프와 완전히 겹쳐진다.

① ㄱ ② ㄱ, ㄴ ③ ㄱ, ㄷ
④ ㄴ, ㄷ ⑤ ㄱ, ㄴ, ㄷ

142 ⭐중요

다음 함수 중 그 그래프를 평행이동 또는 대칭이동할 때, 함수 $y=\log_2 x$의 그래프와 완전히 겹쳐지지 <u>않는</u> 것은?

① $y=\log_2 (x+1)$　　② $y=\log_2 3x$

③ $y=\log_{\frac{1}{2}} x-2$　　④ $y=-\log_2 (-x+3)$

⑤ $y=\log_2 x^3$

143 교육청 기출

그림과 같이 두 함수 $f(x)=\log_2 x$, $g(x)=\log_2 3x$의 그래프 위에 네 점 A$(1, f(1))$, B$(3, f(3))$, C$(3, g(3))$, D$(1, g(1))$이 있다. 두 함수 $y=f(x)$, $y=g(x)$의 그래프와 선분 AD, 선분 BC로 둘러싸인 부분의 넓이는?

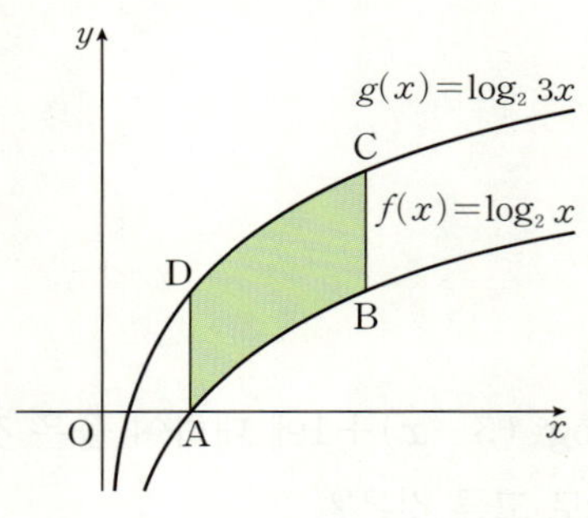

① 3　　　② $2\log_2 3$　　　③ 4

④ $3\log_2 3$　　　⑤ 5

144

함수 $y=3+\log_2 x$의 그래프를 x축의 방향으로 -4만큼, y축의 방향으로 k만큼 평행이동한 그래프가 제4사분면을 지나지 않도록 하는 실수 k의 최솟값은?

① -1　　　② -2　　　③ -3

④ -4　　　⑤ -5

유형 9 로그함수를 이용한 수의 대소 비교 [개념 03-3]

145 ⭐중요

다음 세 수 A, B, C의 대소 관계를 바르게 나타낸 것은?

$$A=-2\log_2 \frac{1}{7}, \quad B=3+\log_2 5, \quad C=1+3\log_2 3$$

① $A<B<C$　　　② $A<C<B$

③ $B<A<C$　　　④ $B<C<A$

⑤ $C<A<B$

146

$1<x<3$일 때,

$$A=\log_3 x, \ B=(\log_3 x)^2, \ C=\log_3 (\log_3 x)$$

의 대소를 비교하시오.

147

함수 $y=\dfrac{1}{2}\log_2(x+6)-3$의 역함수가 $y=a^{x+b}+c$일 때,

정수 a, b, c에 대하여 $a+b+c$의 값을 구하시오.

148

함수 $f(x)=3^{x-1}+a$의 역함수의 그래프가 점

$\left(a+\dfrac{1}{3},\ a-2\right)$를 지날 때, 상수 a의 값은?

① -3 ② -1 ③ 2

④ 4 ⑤ 5

149

함수 $y=2^x$과 그 역함수

$y=g(x)$의 그래프가 오른쪽 그림과 같다. 함수 $y=2^x$의 그래프 위의 점 B의 좌표가 $(a,\,b)$일 때,

$\log_2 ab$의 값은?

(단, 점선은 x축 또는 y축에 평행하다.)

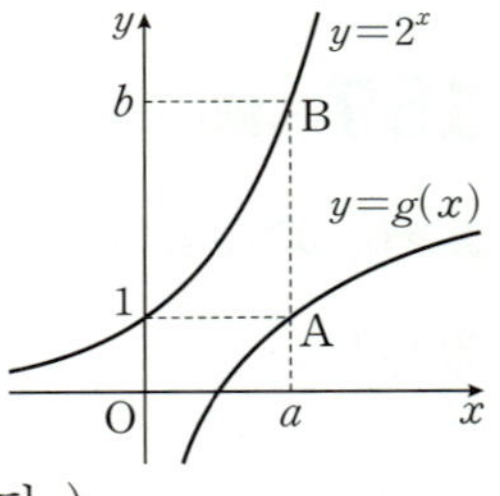

① 1 ② 2 ③ 3

④ 4 ⑤ 5

150

함수 $f(x)=3^{x-1}+k$에 대하여 함수 $g(x)$가

$(g\circ f)(x)=x$를 만족시킬 때, 두 곡선 $y=f(x)$, $y=g(x)$의 점근선의 교점이 직선 $y=2x-2$ 위에 있다.

상수 k의 값은?

① 1 ② $\dfrac{3}{2}$ ③ 2

④ $\dfrac{5}{2}$ ⑤ 3

151   실력 UP

오른쪽 그림과 같이 곡선 $y=2^x-1$ 위의 점 A$(2,\,3)$을 지나고 기울기가 -1인 직선이 곡선 $y=\log_2(x+1)$과 만나는 점을 B라 하자.

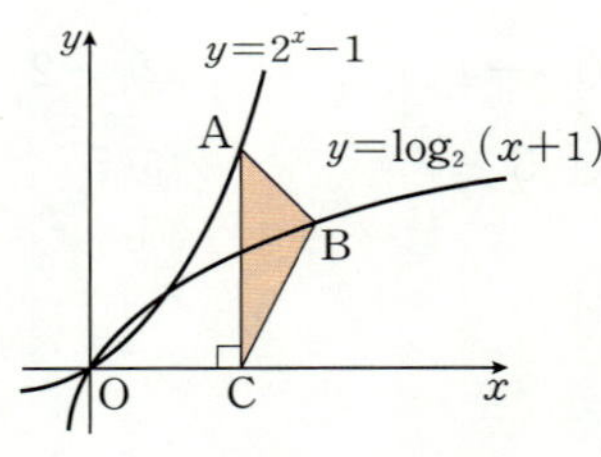

점 A에서 x축에 내린 수선의 발을 C라 할 때, 삼각형 ABC의 넓이는?

① $\dfrac{3}{2}$ ② $\dfrac{7}{4}$ ③ 2

④ $\dfrac{9}{4}$ ⑤ $\dfrac{5}{2}$

152 교육청 기출

상수 $a\,(a>1)$에 대하여 곡선 $y=a^x-1$과 곡선 $y=\log_a(x+1)$이 원점 O를 포함한 서로 다른 두 점에서 만난다. 이 두 점 중 O가 아닌 점을 P라 하고, 점 P에서 x축에 내린 수선의 발을 H라 하자. 삼각형 OHP의 넓이가 2일 때, a의 값은?

① $\sqrt{2}$ ② $\sqrt{3}$ ③ 2

④ $\sqrt{5}$ ⑤ $\sqrt{6}$

유형 11 로그함수의 최대·최소 [개념 03-4]

153

$-1\le x\le 5$에서 함수 $y=\log_{\frac{1}{2}}(x+k)+3$가 최댓값 2, 최솟값 m을 갖는다. $k+m$의 값은? (단, k는 상수이다.)

① -4 ② -2 ③ 1

④ 3 ⑤ 5

154 중요

정의역이 $\{x\,|\,0\le x\le 3\}$인 함수 $y=\log_2(x^2-2x+5)$의 최댓값을 M, 최솟값을 m이라 할 때, $M+m$의 값은?

① 3 ② 4 ③ 5

④ 6 ⑤ 7

155

정의역이 $\left\{x\,\middle|\,\dfrac{1}{4}\le x\le 8\right\}$인 함수 $y=\log_{\frac{1}{2}}x\times\log_{\frac{1}{2}}\dfrac{4}{x}$의 최댓값을 M, 최솟값을 m이라 할 때, $M+m$의 값은?

① -7 ② -6 ③ -5

④ -4 ⑤ -3

156

$3\le x\le 27$에서 함수 $f(x)=x^{\log_3 x-2}$의 최댓값을 M, 최솟값을 m이라 할 때, Mm의 값은?

① 1 ② 3 ③ 5

④ 7 ⑤ 9

157 실력 UP

$x>0$, $y>0$일 때, $\log_4\left(x+\dfrac{1}{y}\right)+\log_4\left(y+\dfrac{9}{x}\right)$의 최솟값은?

① $\dfrac{3}{2}$ ② 2 ③ $\dfrac{5}{2}$

④ 3 ⑤ $\dfrac{7}{2}$

시험에서 출제율이 높은 서술형 문제를 엄선하여 수록하였습니다.

158

두 함수 $f(x)=2^x$, $g(x)=2^{x-\frac{1}{n}}$에 대하여 두 곡선 $y=f(x)$, $y=g(x)$와 $y=n$, $y=n+4$로 둘러싸인 부분의 넓이를 $S(n)$이라 할 때, 다음 물음에 답하시오.

(단, n은 자연수이다.)

(1) $S(n)$을 n에 대한 식으로 나타내시오.

[풀이]

(2) $S(n)$의 값이 자연수가 되도록 하는 모든 n의 값의 합을 구하시오.

[풀이]

159

두 함수 $f(x)=x^2-2x+3$, $g(x)=\left(\dfrac{1}{2}\right)^x$에 대하여 함수 $y=(g\circ f)(x)$는 $x=a$일 때, 최댓값 M을 갖는다. aM의 값을 구하시오.

[풀이]

160

함수 $y=\log_3 x$의 그래프를 x축의 방향으로 a만큼, y축의 방향으로 b만큼 평행이동한 그래프가 오른쪽 그림과 같을 때, a, b의 값을 각각 구하시오.

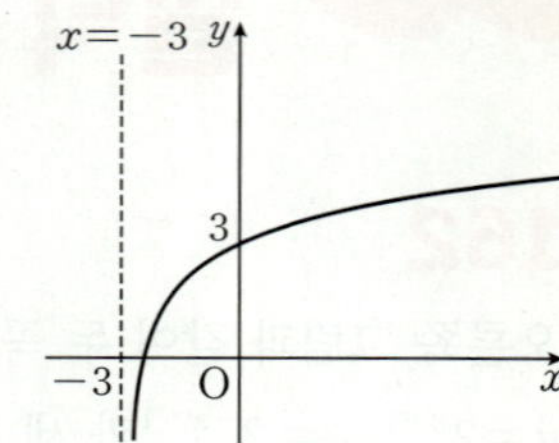

[풀이]

161

함수 $y=2^{\frac{x}{a}}$의 그래프를 직선 $y=x$에 대하여 대칭이동한 후 x축의 방향으로 b만큼, y축의 방향으로 c만큼 평행이동하였더니 함수 $y=6\log_2\dfrac{2}{x-5}$의 그래프와 일치하였다. 이때 $a+b+c$의 값을 구하시오.

(단, a는 0이 아닌 상수이다.)

[풀이]

출제율이 높은 문제 중 1등급을 결정하는 고난도 문제를 수록하였습니다.

1등급 실력 완성

162

오른쪽 그림과 같이 두 곡선 $y=2^{x+1}$, $y=2^{-x+1}$과 세 점 $A(-1, 1)$, $B(1, 1)$, $C(0, 2)$ 가 있다. 두 곡선 $y=2^{x+1}$, $y=2^{-x+1}$과 직선 $y=k$가 만나는 점을 각각 D, E, 직선 $y=2k$가 만나는 점을 각각 F, G라 하자.
사각형 ABED의 넓이와 삼각형 CFG의 넓이가 같을 때, 실수 k의 값을 구하시오. (단, $1<k<2$)

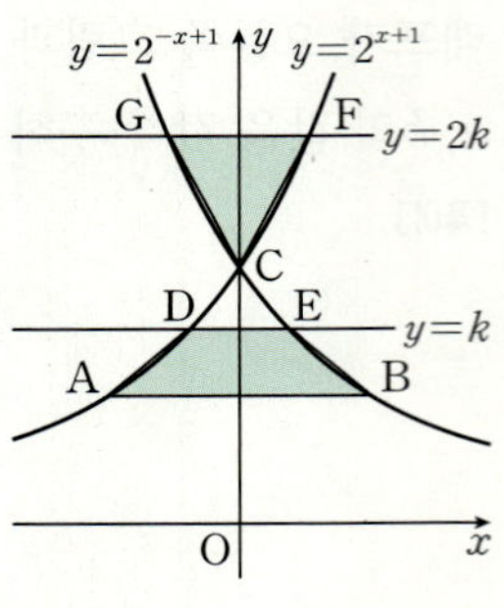

163

오른쪽 그림과 같이 함수 $y=2^x$의 그래프와 이를 x축의 방향으로 평행이동한 함수 $y=k\times2^x$의 그래프 및 두 직선 $y=1$, $y=8$로 둘러싸인 부분의 넓이가 28일 때, 상수 k의 값은?
(단, $0<k<1$)

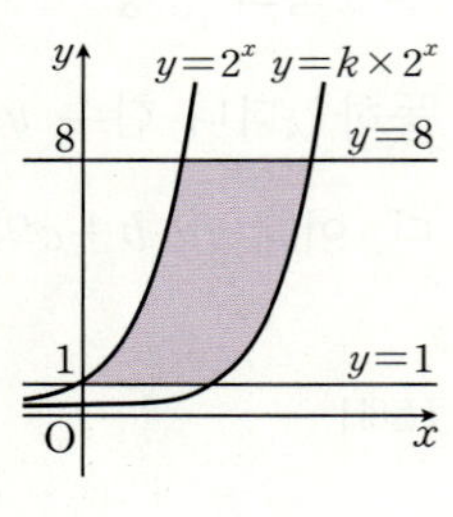

① $\dfrac{1}{32}$ ② $\dfrac{1}{16}$ ③ $\dfrac{1}{8}$

④ $\dfrac{1}{4}$ ⑤ $\dfrac{1}{2}$

164

두 양수 a, b가 $a^2<a<b<b^2$을 만족시킬 때, 다음 네 수의 대소 관계를 바르게 나타낸 것은?

$$a^{\sqrt{a}}, \quad a^a, \quad b^{\sqrt{b}}, \quad b^b$$

① $a^{\sqrt{a}}<a^a<b^{\sqrt{b}}<b^b$ ② $a^a<a^{\sqrt{a}}<b^{\sqrt{b}}<b^b$

③ $a^{\sqrt{a}}<a^a<b^b<b^{\sqrt{b}}$ ④ $b^{\sqrt{b}}<b^b<a^{\sqrt{a}}<a^a$

⑤ $b^b<b^{\sqrt{b}}<a^a<a^{\sqrt{a}}$

165

두 함수 $f(x)$, $g(x)$를
$$f(x)=x^2-6x+3, \quad g(x)=a^x \ (a>0, \ a\neq1)$$
이라 하자. $2\leq x\leq5$에서 함수 $(g\circ f)(x)$의 최댓값이 8일 때, 최솟값은?

① $\dfrac{3}{2}$ ② 2 ③ $\dfrac{5}{2}$

④ 3 ⑤ $\dfrac{7}{2}$

166

$x>0$에서 정의된 함수
$$f(x)=\begin{cases} \log_{\frac{1}{2}} x & (0<x\leq1) \\ \log_4 x & (x>1) \end{cases}$$
에 대하여 $f(t)+f\left(\dfrac{1}{t}\right)=3$을 만족시키는 모든 양수 t의 값의 곱을 구하시오.

167

오른쪽 그림과 같이 직선
$x=a\ (0<a<1)$가 두 곡선
$y=\log_{\frac{1}{9}} x$, $y=\log_3 x$와 만나
는 점을 각각 P, Q라 하고, 직선
$x=b\ (b>1)$가 두 곡선
$y=\log_{\frac{1}{9}} x$, $y=\log_3 x$와 만나는 점을 각각 R, S라 하자.
네 점 P, Q, R, S가 다음 **┃조건┃**을 만족시킬 때,
$9(b-a)$의 값을 구하시오.

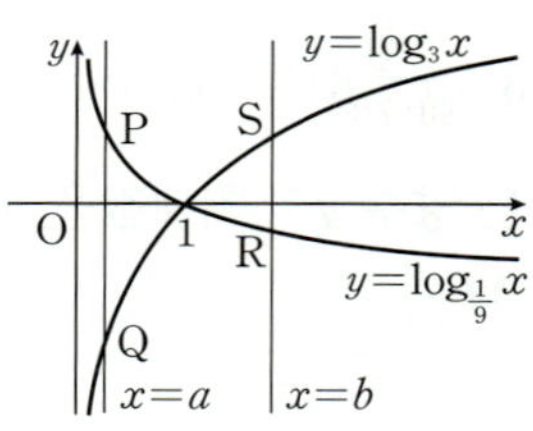

┃조건┃
(가) $\overline{PQ}:\overline{SR}=2:1$
(나) 선분 PR의 중점의 x좌표는 $\dfrac{14}{9}$이다.

168

$n>1$인 자연수 n에 대하여 두 곡선 $y=\log_n x$,
$y=\log_{n^2} x$가 직선 $y=m$과 만나는 두 점을 각각 P, Q라
하자. 삼각형 OPQ의 넓이를 $S(n, m)$이라 할 때,
$S(n, 4)=180 \times S(n, 2)$를 만족시키는 자연수 n의 값
은? (단, O는 원점이다.)

① 1   ② 3   ③ 4
④ 5   ⑤ 6

169

다음 등식을 만족시키는 세 양수 a, b, c 중 가장 큰 값과
가장 작은 값을 차례대로 구하시오.

$$\left(\frac{1}{2}\right)^a=\log_2 a, \quad \left(\frac{1}{2}\right)^b=\log_3 b, \quad \left(\frac{1}{3}\right)^c=\log_2 c$$

170

함수 $y=\log_{\frac{1}{2}}(2x-4)$의 그래프와 직선 $x=n$이 한 점
에서 만나고, 함수 $y=|2^{-x}-10|$의 그래프와 직선 $y=n$
이 두 점에서 만나도록 하는 자연수 n의 개수는?

① 5   ② 6   ③ 7
④ 8   ⑤ 9

171

두 함수 $f(x)=2^{x-3}+2$, $g(x)=\log_2(x-2)+3$에 대하
여 옳은 것만을 **┃보기┃**에서 있는 대로 고르시오.

┃보기┃
ㄱ. $f^{-1}(4) \times \{g(4)+1\}=20$
ㄴ. $y=f(x)$의 그래프와 $y=g(x)$의 그래프는 직선
    $y=x$에 대하여 대칭이다.
ㄷ. $y=f(x)$의 그래프와 $y=g(x)$의 그래프는 만나지
    않는다.

172 교육청 기출

그림과 같이 곡선 $y=\log_2 x$ 위의 한 점 $A(x_1,\ y_1)$을 지나고 기울기가 -1인 직선이 곡선 $y=2^x$과 만나는 점을 $B(x_2,\ y_2)$라 하고, 두 점 B, O를 지나는 직선 l이 곡선 $y=\left(\dfrac{1}{2}\right)^x$과 만나는 점을 $C(x_3,\ y_3)$이라 하자. 삼각형 OAB의 넓이가 삼각형 OAC의 넓이의 2배일 때, **ㅣ보기ㅣ**에서 옳은 것만을 있는 대로 고른 것은?

(단, $x_1>1$이고, O는 원점이다.)

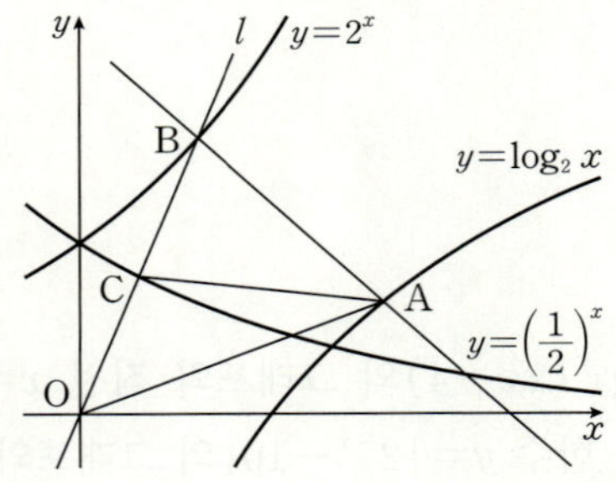

ㅣ보기ㅣ

ㄱ. $\overline{OC}=\dfrac{1}{2}\overline{OA}$

ㄴ. $x_2+y_1=4x_3$

ㄷ. 직선 l의 기울기는 $3\times\left(\dfrac{1}{2}\right)^{\frac{1}{3}}$이다.

① ㄱ 　　② ㄱ, ㄴ 　　③ ㄱ, ㄷ

④ ㄴ, ㄷ 　　⑤ ㄱ, ㄴ, ㄷ

173

$3\le x\le81$일 때, $\log_3 x+\dfrac{6}{\log_3 x}-\log_x y=4$를 만족시키는 양수 y의 최댓값을 M, 최솟값을 m이라 하자. 이때 $\dfrac{M}{m}$의 값은?

① 9 　　② 12 　　③ 27

④ 45 　　⑤ 81

174

$0\le x\le4$에서 함수 $f(x)=\log_a(2x+1)+a$의 최댓값과 최솟값의 차가 2가 되도록 하는 모든 a의 값의 합은?

(단, a는 1이 아닌 양의 상수이다.)

① $\dfrac{2}{3}$ 　　② $\dfrac{4}{3}$ 　　③ 2

④ $\dfrac{8}{3}$ 　　⑤ $\dfrac{10}{3}$

175

실수 전체의 집합에서 정의된 함수 $f(x)$가 다음 **|조건|** 을 만족시킨다.

> **|조건|**
>
> (가) $f(x)=\begin{cases} -x & (-1 \le x < 0) \\ x & (0 \le x < 1) \end{cases}$
>
> (나) 모든 실수 x에 대하여 $f(x+2)=f(x)$이다.

1보다 큰 자연수 n에 대하여 함수 $y=\log_{2^n} x$의 그래프가 함수 $y=f(x)$의 그래프와 만나는 점의 개수를 $g(n)$이라 할 때, $g(n)+g(n+1)=94$가 되도록 하는 자연수 n의 값을 구하시오.

176

$a>1$인 실수 a에 대하여 기울기가 -1인 직선이 두 곡선
$$y=a^x,\ y=\log_a (x-2)-2$$
와 만나는 점을 각각 A, B라 하자. 선분 AB를 지름으로 하는 원의 중심의 y좌표가 3이고 넓이가 32π일 때, a의 값을 구하시오.

177

$a \le x \le a+2$에서 함수
$$f(x)=\begin{cases} \left(\dfrac{1}{2}\right)^{x-2} & (x<2) \\ \log_2 x & (x \ge 2) \end{cases}$$

의 최댓값과 최솟값의 합이 3이 되도록 하는 모든 실수 a의 값의 합은?

① 3

② $\dfrac{7}{2}$

③ 4

④ $\dfrac{9}{2}$

⑤ 5

04 지수함수와 로그함수의 활용

핵심 개념

04-1 지수함수의 활용   [유형 1~3]

1 지수함수의 활용; 방정식

(1) 밑을 같게 할 수 있는 경우: 주어진 방정식을 $a^{f(x)}=a^{g(x)}$ 꼴로 변형한 후 다음을 이용한다. (단, $a>0$, $a\neq1$)
$$a^{f(x)}=a^{g(x)} \Longleftrightarrow f(x)=g(x)$$

(2) 지수가 같은 경우: 밑이 같거나 지수가 0임을 이용한다.

(3) a^x 꼴이 반복되는 경우: $a^x=t$로 치환하여 t에 대한 방정식을 푼다. 이때 $a^x>0$이므로 $t>0$임에 유의한다. ❶

2 지수함수의 활용; 부등식

(1) 밑을 같게 할 수 있는 경우: 주어진 부등식을 $a^{f(x)}<a^{g(x)}$ 꼴로 변형한 후 다음을 이용한다. (단, $a>0$, $a\neq1$)

① $a>1$일 때, $a^{f(x)}<a^{g(x)} \Longleftrightarrow f(x)<g(x)$ ← 부등호의 방향은 그대로이다.

② $0<a<1$일 때, $a^{f(x)}<a^{g(x)} \Longleftrightarrow f(x)>g(x)$ ← 부등호의 방향이 바뀐다.

(2) a^x 꼴이 반복되는 경우: $a^x=t$로 치환하여 t에 대한 부등식을 푼다. 이때 $a^x>0$이므로 $t>0$임에 유의한다. ❷

04-2 로그함수의 활용   [유형 4~6]

1 로그함수의 활용; 방정식

(1) 밑을 같게 할 수 있는 경우: 주어진 방정식을 $\log_a f(x)=\log_a g(x)$ 꼴로 변형한 후 다음을 이용한다. (단, $a>0$, $a\neq1$이고 $f(x)>0$, $g(x)>0$)
$$\log_a f(x)=\log_a g(x) \Longleftrightarrow f(x)=g(x)$$

(2) 진수가 같은 경우: 밑이 같거나 진수가 1임을 이용한다.

(3) $\log_a x$ 꼴이 반복되는 경우: $\log_a x=t$로 치환하여 t에 대한 방정식을 푼다. ❸

(4) 지수에 로그가 있는 경우: 양변에 로그를 취하여 방정식을 푼다.

2 로그함수의 활용; 부등식

(1) 밑을 같게 할 수 있는 경우: 주어진 부등식을 $\log_a f(x)<\log_a g(x)$ 꼴로 변형한 후 다음을 이용한다. (단, $a>0$, $a\neq1$이고 $f(x)>0$, $g(x)>0$)

① $a>1$일 때, $\log_a f(x)<\log_a g(x) \Longleftrightarrow f(x)<g(x)$ ← 부등호의 방향은 그대로이다.

② $0<a<1$일 때, $\log_a f(x)<\log_a g(x) \Longleftrightarrow f(x)>g(x)$ ← 부등호의 방향이 바뀐다.

(2) $\log_a x$ 꼴이 반복되는 경우: $\log_a x=t$로 치환하여 t에 대한 부등식을 푼다.

(3) 지수에 로그가 있는 경우: 양변에 로그를 취하여 부등식을 푼다.

---

❶ 방정식 $pa^{2x}+qa^x+r=0$ $(p\neq0)$의 두 근 α, β를 구할 때, $a^x=t$ $(t>0)$로 치환한 후 t에 대한 이차방정식 $pt^2+qt+r=0$의 두 근이 a^α, a^β임을 이용한다.
⇨ 이차방정식의 근과 계수의 관계에 의하여
$$a^\alpha \times a^\beta = a^{\alpha+\beta}=\frac{r}{p}$$

❷ 모든 실수 x에 대하여 부등식 $a^{2x}+pa^x+q>0$이 항상 성립한다.
⟺ $a^x=t$ $(t>0)$로 치환한 t에 대한 이차부등식 $t^2+pt+q>0$이 항상 성립한다.
⟺ t에 대한 이차방정식 $t^2+pt+q=0$의 판별식 $D<0$
⟺ $(y=t^2+pt+q$의 최솟값$)>0$

❸ 방정식 $p(\log_a x)^2+q\log_a x+r=0$ $(p\neq0)$의 두 근 α, β를 구할 때, $\log_a x=t$ $(t>0)$로 치환한 후 t에 대한 이차방정식 $pt^2+qt+r=0$의 두 근이 $\log_a \alpha$, $\log_a \beta$임을 이용한다.
⇨ 이차방정식의 근과 계수의 관계에 의하여
$$\log_a \alpha + \log_a \beta = \log_a \alpha\beta$$
$$=-\frac{q}{p}$$

시험에서 출제율이 70% 이상인 문제를 엄선하여 수록하였습니다.

유형 1 지수함수의 활용; 방정식　　[개념 04-1]

178

방정식 $8^{2x+3}=(\sqrt{2})^{x^2+5x}$의 모든 실근의 합은?

① 5　　　　② 6　　　　③ 7

④ 8　　　　⑤ 9

179 교육청 기출

곡선 $y=6^{-x}$ 위의 두 점 $A(a, 6^{-a})$, $B(a+1, 6^{-a-1})$에 대하여 선분 AB는 한 변의 길이가 1인 정사각형의 대각선이다. 6^{-a}의 값은?

① $\dfrac{6}{5}$　　　　② $\dfrac{7}{5}$　　　　③ $\dfrac{8}{5}$

④ $\dfrac{9}{5}$　　　　⑤ 2

180

연립방정식 $\begin{cases}\left(\dfrac{1}{5}\right)^x+\left(\dfrac{1}{5}\right)^y=30 \\ \left(\dfrac{1}{5}\right)^{x+y+1}=25\end{cases}$ 의 해를 $x=\alpha$, $y=\beta$라

할 때, $\alpha^2+\beta^2$의 값을 구하시오.

181

방정식 $(x-1)^{x+3}=(x-1)^{x^2-x-5}$의 모든 근의 곱은?

$($단, $x>1)$

① 2　　　　② 4　　　　③ 6

④ 8　　　　⑤ 10

182

방정식 $9^x-4\times3^{x+1}+27=0$의 모든 실근의 합은?

① 1　　　　② 2　　　　③ 3

④ 4　　　　⑤ 5

183 중요

방정식 $4^x-5\times2^x+3=0$의 두 실근을 α, β라 할 때, $4^\alpha+4^\beta$의 값은?

① 11　　　　② 13　　　　③ 15

④ 17　　　　⑤ 19

184

방정식 $4^x-(k+1)2^{x+1}+k^3=0$의 두 근의 비가 $1:2$가 되도록 하는 실수 k의 값은?

① 1   ② 2   ③ 3

④ 4   ⑤ 5

185   실력 UP

방정식 $4^x-a\times2^{x+2}+a+5=0$이 서로 다른 두 실근을 갖도록 하는 실수 a의 값의 범위를 구하시오.

유형 2   지수함수의 활용; 부등식   [개념 04-1]

186

부등식 $\left(\dfrac{1}{3}\right)^{x^2-4}>(\sqrt{3})^{-4x+2}$을 만족시키는 정수 x의 개수는?

① 2   ② 3   ③ 4

④ 5   ⑤ 6

187   ⭐중요

삼차함수 $y=f(x)$의 그래프와 직선 $y=g(x)$가 오른쪽 그림과 같을 때, 부등식 $\left(\dfrac{1}{8}\right)^{f(x)}<\left(\dfrac{1}{8}\right)^{g(x)}$의 해는?

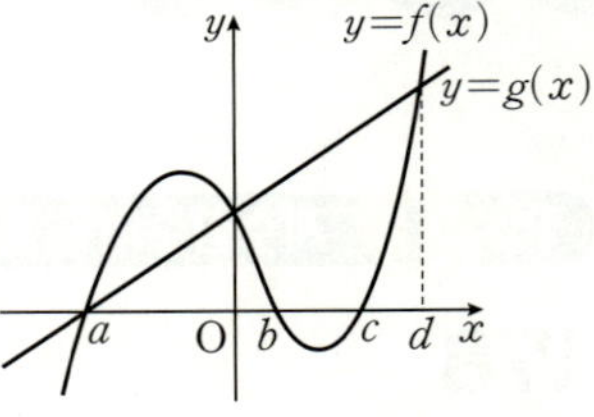

① $x<a$ 또는 $x>c$

② $x<a$ 또는 $0<x<d$

③ $a<x<0$ 또는 $x>d$

④ $a<x<0$ 또는 $c<x<d$

⑤ $a<x<b$ 또는 $x>c$

188

부등식 $(2^x-4)(3^x-27)\leq0$을 만족시키는 정수 x의 개수는?

① 1   ② 2   ③ 3

④ 4   ⑤ 5

189

부등식 $\left(\dfrac{1}{36}\right)^x-a\times\left(\dfrac{1}{6}\right)^x+b<0$의 해가 $-2<x<0$일 때, 상수 a, b에 대하여 $a-b$의 값은?

① -2 ② -1 ③ 0

④ 1   ⑤ 2

190 ⭐중요

모든 실수 x에 대하여 부등식 $9^x - 3^{x+1} + a \geq 0$이 성립하도록 하는 실수 a의 값의 범위를 구하시오.

191 교육청 기출

x에 대한 방정식

$$4^x - k \times 2^{x+1} + 16 = 0$$

이 오직 하나의 실근 α를 가질 때, $k + \alpha$의 값은?

(단, k는 상수이다.)

① 3　　　　② 4　　　　③ 5
④ 6　　　　⑤ 7

192 🔼실력 UP

부등식 $x^{x-10} < x^{4x-x^2}$을 만족시키는 모든 정수 x의 값의 합은? (단, $x > 0$)

① 6　　　　② 7　　　　③ 8
④ 9　　　　⑤ 10

---

193 교육청 기출

반지름의 길이가 r인 원형 도선에 세기가 I인 전류가 흐를 때, 원형 도선의 중심에서 수직 거리 x만큼 떨어진 지점에서의 자기장의 세기를 B라 하면 다음과 같은 관계식이 성립한다고 한다.

$$B = \frac{kIr^2}{2(x^2 + r^2)^{\frac{3}{2}}} \ (단, k는 상수이다.)$$

전류의 세기가 I_0 $(I_0 > 0)$으로 일정할 때, 반지름의 길이가 r_1인 원형 도선의 중심에서 수직 거리 x_1만큼 떨어진 지점에서의 자기장의 세기를 B_1, 반지름의 길이가 $3r_1$인 원형 도선의 중심에서 수직 거리 $3x_1$만큼 떨어진 지점에서의 자기장의 세기를 B_2라 하자. $\dfrac{B_2}{B_1}$의 값은? (단, 전류의 세기의 단위는 A, 자기장의 세기의 단위는 T, 길이와 거리의 단위는 m이다.)

① $\dfrac{1}{6}$　　　　② $\dfrac{1}{4}$　　　　③ $\dfrac{1}{3}$
④ $\dfrac{5}{12}$　　　　⑤ $\dfrac{1}{2}$

194

불순물을 포함한 어떤 물질이 여과기를 한 번 통과할 때마다 통과하기 전 불순물의 양의 80 %가 제거된다고 한다. 이 물질에 포함된 불순물의 양이 처음 불순물의 양의 0.16 % 이하가 되도록 하려면 이 여과기를 최소 몇 번 통과시켜야 하는가?

① 3번　　　　② 4번　　　　③ 5번
④ 6번　　　　⑤ 7번

195

방정식 $2\log_2(x+3)=\log_2(3x+13)$을 풀면?

① $x=-2$ ② $x=-1$ ③ $x=0$

④ $x=1$ ⑤ $x=2$

196 ★중요

방정식 $\log_9 x^2+\log_x 27+4=0$의 두 근의 곱은?

① $\dfrac{1}{3}$ ② $\dfrac{2}{9}$ ③ $\dfrac{1}{36}$

④ $\dfrac{1}{81}$ ⑤ $\dfrac{2}{243}$

197

방정식 $(\log_3 x)^2-6\log_3\sqrt{x}+3=0$의 두 근을 α, β라 할 때, $\alpha\beta$의 값은?

① 1   ② 4   ③ 8

④ 27   ⑤ 64

198

연립방정식 $\begin{cases}\log_2 x+\log_3 y=6\\\log_2 x\times\log_3 y=5\end{cases}$의 해가 $x=\alpha$, $y=\beta$일 때, $\alpha+\beta$의 값은? (단, $\alpha>\beta$)

① 31   ② 33   ③ 35

④ 37   ⑤ 39

199

방정식 $\log_{2x^2+1}(x-2)=\log_{7x+5}(x-2)$의 모든 근의 합을 구하시오.

200

방정식 $x^{\log_5 x}=25x$를 풀면?

① $x=\dfrac{1}{25}$ 또는 $x=5$ ② $x=\dfrac{1}{25}$ 또는 $x=25$

③ $x=\dfrac{1}{5}$ 또는 $x=5$ ④ $x=\dfrac{1}{5}$ 또는 $x=25$

⑤ $x=5$ 또는 $x=25$

I

201

이차방정식 $4x^2+2(1+\log a)x+1+\log a=0$이 중근을 갖도록 하는 모든 양수 a의 값의 곱을 구하시오.

202 실력 UP

등식

$$\log(11-2x)-\log(6-x)=\log(5-y)-\log(4-y)$$

를 만족시키는 정수 x, y에 대하여 $2x+y$의 값은?

① 8   ② 10   ③ 12

④ 14   ⑤ 16

유형 5 로그함수의 활용; 부등식   [개념 04-2]

203

부등식 $2\log_3 \dfrac{1}{x-1}<\log_{\frac{1}{3}}(7-x)$를 만족시키는 모든 정수 x의 값의 합은?

① 15   ② 16   ③ 17

④ 18   ⑤ 19

204

부등식 $\log_2 (x-2)+\log_2 (x+2)\leq 4$를 만족시키는 모든 정수 x의 값의 곱을 구하시오.

205

부등식 $\log_2 \{\log_3 (\log_4 x)\}<0$을 만족시키는 정수 x의 개수는?

① 56   ② 57   ③ 58

④ 59   ⑤ 60

206 중요

이차함수 $y=f(x)$의 그래프와 직선 $y=x-2$가 오른쪽 그림과 같을 때, 부등식

$$\log_2 f(x)-\log_2 (x-2)\leq 0$$

의 해가 $a\leq x<\beta$이다. $\alpha\beta$의 값은?

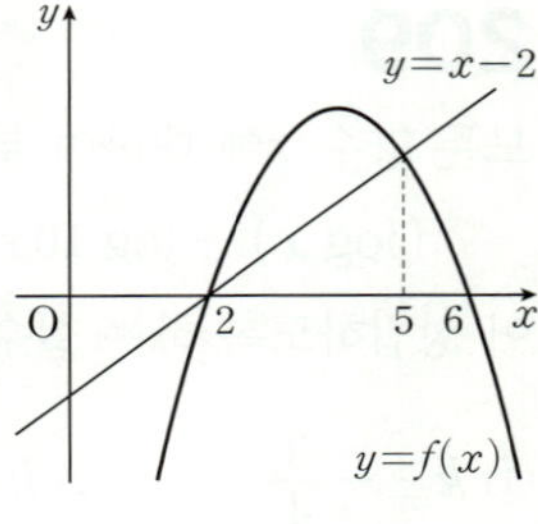

① 10   ② 15   ③ 20

④ 25   ⑤ 30

207

부등식 $\log_{\frac{1}{9}} x \times \log_3 \dfrac{x}{9} \geq a$의 해가 $\dfrac{1}{9} \leq x \leq 81$일 때, 상수 a의 값을 구하시오.

208 실력 UP

부등식 $x^{\log_2 x} < 8x^2$을 만족시키는 정수 x의 개수는?

① 6 ② 7 ③ 8
④ 9 ⑤ 10

209

모든 양수 x에 대하여 부등식

$$(\log x)^2 + \log 10x + k \geq 0$$

이 성립하도록 하는 실수 k의 값의 범위는?

① $k \geq -\dfrac{3}{4}$ ② $k < -\dfrac{3}{4}$ ③ $k \leq -\dfrac{3}{4}$
④ $k > -\dfrac{5}{4}$ ⑤ $k \leq -\dfrac{5}{4}$

유형 6 로그함수의 실생활에서의 활용 [개념 04-2]

210 교육청 기출

화학 퍼텐셜 이론에 의하면 절대온도 $T(\mathrm{K})$에서 이상 기체의 압력을 P_1(기압)에서 P_2(기압)으로 변화시켰을 때의 이상 기체의 화학 퍼텐셜 변화량을 $E(\mathrm{kJ/mol})$이라 하면 다음 관계식이 성립한다고 한다.

$$E = RT \log_a \dfrac{P_2}{P_1}$$

(단, a, R은 1이 아닌 양의 상수이다.)

절대온도 300 K에서 이상 기체의 압력을 1기압에서 16기압으로 변화시켰을 때의 이상 기체의 화학 퍼텐셜 변화량을 E_1, 절대온도 240 K에서 이상 기체의 압력을 1기압에서 x기압으로 변화시켰을 때의 이상 기체의 화학 퍼텐셜 변화량을 E_2라 하자. $E_1 = E_2$를 만족시키는 x의 값을 구하시오.

211 중요

어떤 박테리아가 일정한 조건에서 1시간마다 분열하여 그 수가 3배씩 늘어난다고 한다. 이 박테리아 10마리가 분열을 시작하여 5천만 마리 이상이 되는 것은 최소 몇 시간 후부터인가?

(단, $\log 2 = 0.3010$, $\log 3 = 0.4771$로 계산한다.)

① 11시간 후 ② 12시간 후 ③ 13시간 후
④ 14시간 후 ⑤ 15시간 후

서술형

시험에서 출제율이 높은 서술형 문제를 엄선하여 수록하였습니다.

212

방정식 $4^x - 2^{x+3} + k = 0$이 서로 다른 두 실근을 갖도록 하는 정수 k의 개수를 구하시오.

[풀이]

213

방정식 $3^{\log x} \times x^{\log 3} - 2(3^{\log x} + x^{\log 3}) + k = 0$의 두 근을 α, β라 할 때, $\alpha\beta = 10$이다. 다음 물음에 답하시오.

(1) k의 값을 구하시오.

[풀이]

(2) $\alpha + \beta$의 값을 구하시오.

[풀이]

214

부등식 $0 \leq 25^x - 5^x \leq 20$을 만족시키는 정수 x의 개수를 구하시오.

[풀이]

215

부등식 $4^x + a \times 2^x + b < 0$의 해와 부등식 $|\log_2(x+1)| < 1$의 해가 같을 때, ab의 값을 구하시오.

(단, a, b는 상수이다.)

[풀이]

216

방정식 $(x^2-x-1)^{x+4}=1$을 만족시키는 정수 x의 개수는?

① 1 　　　② 2 　　　③ 3
④ 4 　　　⑤ 5

217

방정식 $9^x+9^{-x}+a(3^x+3^{-x})+2=0$이 실근을 갖도록 하는 실수 a의 최댓값은?

① -4 　　　② -2 　　　③ 0
④ 2 　　　⑤ 4

218

부등식 $a^{2x}-24a^x+128\le0$의 해가 $-4\le x\le-3$일 때, 실수 a의 값은? (단, $a>0$, $a\ne1$)

① $\dfrac{1}{8}$ 　　　② $\dfrac{1}{4}$ 　　　③ $\dfrac{1}{2}$
④ 2 　　　⑤ 4

219

$-1\le x\le1$에서 부등식 $a\times3^{-x}\le3^{-2x+1}\le b\times27^{-x}$이 항상 성립할 때, $a-b$의 최댓값을 구하시오.

(단, a, b는 상수이다.)

220

함수 $y=|\log_2 x-3|$의 그래프와 직선 $y=t$가 만나는 두 점 사이의 거리가 12일 때, 상수 t의 값은?

① 1 　　　② 2 　　　③ 3
④ 4 　　　⑤ 5

221

두 실수 x, y에 대한 연립방정식
$$\begin{cases} 3^x = 9^y \\ (\log_2 x)(\log_2 4y) = 6 \end{cases}$$
의 해를 $x = \alpha$, $y = \beta$라 할 때, $\alpha\beta$의 최댓값은?

① $\dfrac{1}{2}$ ② 1 ③ 2

④ 4 ⑤ 8

222

방정식
$$(\log_3 x)^2 - 4 \log_3 x + k = 0 \qquad \cdots\cdots\; \bigcirc$$
의 한 근이 방정식 $3x^2 - 4x + 1 = 0$의 두 근 사이에 있을 때, 옳은 것만을 **보기**에서 있는 대로 고른 것은?

(단, k는 상수이다.)

┌─ 보기 ┐
ㄱ. $-5 < k < 0$
ㄴ. 방정식 $\bigcirc$의 두 근의 곱은 4이다.
ㄷ. 방정식 $\bigcirc$의 다른 한 근은 방정식 $x^2 - 9x + 20 = 0$의 두 근 사이에 있다.
└─────┘

① ㄱ ② ㄴ ③ ㄱ, ㄴ

④ ㄱ, ㄷ ⑤ ㄴ, ㄷ

223

부등식 $-\log |x-1| + \log (x-1)^2 \leq 1$을 만족시키는 정수 x의 개수를 구하시오.

224 교육청 기출

두 함수 $f(x) = x^2 - 6x + 11$, $g(x) = \log_3 x$가 있다. 정수 k에 대하여
$$k < (g \circ f)(n) < k + 2$$
를 만족시키는 자연수 n의 개수를 $h(k)$라 할 때, $h(0) + h(3)$의 값은?

① 11 ② 13 ③ 15

④ 17 ⑤ 19

225

두 웹 사이트 A, B의 현재 가입된 회원 수와 매달 가입하는 회원 수의 증가율은 다음 표와 같다.

	현재 회원 수 (만 명)	증가율 (%)
웹 사이트 A	10	5
웹 사이트 B	20	2

n개월 후에 웹 사이트 A에 가입된 회원 수가 웹 사이트 B에 가입된 회원 수보다 많아진다고 할 때, 자연수 n의 최솟값을 구하시오. (단, $\log 1.02 = 0.0086$, $\log 1.05 = 0.0212$, $\log 2 = 0.3010$으로 계산한다.)

도전 1등급 최고난도

226

함수 $f(x) = \begin{cases} -2^x + 8 & (x < 2) \\ 2^x & (x \geq 2) \end{cases}$ 에 대하여 x에 대한 방정

식 $4^{f(x)} - 9 \times 2^{n+f(x)} + 2^{2n+3} = 0$의 서로 다른 실근의 개수

가 3이 되도록 하는 자연수 n의 개수를 구하시오.

227

두 집합

$$A = \{x \mid |2^{x-a} - 5| < 3\},$$

$$B = \{x \mid \log_a (5 + 2x) < \log_a (x^2 - 2x)\}$$

에 대하여 $A \subset B$가 되도록 하는 정수 a의 최솟값을 구하

시오.

228

x에 대한 부등식

$$x^2 - x \log_2 4n + \log_2 n^2 \leq 0$$

을 만족시키는 정수 x의 개수가 1이 되도록 하는 모든 자

연수 n의 값의 합을 구하시오.

Ⅱ

삼각함수

✓ 학습 계획 Check

• 학습하기 전, 중단원이 무엇인지 먼저 확인하세요.

• 이해가 부족한 개념이 있는 단원은 ☐ 안에 표시하고 반복하여 학습하세요.

중단원명		학습 확인
05 삼각함수	60	☐ ☐ ☐
06 삼각함수의 활용	76	☐ ☐ ☐

05 삼각함수

핵심 개념

05-1 일반각과 호도법 [유형 1, 2]

1 일반각[1]

시초선 OX와 동경 OP가 나타내는 한 각의 크기를 $a°$라 하면 $\angle XOP$의 크기는 $360° \times n + a°$ (n은 정수) 꼴로 나타낼 수 있고, 이것을 동경 OP가 나타내는 **일반각**이라 한다.

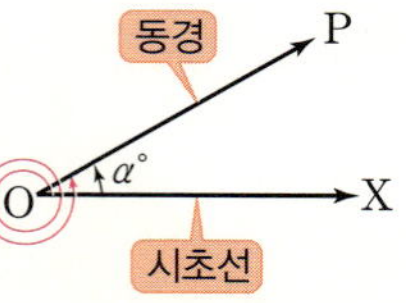

2 호도법

(1) **1라디안**: 반지름의 길이가 r인 원에서 길이가 r인 호의 중심각의 크기

(2) **호도법**: 라디안을 단위로 각의 크기를 나타내는 방법

(3) 1라디안$= \dfrac{180°}{\pi}$, $\quad 1° = \dfrac{\pi}{180}$라디안

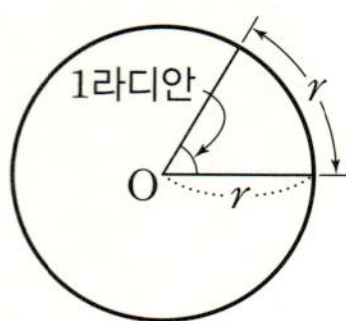

[1] 두 동경 OP, OP′이 나타내는 각의 크기가 각각 a, β일 때, 정수 n에 대하여 두 동경의 위치에 따른 관계식은 다음과 같다.
① 일치한다.
$\quad \Rightarrow \beta - a = 360° \times n$
② 일직선 위에 있고 방향이 반대이다.
$\quad \Rightarrow \beta - a = 360° \times n + 180°$
③ x축에 대하여 대칭이다.
$\quad \Rightarrow \beta + a = 360° \times n$
④ y축에 대하여 대칭이다.
$\quad \Rightarrow \beta + a = 360° \times n + 180°$

05-2 부채꼴의 호의 길이와 넓이 [유형 3]

반지름의 길이가 r, 중심각의 크기가 θ인 부채꼴의 호의 길이를 l, 넓이를 S라 하면

$$l = r\theta, \quad S = \dfrac{1}{2}r^2\theta = \dfrac{1}{2}rl$$

→ 중심각의 크기 θ의 단위는 라디안임에 유의한다.

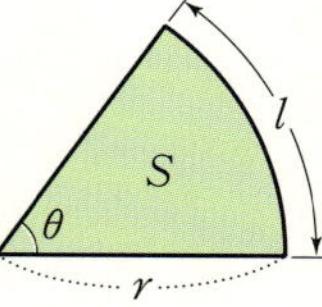

05-3 삼각함수 [유형 4~6]

1 삼각함수

반지름의 길이가 r인 원 O 위의 점 $P(x, y)$에 대하여 동경 OP가 나타내는 일반각 중 하나의 크기를 θ라 할 때,

$$\sin \theta = \dfrac{y}{r}, \quad \cos \theta = \dfrac{x}{r}, \quad \tan \theta = \dfrac{y}{x} \ (x \neq 0)$$

이들 함수를 차례대로 θ의 **사인함수**, **코사인함수**, **탄젠트함수**라 하고, 이와 같은 함수를 θ에 대한 **삼각함수**라 한다.

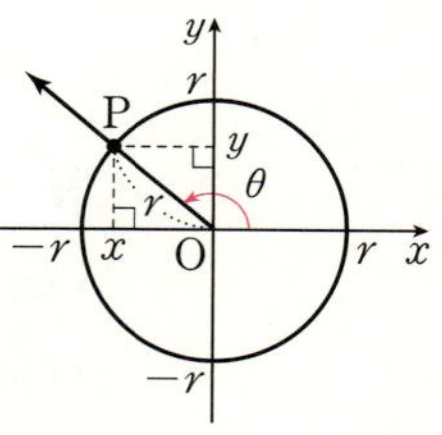

2 삼각함수의 값의 부호[2]

삼각함수의 값의 부호는 각 θ를 나타내는 동경이 위치한 사분면에 따라 다음과 같이 정해진다.

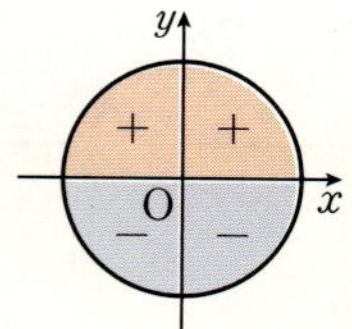

[$\sin \theta$의 값의 부호]

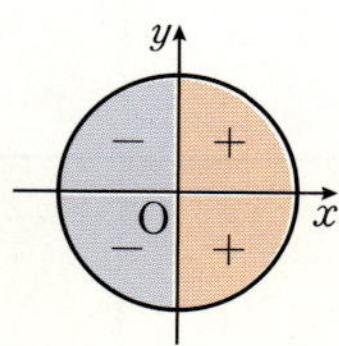

[$\cos \theta$의 값의 부호]

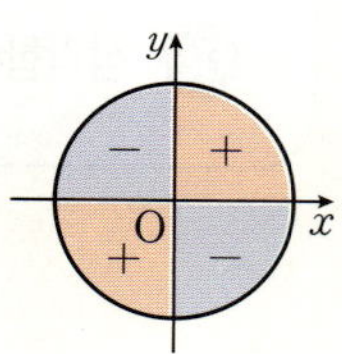

[$\tan \theta$의 값의 부호]

[2] 각 사분면에서 삼각함수의 값이 양수인 것은
얼(all)−싸(sin)−안(tan)−코(cos)로 기억하면 편리하다.

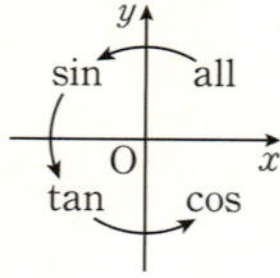

3 삼각함수 사이의 관계

(1) $\tan\theta = \dfrac{\sin\theta}{\cos\theta}$

(2) $\sin^2\theta + \cos^2\theta = 1$

05-4 삼각함수의 그래프 [유형 7, 9]

1 함수 $y=\sin x$, $y=\cos x$의 성질

(1) 정의역: 실수 전체의 집합

(2) 치역: $\{y \mid -1 \leq y \leq 1\}$

(3) 주기가 2π인 주기함수이다.

(4) 함수 $y=\sin x$의 그래프는 원점에 대하여 대칭이고,
함수 $y=\cos x$의 그래프는 y축에 대하여 대칭이다.
$\longrightarrow \sin(-x)=-\sin x$
$\longrightarrow \cos(-x)=\cos x$

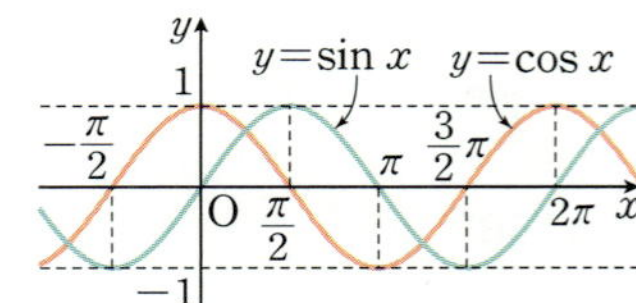

> **참고** 일반적으로 함수 $f(x)$의 정의역에 속하는 모든 실수 x에 대하여 $f(x+p)=f(x)$를 만족시키는 0이 아닌 상수 p가 존재할 때 함수 $f(x)$를 **주기함수**라 하고, 이러한 상수 p 중에서 최소인 양수를 그 함수의 주기라 한다.

2 함수 $y=\tan x$의 성질

(1) 정의역: $n\pi + \dfrac{\pi}{2}$ (n은 정수)를 제외한 실수 전체의
집합

(2) 치역: 실수 전체의 집합

(3) 주기가 π인 주기함수이다.

(4) 그래프는 원점에 대하여 대칭이다.
$\longrightarrow \tan(-x)=-\tan x$

(5) 그래프의 점근선은 직선 $x=n\pi + \dfrac{\pi}{2}$ (n은 정수)이다.

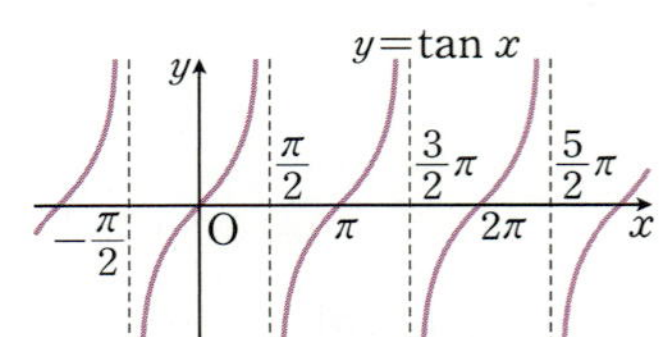

❸ (1) $y=a\sin(bx+c)+d$에 대하여
　① 최댓값: $|a|+d$
　② 최솟값: $-|a|+d$
　③ 주기: $\dfrac{2\pi}{|b|}$

(2) $y=a\cos(bx+c)+d$에 대하여
　① 최댓값: $|a|+d$
　② 최솟값: $-|a|+d$
　③ 주기: $\dfrac{2\pi}{|b|}$

(3) $y=a\tan(bx+c)+d$에 대하여
　① 최댓값 : 없다.
　② 최솟값 : 없다.
　③ 주기 : $\dfrac{\pi}{|b|}$

05-5 여러 가지 각에 대한 삼각함수의 성질 [유형 8, 9]

1 $2n\pi+x$의 삼각함수 (단, n은 정수)

$$\sin(2n\pi+x)=\sin x, \quad \cos(2n\pi+x)=\cos x, \quad \tan(2n\pi+x)=\tan x$$

2 $-x$의 삼각함수

$$\sin(-x)=-\sin x, \quad \cos(-x)=\cos x, \quad \tan(-x)=-\tan x$$

3 $\pi \pm x$의 삼각함수 (단, 복부호 동순)

$$\sin(\pi\pm x)=\mp\sin x, \quad \cos(\pi\pm x)=-\cos x, \quad \tan(\pi\pm x)=\pm\tan x$$

4 $\dfrac{\pi}{2}\pm x$의 삼각함수 (단, 복부호 동순)

$$\sin\left(\dfrac{\pi}{2}\pm x\right)=\cos x, \quad \cos\left(\dfrac{\pi}{2}\pm x\right)=\mp\sin x, \quad \tan\left(\dfrac{\pi}{2}\pm x\right)=\mp\dfrac{1}{\tan x}$$

05-6 삼각함수의 활용 [유형 10~11]

삼각함수의 각의 크기에 미지수가 있는 방정식이나 부등식은 삼각함수의 그래프를 이용하여 해를 구한다.❹

❹ 두 종류 이상의 삼각함수를 포함한 삼각방정식과 삼각부등식은 한 종류의 삼각함수에 대한 삼각방정식과 삼각부등식으로 변형하여 푼다.

유형 1 일반각과 호도법 [개념 05-1]

229

다음 중 옳지 <u>않은</u> 것은?

① $50° = \dfrac{5}{18}\pi$ ② $315° = \dfrac{7}{4}\pi$

③ $-105° = -\dfrac{7}{12}\pi$ ④ $\dfrac{2}{5}\pi = 156°$

⑤ $\dfrac{3}{2}\pi = 270°$

230

다음 중 각을 나타내는 동경이 존재하는 사분면이 나머지 넷과 <u>다른</u> 하나는?

① $590°$ ② $-740°$ ③ $-\dfrac{5}{6}\pi$

④ $\dfrac{5}{4}\pi$ ⑤ $\dfrac{16}{3}\pi$

231

다음 각을 나타내는 동경 중 $120°$를 나타내는 동경과 일치하는 것은?

① $\dfrac{4}{3}\pi$ ② $-\dfrac{7}{6}\pi$ ③ $-\dfrac{10}{3}\pi$

④ $\dfrac{13}{6}\pi$ ⑤ $\dfrac{19}{3}\pi$

232

θ가 제2사분면의 각일 때, 각 $\dfrac{\theta}{2}$를 나타내는 동경이 존재할 수 있는 사분면을 말하시오.

233 ★중요

3θ가 제4사분면의 각일 때, 각 θ를 나타내는 동경이 존재할 수 <u>없는</u> 사분면은?

① 제1사분면   ② 제2사분면

③ 제3사분면   ④ 제4사분면

⑤ 제2, 4사분면

유형 2 두 동경의 위치 관계 [개념 05-1]

234 ★중요

$0 < \theta < \pi$이고 각 θ를 나타내는 동경과 각 7θ를 나타내는 동경이 일치할 때, 모든 각 θ의 크기의 합은?

① $\dfrac{\pi}{2}$ ② $\dfrac{3}{4}\pi$ ③ π

④ $\dfrac{5}{4}\pi$ ⑤ $\dfrac{3}{2}\pi$

235

$\pi<\theta<2\pi$이고 각 2θ를 나타내는 동경과 각 5θ를 나타내는 동경이 x축에 대하여 대칭일 때, 각 θ의 개수를 구하시오.

236

각 3θ를 나타내는 동경과 각 7θ를 나타내는 동경이 일직선 위에 있고 방향이 반대일 때, $\tan\theta$의 값을 구하시오.

$$\left(\text{단, } 0<\theta<\frac{\pi}{2}\right)$$

237

호의 길이가 3π이고 넓이가 9π인 부채꼴의 중심각의 크기는?

① $\dfrac{\pi}{4}$ ② $\dfrac{\pi}{3}$ ③ $\dfrac{\pi}{2}$

④ $\dfrac{2}{3}\pi$ ⑤ $\dfrac{5}{6}\pi$

238

둘레의 길이가 20인 부채꼴 중에서 그 넓이가 최대일 때의 반지름의 길이를 구하시오.

239

중심각의 크기가 θ이고 반지름의 길이가 4인 부채꼴 PAB의 중심 P가 반지름의 길이가 2인 원 O 위에 있다. 오른쪽 그림과 같이 부채꼴 PAB가 원 O에 접하며 한 바퀴 돌아서 중심 P가 제자리에 왔다. 이때 θ의 값은?

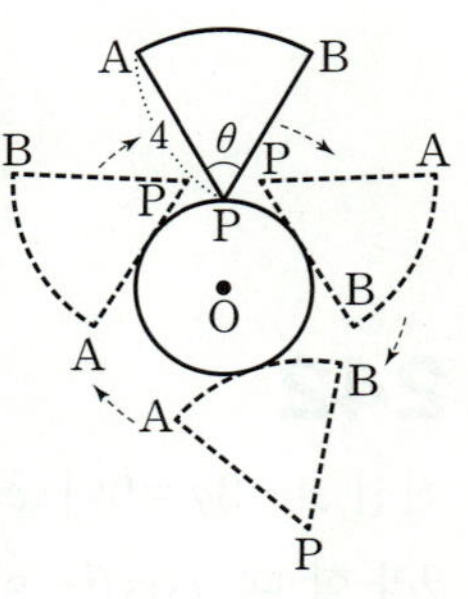

① $\pi-\dfrac{5}{2}$ ② $\pi-2$ ③ $\pi-\dfrac{3}{2}$

④ $\pi-1$ ⑤ $\pi-\dfrac{1}{2}$

240 교육청 기출

선분 AB를 지름으로 하는 반원의 호 AB 위에 점 C가 있다. 선분 AB의 중점을 O라 할 때, 호 AC의 길이가 π이고 부채꼴 OBC의 넓이가 15π이다. 선분 OA의 길이를 구하시오. (단, 점 C는 점 A도 아니고 점 B도 아니다.)

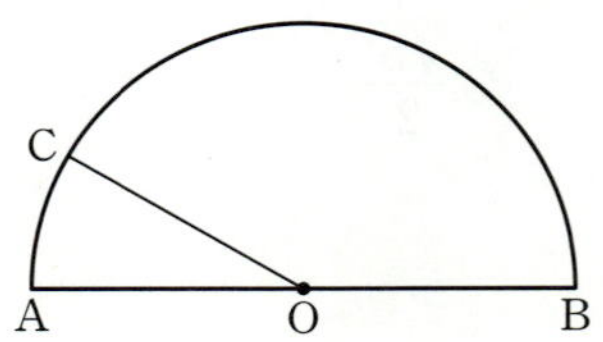

241

원점 O와 점 P$(-4, -3)$을 지나는 동경 OP가 나타내는 각의 크기를 θ라 할 때, $10\sin\theta+5\cos\theta+4\tan\theta$의 값을 구하시오.

242

직선 $x-3y=0$이 x축의 양의 방향과 이루는 각의 크기를 θ라 할 때, $\cos\theta-\sin\theta$의 값을 구하시오. (단, $0<\theta<\pi$)

243 　교육청 기출

좌표평면에서 곡선 $y=\sqrt{x}$ $(x>0)$ 위의 점 P에 대하여 동경 OP가 나타내는 각의 크기를 θ라 하자.
$\cos^2\theta-2\sin^2\theta=-1$일 때, 선분 OP의 길이는?
(단, O는 원점이고, x축의 양의 방향을 시초선으로 한다.)

① $\dfrac{1}{2}$ 　　　　② $\dfrac{\sqrt{2}}{2}$ 　　　　③ $\dfrac{\sqrt{3}}{2}$

④ 1 　　　　⑤ $\dfrac{\sqrt{5}}{2}$

244

다음을 만족시키는 각 θ는 제몇 사분면의 각인가?

$$\sin\theta\cos\theta<0, \quad \cos\theta\tan\theta>0$$

① 제1사분면 　　　　② 제2사분면
③ 제3사분면 　　　　④ 제4사분면
⑤ 제1사분면 또는 제4사분면

245

$\dfrac{3}{2}\pi<\theta<2\pi$일 때,
$$\sqrt{\sin^2\theta}+\sqrt{(\sin\theta-\cos\theta)^2}+\sqrt{\cos^2\theta}$$
를 간단히 하면?

① $-2\sin\theta$ 　　　　② $-2\sin\theta+2\cos\theta$
③ 0 　　　　④ $2\sin\theta$
⑤ $2\cos\theta$

246 　실력 UP

임의의 각 θ에 대하여 $\sqrt{\sin\theta}\sqrt{\cos\theta}+\sqrt{\sin\theta\cos\theta}=0$을 만족시킬 때, $|\sin\theta|-|\tan\theta|+\sqrt{(\sin\theta-\tan\theta)^2}$을 간단히 하면?

① $-2\sin\theta$ 　　② $-2\tan\theta$ 　　③ 0
④ $2\sin\theta$ 　　⑤ $2\tan\theta$

유형 6 삼각함수 사이의 관계 [개념 05-3]

247

θ가 제2사분면의 각이고 $\cos\theta=-\dfrac{3}{5}$일 때,

$10\sin\theta+3\tan\theta$의 값을 구하시오.

248

$\dfrac{1}{1+\sin\theta}+\dfrac{1}{1-\sin\theta}=\dfrac{5}{2}$일 때, $\tan\theta$의 값을 구하시오.

$$\left(\text{단, }\pi<\theta<\dfrac{3}{2}\pi\right)$$

249 ⭐중요

옳은 것만을 | **보기** |에서 있는 대로 고른 것은?

| **보기** |
ㄱ. $\cos^4\theta-\sin^4\theta=1-2\sin^2\theta$

ㄴ. $\dfrac{\cos\theta}{1+\sin\theta}+\tan\theta=\sin\theta$

ㄷ. $\tan^2\theta+\cos^2\theta(1-\tan^4\theta)=1$

① ㄱ   ② ㄴ   ③ ㄱ, ㄴ

④ ㄱ, ㄷ   ⑤ ㄴ, ㄷ

250

$\sin\theta-\cos\theta=\dfrac{\sqrt{7}}{2}$일 때, $\sin^4\theta+\cos^4\theta$의 값은?

① $\dfrac{23}{32}$ ② $\dfrac{3}{4}$ ③ $\dfrac{25}{32}$

④ $\dfrac{13}{16}$ ⑤ $\dfrac{27}{32}$

유형 7 삼각함수의 그래프 [개념 05-4]

251

함수 $f(x)$가 다음 | **조건** |을 만족시킬 때, $f\left(\dfrac{31}{3}\right)$의 값을 구하시오.

| **조건** |
㈎ 모든 실수 x에 대하여 $f(x+2)=f(x)$이다.

㈏ $0\leq x<2$일 때, $f(x)=\cos\pi x$

252 ⭐중요

다음 그림과 같이 $0 \le x \le 2\pi$에서 두 함수 $y = \sin x$, $y = \cos x$의 그래프가 직선 $y = k \left(0 < k < \dfrac{\sqrt{2}}{2} \right)$와 만나는 점의 x좌표를 작은 것부터 차례대로 a, b, c, d라 할 때, $a + 2b + c + 2d$의 값을 구하시오.

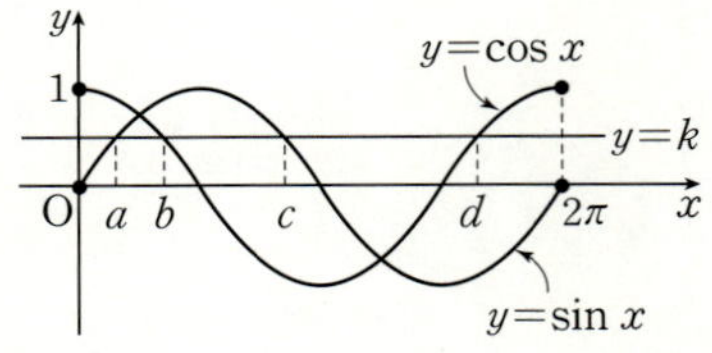

253

함수 $y = 3\sin \dfrac{\pi}{2}x - 1$의 그래프를 x축에 대하여 대칭이동한 후 y축의 방향으로 a만큼 평행이동한 그래프의 식이 $y = b\sin \dfrac{\pi}{2}x + 5$일 때, $a - b$의 값은?

(단, b는 상수이다.)

① -7 ② -3 ③ 1

④ 3 ⑤ 7

254

함수 $f(x) = \tan \dfrac{x}{3} + 2$에 대하여 옳은 것만을 |보기|에서 있는 대로 고른 것은?

|보기|

ㄱ. 주기가 3π인 주기함수이다.

ㄴ. 모든 실수 x에 대하여 $f(-x) = -f(x)$이다.

ㄷ. 그래프의 점근선의 방정식은
$x = n\pi + \dfrac{3}{2}\pi$ (n은 정수)이다.

① ㄱ   ② ㄴ   ③ ㄱ, ㄴ

④ ㄱ, ㄷ   ⑤ ㄱ, ㄴ, ㄷ

255   교육청 기출

세 양수 a, b, c에 대하여 함수 $y = a\tan(bx + c)$의 그래프가 그림과 같을 때, $a \times b \times c$의 값은? (단, $0 < c < \pi$)

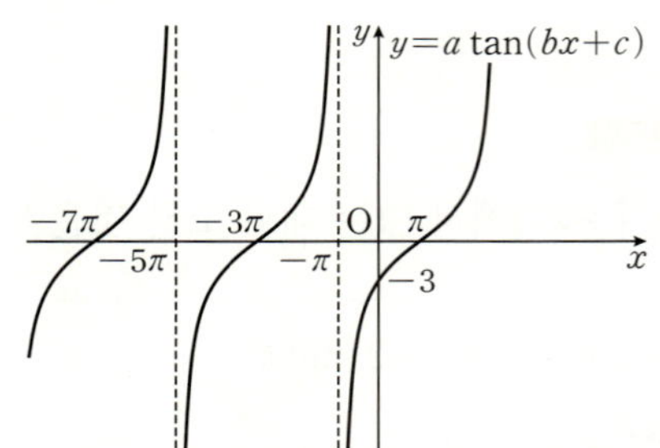

① $\dfrac{9}{16}\pi$ ② $\dfrac{5}{8}\pi$ ③ $\dfrac{11}{16}\pi$

④ $\dfrac{3}{4}\pi$ ⑤ $\dfrac{13}{16}\pi$

256

다음 그림은 함수 $y=\sin(ax-\pi)+b$의 그래프일 때, $a+b$의 값은? (단, a, b는 상수이다.)

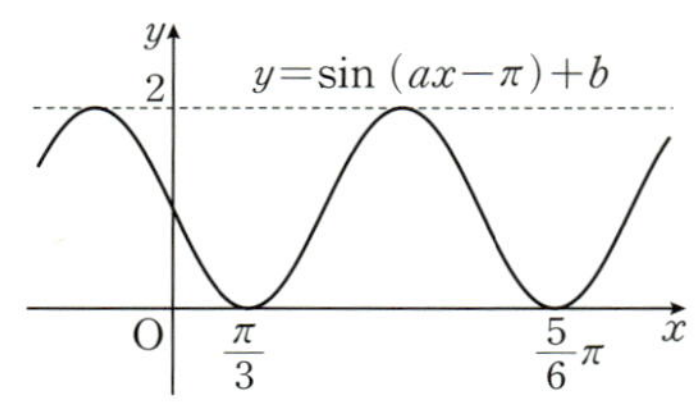

① 1   ② 2   ③ 3

④ 4   ⑤ 5

257 실력 UP

함수 $f(x)=a|\cos bx|+c$가 다음 | 조건 |을 만족시킬 때, 상수 a, b, c에 대하여 $a+b-c$의 값을 구하시오.

(단, $a>0$, $b>0$)

| 조건 |

(가) 주기가 $\dfrac{\pi}{3}$인 주기함수이다.

(나) 함수 $f(x)$의 최댓값은 3이다.

(다) $f\left(\dfrac{\pi}{9}\right)=\dfrac{5}{2}$

258

다음 식의 값을 구하시오.

$$\sin\frac{5}{6}\pi+\tan\frac{19}{3}\pi+\cos\left(-\frac{8}{3}\pi\right)$$

259 중요

$\cos\theta=\dfrac{1}{3}$일 때,

$$\frac{\cos(\pi+\theta)}{1+\cos\left(\dfrac{3}{2}\pi-\theta\right)}-\frac{\sin\left(\dfrac{\pi}{2}+\theta\right)}{1+\sin(\pi-\theta)}$$

의 값은?

① -6 ② -3 ③ 0

④ 3   ⑤ 6

260

각 $\theta=10°$일 때, $\log_3\tan 4\theta+\log_3\tan 5\theta+\log_3\tan 6\theta$의 값은?

① $\dfrac{1}{8}$ ② $\dfrac{1}{4}$ ③ $\dfrac{3}{8}$

④ $\dfrac{1}{2}$ ⑤ $\dfrac{5}{8}$

261

$\sin^2 10° + \sin^2 20° + \sin^2 30° + \cdots + \sin^2 80°$의 값을 구하시오.

262 ▶실력 UP

오른쪽 그림과 같이 원 $x^2+y^2=1$의 둘레를 10등분 한 점을 차례대로 P_1, P_2, P_3, $\cdots$, P_{10}이라 하자. $P_1(1,\ 0)$이고 $\angle P_1OP_2=\theta$일 때,
$$\cos\theta+\cos 2\theta+\cos 3\theta$$
$$+\cdots+\cos 10\theta$$
의 값은? (단, O는 원점이다.)

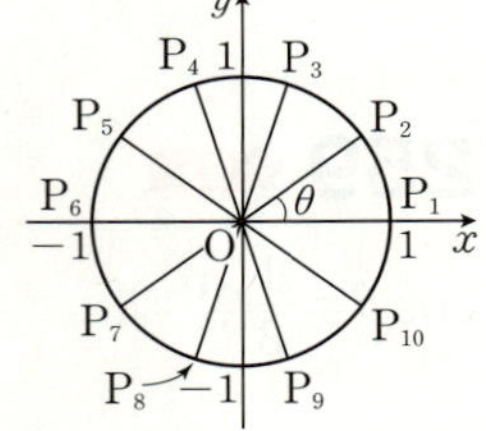

① -2 ② -1 ③ 0
④ 1 ⑤ 2

유형 **9** 삼각함수를 포함한 식의 최대·최소 [개념 05-4, 5]

263 교육청 기출

두 상수 a, b에 대하여 함수 $f(x)=4\cos\dfrac{\pi}{a}x+b$의 주기가 4이고 최솟값이 -1일 때, $a+b$의 값은? (단, $a>0$)

① 5 ② 7 ③ 9
④ 11 ⑤ 13

264

함수 $y=2\sin\left(x-\dfrac{\pi}{2}\right)+3\cos x+k$의 최댓값과 최솟값의 합이 2일 때, 상수 k의 값을 구하시오.

265

함수 $y=2|2\sin x-1|+1$의 최댓값을 M, 최솟값을 m이라 할 때, $M-m$의 값은?

① 2 ② 3 ③ 4
④ 5 ⑤ 6

266

함수 $y=\dfrac{2\tan x-1}{\tan x+1}$의 치역이 $\{y\,|\,a\leq y\leq b\}$일 때, $a+b$의 값은? $\left(\text{단, } 0\leq x\leq\dfrac{\pi}{4}\right)$

① -1 ② $-\dfrac{1}{2}$ ③ $\dfrac{1}{2}$
④ 1 ⑤ $\dfrac{3}{2}$

267

함수 $y=-\cos^2 x-\sin x+1$은 $x=a$일 때 최댓값 b를 갖는다. 이때 ab의 값을 구하시오. (단, $-\pi\leq x\leq\pi$)

268 ⭐중요

실수 k에 대하여 함수

$$f(x)=4\sin^2\left(x-\frac{\pi}{4}\right)+8\sin\left(x-\frac{3}{4}\pi\right)+k$$

의 최댓값이 7, 최솟값이 m이다. 이때 km의 값을 구하시오.

유형⑩ 삼각함수의 활용; 방정식   [개념 05-6]

269

$0\leq x<\pi$일 때, 방정식 $2\sin\left(2x-\dfrac{\pi}{3}\right)=\sqrt{3}$의 해는?

① $x=0$ 또는 $x=\dfrac{\pi}{3}$ ② $x=\dfrac{\pi}{3}$ 또는 $x=\dfrac{\pi}{2}$

③ $x=\dfrac{\pi}{3}$ 또는 $x=\dfrac{2}{3}\pi$ ④ $x=\dfrac{\pi}{3}$ 또는 $x=\pi$

⑤ $x=\dfrac{\pi}{2}$ 또는 $x=\dfrac{5}{6}\pi$

270 ⭐중요

방정식 $2\sin^2 x+3\cos x=0$의 모든 근의 합은?

(단, $0\leq x\leq 2\pi$)

① $\dfrac{2}{3}\pi$ ② π ③ $\dfrac{3}{2}\pi$

④ 2π ⑤ $\dfrac{5}{2}\pi$

271

삼각형 ABC에 대하여 $2\cos^2 A-\sin A=1$이 성립할 때, $\cos\left(\dfrac{B+C-A}{2}\right)$의 값을 구하시오.

272

방정식 $\sin\pi x=\dfrac{2}{7}x$의 서로 다른 실근의 개수를 구하시오.

● 바른답·알찬풀이 **48**쪽

273 교육청 기출

$-\dfrac{3}{2}\pi \le x \le \dfrac{3}{2}\pi$에서 정의된 함수

$$f(x)=a\cos\dfrac{2}{3}x+a \ (a>0)$$

이 있다. 함수 $y=f(x)$의 그래프가 y축과 만나는 점을 A, 직선 $y=\dfrac{a}{2}$와 만나는 두 점을 각각 B, C라 하자. 삼각형 ABC가 정삼각형일 때, a의 값은?

① $\dfrac{\sqrt{3}}{3}\pi$ ② $\dfrac{5\sqrt{3}}{12}\pi$ ③ $\dfrac{\sqrt{3}}{2}\pi$

④ $\dfrac{7\sqrt{3}}{12}\pi$ ⑤ $\dfrac{2\sqrt{3}}{3}\pi$

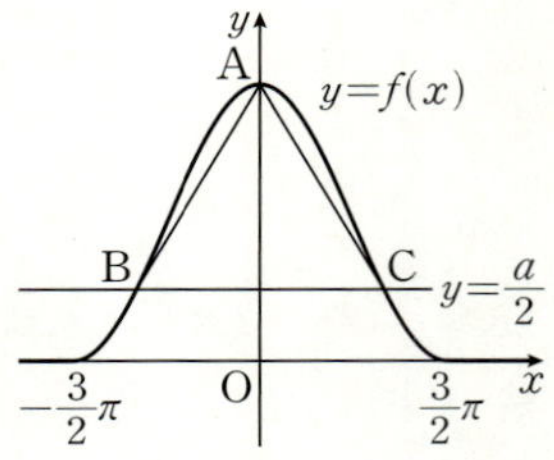

유형 11 삼각함수의 활용; 부등식   [개념 05-6]

274 ★중요

$0\le x<2\pi$일 때, 부등식 $\sin\left(x-\dfrac{\pi}{6}\right)\ge\dfrac{1}{2}$의 해를 구하시오.

275

부등식 $\sin x>\cos x$의 해가 $\alpha<x<\beta$일 때, $\alpha+\beta$의 값을 구하시오. (단, $0\le x<2\pi$)

276

부등식 $\cos^2 x-3\cos x-a+9\ge0$이 모든 실수 x에 대하여 성립하도록 하는 실수 a의 최댓값을 구하시오.

277 실력 UP

함수 $f(x)=\cos\dfrac{\pi}{6}x$라 할 때, $0<x<18$에서 부등식

$$4f(3+x)f(3-x)+3<0$$

을 만족시키는 모든 자연수 x의 값의 합은?

① 15 ② 18 ③ 21

④ 24 ⑤ 27

시험에서 출제율이 높은 서술형 문제를 엄선하여 수록하였습니다.

278

이차방정식 $2x^2-x+k=0$의 두 근이 $\sin\theta$, $\cos\theta$일 때, 다음 물음에 답하시오.

⑴ 상수 k의 값을 구하시오.

[풀이]

⑵ $\tan\theta$, $\dfrac{1}{\tan\theta}$을 두 근으로 하고 x^2의 계수가 3인 이차방정식을 구하시오.

[풀이]

279

다음 그림은 함수 $y=a\tan bx$의 그래프이다. 양수 a, b에 대하여 ab의 값을 구하시오.

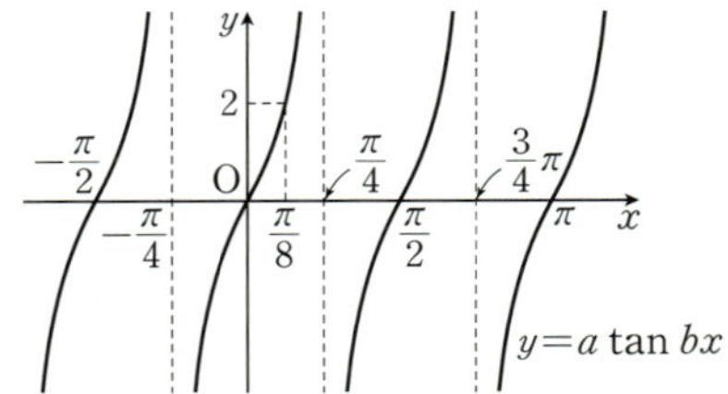

[풀이]

280

x에 대한 이차방정식 $x^2-2\sqrt{2}x+2\tan\theta=0$이 중근을 갖도록 하는 θ의 값을 구하시오. (단, $0\le\theta<\pi$)

[풀이]

281

$0\le x<2\pi$일 때, 부등식 $2\sin^2 x-3\cos x\ge0$의 해를 구하시오.

[풀이]

1등급 실력 완성

282

각 θ를 나타내는 동경이 각 9θ를 나타내는 동경과 y축에 대하여 대칭이고, 각 4θ를 나타내는 동경과 직선 $y=x$에 대하여 대칭이다. 각 θ 중에서 크기가 가장 큰 것을 α, 가장 작은 것을 β라 할 때, $\alpha-\beta$의 값을 구하시오.

$$(단, 0<\theta<\pi)$$

283

오른쪽 그림과 같이 반지름의 길이가 6이고 중심각의 크기가 $\dfrac{\pi}{4}$인 부채꼴 OAB가 있다. 선분 OA 위의 점 P에 대하여 선분 PA를 지름으로 하고 선분 OB에 접하는 반원을 C라 할 때, 부채꼴 OAB의 넓이를 S_1, 반원 C의 넓이를 S_2라 하자. $\dfrac{4S_1}{S_2}$의 값은?

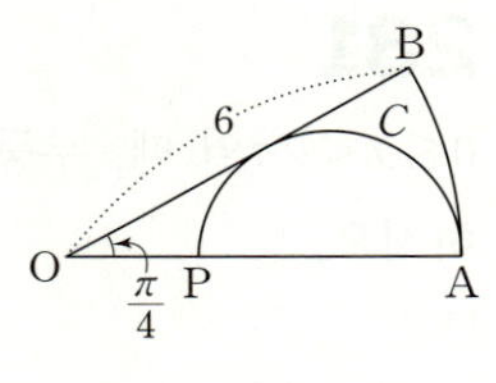

① $2+2\sqrt{2}$ ② $3+2\sqrt{2}$ ③ $3+3\sqrt{2}$
④ $4+3\sqrt{2}$ ⑤ $4+4\sqrt{2}$

284

오른쪽 그림과 같이 원 $x^2+y^2=1$ 위의 두 점 A$(1,\ 0)$, B에 대하여 $\angle AOB=\theta$이다. 점 A에서의 접선이 선분 OB의 연장선과 만나는 점을 P, 점 B에서 x축에 내린 수선의 발을 Q라 할 때, 옳은 것만을 | **보기** |에서 있는 대로 고른 것은?

(단, O는 원점이고, B는 제1사분면 위의 점이다.)

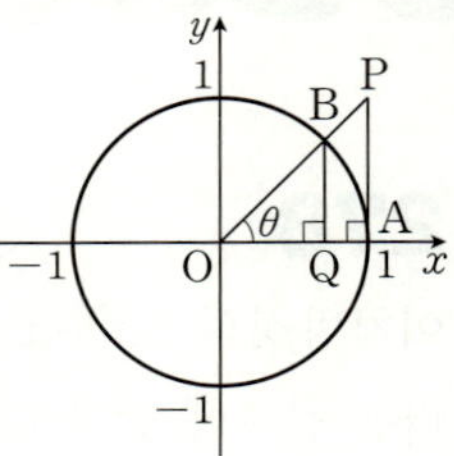

| 보기 |
ㄱ. $\sin\theta=\overline{OB}$　　ㄴ. $\overline{PA}\times\overline{OQ}=\overline{BQ}$
ㄷ. $\overline{OQ}\times\overline{OP}=1$

① ㄴ ② ㄷ ③ ㄱ, ㄴ
④ ㄴ, ㄷ ⑤ ㄱ, ㄴ, ㄷ

285

다음 | **조건** |을 만족시키는 각 θ에 대하여 $\sin\theta\cos\theta$의 값을 구하시오.

| 조건 |
(가) $\sqrt{\cos\theta}\sqrt{\tan\theta}=-\sqrt{\sin\theta}$
(나) $\dfrac{1+\tan\theta}{1-\tan\theta}=2-\sqrt{3}$

286 교육청 기출

그림과 같이 두 상수 a, b에 대하여 함수

$$f(x)=a\sin\frac{\pi x}{b}+1\ \left(0\le x\le\frac{5}{2}b\right)$$

의 그래프와 직선 $y=5$가 만나는 점을 x좌표가 작은 것부터 차례로 A, B, C라 하자.

$\overline{BC}=\overline{AB}+6$이고 삼각형 AOB의 넓이가 $\dfrac{15}{2}$일 때, a^2+b^2의 값은? (단, $a>4$, $b>0$이고, O는 원점이다.)

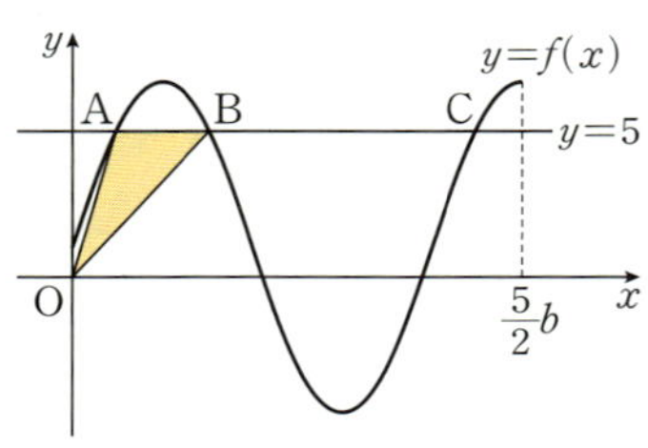

① 68   ② 70   ③ 72

④ 74   ⑤ 76

287

자연수 n에 대하여 $0\le x\le 2^{n+1}$에서 함수 $y=-\cos\dfrac{\pi}{2^n}x$의 그래프가 직선 $y=\dfrac{1}{n}$과 만나는 모든 x좌표의 합을 $f(n)$이라 하자. $f(1)+f(2)+f(3)+f(4)$의 값을 구하시오.

288

직선 $y=ax+1$이 x축의 양의 방향과 이루는 각의 크기를 θ라 할 때,

$$\frac{1-\cos(\pi+\theta)}{\sin(\pi-\theta)}+\frac{1+\sin\left(\frac{3}{2}\pi-\theta\right)}{\cos\left(\frac{\pi}{2}+\theta\right)}=4$$

가 성립한다. 상수 a의 값을 구하시오. (단, $a\ne0$)

289

오른쪽 그림과 같이 정사각형 ABCD가 원점 O를 중심으로 하는 원에 내접하고 있다. 동경 OA, OB, OC, OD가 나타내는 각의 크기를 각각 α, β, γ, δ라 할 때, 옳은 것만을 | 보기 |에서 있는 대로 고르시오. (단, A는 제1사분면 위의 점이다.)

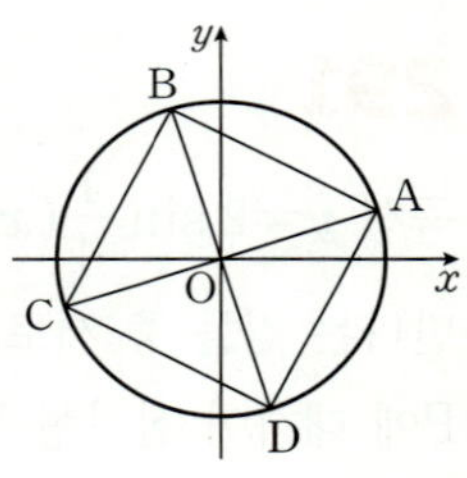

| 보기 |

ㄱ. $\sin\alpha+\sin\gamma=0$ ㄴ. $\sin\alpha+\cos\delta=0$

ㄷ. $\tan\beta\times\tan\gamma=-1$

290

함수 $y = \cos^2 x + 2k \sin x + 6k$ 가 $x = \alpha$ 일 때 최댓값 -9 를 갖는다. 이때 $\dfrac{\alpha}{k}$ 의 값을 구하시오.

(단, $0 \le x < 2\pi$ 이고, k는 실수이다.)

291

곡선 $y = 2\sin\dfrac{1}{4}(x - \pi)\ (0 \le x \le 10\pi)$ 와 직선 $y = 1$ 이 만나는 점들 중 서로 다른 두 점 A, B와 이 곡선 위의 점 P에 대하여 삼각형 PAB의 넓이의 최댓값이 $k\pi$이다. 유리수 k의 값을 구하시오.

292 교육청 기출

그림과 같이 $0 \le x \le 2\pi$에서 정의된 두 함수 $f(x) = k\sin x$, $g(x) = \cos x$에 대하여 곡선 $y = f(x)$와 곡선 $y = g(x)$가 만나는 서로 다른 두 점을 A, B라 하자. 직선 AB가 두 점 A, B 이외에 곡선 $y = f(x)$와 만나는 점을 C라 할 때, 점 B는 선분 AC를 $2 : 1$로 내분한다. 점 C를 지나고 y축에 평행한 직선이 곡선 $y = g(x)$와 만나는 점을 D라 할 때, 삼각형 BCD의 넓이는? (단, k는 양수이고, 점 B의 x좌표는 점 A의 x좌표보다 크다.)

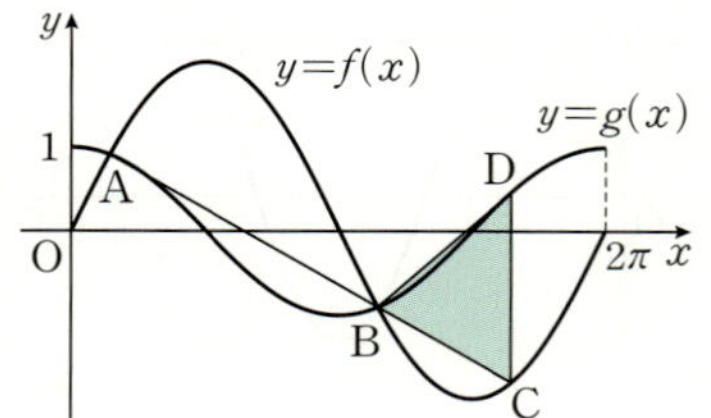

① $\dfrac{\sqrt{15}}{8}\pi$ ② $\dfrac{9\sqrt{5}}{40}\pi$ ③ $\dfrac{\sqrt{5}}{4}\pi$

④ $\dfrac{3\sqrt{10}}{16}\pi$ ⑤ $\dfrac{3\sqrt{5}}{10}\pi$

293

두 함수 $f(x)$, $g(x)$가
$$f(x) = x^2 - 8x + a, \quad g(x) = \sin^2 x - 2\sin x$$
일 때, 모든 실수 x에 대하여 부등식 $(f \circ g)(x) \ge 0$이 성립하도록 하는 실수 a의 최솟값을 구하시오.

● 바른답·알찬풀이 **54쪽**

294

자연수 n에 대하여 $-\dfrac{\pi}{4n} < x < \dfrac{\pi}{4n}$ 에서 정의된 함수 $f(x) = -7 \sin 4nx$가 있다. 원점 O를 지나고 기울기가 음수인 직선과 함수 $y = f(x)$의 그래프가 서로 다른 세 점 O, A, B에서 만날 때, 점 $C\left(-\dfrac{\pi}{4n},\ 0\right)$에 대하여 넓이가 $\dfrac{7}{24}\pi$인 삼각형 ACB가 존재하도록 하는 n의 최댓값은?

① 5   ② 6   ③ 7

④ 8   ⑤ 9

295

함수 $f(x) = a \cos bx + 8 - 3a$가 다음 **| 조건 |** 을 만족시킬 때, ab의 값은? (단, a, b는 자연수이다.)

---| 조건 |---

㈎ 모든 실수에 대하여 $f(x) \geq 0$이다.

㈏ $0 \leq x < 2\pi$일 때, x에 대한 방정식 $f(x) = 0$의 서로 다른 실근의 개수는 7이다.

① 14   ② 16   ③ 18

④ 20   ⑤ 22

06 삼각함수의 활용

06-1 사인법칙 [유형 1, 2, 5, 6]

(1) **사인법칙**: 삼각형 ABC의 외접원의 반지름의 길이를 R이라 하면

$$\frac{a}{\sin A}=\frac{b}{\sin B}=\frac{c}{\sin C}=2R$$

(2) **사인법칙의 변형**

① $\sin A=\dfrac{a}{2R}$, $\sin B=\dfrac{b}{2R}$, $\sin C=\dfrac{c}{2R}$

② $a=2R\sin A$, $b=2R\sin B$, $c=2R\sin C$

③ $a:b:c=\sin A:\sin B:\sin C$

❶ 삼각형 ABC에서 다음과 같은 조건이 주어질 때 사인법칙을 이용한다.
① 한 변의 길이와 두 각의 크기
② 두 변의 길이와 그 끼인각이 아닌 다른 한 각의 크기

06-2 코사인법칙 [유형 3~6]

(1) **코사인법칙**: 삼각형 ABC에서

$$a^2=b^2+c^2-2bc\cos A,\quad b^2=c^2+a^2-2ca\cos B,\quad c^2=a^2+b^2-2ab\cos C$$

(2) **코사인법칙의 변형**

$$\cos A=\frac{b^2+c^2-a^2}{2bc},\ \cos B=\frac{c^2+a^2-b^2}{2ca},\ \cos C=\frac{a^2+b^2-c^2}{2ab}$$

❷ 삼각형 ABC에서 다음과 같은 조건이 주어질 때 코사인법칙을 이용한다.
① 두 변의 길이와 그 끼인각의 크기
② 세 변의 길이

06-3 삼각형의 넓이 [유형 7]

삼각형 ABC의 넓이를 S라 하면

$$S=\frac{1}{2}ab\sin C=\frac{1}{2}bc\sin A=\frac{1}{2}ca\sin B$$

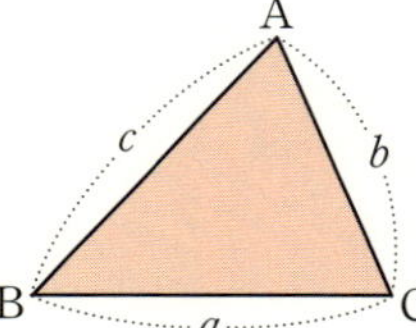

❸ 삼각형 ABC의 넓이를 S, 외접원의 반지름의 길이를 R이라 하면
$$S=\frac{abc}{4R}$$
$$=2R^2\sin A\sin B\sin C$$

❹ 세 변의 길이가 각각 a, b, c인 삼각형의 넓이를 S라 하면
$$S=\sqrt{s(s-a)(s-b)(s-c)}$$
$$\left(\text{단, } s=\frac{a+b+c}{2}\right)$$
이고, 이를 헤론의 공식이라 한다.

06-4 사각형의 넓이 [유형 8]

(1) 이웃하는 두 변의 길이가 a, b이고 그 끼인각의 크기가 θ인 평행사변형의 넓이를 S라 하면

$$S=ab\sin\theta$$

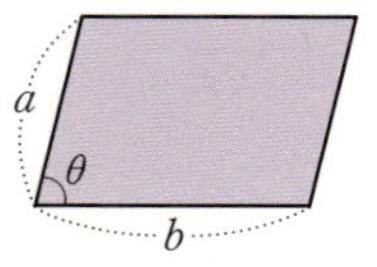

(2) 두 대각선의 길이가 a, b이고 두 대각선이 이루는 각의 크기가 θ인 사각형의 넓이를 S라 하면

$$S=\frac{1}{2}ab\sin\theta$$

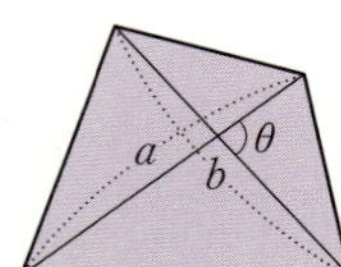

시험에서 출제율이 70% 이상인 문제를 엄선하여 수록하였습니다.

유형 1 사인법칙 [개념 06-1]

296

삼각형 ABC에서 $a=5$, $b=2\sqrt{3}$, $A=60°$일 때, $\cos^2 B$의 값을 구하시오.

297 ★중요

반지름의 길이가 2인 원에 내접하는 삼각형 ABC에서
$$4\cos A \cos(B+C) = -1$$
이 성립할 때, $\overline{BC}$의 길이를 구하시오.

298

오른쪽 그림과 같은 삼각형 ABC에서 $B=45°$, $C=105°$, $\overline{BC}=10$일 때, $\overline{AC}$의 길이는?

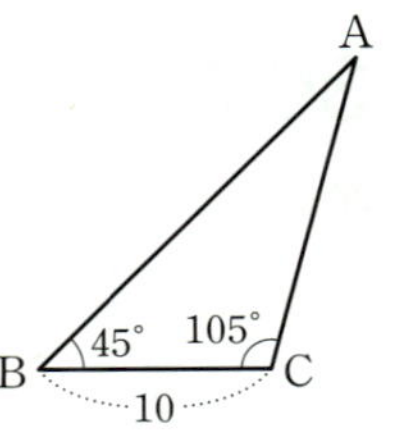

① $8\sqrt{2}$　　　② $8\sqrt{3}$
③ 14　　　④ $10\sqrt{2}$
⑤ $10\sqrt{3}$

299

오른쪽 그림과 같이 원 위의 네 점 A, B, C, D에 대하여 $\overline{AD}=4\sqrt{6}$이고 $\angle ABD=60°$, $\angle CAD=45°$일 때, $\overline{CD}$의 길이는?

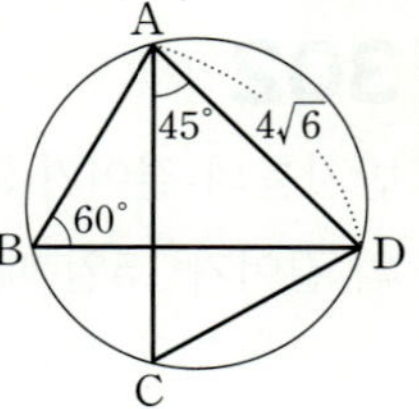

① 4　　　② 6
③ 8　　　④ 10
⑤ 12

300

오른쪽 그림과 같이 사각형 ABCD가 선분 BC를 지름으로 하는 원 O에 내접하고 있다. $\overline{BC}=9$, $\overline{CD}=6$일 때, $\sin A$의 값을 구하시오.

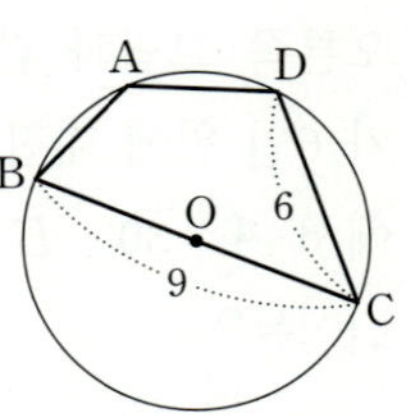

301

오른쪽 그림과 같은 삼각형 ABC에서 $A=75°$, $B=45°$이고 $\overline{AB}=3\sqrt{2}$이다. 점 P가 변 BC 위를 움직일 때, $\dfrac{\overline{CP}}{\sin(\angle CAP)}$의 최솟값은?

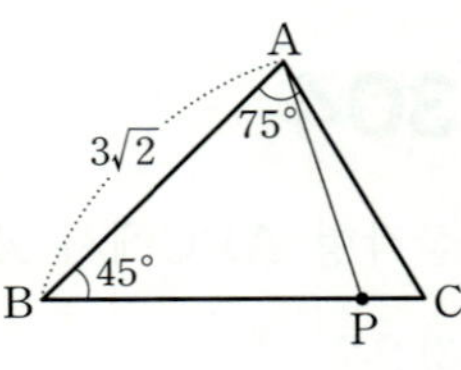

① 2　　　② $2\sqrt{2}$　　　③ $2\sqrt{3}$
④ 4　　　⑤ $2\sqrt{6}$

유형 2 사인법칙의 변형   [개념 06-1]

302

반지름의 길이가 3인 원에 내접하는 삼각형 ABC의 둘레의 길이가 15일 때, $\sin A + \sin B + \sin C$의 값은?

① 1   ② $\dfrac{3}{2}$ ③ 2

④ $\dfrac{5}{2}$ ⑤ 3

303

오른쪽 그림과 같이 반지름의 길이가 6인 원에 내접하는 삼각형 ABC에서 $A=30°$, $B=45°$일 때, $\overline{AB}$의 길이는?

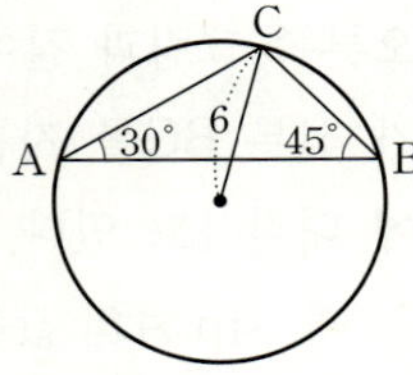

① $3(\sqrt{3}-1)$ ② $3(\sqrt{3}+1)$ ③ $3\sqrt{2}(\sqrt{3}-1)$

④ $3\sqrt{2}(\sqrt{3}+1)$ ⑤ $3\sqrt{3}(\sqrt{2}+1)$

304

삼각형 ABC에서 $A:B:C=1:2:3$일 때, $\dfrac{a^2+c^2}{ab}$의 값은?

① $\dfrac{2\sqrt{3}}{3}$ ② $\sqrt{3}$ ③ $\dfrac{4\sqrt{3}}{3}$

④ $\dfrac{5\sqrt{3}}{3}$ ⑤ $2\sqrt{3}$

유형 3 코사인법칙   [개념 06-2]

305

오른쪽 그림과 같은 삼각형 ABC에서 $\overline{AC}=6$, $\overline{BC}=14$, $A=120°$일 때, $\overline{AB}$의 길이는?

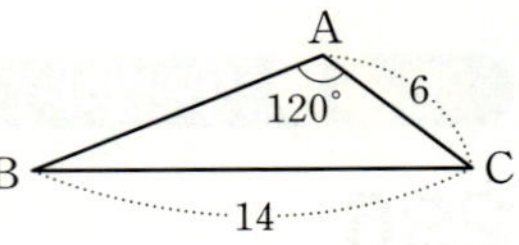

① 9   ② 10   ③ 11

④ 12   ⑤ 13

306 ⭐중요

평행사변형 ABCD에서 $\overline{AB}=4$, $\overline{BC}=7$일 때, 두 대각선 AC, BD에 대하여 $\overline{AC}^2+\overline{BD}^2$의 값은?

① 110   ② 120   ③ 130

④ 140   ⑤ 150

307

오른쪽 그림과 같이 원에 내접하는 사각형 ABCD에서 $\overline{AB}=5$, $\overline{BC}=3$이다. $\cos D=\dfrac{1}{3}$일 때, $\overline{AC}$의 길이를 구하시오.

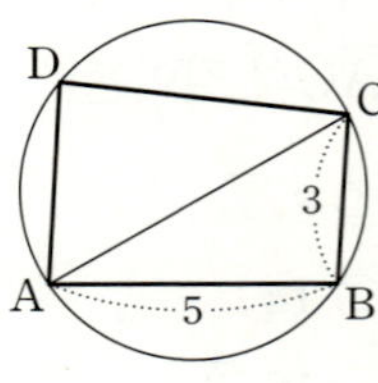

II

308

오른쪽 그림과 같이 $\overline{AB}=4$,
$\overline{BC}=6$, $\overline{CA}=5$인 삼각형 ABC
에서 $\overline{BD}:\overline{CD}=2:1$이 되도록
$\overline{BC}$ 위에 점 D를 잡을 때, $\overline{AD}$의
길이를 구하시오.

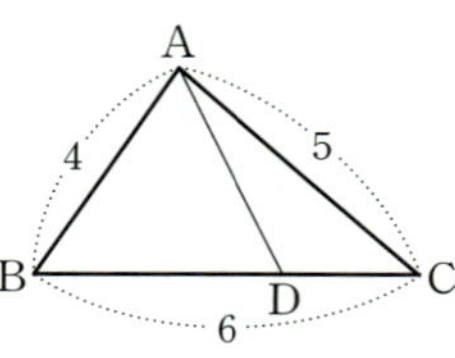

309 중요

오른쪽 그림과 같이 두 직선
$y=3x$와 $y=\dfrac{1}{3}x$가 이루는 예각의
크기를 θ라 할 때, $\cos\theta$의 값은?

① $\dfrac{1}{5}$　　　② $\dfrac{3}{10}$

③ $\dfrac{2}{5}$　　　④ $\dfrac{1}{2}$

⑤ $\dfrac{3}{5}$

310

삼각형 ABC에서 $\dfrac{4}{\sin A}=\dfrac{\sqrt{3}}{\sin B}=\dfrac{3}{\sin C}$이 성립한다.
삼각형 ABC의 세 내각 중 크기가 가장 작은 각의 크기를
θ라 할 때, $\cos\theta$의 값은?

① $\dfrac{7}{12}$　　　② $\dfrac{2}{3}$　　　③ $\dfrac{3}{4}$

④ $\dfrac{5}{6}$　　　⑤ $\dfrac{11}{12}$

311

세 변의 길이가 5, 7, 8인 삼각형의 외접원의 넓이를 구하
시오.

312 실력 UP

오른쪽 그림과 같은 삼각형 ABC에서
$\overline{AB}=x$, $\overline{BC}=6$, $\overline{CA}=8$이다.
$\cos A$의 최솟값을 a, 그때의 x의 값을
b라 할 때, $\dfrac{b}{a}$의 값을 구하시오.

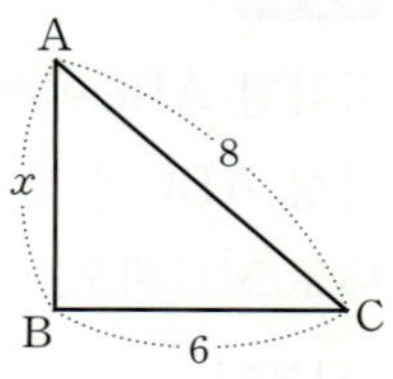

313

삼각형 ABC에서 $a^2\sin B=b^2\sin A$가 성립할 때, 삼각
형 ABC는 어떤 삼각형인가?

① $A=90°$인 직각삼각형　　② $B=90°$인 직각삼각형
③ $a=b$인 이등변삼각형　　④ $b=c$인 이등변삼각형
⑤ $c=a$인 이등변삼각형

314

삼각형 ABC에서 $c\cos A=b+a\cos C$가 성립할 때, 삼각형 ABC는 어떤 삼각형인가?

① $a=b$인 이등변삼각형 　② $b=c$인 이등변삼각형
③ $B=90°$인 직각삼각형 　④ $C=90°$인 직각삼각형
⑤ 정삼각형

315

삼각형 ABC에서 $\cos A:\cos B=b:a$가 성립할 때, 삼각형 ABC의 모양이 될 수 있는 것만을 |보기|에서 있는 대로 고르시오.

┤보기├
ㄱ. $A=90°$인 직각삼각형　　ㄴ. $C=90°$인 직각삼각형
ㄷ. $a=b$인 이등변삼각형　　ㄹ. $a=c$인 이등변삼각형

유형 **6** 사인법칙과 코사인법칙의 실생활에의 활용　　[개념 06-1, 2]

316

오른쪽 그림과 같이 건물 A 지점에 설치된 카메라는 지면 위의 B 지점부터 20 m 떨어진 C 지점까지 찍는다고 한다. 두 지점 B, C에서 A 지점을 올려본각의 크기가 각각 30°, 75°일 때, 두 지점 A, C 사이의 거리는?

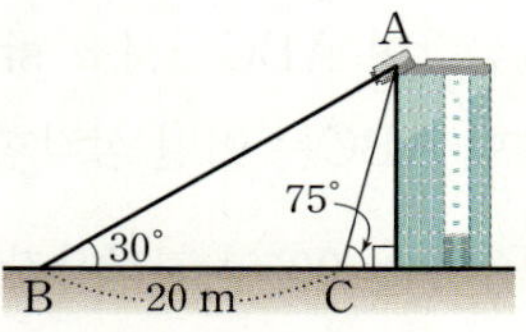

① $5\sqrt{2}$ m　　② $5\sqrt{3}$ m　　③ 10 m
④ $10\sqrt{2}$ m　　⑤ $10\sqrt{3}$ m

317 ⭐중요

오른쪽 그림과 같이 지면에 수직으로 서 있는 나무의 높이 $\overline{PQ}$를 구하기 위하여 30 m만큼 떨어진 두 지점 A, B에서 각의 크기를 측정하였더니 $\angle PAQ=30°$, $\angle QAB=75°$, $\angle QBA=60°$이었다. 이때 나무의 높이 $\overline{PQ}$를 구하시오.

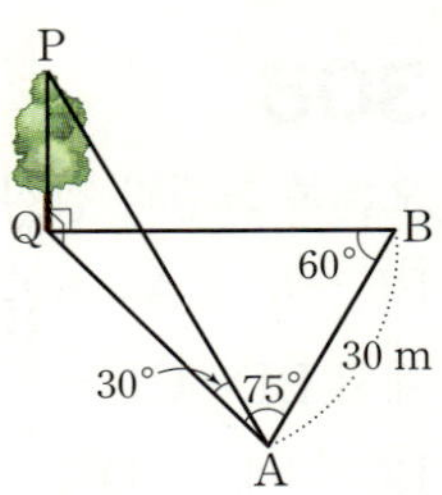

318

오른쪽 그림과 같이 지면에 수직으로 설치된 높이 5 m인 가로등의 D 지점을 두 지점 A, B에서 올려본각의 크기가 각각 30°, 45°이다. 가로등이 지면과 만나는 지점 C에 대하여 $\angle ACB=30°$일 때, 두 지점 A, B 사이의 거리를 구하시오.

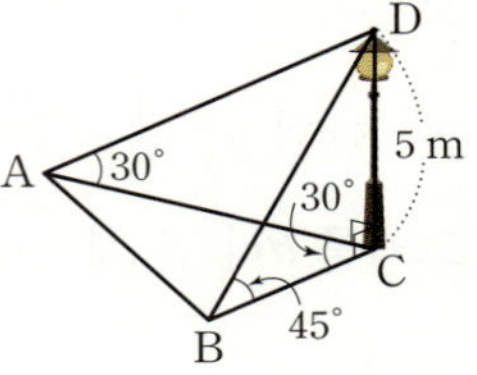

319

오른쪽 그림과 같이 밑면의 반지름의 길이가 3 km, 모선의 길이가 9 km인 원뿔 모양의 산이 있다. A 지점에서 이 산을 한 바퀴 돌아 A 지점으로부터 2 km 떨어진 모선 OA 위의 B 지점에 이르는 도로를 건설하려고 할 때, 가장 짧은 도로의 길이는 몇 km인가?

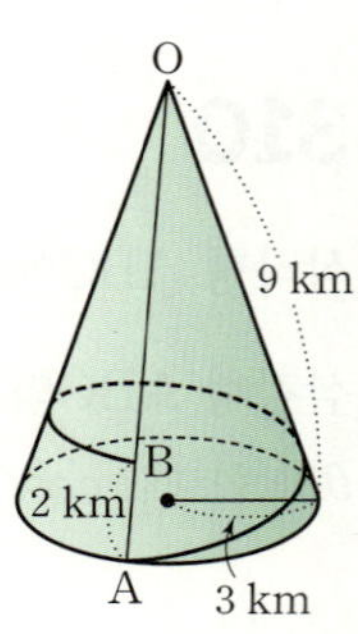

① $2\sqrt{46}$ km　　② $\sqrt{187}$ km　　③ $\sqrt{190}$ km
④ $\sqrt{193}$ km　　⑤ 14 km

320 실력 UP 교육청 기출

그림과 같이 $\overline{AB}=\overline{AC}=1$, $\angle BAC=\dfrac{\pi}{2}$ 인 삼각형 ABC 모양의 종이가 있다. 선분 BC 위의 점 D, 선분 AB 위의 점 E, 선분 AC 위의 점 F에 대하여 선분 EF를 접는 선으로 하여 점 A가 점 D와 겹쳐지도록 접었다. 삼각형 BDE와 삼각형 DCF의 외접원의 반지름의 길이의 비가 2:1일 때, 선분 DF의 길이는 $\dfrac{q}{p}$ 이다. $p+q$의 값을 구하시오. (단, 종이의 두께는 고려하지 않으며, p와 q는 서로소인 자연수이다.)

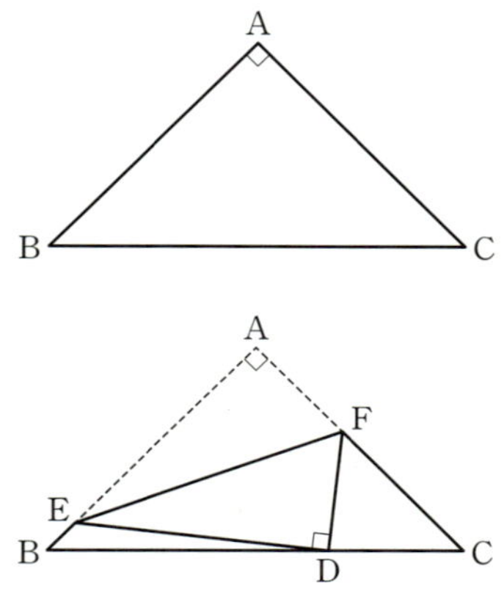

유형 7 삼각형의 넓이 [개념 06-3]

321

삼각형 ABC에서 $b=3\sqrt{3}$, $c=4\sqrt{3}$ 이고 넓이가 9일 때, A의 크기를 모두 구하시오.

---

322 ⭐중요

오른쪽 그림과 같은 삼각형 ABC에서 $\overline{AB}=8$, $\overline{AC}=4$ 이고 $A=120°$이다. $\angle A$의 이등분선이 $\overline{BC}$와 만나는 점을 D라 할 때, $\overline{AD}$의 길이는?

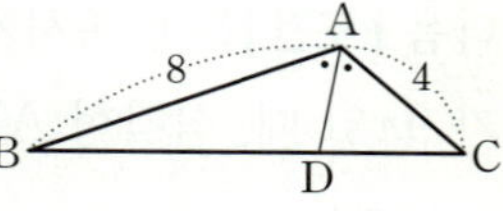

① 2   ② $\dfrac{7}{3}$ ③ $\dfrac{8}{3}$

④ 3   ⑤ $\dfrac{10}{3}$

323

오른쪽 그림과 같이 삼각형 ABC가 반지름의 길이가 4인 원 O에 내접하고 있다. $\overset{\frown}{AB}:\overset{\frown}{BC}:\overset{\frown}{CA}=3:4:5$ 일 때, 삼각형 ABC의 넓이를 구하시오.

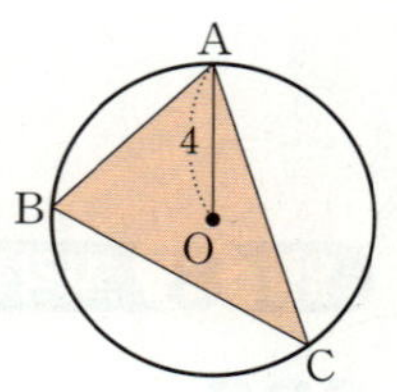

---

324 교육청 기출

그림과 같이 반지름의 길이가 2이고 중심각의 크기가 $\dfrac{\pi}{2}$ 인 부채꼴 OAB가 있다. 호 AB 위에 점 C를 $\overline{AC}=1$이 되도록 잡는다. 선분 OC 위의 점 O가 아닌 점 D에 대하여 삼각형 BOD의 넓이가 $\dfrac{7}{6}$ 일 때, 선분 OD의 길이는?

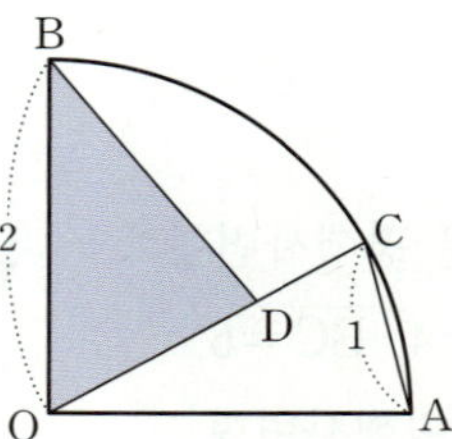

① $\dfrac{5}{4}$ ② $\dfrac{31}{24}$ ③ $\dfrac{4}{3}$

④ $\dfrac{11}{8}$ ⑤ $\dfrac{17}{12}$

● 바른답·알찬풀이 **59**쪽

325 교육청 기출

다음 **|조건|**을 만족시키는 삼각형 ABC의 외접원의 넓이가 9π일 때, 삼각형 ABC의 넓이는?

|조건|
(가) $3\sin A = 2\sin B$
(나) $\cos B = \cos C$

① $\dfrac{32}{9}\sqrt{2}$ ② $\dfrac{40}{9}\sqrt{2}$ ③ $\dfrac{16}{3}\sqrt{2}$

④ $\dfrac{56}{9}\sqrt{2}$ ⑤ $\dfrac{64}{9}\sqrt{2}$

유형 8 사각형의 넓이   [개념 06-4]

326

두 대각선이 이루는 각의 크기가 $135°$이고 넓이가 $2\sqrt{2}$인 등변사다리꼴의 한 대각선의 길이는?

① $\sqrt{2}$ ② $\sqrt{3}$ ③ $2\sqrt{2}$
④ $2\sqrt{3}$ ⑤ $3\sqrt{3}$

327

오른쪽 그림과 같은 평행사변형 ABCD에서 $\overline{AB}=4$, $\overline{BC}=6$, $\overline{AC}=2\sqrt{19}$일 때, 평행사변형 ABCD의 넓이를 구하시오.

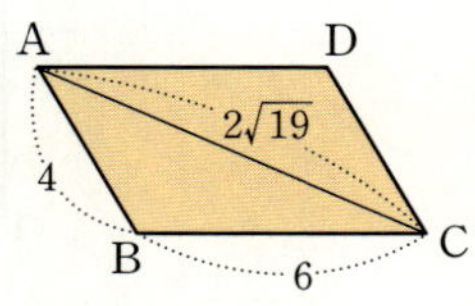

328

오른쪽 그림과 같이 두 대각선의 길이가 a, b이고 두 대각선이 이루는 각의 크기가 $60°$인 사각형 ABCD가 있다. 사각형 ABCD의 넓이가 $4\sqrt{3}$일 때, $a+b$의 최솟값을 구하시오.

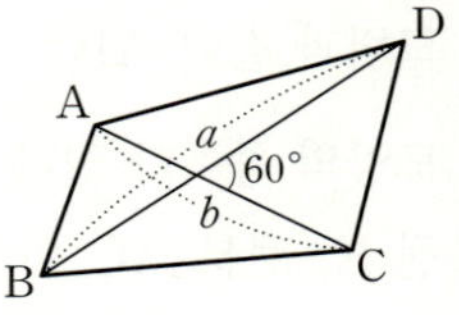

329 중요

오른쪽 그림과 같은 사각형 ABCD에서 $\overline{AB}=1$, $\overline{BC}=2$, $\overline{CD}=2$이고 $B=60°$, $C=75°$일 때, 사각형 ABCD의 넓이를 구하시오.

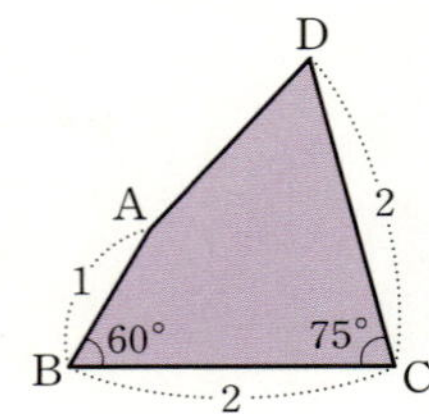

330 실력 UP

다음 그림과 같은 평행사변형 ABCD의 점 A에서 대각선 BD에 내린 수선의 발을 E라 하고, 직선 CE가 선분 AB와 만나는 점을 F라 하자. $\cos(\angle AFC)=\dfrac{\sqrt{10}}{10}$, $\overline{EC}=10$이고, 삼각형 CDE의 외접원의 반지름의 길이가 $5\sqrt{2}$일 때, 사각형 ABCD의 넓이는?

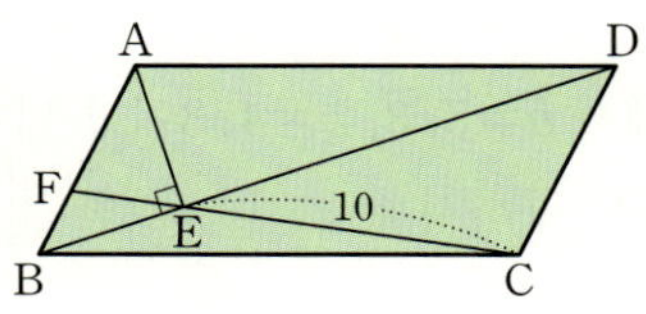

① 75   ② 80   ③ 85
④ 90   ⑤ 95

서술형

331

삼각형 ABC에서 $a=1+\sqrt{3}$, $b=\sqrt{2}$, $C=45°$일 때, B의 크기를 구하시오.

[풀이]

332

삼각형 ABC에서

$$\sin A=\cos\left(\frac{\pi}{2}-B\right)\cos C$$

가 성립할 때, 삼각형 ABC는 어떤 삼각형인지 말하시오.

[풀이]

333

다음 그림과 같이 $2\overline{AB}=\overline{AC}$인 삼각형 ABC에서 선분 AB의 중점이 M이고 $\overline{AN}:\overline{NC}=3:5$이다. $\overline{MN}=\overline{AB}$일 때, 다음 물음에 답하시오.

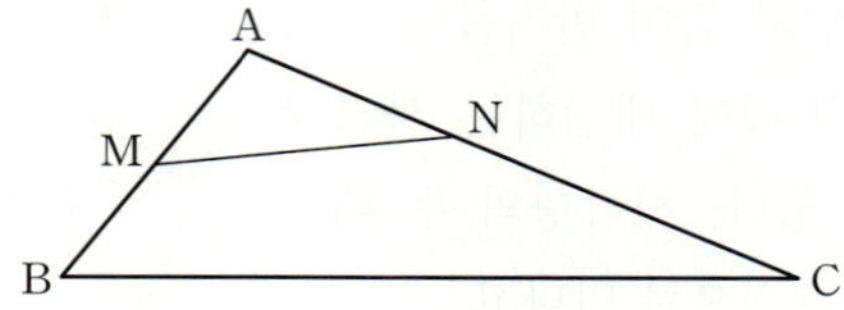

⑴ $\sin A$의 값을 구하시오.

[풀이]

⑵ 삼각형 AMN의 외접원의 둘레의 길이가 4π일 때, 삼각형 ABC의 넓이를 구하시오.

[풀이]

334

삼각형 ABC에서 $a=5$, $c=8$, $B=60°$일 때, 삼각형 ABC의 내접원의 반지름의 길이를 구하시오.

[풀이]

1등급 실력 완성

335

오른쪽 그림과 같이 반지름의 길이가 10인 원 O에 내접하는 사각형 ABCD가 있다. 사각형의 두 대각선이 서로 수직으로 만나고 $\angle ACB = 50°$일 때, $\overline{AB}^2 + \overline{CD}^2$의 값을 구하시오.

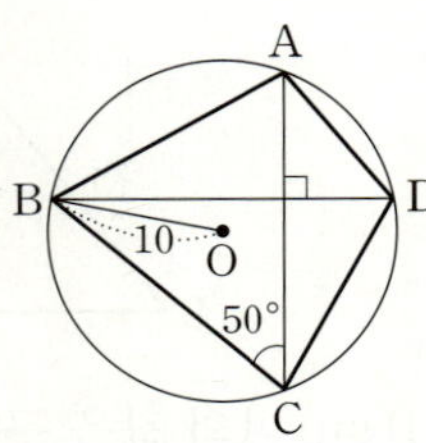

336

오른쪽 그림과 같이 $\overline{AB} = 9$, $\overline{BC} = a$, $\overline{CA} = 12$인 삼각형 ABC에서 $\angle A$의 이등분선이 선분 BC와 만나는 점을 D라 하자. $a(\sin B + \sin C) = 21$일 때, 선분 AD의 길이는?

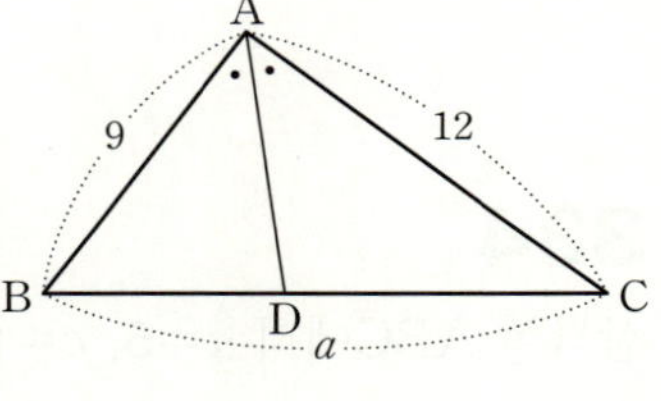

① $\dfrac{34\sqrt{2}}{7}$ ② $\dfrac{36\sqrt{2}}{7}$ ③ $\dfrac{38\sqrt{2}}{7}$

④ $\dfrac{40\sqrt{2}}{7}$ ⑤ $6\sqrt{2}$

337

오른쪽 그림과 같이 $2\overline{AC} = \overline{BC}$, $\cos(\angle ACB) = -\dfrac{5}{8}$인 삼각형 ABC의 외접원과 선분 AB의 수직이등분선이 만나는 두 점 중 직선 AB와의 거리가 더 먼 점을 P라 하면 $\overline{PA} = 10\sqrt{6}$이다. 선분 AB 위의 점 D에 대하여 $\angle ADC = \dfrac{\pi}{3}$일 때, 삼각형 ADC의 외접원의 반지름의 길이는?

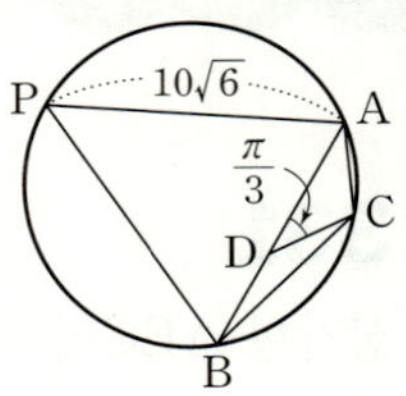

① 4 ② $2\sqrt{5}$ ③ $2\sqrt{6}$

④ $2\sqrt{7}$ ⑤ $4\sqrt{2}$

338 교육청 기출

그림과 같이 $\overline{AB} = 2$, $\cos(\angle BAC) = \dfrac{\sqrt{3}}{6}$인 삼각형 ABC가 있다. 선분 AC 위의 한 점 D에 대하여 직선 BD가 삼각형 ABC의 외접원과 만나는 점 중 B가 아닌 점을 E라 하자. $\overline{DE} = 5$, $\overline{CD} + \overline{CE} = 5\sqrt{3}$일 때, 삼각형 ABC의 외접원의 넓이는 $\dfrac{q}{p}\pi$이다. $p+q$의 값을 구하시오.

(단, p와 q는 서로소인 자연수이다.)

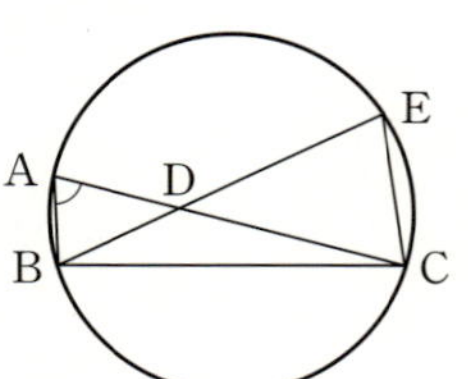

339

삼각형 ABC가 다음 | **조건** |을 만족시킬 때, $\overline{AC}$, $\overline{BC}$의 길이를 각각 구하시오.

| 조건 |
(가) $\overline{AB}=2$ (나) $\cos C=\dfrac{5}{6}$ (다) $\dfrac{\sin B}{\sin A}=3$

340

오른쪽 그림과 같은 원 모양의 공원의 가장자리에 네 지점 A, B, C, D를 정하여 산책로를 만든 후 거리와 각의 크기를 측정하였더니 $\overline{AB}=20\,\text{m}$, $\overline{BC}=32\,\text{m}$, $\overline{DA}=12\,\text{m}$이고 $\angle ABC=60°$이었다. 수호가 A 지점을 출발하여 초속 4 m의 속력으로 일정하게 산책로를 따라 한 바퀴 달린 후 다시 A 지점으로 되돌아오는 데 걸린 시간을 t초라 할 때, t의 값을 구하시오.

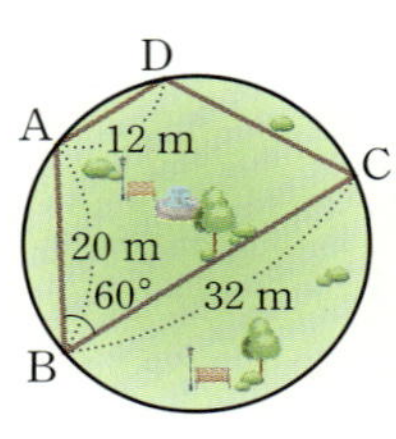

341

오른쪽 그림과 같이 $\overline{AB}=7$, $\overline{AC}=12$인 삼각형 ABC의 변 BC 위의 점 P에서 두 변 AB, AC에 내린 수선의 발을 각각 D, E라 하자. 삼각형 ABC의 넓이가 삼각형 PDE의 넓이의 4배일 때, $\overline{PD}\times\overline{PE}$의 값을 구하시오.

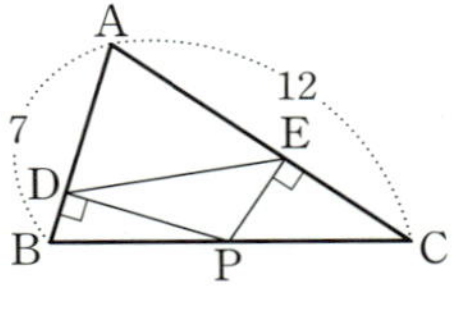

342

오른쪽 그림과 같이 한 변의 길이가 6인 정삼각형 ABC의 변 BC 위의 $\overline{AD}=\sqrt{30}$인 점 D에 대하여 삼각형 ADE가 정삼각형이 되도록 점 E를 정하였다.
두 정수 a, b에 대하여 $\overline{BE}^2=a+b\sqrt{3}$일 때, $a+b$의 값은? (단, $\overline{BD}>\overline{CD}$이고, 선분 DE는 선분 AC와 만난다.)

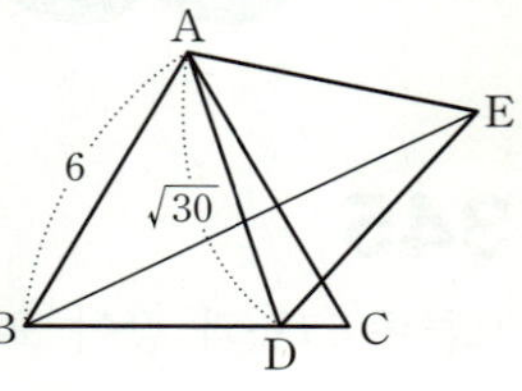

① 78   ② 84   ③ 90
④ 96   ⑤ 102

343

삼각형 ABC가 다음 | **조건** |을 만족시킬 때, 삼각형 ABC의 둘레의 길이를 구하시오.

| 조건 |
(가) $a:b:c=7:3:5$
(나) 삼각형 ABC의 넓이가 $60\sqrt{3}$이다.

344

오른쪽 그림과 같은 사각형 ABCD에서 $\overline{AD}/\!/\overline{BC}$이고 $\overline{AD}=3$, $\overline{AB}=4$, $\overline{BC}=9$, $\overline{DC}=6$일 때, 사각형 ABCD의 넓이를 구하시오.

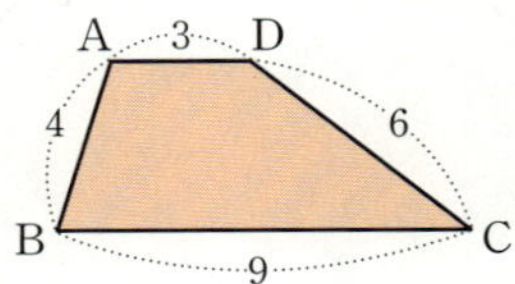

도전 1등급 최고난도

1등급을 결정하는 문제 중 최고난도 문제를 수록하였습니다.

345

오른쪽 그림과 같이 모든 모서리의 길이가 1인 정사각뿔이 있다. 모서리 EC 위를 움직이는 점 P에 대하여 $\angle BPD = \theta$라 할 때, $\cos\theta$의 최댓값과 최솟값의 합을 구하시오.

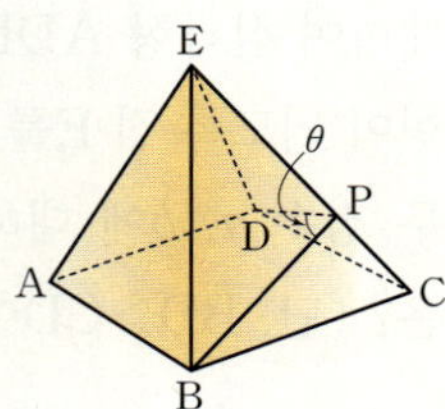

346 평가원 기출

그림과 같이 선분 BC를 지름으로 하는 원에 두 삼각형 ABC와 ADE가 모두 내접한다. 두 선분 AD와 BC가 점 F에서 만나고

$$\overline{BC} = \overline{DE} = 4, \quad \overline{BF} = \overline{CE}, \quad \sin(\angle CAE) = \frac{1}{4}$$

이다. $\overline{AF} = k$일 때, k^2의 값을 구하시오.

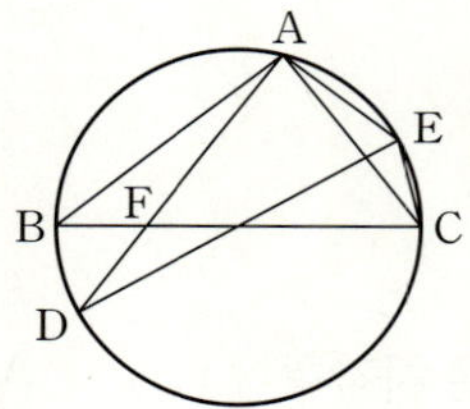

347

오른쪽 그림과 같이 $\overline{AB} = 2$, $\overline{AC} = 3$인 예각삼각형 ABC가 있다. 점 B에서 변 AC에 내린 수선의 발을 D, 점 C에서 변 AB에 내린 수선의 발을 E라 하고, 두 선분 BD, CE의 교점을 P라 하자. 삼각형 ABC의 외접원의 넓이와 삼각형 AED의 외접원의 넓이의 차가 $\frac{5}{4}\pi$일 때, 삼각형 DEP의 외접원의 넓이는?

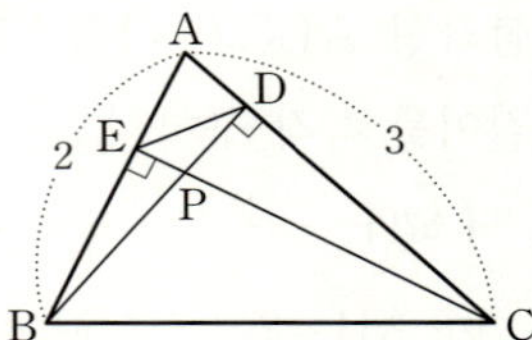

① $\frac{5}{8}\pi$ ② $\frac{3}{4}\pi$ ③ $\frac{7}{8}\pi$

④ π ⑤ $\frac{9}{8}\pi$

Ⅲ

수열

☑ 학습 계획 Check

- 학습하기 전, 중단원이 무엇인지 먼저 확인하세요.
- 이해가 부족한 개념이 있는 단원은 ☐ 안에 표시하고 반복하여 학습하세요.

07 등차수열과 등비수열

07-1 수열

(1) **수열**: 차례대로 나열된 수의 열을 **수열**이라 하고, 나열된 각 수를 그 수열의 **항**이라 한다. 이때 각 항을 앞에서부터 차례대로 첫째항, 둘째항, 셋째항, … 또는 제1항, 제2항, 제3항, …이라 한다.

(2) **일반항** 일반적으로 수열을 나타낼 때 항에 번호를 붙여 a_1, a_2, a_3, …, a_n, …과 같이 나타내고, 제n항 a_n을 이 수열의 **일반항**이라 한다. 또, 수열을 일반항 a_n을 이용하여 간단히 $\{a_n\}$과 같이 나타낸다. → 일반항 a_n이 n에 대한 식으로 주어지면 n에 1, 2, 3, …을 차례대로 대입하여 수열 $\{a_n\}$의 모든 항을 구할 수 있다.

07-2 등차수열 [유형 1~3]

1 등차수열[1, 2]

(1) **등차수열**: 첫째항부터 차례대로 일정한 수를 더하여 만든 수열을 **등차수열**이라 하고, 그 일정한 수를 **공차**라 한다.

(2) **등차수열의 일반항**: 첫째항이 a, 공차가 d인 등차수열의 일반항 a_n은

$$a_n = a + (n-1)d$$

→ 공차가 0이 아닌 등차수열의 일반항은 n에 대한 일차식인 $a_n = An + B$ (A, B는 상수, $n=1, 2, 3, \cdots$) 꼴이다.

참고 일반적으로 공차가 d인 등차수열 $\{a_n\}$에서 제n항에 공차 d를 더하면 제$(n+1)$항이 되므로 $a_{n+1} = a_n + d$ ($n=1, 2, 3, \cdots$)

2 등차중항

세 수 a, b, c가 이 순서대로 등차수열을 이룰 때, b를 a와 c의 **등차중항**이라 한다. 이때 $b-a=c-b$이므로

$$b = \frac{a+c}{2}$$

→ a와 c의 등차중항 $b = \dfrac{a+c}{2}$는 a와 c의 산술평균이다.

참고 몇 개의 수가 등차수열을 이루면 그 수를 다음과 같이 놓고 식을 세운다.
① 세 수가 등차수열을 이룰 때 ⇨ $a-d$, a, $a+d$
② 네 수가 등차수열을 이룰 때 ⇨ $a-3d$, $a-d$, $a+d$, $a+3d$
③ 다섯 수가 등차수열을 이룰 때 ⇨ $a-2d$, $a-d$, a, $a+d$, $a+2d$

07-3 등차수열의 합[3] [유형 4]

등차수열의 첫째항부터 제n항까지의 합 S_n은

(1) 첫째항이 a, 제n항이 l일 때, $S_n = \dfrac{n(a+l)}{2}$

(2) 첫째항이 a, 공차가 d일 때, $S_n = \dfrac{n\{2a+(n-1)d\}}{2}$

참고 수열 $\{a_n\}$의 첫째항부터 제n항까지의 합 S_n이 $S_n = An^2 + Bn + C$ (A, B, C는 상수)일 때,
① $C=0$이면 수열 $\{a_n\}$은 첫째항부터 등차수열을 이룬다.
② $C \neq 0$이면 수열 $\{a_n\}$은 둘째항부터 등차수열을 이룬다.

❶ 첫째항이 a, 공차가 d인 등차수열 $\{a_n\}$에서
① $a<0$, $d>0$일 때, 처음으로 양수가 되는 항은 $a_n>0$, 즉 $a+(n-1)d>0$을 만족시키는 자연수 n의 최솟값을 구한다.
② $a>0$, $d<0$일 때, 처음으로 음수가 되는 항은 $a_n<0$, 즉 $a+(n-1)d<0$을 만족시키는 자연수 n의 최솟값을 구한다.

❷ 두 수 a, b 사이에 n개의 수를 넣어 만든 등차수열의 공차를 d라 하면 ⇨ 첫째항이 a, 제$(n+2)$항이 b이므로 $b = a + (n+1)d$

❸ 첫째항이 a, 공차가 d인 등차수열 $\{a_n\}$의 첫째항부터 제n항까지의 합 S_n에 대하여 S_n의 최댓값 또는 최솟값은
① $a>0$, $d<0$일 때, S_n의 값이 최대가 되려면 양수인 항들만 모두 더해야 한다. 즉, $a_k>0$, $a_{k+1}<0$
⇨ 제$(k+1)$항부터 음수
⇨ S_n의 최댓값: S_k
② $a<0$, $d>0$일 때, S_n의 값이 최소가 되려면 음수인 항들만 모두 더해야 한다. 즉, $a_k<0$, $a_{k+1}>0$
⇨ 제$(k+1)$항부터 양수
⇨ S_n의 최솟값: S_k

07-4 등비수열 [유형 5~7]

1 등비수열

(1) 등비수열: 첫째항부터 차례대로 일정한 수를 곱하여 만든 수열을 **등비수열**이라 하고, 그 일정한 수를 **공비**라 한다.

(2) 등비수열의 일반항: 첫째항이 a, 공비가 r $(r \neq 0)$인 등비수열의 일반항 a_n은

$$a_n = ar^{n-1}$$

> **참고** 일반적으로 공비가 r $(r \neq 0)$인 등비수열 $\{a_n\}$에서 제n항에 공비 r을 곱하면 제$(n+1)$항이 되므로
> $a_{n+1} = ra_n$ $(n = 1, 2, 3, \cdots)$

2 등비중항

0이 아닌 세 수 a, b, c가 이 순서대로 등비수열을 이룰 때, b를 a와 c의 **등비중항**이라 한다. 이때 $\dfrac{b}{a} = \dfrac{c}{b}$이므로

$$b^2 = ac \longrightarrow a > 0,\ c > 0일\ 때,\ a와\ c의\ 등비중항\ b = \sqrt{ac}\ 는\ a와\ c의\ 기하평균이다.$$

> **참고** 세 수가 등비수열을 이루면 세 수를 a, ar, ar^2 $(ar \neq 0)$으로 놓고 식을 세운다.

❹ 첫째항이 a, 공비가 r인 등비수열 $\{a_n\}$에서

① 처음으로 k보다 커지는 항은 $a_n = ar^{n-1} > k$를 만족시키는 자연수 n의 최솟값을 구한다.

② 처음으로 k보다 작아지는 항은 $a_n = ar^{n-1} < k$를 만족시키는 자연수 n의 최솟값을 구한다.

❺ 두 수 a, b 사이에 n개의 수를 넣어 만든 등비수열의 공비를 r이라 하면
⇨ 첫째항이 a, 제$(n+2)$항이 b이므로 $b = ar^{n+1}$

07-5 등비수열의 합 [유형 8~9]

첫째항이 a, 공비가 r $(r \neq 0)$인 등비수열의 첫째항부터 제n항까지의 합 S_n은

(1) $r \neq 1$일 때, $S_n = \dfrac{a(1-r^n)}{1-r} = \dfrac{a(r^n-1)}{r-1}$

(2) $r = 1$일 때, $S_n = na$

> **참고** ① 공비가 문자 r로 주어질 때는 $r \neq 1$인 경우와 $r = 1$인 경우로 나누어 생각한다.
> ② $r > 1$이면 $S_n = \dfrac{a(r^n-1)}{r-1}$, $r < 1$이면 $S_n = \dfrac{a(1-r^n)}{1-r}$을 이용하는 것이 편리하다.

❻ 연이율이 r이고 1년마다 복리로 a원씩 n년 동안 적립할 때, n년 말까지의 적립금의 원리합계 S는

① 매년 초에 적립하는 경우
$$S = a(1+r) + a(1+r)^2 + a(1+r)^3 + \cdots + a(1+r)^n$$
$$= \frac{a(1+r)\{(1+r)^n - 1\}}{r}\ (원)$$

② 매년 말에 적립하는 경우
$$S = a + a(1+r) + a(1+r)^2 + \cdots + a(1+r)^{n-1}$$
$$= \frac{a\{(1+r)^n - 1\}}{r}\ (원)$$

07-6 수열의 합과 일반항 사이의 관계 [유형 10]

수열 $\{a_n\}$의 첫째항부터 제n항까지의 합 S_n에 대하여

$$a_1 = S_1,\ a_n = S_n - S_{n-1}\ (n \geq 2)$$

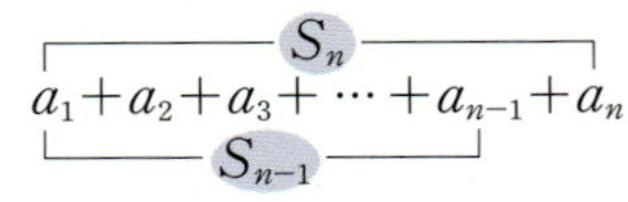

> **참고** 수열의 합과 일반항 사이의 관계는 모든 수열에서 성립한다.

유형 1 등차수열의 일반항 [개념 07-2]

348

등차수열 $37,\ 34,\ 31,\ 28,\ \cdots$에서 -20은 제몇 항인가?

① 제18항   ② 제19항   ③ 제20항
④ 제21항   ⑤ 제22항

349

등차수열 $\{a_n\}$의 제4항과 제9항은 절댓값이 같고 부호가 반대이며 제6항은 -1일 때, 이 수열의 일반항 a_n을 구하시오.

350

공차가 0이 아닌 등차수열 $\{a_n\}$에 대하여 $a_3=12$, $a_8-|a_{10}|=0$일 때, a_1의 값은?

① 13   ② 14   ③ 15
④ 16   ⑤ 17

351 ⭐중요

등차수열 $\{a_n\}$에 대하여 $a_2+a_6=14$, $a_3+a_7=20$일 때, a_{10}의 값을 구하시오.

352 교육청 기출

첫째항이 양수인 등차수열 $\{a_n\}$에 대하여
$$a_5=3a_1,\ a_1{}^2+a_3{}^2=20$$
일 때, a_5의 값을 구하시오.

353

등차수열 $\{a_n\}$에서 $a_6=21$, $a_3:a_{12}=3:1$일 때, 처음으로 음수가 되는 항은 제몇 항인지 구하시오.

[개념 07-2]

유형 2 등차중항

354 ⭐중요

세 수 10, x^2-2x, $4x$가 이 순서대로 등차수열을 이룰 때, 모든 실수 x의 값의 합은?

① -4 ② -2 ③ 0

④ 2 ⑤ 4

355

다섯 개의 수 $\dfrac{8}{3}$, a, b, c, $\dfrac{16}{3}$이 이 순서대로 등차수열을 이룰 때, $a+b+c$의 값을 구하시오.

356

등차수열 $\{a_n\}$에 대하여 세 수 a_1, a_2+a_3, a_4+a_5가 이 순서대로 등차수열을 이룰 때, $\dfrac{a_6}{a_4}$의 값을 구하시오.

(단, $a_1 \neq 0$)

유형 3 등차수열의 활용

357

다음 **|조건|**을 만족시키는 직각삼각형의 넓이를 구하시오.

| 조건 |
㉮ 직각삼각형의 세 변의 길이는 등차수열을 이룬다.
㉯ 직각삼각형의 빗변의 길이는 25이다.

358 실력 UP

x에 대한 삼차방정식 $x^3+3x^2+kx-3=0$이 서로 다른 세 실근을 갖고 이 세 실근이 등차수열을 이룰 때, 실수 k의 값은?

① -2 ② -1 ③ 0

④ 1 ⑤ 2

359

등차수열 $\{a_n\}$에 대하여 $a_2=1$, $a_4=-5$일 때, 이 수열의 첫째항부터 제20항까지의 합은?

① -510　　② -500　　③ -490

④ -480　　⑤ -470

360

등차수열 $\{a_n\}$의 첫째항부터 제n항까지의 합 S_n에 대하여 $S_{15}=255$, $S_{30}=960$일 때, S_{40}의 값을 구하시오.

361

23과 -45 사이에 n개의 수를 넣어 만든 수열

$$23,\ a_1,\ a_2,\ a_3,\ \cdots,\ a_n,\ -45$$

가 이 순서대로 등차수열을 이루고 $a_1+a_2+a_3+\cdots+a_n=-110$일 때, n의 값은?

① 10　　② 11　　③ 12

④ 13　　⑤ 14

362 　중요

공차가 2인 등차수열 $\{a_n\}$의 첫째항부터 제n항까지의 합 S_n에 대하여 $S_{10}=S_{20}$일 때, S_n의 값이 최소가 되도록 하는 n의 값을 구하시오.

363

두 자리 자연수 중에서 3 또는 7로 나누어떨어지는 수의 총합은?

① 2180　　② 2183　　③ 2186

④ 2189　　⑤ 2192

364

오른쪽 그림과 같이 직선 $x=1$, $x=2$, $x=3$, $\cdots$, $x=10$이 두 이차함수

$$y=\frac{1}{10}x^2,$$

$$y=\frac{1}{10}x^2-2x+1$$의 그

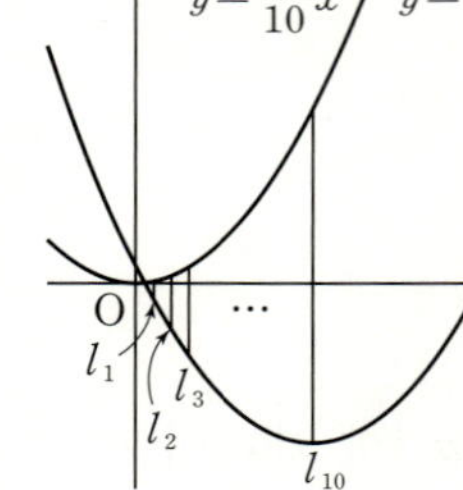

래프에 의하여 잘린 10개의 선분을 l_1, l_2, l_3, $\cdots$, l_{10}이라 할 때, 선분 l_1, l_2, l_3, $\cdots$, l_{10}의 길이의 합은?

① 80　　② 85　　③ 90

④ 95　　⑤ 100

365 교육청 기출

첫째항이 양수이고 공차가 2인 등차수열 $\{a_n\}$의 첫째항부터 제n항까지의 합을 S_n이라 하자. $a_k=31$, $S_{k+10}=640$을 만족시키는 자연수 k에 대하여 S_k의 값은?

① 200   ② 205   ③ 210

④ 215   ⑤ 220

유형 5 등비수열의 일반항   [개념 07-4]

366

등비수열 $\dfrac{1}{27}$, $-\dfrac{1}{9}$, $\dfrac{1}{3}$, -1, $\cdots$에서 243은 제몇 항인가?

① 제6항   ② 제7항   ③ 제8항

④ 제9항   ⑤ 제10항

367

첫째항과 공비가 모두 0이 아닌 등비수열 $\{a_n\}$에 대하여

$$\frac{a_{13}}{a_3}+\frac{a_{14}}{a_4}+\frac{a_{15}}{a_5}+\cdots+\frac{a_{22}}{a_{12}}=30$$

일 때, $\dfrac{a_{55}}{a_{35}}$의 값을 구하시오.

368

첫째항이 1이고 공비가 양수인 등비수열 $\{a_n\}$에 대하여

$$a_8-a_6=16, \quad \frac{1}{a_6}-\frac{1}{a_8}=1$$

일 때, a_{13}의 값을 구하시오.

369 ⭐중요

제2항이 $\dfrac{3}{2}$, 제4항이 $\dfrac{3}{8}$이고 공비가 양수인 등비수열 $\{a_n\}$에서 처음으로 $\dfrac{1}{100}$보다 작아지는 항은 제몇 항인가?

① 제8항   ② 제9항   ③ 제10항

④ 제11항   ⑤ 제12항

370 실력 UP

$\dfrac{1}{3}$과 81 사이에 $n(n\geq8)$개의 양수를 넣어 만든 수열

$$\frac{1}{3}, a_1, a_2, a_3, \cdots, a_n, 81$$

이 이 순서대로 등비수열을 이루고 모든 항의 곱이 3^{15}일 때, 자연수 n의 값은?

① 8   ② 9   ③ 10

④ 11   ⑤ 12

<table>
<tr><td>유형 6 등비중항</td><td>[개념 07-4]</td></tr>
</table>

371 ⭐중요

세 수 2, a, b가 이 순서대로 등차수열을 이루고, 세 수 2, b, a가 이 순서대로 등비수열을 이룰 때, a^2+b^2의 값은? (단, $a \neq b$)

① $\dfrac{1}{4}$ ② $\dfrac{1}{2}$ ③ $\dfrac{3}{4}$

④ 1 ⑤ $\dfrac{5}{4}$

372

세 수 $\sin\theta$, $\dfrac{1}{3}$, $\cos\theta$가 이 순서대로 등비수열을 이룰 때, $\tan\theta + \dfrac{1}{\tan\theta}$의 값을 구하시오.

373

공차가 0이 아닌 등차수열 $\{a_n\}$에 대하여 세 항 a_2, a_5, a_{17}이 이 순서대로 등비수열을 이룰 때, $\dfrac{a_{10}}{a_2}$의 값은?

① 8 ② 9 ③ 10
④ 11 ⑤ 12

<table>
<tr><td>유형 7 등비수열의 활용</td><td>[개념 07-4]</td></tr>
</table>

374

그림은 16개의 칸 중 3개의 칸에 다음 규칙을 만족시키도록 수를 써넣은 것이다.

> ㈎ 가로로 인접한 두 칸에서 오른쪽 칸의 수는 왼쪽 칸의 수의 2배이다.
>
> ㈏ 세로로 인접한 두 칸에서 아래쪽 칸의 수는 위쪽 칸의 수의 k배이다.

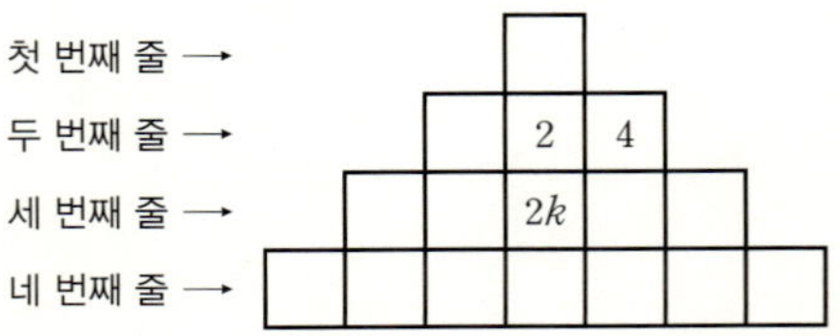

이 규칙을 만족시키도록 나머지 칸에 수를 써넣을 때, 세 번째 줄에 있는 수 중 가장 작은 수를 a, 네 번째 줄에 있는 수 중 가장 큰 수를 b라 하자. $ab=64$일 때, 실수 k의 값은? (단, $k>0$)

① 1 ② $\dfrac{3}{2}$ ③ 2

④ $\dfrac{5}{2}$ ⑤ 3

375 🌱실력 UP

물이 어떤 정수 필터를 한 번 통과할 때마다 불순물의 양이 일정한 비율로 줄어든다고 한다. 이 정수 필터를 6번 통과한 후의 불순물의 양이 처음 불순물의 양보다 19 % 줄어들었을 때, 이 정수 필터를 3번 통과한 후의 불순물의 양은 처음 불순물의 양의 몇 %인지 구하시오.

유형 8 등비수열의 합 [개념 07-5]

376

첫째항이 5이고 공비가 $\sqrt{2}$인 등비수열 $\{a_n\}$에 대하여 $a_1{}^2+a_2{}^2+a_3{}^2+\cdots+a_{16}{}^2$의 값은?

① $5(2^8-1)$ ② $5(2^{16}-1)$ ③ $5(2^{32}-1)$
④ $25(2^8-1)$ ⑤ $25(2^{16}-1)$

377 교육청 기출

첫째항이 3이고 공비가 1보다 큰 등비수열 $\{a_n\}$의 첫째항부터 제n항까지의 합을 S_n이라 하자.

$$\frac{S_4}{S_2}=\frac{6a_3}{a_5}$$

일 때, a_7의 값은?

① 24 ② 27 ③ 30
④ 33 ⑤ 36

378 ★중요

등비수열 $\{a_n\}$의 첫째항부터 제n항까지의 합 S_n에 대하여 $S_n=10$, $S_{2n}=30$일 때, S_{3n}의 값은?

① 50 ② 60 ③ 70
④ 80 ⑤ 90

379 실력 UP

등비수열 $\{a_n\}$의 첫째항부터 제10항까지의 합이 7, 제11항부터 제20항까지의 합이 21일 때, 제21항부터 제40항까지의 합은?

① 168 ② 196 ③ 207
④ 252 ⑤ 280

380

길이가 다른 파이프를 여러 개 묶어 만든 악기를 팬파이프라 한다. 윤기는 파이프의 길이가 일정한 비율로 감소하고 첫 번째 파이프부터 7번째 파이프까지의 길이의 합은 3 m, 8번째 파이프부터 14번째 파이프까지의 길이의 합은 $\frac{3}{2}$ m인 팬파이프를 만들려고 한다. 윤기가 21개의 파이프로 이루어진 팬파이프를 만들 때, 전체 파이프의 길이의 합을 구하시오.

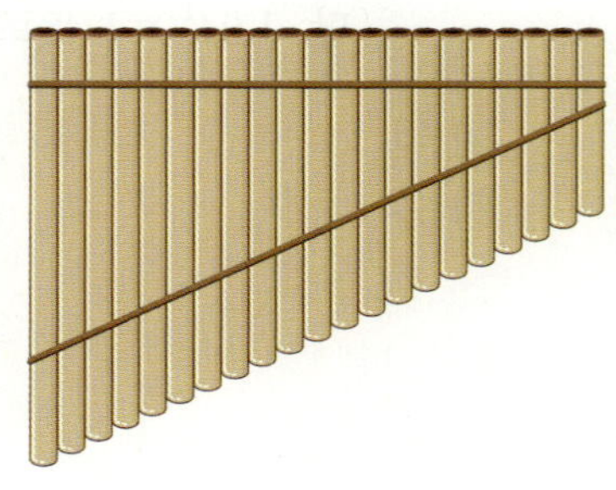

유형 **9** 원리합계 　　[개념 07-5]

381

월이율이 $1\,\%$이고 2021년 1월부터 1개월마다 복리로 매월 초에 100만 원씩 적립할 때, 2022년 12월 말의 적립금의 원리합계는? (단, $1.01^{24}=1.27$로 계산한다.)

① 2527만 원　　② 2727만 원　　③ 2927만 원

④ 3127만 원　　⑤ 3327만 원

382 실력 UP

매년 말에 일정한 금액 a만 원을 적립하여 10년째 연말까지 600만 원을 만들려고 한다. 연이율이 $4\,\%$이고 1년마다 복리로 계산할 때, a의 값은?

（단, $1.04^{10}=1.48$로 계산한다.）

① 35　　　　② 40　　　　③ 45

④ 50　　　　⑤ 55

유형 **10** 수열의 합과 일반항 사이의 관계 　　[개념 07-6]

383 ⭐중요

수열 $\{a_n\}$의 첫째항부터 제n항까지의 합 S_n이 $S_n=(n+1)^2$일 때, a_2+a_4의 값은?

① 11　　　　② 12　　　　③ 13

④ 14　　　　⑤ 15

384

수열 $\{a_n\}$의 첫째항부터 제n항까지의 합 $S_n=3\times 2^n+k$에 대하여 수열 $\{a_n\}$이 첫째항부터 등비수열을 이루도록 하는 상수 k의 값은?

① -3　　　② -1　　　③ 1

④ 3　　　　⑤ 5

385

수열 $\{a_n\}$의 첫째항부터 제n항까지의 합 S_n이 $S_n=3n^2-2n$일 때, $10\le a_n\le 40$을 만족시키는 자연수 n의 개수를 구하시오.

● 바른답·알찬풀이 71쪽

386

자연수 n에 대하여 x에 대한 이차방정식

$$x^2+nx+n-1=0$$

이 서로 다른 두 실근 α, $\beta\,(\alpha<\beta)$를 갖고, 세 수 α, β, 2 가 이 순서대로 등차수열을 이룰 때, n의 값을 구하시오.

[풀이]

387

이차식 $3x^2+2x+a$를 일차식 x, $x-1$, $x+2$로 나누었 을 때의 나머지가 이 순서대로 등비수열을 이룰 때, 상수 a의 값을 구하시오.

[풀이]

388

첫째항이 3인 등비수열 $\{a_n\}$에 대하여

$$a_2+a_4+a_6+\cdots+a_{2k}=510,$$
$$a_1+a_3+a_5+\cdots+a_{2k-1}=255$$

일 때, 다음 물음에 답하시오.

(1) 수열 $\{a_n\}$의 공비를 구하시오.

[풀이]

(2) 자연수 k의 값을 구하시오.

[풀이]

389

첫째항부터 제n항까지의 합이 각각 $3^{n-4}+5$, n^2+kn-1 인 두 수열 $\{a_n\}$, $\{b_n\}$에 대하여 $a_7=b_7$일 때, 상수 k의 값을 구하시오.

[풀이]

1등급 실력 완성

390

오른쪽 그림과 같이 함수 $y=|x^2-6x+4|$의 그래프가 직선 $y=k$와 서로 다른 네 점에서 만날 때, 네 점의 x좌표를 각각 a_1, a_2, a_3, a_4라 하자. 네 수 a_1, a_2, a_3, a_4가 이 순서대로 등차수열을 이룰 때, 상수 k의 값은?

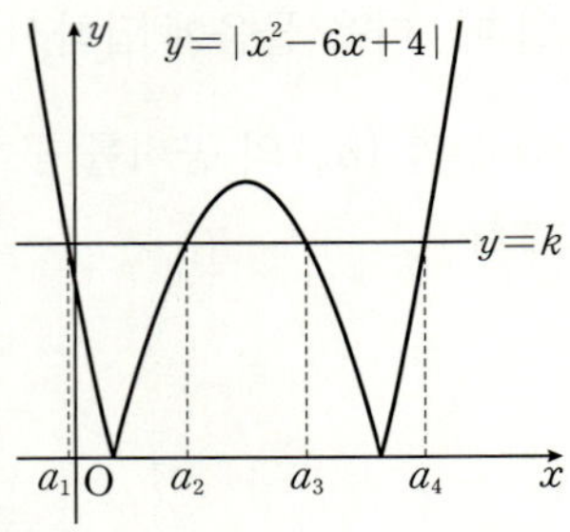

(단, $a_1<a_2<a_3<a_4$)

① 1   ② 2   ③ 3

④ 4   ⑤ 5

391

민지가 매일 영어 단어를 외우는데 그날 외우는 영어 단어는 전날보다 3개 더 많다고 한다. 영어 단어를 외우기 시작한 지 12일째 되는 날에 외운 영어 단어의 개수가 첫째 날 외웠던 영어 단어의 개수의 4배일 때, 처음으로 하루에 100개가 넘는 영어 단어를 외운 날은 영어 단어를 외우기 시작한 지 며칠째 되는 날인가?

① 30일   ② 31일   ③ 32일

④ 33일   ⑤ 34일

392

n개의 항으로 이루어진 등차수열 a_1, a_2, a_3, $\cdots$, a_n이 다음 |조건|을 만족시킬 때, n의 값은? (단, $n\geq 10$)

┤조건├

(가) 처음 5개 항의 합은 100이다.

(나) 마지막 5개 항의 합은 250이다.

(다) $a_1+a_2+a_3+\cdots+a_n=3500$

① 60   ② 70   ③ 80

④ 90   ⑤ 100

393   교육청 기출

첫째항이 양수인 등차수열 $\{a_n\}$의 첫째항부터 제n항까지의 합을 S_n이라 하자.

$$|S_3|=|S_6|=|S_{11}|-3$$

을 만족시키는 모든 수열 $\{a_n\}$의 첫째항의 합은?

① $\dfrac{31}{5}$ ② $\dfrac{33}{5}$ ③ 7

④ $\dfrac{35}{5}$ ⑤ $\dfrac{39}{5}$

394

첫째항과 공차가 1이 아닌 정수인 등차수열 $\{a_n\}$에 대하여 $2a_2a_7=a_4a_5-12$이다. 이때 등차수열 $\{a_n\}$의 첫째항부터 제n항까지의 합 S_n의 최댓값은?

① 6   ② 8   ③ 10

④ 12   ⑤ 14

395

a, b, c가 0이 아닌 서로 다른 세 실수일 때, 이차함수 $f(x)=ax^2-2bx+c$에 대한 설명으로 옳은 것만을 **┃보기┃**에서 있는 대로 고른 것은?

┃보기┃
ㄱ. a, b, c가 이 순서대로 등차수열을 이루면 $f(-1)=0$이다.
ㄴ. a, b, c가 이 순서대로 등차수열을 이루면 함수 $y=f(x)$의 그래프는 x축과 만나지 않는다.
ㄷ. a, b, c가 이 순서대로 등비수열을 이루면 함수 $y=f(x)$의 그래프는 x축과 한 점에서 만난다.

① ㄱ   ② ㄴ   ③ ㄷ

④ ㄱ, ㄷ   ⑤ ㄴ, ㄷ

396

한 평면 위에 다음과 같은 단계에 따라 선분들을 차례대로 그림과 같이 그려 나간다.

[1단계] 길이가 1인 선분을 그린다.

[2단계] [1단계]에서 그린 선분의 길이의 $\dfrac{1}{3}$만큼 왼쪽에, $\dfrac{1}{2}$만큼 오른쪽에 [1단계]에 그려진 선분에 붙여 그린다.

[3단계] [2단계]에서 그린 각 선분의 길이의 $\dfrac{1}{3}$만큼 왼쪽에, $\dfrac{1}{2}$만큼 오른쪽에 [2단계]에 그려진 선분에 붙여 그린다.

$\vdots$

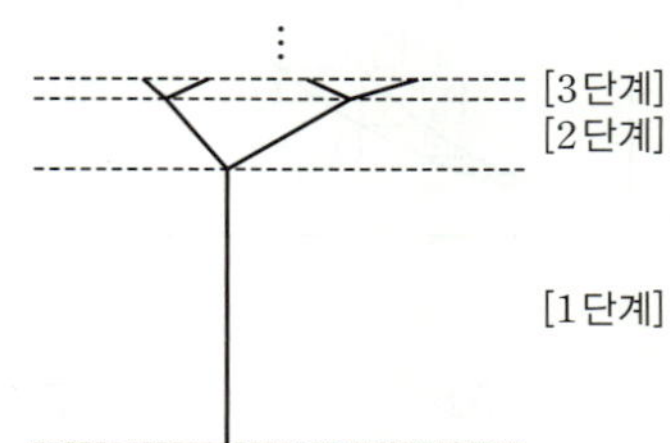

이와 같은 과정을 계속하여 [10단계]에서 그린 선분들의 길이의 합이 $\left(\dfrac{q}{p}\right)^m$이라 할 때, $p+q+m$의 값을 구하시오. (단, p, q는 서로소, m은 자연수이다.)

397

한 변의 길이가 3인 정사각형 모양의 종이가 있다. 첫 번째 시행에서 각 변의 삼등분점을 연결하여 만든 가운데 정사각형을 오려 낸다. 두 번째 시행에서 첫 번째 시행 후 남은 8개의 정사각형에서 같은 방법으로 각각의 가운데 정사각형을 오려 낸다. 이와 같은 시행을 계속할 때, 11번째 시행 후 남아 있는 종이의 넓이를 구하시오.

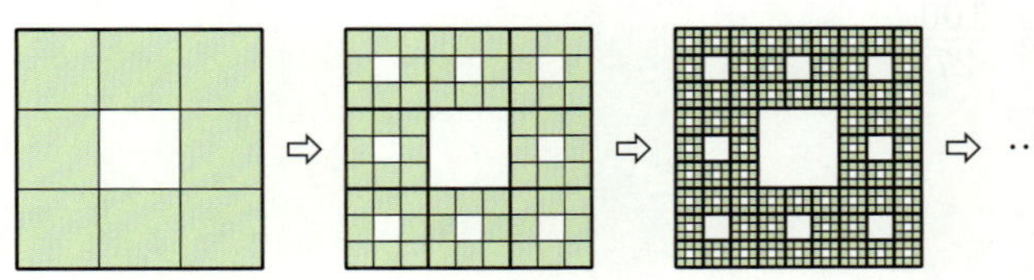

● 바른답·알찬풀이 **74**쪽

398 평가원 기출

두 곡선 $y=16^x$, $y=2^x$과 한 점 $A(64, 2^{64})$이 있다. 점 A를 지나며 x축과 평행한 직선이 곡선 $y=16^x$과 만나는 점을 P_1이라 하고, 점 P_1을 지나며 y축과 평행한 직선이 곡선 $y=2^x$과 만나는 점을 Q_1이라 하자. 점 Q_1을 지나며 x축과 평행한 직선이 곡선 $y=16^x$과 만나는 점을 P_2라 하고, 점 P_2를 지나며 y축과 평행한 직선이 곡선 $y=2^x$과 만나는 점을 Q_2라 하자. 이와 같은 과정을 계속하여 n번째 얻은 두 점을 각각 P_n, Q_n이라 하고 점 Q_n의 x좌표를 x_n이라 할 때, $x_n<\dfrac{1}{k}$을 만족시키는 n의 최솟값이 6이 되도록 하는 자연수 k의 개수는?

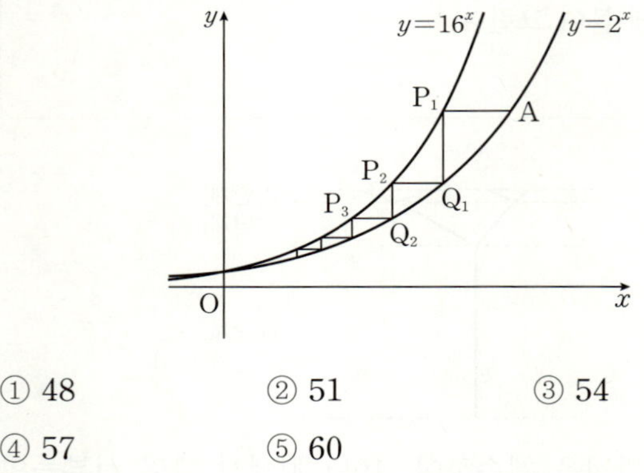

① 48　　② 51　　③ 54
④ 57　　⑤ 60

399

다음 수열의 첫째항부터 제20항까지의 합은?

$$3,\ 33,\ 333,\ 3333,\ \cdots$$

① $\dfrac{10}{27}(10^{20}-17)$　　② $\dfrac{10}{27}(10^{20}-18)$

③ $\dfrac{10}{27}(10^{20}-19)$　　④ $\dfrac{100}{27}(10^{20}-18)$

⑤ $\dfrac{100}{27}(10^{20}-19)$

400

모든 항이 양수인 등비수열 $\{a_n\}$에 대하여

$$a_1+a_2+a_3+\cdots+a_{10}=16,$$
$$\frac{1}{a_1}+\frac{1}{a_2}+\frac{1}{a_3}+\cdots+\frac{1}{a_{10}}=4$$

일 때, $\log_2 a_1+\log_2 a_2+\log_2 a_3+\cdots+\log_2 a_{10}$의 값을 구하시오.

401

첫째항이 3이고 공비가 1이 아닌 정수인 등비수열 $\{a_n\}$에 대하여 $a_2+a_3<12$일 때, 이 등비수열 $\{a_n\}$의 첫째항부터 제n항까지의 합 S_n에 대하여 $S_m=33$을 만족시키는 자연수 m의 값은?

① 4　　② 5　　③ 6
④ 7　　⑤ 8

402

수열 $\{a_n\}$의 첫째항부터 제n항까지의 합 S_n에 대하여 수열 $\{S_{2n-1}\}$은 공차가 6인 등차수열이고, 수열 $\{S_{2n}\}$은 공차가 -9인 등차수열이다. $a_2=50$일 때, a_{12}의 값을 구하시오.

403

첫째항이 2이고 공차가 0이 아닌 등차수열 $\{a_n\}$에 대하여 수열 $\{b_n\}$을 $b_n = a_n + a_{n+1}$ $(n \geq 1)$이라 하고, 두 집합 A, B를

$$A = \{a_1,\ a_2,\ a_3\},\ B = \{b_1,\ b_2,\ b_3\}$$

이라 하자. $n(A \cap B) = 2$가 되도록 하는 모든 등차수열 $\{a_n\}$에 대하여 a_{10}의 값의 합은?

① -20 　② -18 　③ -16

④ -14 　⑤ -12

404

등차수열 $\{a_n\}$에 대하여 수열 $\{T_n\}$을

$$T_n = a_1 - a_2 + a_3 - a_4 + \cdots + (-1)^{n-1}a_n$$
$$(n = 1,\ 2,\ 3,\ \cdots)$$

으로 정의하자. $T_{10} = 15$, $T_{15} = -14$일 때, $|T_n| > 20$을 만족시키는 n의 최솟값은?

① 14 　② 15 　③ 16

④ 17 　⑤ 18

405 교육청 기출

수열 $\{a_n\}$의 첫째항부터 제n항까지의 합을 S_n이라 할 때, 수열 $\{a_n\}$이 모든 자연수 n에 대하여 다음 |조건|을 만족시킨다.

> ┤조건├
> (가) $S_{2n-1} = 1$
> (나) 수열 $\{a_n a_{n+1}\}$은 등비수열이다.

$S_{10} = 33$일 때, S_{18}의 값을 구하시오.

III

08 수열의 합

08-1 합의 기호 $\sum$의 뜻과 성질 [유형 1, 3, 4]

1 합의 기호 $\sum$의 뜻

수열 $\{a_n\}$의 첫째항부터 제n항까지의 합

$$a_1+a_2+a_3+\cdots+a_n$$

은 합의 기호 $\sum$를 사용하여 $\displaystyle\sum_{k=1}^{n}a_k$로 나타낼 수 있다. 즉,

$$a_1+a_2+a_3+\cdots+a_n=\sum_{k=1}^{n}a_k$$

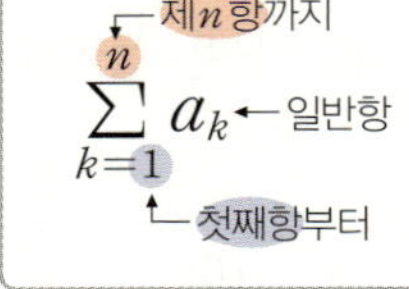

참고 ① $m\le n$일 때 제m항부터 제n항까지의 합은 $\displaystyle\sum_{k=m}^{n}a_k$로 나타낸다.

② $\displaystyle\sum_{k=1}^{n}a_k$는 k 대신에 다른 문자를 사용하여 $\displaystyle\sum_{i=1}^{n}a_i$, $\displaystyle\sum_{j=1}^{n}a_j$ 등으로 나타내기도 한다.

2 합의 기호 $\sum$의 성질 ❶

(1) $\displaystyle\sum_{k=1}^{n}(a_k+b_k)=\sum_{k=1}^{n}a_k+\sum_{k=1}^{n}b_k$

(2) $\displaystyle\sum_{k=1}^{n}(a_k-b_k)=\sum_{k=1}^{n}a_k-\sum_{k=1}^{n}b_k$

(3) $\displaystyle\sum_{k=1}^{n}ca_k=c\sum_{k=1}^{n}a_k$ (단, c는 상수)

(4) $\displaystyle\sum_{k=1}^{n}c=cn$ (단, c는 상수)

주의 ① $\displaystyle\sum_{k=1}^{n}a_kb_k\ne\sum_{k=1}^{n}a_k\sum_{k=1}^{n}b_k$ ② $\displaystyle\sum_{k=1}^{n}\frac{a_k}{b_k}\ne\frac{\sum_{k=1}^{n}a_k}{\sum_{k=1}^{n}b_k}$ ③ $\displaystyle\sum_{k=1}^{n}a_k^2\ne\left(\sum_{k=1}^{n}a_k\right)^2$

❶ $\sum$를 여러 개 포함한 식은 괄호 안의 식부터 차례로 계산한다. 이때 식에 포함된 문자 중에 상수와 상수가 아닌 것을 구분한다.

★ 08-2 여러 가지 수열의 합 ❷ [유형 2~8]

1 자연수의 거듭제곱의 합

(1) $\displaystyle\sum_{k=1}^{n}k=1+2+3+\cdots+n=\frac{n(n+1)}{2}$

(2) $\displaystyle\sum_{k=1}^{n}k^2=1^2+2^2+3^2+\cdots+n^2=\frac{n(n+1)(2n+1)}{6}$

(3) $\displaystyle\sum_{k=1}^{n}k^3=1^3+2^3+3^3+\cdots+n^3=\left\{\frac{n(n+1)}{2}\right\}^2$ → $\displaystyle\sum_{k=1}^{n}k^3=\left(\sum_{k=1}^{n}k\right)^2$

2 분수의 꼴인 수열의 합 ❸

→ $\dfrac{1}{AB}=\dfrac{1}{B-A}\left(\dfrac{1}{A}-\dfrac{1}{B}\right)$ (단, $A\ne B$)

(1) 일반항이 분수의 꼴인 수열의 합은 일반항을 부분분수로 변형하여 구한다.

$$\sum_{k=1}^{n}\frac{1}{(k+a)(k+b)}=\frac{1}{b-a}\sum_{k=1}^{n}\left(\frac{1}{k+a}-\frac{1}{k+b}\right) \text{ (단, } a\ne b)$$

(2) 일반항의 분모에 근호가 포함된 수열의 합은 일반항의 분모를 유리화하여 구한다.

$$\sum_{k=1}^{n}\frac{1}{\sqrt{k+a}+\sqrt{k+b}}=\frac{1}{a-b}\sum_{k=1}^{n}(\sqrt{k+a}-\sqrt{k+b}) \text{ (단, } a\ne b)$$

❷ 등차수열이나 등비수열이 아닌 수열의 합은 다음과 같은 순서로 구한다.
(ⅰ) 주어진 수열의 일반항 a_n을 구한다.
(ⅱ) 구하는 합을 $\sum$를 사용하여 나타낸 후 $\sum$의 성질과 자연수의 거듭제곱의 합의 공식을 이용한다.

❸ 수열의 합에서 항이 연쇄적으로 소거될 때, 소거되지 않고 남는 항은 앞에서 남는 항과 뒤에서 남는 항이 서로 대칭되는 위치에 있다.

유형 분석 기출

시험에서 출제율이 70% 이상인 문제를 엄선하여 수록하였습니다.

III

유형 ① 합의 기호 $\sum$의 뜻과 성질   [개념 08-1]

406 ⭐중요

$\displaystyle\sum_{k=1}^{12} a_k=5$, $\displaystyle\sum_{k=1}^{12} a_k{}^2=100$일 때, $\displaystyle\sum_{k=1}^{12} (a_k-2)^2$의 값을 구하시오.

407

수열 $\{a_n\}$에 대하여 $a_1=10$이고 $\displaystyle\sum_{k=1}^{n} (a_{k+1}-a_k)=n+4$일 때, a_{10}의 값을 구하시오.

408 교육청 기출

수열 $\{a_n\}$에 대하여

$$\sum_{k=1}^{10} a_k+\sum_{k=1}^{9} a_k=137,\quad \sum_{k=1}^{10} a_k-\sum_{k=1}^{9} 2a_k=101$$

일 때, a_{10}의 값을 구하시오.

409

두 수열 $\{a_n\}$, $\{b_n\}$에 대하여

$$\sum_{k=1}^{10} a_k b_k=5,\quad \sum_{k=1}^{10} (a_k{}^2-2)=2\sum_{k=1}^{10} a_k b_k$$

일 때, $\displaystyle\sum_{k=1}^{10} a_k(2a_k+3b_k)$의 값은?

① 70   ② 75   ③ 80

④ 85   ⑤ 90

유형 ② 자연수의 거듭제곱의 합   [개념 08-2]

410

$\displaystyle\sum_{k=1}^{9} (2k^2+ak)=120$일 때, 상수 a의 값은?

① -10 ② -8 ③ -6

④ -4 ⑤ -2

411

$\displaystyle\sum_{k=1}^{n+1} (k+2)^2-\sum_{k=1}^{n} (k^2+4)=165$일 때, 자연수 n의 값은?

① 6   ② 7   ③ 8

④ 9   ⑤ 10

412

$\displaystyle\sum_{k=1}^{10}\left(\sum_{j=1}^{5} jk\right)-\sum_{k=1}^{5}\left\{\sum_{j=1}^{10}(j+k)\right\}$의 값은?

① 320 　　② 340 　　③ 360

④ 380 　　⑤ 400

413 　실력 UP

$\displaystyle\sum_{k=1}^{10} 2k+\sum_{k=2}^{10} 2k+\sum_{k=3}^{10} 2k+\cdots+\sum_{k=10}^{10} 2k$의 값은?

① 110 　　② 330 　　③ 550

④ 770 　　⑤ 990

414

n이 자연수일 때, x에 대한 이차방정식
$$(2n^2+n-1)x^2-(2n-1)x+1=0$$
의 두 근의 합을 a_n이라 하자. $\displaystyle\sum_{k=1}^{10}\frac{1}{a_k}$의 값은?

① 65 　　② 66 　　③ 67

④ 68 　　⑤ 69

유형 **3** ∑를 이용한 수열의 합 　　[개념 08-1, 2]

415 　중요

수열 $1,\ 1+2,\ 1+2+4,\ 1+2+4+8,\ \cdots$의 첫째항부터 제$n$항까지의 합을 구하시오.

416

$\displaystyle\sum_{k=1}^{20}(-1)^k k^2$의 값은?

① 200 　　② 205 　　③ 210

④ 215 　　⑤ 220

417 　실력 UP

다음 식을 간단히 하시오.

$$1\times n+2\times(n-1)+3\times(n-2)+\cdots \\ +(n-1)\times 2+n\times 1$$

418 중요

수열 $\{a_n\}$에 대하여 $\displaystyle\sum_{k=1}^{n} a_k = 2^{n+1}-2$일 때, $\displaystyle\sum_{k=1}^{4} a_k^2$의 값은?

① 320 ② 340 ③ 360
④ 380 ⑤ 400

419

수열 $\{a_n\}$에 대하여 $\displaystyle\sum_{k=1}^{n} a_k = n^2+n$일 때,

$$a_5 - a_6 + a_7 - a_8 + \cdots + a_{111} - a_{112}$$

의 값은?

① -110 ② -108 ③ -106
④ -104 ⑤ -102

420 중요

$\displaystyle\sum_{k=1}^{n} \frac{1}{(2k+1)(2k+3)} = \frac{1}{7}$을 만족시키는 자연수 n의 값을 구하시오.

421

수열 $1,\ \dfrac{1}{1+2},\ \dfrac{1}{1+2+3},\ \dfrac{1}{1+2+3+4},\ \cdots$의 첫째항부터 제100항까지의 합을 구하시오.

422 교육청 기출

자연수 n에 대하여 곡선 $y=x^2$과 직선 $y=\sqrt{n}x$가 만나는 서로 다른 두 점 사이의 거리를 $f(n)$이라 하자.

$\displaystyle\sum_{n=1}^{10} \frac{1}{\{f(n)\}^2}$의 값은?

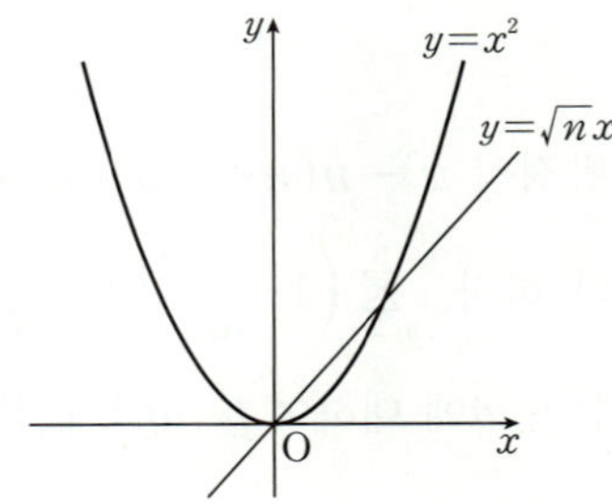

① $\dfrac{9}{11}$ ② $\dfrac{19}{22}$ ③ $\dfrac{10}{11}$
④ $\dfrac{21}{22}$ ⑤ 1

423

수열 $\{a_n\}$의 첫째항부터 제n항까지의 합 S_n이 모든 자연수 n에 대하여 $S_n=\dfrac{n}{n+1}$일 때, $\displaystyle\sum_{k=1}^{5}\dfrac{a_{k+1}}{k}$의 값을 구하시오.

424

n이 자연수일 때, x에 대한 다항식 $2x^2+(1-n)x$를 $x-n$으로 나눈 나머지를 a_n이라 하자. $\displaystyle\sum_{n=1}^{2026}\dfrac{1}{a_n}$의 값은?

① $\dfrac{2023}{2024}$ ② $\dfrac{2024}{2025}$ ③ $\dfrac{2025}{2026}$

④ $\dfrac{2026}{2027}$ ⑤ $\dfrac{2027}{2028}$

425

x에 대한 이차방정식 $x^2-n(n+2)x+n^2+2n=0$의 두 근을 a_n, β_n이라 하자. $\displaystyle\sum_{n=1}^{5}\left(1-\dfrac{1}{a_n}\right)\left(1-\dfrac{1}{\beta_n}\right)=\dfrac{q}{p}$일 때, 서로소인 자연수 p, q에 대하여 $p+q$의 값은?

① 64 ② 65 ③ 66

④ 67 ⑤ 68

유형 6 분모가 무리식인 수열의 합 [개념 08-2]

426 ⭐중요

$\dfrac{4}{\sqrt{1}+\sqrt{3}}+\dfrac{4}{\sqrt{2}+\sqrt{4}}+\cdots+\dfrac{4}{\sqrt{48}+\sqrt{50}}=a+b\sqrt{2}$를 만족시키는 자연수 a, b에 대하여 $a+b$의 값은?

① 18 ② 20 ③ 22

④ 24 ⑤ 26

427

x에 대한 이차방정식 $x^2-4nx+(4n^2-1)=0$의 두 근을 a_n, β_n $(a_n<\beta_n)$이라 할 때, $\displaystyle\sum_{n=1}^{12}\dfrac{1}{\sqrt{a_n}+\sqrt{\beta_n}}$의 값은?

① 1 ② 2 ③ 3

④ 4 ⑤ 5

428 수능 기출

모든 항이 양수이고 첫째항과 공차가 같은 등차수열 $\{a_n\}$이

$$\sum_{k=1}^{15}\dfrac{1}{\sqrt{a_k}+\sqrt{a_{k+1}}}=2$$

를 만족시킬 때, a_4의 값은?

① 6 ② 7 ③ 8

④ 9 ⑤ 10

유형 7 로그가 포함된 수열의 합 [개념 08-2]

429 ⭐중요

$\displaystyle\sum_{k=1}^{60} \log_2\left(\frac{1}{k+3}+1\right)$의 값은?

① 3   ② 4   ③ 5

④ 6   ⑤ 7

430

수열 $\{a_n\}$에 대하여 $a_n=1-\dfrac{1}{n^2}$일 때,

$\displaystyle\sum_{k=2}^{l} \log_3 a_k = \log_3 5 - 2$를 만족시키는 자연수 l의 값은?

① 9   ② 10   ③ 11

④ 12   ⑤ 13

431

수열 $\{a_n\}$이 모든 자연수 n에 대하여

$\displaystyle\sum_{k=1}^{n} a_k = \log_2 \frac{(n+1)(n+2)}{2}$를 만족시킬 때, $\displaystyle\sum_{k=1}^{15} a_{2k}$의

값은?

① 3   ② 4   ③ 5

④ 6   ⑤ 7

유형 8 여러 가지 수열의 응용 [개념 08-2]

432

$1\times 2+2\times 2^2+3\times 2^3+\cdots+100\times 2^{100}$의 값은?

① $99\times 2^{101}-2$ ② $99\times 2^{101}+2$

③ $100\times 2^{101}-2$ ④ $100\times 2^{101}+2$

⑤ $101\times 2^{101}-2$

433

다음 수열에서 $\dfrac{5}{8}$가 처음으로 나오는 항은 제몇 항인가?

$$\frac{1}{1},\ \frac{1}{2},\ \frac{2}{1},\ \frac{1}{3},\ \frac{2}{2},\ \frac{3}{1},\ \frac{1}{4},\ \frac{2}{3},\ \frac{3}{2},\ \frac{4}{1},\ \cdots$$

① 제68항   ② 제69항   ③ 제70항

④ 제71항   ⑤ 제72항

434 📢실력 UP

다음과 같이 1, 3, 5, 7, 9를 규칙적으로 나열했을 때, 제17행에 나열된 수들의 총합을 구하시오.

제1행				1		
제2행			3	5	7	
제3행		9	1	3	5	7
제4행	9	1	3	5	7	9	1
⋮			⋮			

435

$\sum\limits_{k=1}^{15} (k-2a)^2$의 값이 최소가 되도록 하는 상수 a의 값을 α, 그때의 최솟값을 m이라 할 때, $\alpha+m$의 값을 구하시오.

[풀이]

436

수열 $\{a_n\}$의 첫째항부터 제n항까지의 합 S_n이 $S_n=\dfrac{1}{4n^2-1}$일 때, $\sum\limits_{k=1}^{10} (S_k+a_k)=\dfrac{q}{p}$이다. 서로소인 자연수 p, q에 대하여 $p+q$의 값을 구하시오.

[풀이]

437

첫째항이 2이고 공비가 4인 등비수열 $\{a_n\}$에 대하여 $\sum\limits_{k=1}^{15} \log_8 a_k$의 값을 구하시오.

[풀이]

438

자연수 n에 대하여 4^n의 모든 양의 약수의 총합을 a_n이라 할 때, 다음 물음에 답하시오.

(1) a_n을 4의 거듭제곱을 이용한 식으로 나타내시오.

[풀이]

(2) $\sum\limits_{k=1}^{5} a_k$의 값을 구하시오.

[풀이]

1등급 실력 완성

439

두 등차수열 $\{a_n\}$, $\{b_n\}$에 대하여 $a_1+b_1=50$,

$\sum\limits_{k=1}^{20} a_k + \sum\limits_{k=1}^{20} b_k = 2000$일 때, $a_{20}+b_{20}$의 값은?

① 90   ② 120   ③ 150

④ 180   ⑤ 200

440

수열 $\{a_n\}$에 대하여

$$a_n = \sum_{k=1}^{n} \frac{1^2+3^2+5^2+\cdots+(2k-1)^2}{4k^2-2k}$$

일 때, a_{10}의 값은?

① 15   ② 20   ③ 25

④ 30   ⑤ 35

441

등식

$$\left(2-\frac{1}{n}\right)^2 + \left(2-\frac{2}{n}\right)^2 + \left(2-\frac{3}{n}\right)^2 + \cdots + \left(2-\frac{n}{n}\right)^2$$

$$= \frac{(an-1)(bn-1)}{6n}$$

이 성립할 때, 정수 a, b에 대하여 a^2+b^2의 값을 구하시오.

442

수열 $\{a_n\}$에 대하여 $\sum\limits_{k=1}^{n} a_k = 5^{n-1}+3$일 때,

$\sum\limits_{k=1}^{8} a_{2k-1} = \dfrac{5^q+19}{p}$이다. 자연수 p, q에 대하여 $p+q$의 값을 구하시오.

443

수열 $\{a_n\}$에 대하여

$$a_1 = \frac{a_{11}}{11}, \quad \sum_{k=1}^{10} \frac{a_k}{k} = \sum_{k=1}^{10} \frac{a_{k+1}}{k}$$

일 때, $\sum\limits_{k=1}^{10} \dfrac{a_{k+1}}{k(k+1)}$의 값을 구하시오.

444 수능 기출

공차가 0이 아닌 등차수열 $\{a_n\}$에 대하여

$$|a_6|=a_8, \quad \sum_{k=1}^{5} \frac{1}{a_k a_{k+1}} = \frac{5}{96}$$

일 때, $\displaystyle\sum_{k=1}^{15} a_k$의 값은?

① 60   ② 65   ③ 70

④ 75   ⑤ 80

445

자연수 n에 대하여 원 $x^2+y^2=n$이 직선 $y=\sqrt{3}x$와 제1 사분면에서 만나는 점의 x좌표를 x_n이라 하자.

$\displaystyle\sum_{k=1}^{48} \frac{x_{k+1}}{x_k+x_{k+2}}$의 값은?

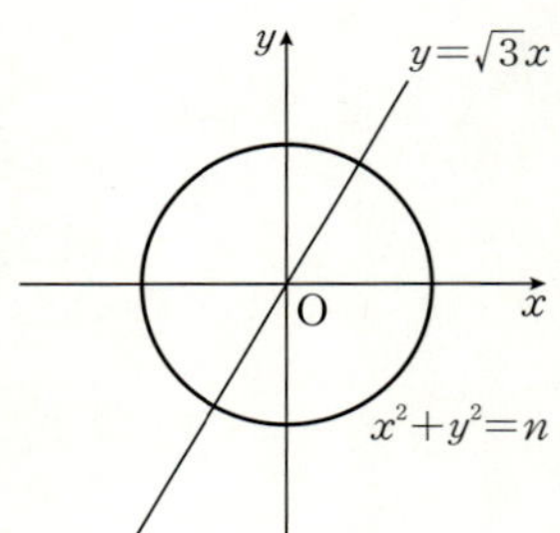

① $13\sqrt{2}$ ② $14\sqrt{2}$ ③ $15\sqrt{2}$

④ $16\sqrt{2}$ ⑤ $17\sqrt{2}$

446

수열 $\{a_n\}$은 다음 **| 조건 |**을 만족시킨다.

| 조건 |

㈎ 네 항 a_1, a_2, a_3, a_4는 이 순서대로 공비가 -2인 등비수열을 이룬다.

㈏ 모든 자연수 n에 대하여 $a_{n+4}=a_n+2$이다.

$\displaystyle\sum_{n=1}^{20} a_n=130$일 때, a_1의 값을 구하시오.

447

2 이상의 자연수 n에 대하여 $2n^2-11n+14$의 n제곱근 중에서 서로 다른 실수인 것의 개수를 a_n이라 할 때,

$\displaystyle\sum_{n=2}^{10} a_n$의 값은?

① 4   ② 6   ③ 9

④ 11   ⑤ 13

448

다음과 같이 자연수를 규칙적으로 배열할 때, 205가 나타나는 횟수를 구하시오.

1	3	5	7	9	⋯
1	5	9	13	17	
1	7	13	19	25	
1	9	17	25	33	
⋮					⋱

1등급을 결정하는 문제 중 최고난도 문제를 수록하였습니다.

449 교육청 기출

n이 3 이상의 자연수일 때,
네 점 $(n, 0)$, $\left(\dfrac{3n}{2}, 0\right)$,
$\left(\dfrac{3n}{2}, \dfrac{n}{2}\right)$, $\left(n, \dfrac{n}{2}\right)$을 꼭짓
점으로 하는 정사각형을 A_n
이라 하자. 위의 그림과 같이 두 정사각형 A_n, A_{n+1}이 겹
치는 부분(색칠한 부분)의 넓이를 a_n이라 할 때, $\displaystyle\sum_{n=3}^{10} \dfrac{1}{a_n}$
의 값은?

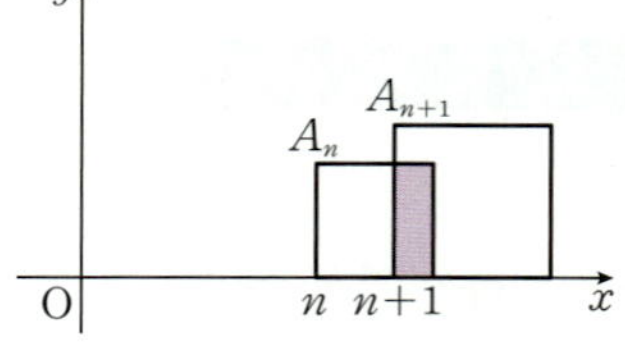

① $\dfrac{113}{45}$ ② $\dfrac{116}{45}$ ③ $\dfrac{118}{45}$

④ $\dfrac{121}{45}$ ⑤ $\dfrac{124}{45}$

450

수열 $\{a_n\}$에 대하여 $a_n = \log_2 \sqrt{\dfrac{2(n+1)}{n}}$일 때, $\displaystyle\sum_{k=1}^{m} a_k$의 값

이 20 이하의 자연수가 되도록 하는 모든 자연수 m의 값
의 합을 구하시오.

451 교육청 기출

공차가 음의 정수인 등차수열 $\{a_n\}$에 대하여

$$a_6 = -2, \quad \sum_{k=1}^{8} |a_k| = \sum_{k=1}^{8} a_k + 42$$

일 때, $\displaystyle\sum_{k=1}^{8} a_k$의 값은?

① 40 ② 44 ③ 48

④ 52 ⑤ 56

09 수학적 귀납법

09-1 수열의 귀납적 정의 [유형 1~6]

1 수열의 귀납적 정의 ❶

처음 몇 개의 항과 이웃하는 여러 항 사이의 관계식으로 수열을 정의하는 것을 수열의 **귀납적 정의**라 한다.

일반적으로 수열 $\{a_n\}$을

① 첫째항 a_1

② 두 항 a_n, a_{n+1} $(n=1, 2, 3, \cdots)$ 사이의 관계식

과 같이 귀납적으로 정의할 수 있다. 이때 ②의 관계식에 $n=1, 2, 3, \cdots$을 대입하면 수열 $\{a_n\}$의 모든 항을 구할 수 있다.

2 등차수열의 귀납적 정의

(1) 첫째항이 a, 공차가 d인 등차수열의 귀납적 정의는

$$a_1=a,\ a_{n+1}=a_n+d\ (n=1, 2, 3, \cdots)$$

(2) $a_{n+1}-a_n=a_{n+2}-a_{n+1} \iff 2a_{n+1}=a_n+a_{n+2}$ ← a_{n+1}은 a_n과 a_{n+2}의 등차중항이다.

3 등비수열의 귀납적 정의

(1) 첫째항이 a, 공비가 r $(r\neq0)$인 등비수열의 귀납적 정의는

$$a_1=a,\ a_{n+1}=ra_n\ (n=1, 2, 3, \cdots)$$

(2) $\dfrac{a_{n+1}}{a_n}=\dfrac{a_{n+2}}{a_{n+1}} \iff a_{n+1}{}^2=a_n a_{n+2}$ ← a_{n+1}은 a_n과 a_{n+2}의 등비중항이다.

❶ 여러 가지 수열의 귀납적 정의

(1) $a_{n+1}=a_n+f(n)$ 꼴로 정의된 수열

⇨ $a_{n+1}=a_n+f(n)$의 n에 1, 2, 3, $\cdots$, $n-1$을 차례대로 대입한 후 변끼리 더한다.

⇨ $a_n=a_1+f(1)+f(2)+f(3)$ $+ \cdots +f(n-1)$

(2) $a_{n+1}=a_n f(n)$ 꼴로 정의된 수열

⇨ $a_{n+1}=a_n f(n)$의 n에 1, 2, 3, $\cdots$, $n-1$을 차례대로 대입한 후 변끼리 곱한다.

⇨ $a_n=a_1 f(1)f(2)f(3)$ $\times \cdots \times f(n-1)$

09-2 수학적 귀납법 [유형 7]

자연수 n에 대한 명제 $p(n)$이 모든 자연수에 대하여 성립함을 증명하려면 다음 두 가지를 보이면 된다.

(i) $n=1$일 때 명제 $p(n)$이 성립한다.

(ii) $n=k$일 때 명제 $p(n)$이 성립한다고 가정하면 $n=k+1$일 때도 명제 $p(n)$이 성립한다.

이와 같이 자연수에 대한 어떤 명제가 참임을 증명하는 방법을 **수학적 귀납법**이라 한다.

참고 ① 자연수 n에 대한 명제 $p(n)$이 $m(m\geq2$인 자연수) 이상인 모든 자연수에 대하여 성립함을 증명하려면 다음 두 가지를 보이면 된다.
(i) $n=m$일 때 명제 $p(n)$이 성립한다.
(ii) $n=k\ (k\geq m)$일 때 명제 $p(n)$이 성립한다고 가정하면 $n=k+1$일 때도 명제 $p(n)$이 성립한다.
② 수학적 귀납법으로 증명할 때 $n=k$일 때의 등식의 양변에 적당한 것을 더하거나 곱하여 $n=k+1$일 때의 식의 꼴을 만든다.

❷ 수학적 귀납법; 배수의 증명
모든 자연수 n에 대하여 $f(n)$이 l의 배수임을 보일 때,
(i) $f(1)$이 l의 배수임을 보인다.
(ii) $n=k$일 때 $f(n)$이 l의 배수라 가정하고, $n=k+1$일 때 $f(k+1)=al$ (a는 상수) 꼴임을 보인다.

시험에서 출제율이 70% 이상인 문제를 엄선하여 수록하였습니다.

유형 1 등차수열의 귀납적 정의 [개념 09-1]

452 ⭐중요

$a_1=10$, $a_{n+1}=a_n-6$ $(n=1,\ 2,\ 3,\ \cdots)$과 같이 정의된 수열 $\{a_n\}$에서 $a_k=-26$을 만족시키는 자연수 k의 값은?

① 7 ② 8 ③ 9
④ 10 ⑤ 11

453

$a_{n+2}-a_{n+1}=a_{n+1}-a_n$ $(n=1,\ 2,\ 3,\ \cdots)$
과 같이 정의된 수열 $\{a_n\}$에서 $a_2=8$, $a_{10}=24$일 때, a_{40}의 값을 구하시오.

454

$$a_{n+1}=\frac{a_n+a_{n+2}}{2}\ (n=1,\ 2,\ 3,\ \cdots)$$
과 같이 정의된 수열 $\{a_n\}$에서 $a_2+a_{10}=18$, $a_4=5a_2$일 때, $\displaystyle\sum_{k=1}^{10}a_k$의 값은?

① 60 ② 70 ③ 80
④ 90 ⑤ 100

455 실력 UP

$a_2=4$인 수열 $\{a_n\}$의 첫째항부터 제n항까지의 합 S_n에 대하여 $(S_{n+1}-S_{n-1})^2=4a_na_{n+1}+1(n=2,\ 3,\ 4,\ \cdots)$이 성립할 때, a_{10}의 값은? (단, $a_2<a_3<\cdots<a_n<\cdots$)

① 11 ② 12 ③ 13
④ 14 ⑤ 15

유형 2 등비수열의 귀납적 정의 [개념 09-1]

456 ⭐중요

$a_1=32$, $\dfrac{a_{n+1}}{a_n}=\dfrac{1}{2}$ $(n=1,\ 2,\ 3,\ \cdots)$과 같이 정의된 수열 $\{a_n\}$에서 a_8의 값은?

① $\dfrac{1}{8}$ ② $\dfrac{1}{4}$ ③ $\dfrac{1}{2}$
④ 1 ⑤ 2

457

$a_1=3$, $a_2=9$, $a_{n+1}{}^2=a_n a_{n+2}$ $(n=1, 2, 3, \cdots)$과 같이 정의된 수열 $\{a_n\}$에서 $\dfrac{a_8}{a_6}+\dfrac{a_9}{a_7}+\dfrac{a_{10}}{a_8}+\dfrac{a_{11}}{a_9}+\dfrac{a_{12}}{a_{10}}$의 값은?

① 41 ② 42 ③ 43

④ 44 ⑤ 45

458

$a_1=1$, $\log_5 a_{n+1}=\log_5 a_n+1$ $(n=1, 2, 3, \cdots)$과 같이 정의된 수열 $\{a_n\}$의 모든 항이 양수이고 $a_1 \times a_2 \times a_3 \times \cdots \times a_{15}=5^k$일 때, 상수 k의 값을 구하시오.

459 실력 UP

수열 $\{a_n\}$이 다음 **조건**을 만족시킨다.

─ 조건 ─

㈎ $a_1=\dfrac{3}{2}$, $a_2=3$

㈏ 모든 자연수 n에 대하여 x에 대한 이차방정식 $x^2-2a_{n+1}x+a_n a_{n+2}=0$이 중근 b_n을 갖는다.

$\displaystyle\sum_{k=1}^{10} b_k$의 값은?

① 3066 ② 3067 ③ 3068

④ 3069 ⑤ 3070

460

$a_1=-2$, $a_{n+1}=a_n+3n-1$ $(n=1, 2, 3, \cdots)$과 같이 정의된 수열 $\{a_n\}$에서 a_{10}의 값은?

① 120 ② 124 ③ 128

④ 132 ⑤ 136

461 중요

$a_1=1$, $a_{n+1}=3^n a_n$ $(n=1, 2, 3, \cdots)$과 같이 정의된 수열 $\{a_n\}$에서 $a_k=3^{55}$을 만족시키는 자연수 k의 값을 구하시오.

462 교육청 기출

수열 $\{a_n\}$이 다음 **조건**을 만족시킨다.

─ 조건 ─

㈎ $1\leq n\leq 4$인 모든 자연수 n에 대하여 $a_n+a_{n+4}=15$이다.

㈏ $n\geq 5$인 모든 자연수 n에 대하여 $a_{n+1}-a_n=n$이다.

$\displaystyle\sum_{n=1}^{4} a_n=6$일 때, a_5의 값은?

① 1 ② 3 ③ 5

④ 7 ⑤ 9

463 ⭐중요

$a_1=3$이고, 모든 자연수 n에 대하여

$$a_{n+1}=\begin{cases} a_n+3n & (n\text{이 4의 배수가 아닌 경우}) \\ a_n-5 & (n\text{이 4의 배수인 경우}) \end{cases}$$

과 같이 정의된 수열 $\{a_n\}$에서 a_9의 값을 구하시오.

464

다음과 같이 정의된 수열 $\{a_n\}$에 대하여 $\log_2(a_{15}+1)$의 값을 구하시오.

$$a_1=1,\ a_{n+1}=2a_n+1\ (n=1,\ 2,\ 3,\ \cdots)$$

465

$a_1=2,\ a_{n+1}=2a_n+2^{n+1}\ (n=1,\ 2,\ 3,\ \cdots)$과 같이 정의된 수열 $\{a_n\}$에서 $\log_2 a_{16}$의 값은?

① 12　　　　② 14　　　　③ 16

④ 18　　　　⑤ 20

466

수열 $\{a_n\}$이 모든 자연수 n에 대하여

$$a_{n+1}=\begin{cases} 2^{a_n+1} & (a_n\le 0) \\ \log_2 a_n & (a_n>0) \end{cases}$$

을 만족시킨다. $a_1=4$일 때, a_{100}의 값은?

① 0　　　　② 1　　　　③ 2

④ 3　　　　⑤ 204

467 👉실력 UP

$a_1=2,\ a_2=3,\ a_{n+2}=a_{n+1}-a_n\ (n=1,\ 2,\ 3,\ \cdots)$과 같이 정의된 수열 $\{a_n\}$에서 $\sum\limits_{k=1}^{35} a_k$의 값은?

① 0　　　　② 1　　　　③ 2

④ 3　　　　⑤ 4

468 ⭐중요

$a_1=1,\ a_{n+1}=(3a_n$을 7로 나누었을 때의 나머지$)$와 같이 정의된 수열 $\{a_n\}$에서 a_{88}의 값은?

① 2　　　　② 3　　　　③ 4

④ 5　　　　⑤ 6

유형 5   수열의 합 S_n이 포함된 수열의 귀납적 정의   [개념 09-1]

469 ⭐중요

수열 $\{a_n\}$의 첫째항부터 제n항까지의 합 S_n에 대하여

$$a_1=3,\ a_{n+1}=2S_n+3\ (n=1,\ 2,\ 3,\ \cdots)$$

이 성립할 때, a_6의 값은?

① 9   ② 27   ③ 81

④ 243   ⑤ 729

470 교육청 기출

수열 $\{a_n\}$의 첫째항부터 제n항까지의 합을 S_n이라 하자. 모든 자연수 n에 대하여

$$a_{n+1}=1-4\times S_n$$

이고 $a_4=4$일 때, $a_1 \times a_6$의 값은?

① 5   ② 10   ③ 15

④ 20   ⑤ 25

471 실력 UP

수열 $\{a_n\}$의 첫째항부터 제n항까지의 합 S_n이 2 이상의 모든 자연수 n에 대하여

$$a_1=1,\ a_2=3,\ \frac{a_{n+1}}{a_n}=\frac{S_{n+1}}{S_n}$$

을 만족시킬 때, a_5의 값을 구하시오.

유형 6   수열의 귀납적 정의의 활용 (실생활 포함)   [개념 09-1]

472

어느 수족관에서 어항 속에 매일 전날 들어있던 물의 절반을 버리고 다시 10 L의 물을 채워 넣는다. 오늘 들어있던 물의 양이 10 L일 때, 이와 같은 시행을 반복하여 처음으로 물의 양이 19 L 이상이 되는 날은 오늘부터 며칠 후인지 구하시오.

473 ⭐중요

다음 그림과 같이 평면 위에 어느 두 직선도 평행하지 않고 어느 세 직선도 한 점에서 만나지 않도록 n개의 직선을 그을 때, 이 직선들에 의하여 분할되는 평면의 개수를 a_n이라 하자. a_{10}의 값을 구하시오.

474

물 2 L를 두 개의 용기 A, B에 적당히 나누어 담았다. 용기 A에 담긴 물의 절반을 용기 B에 부은 다음, 용기 B에 담긴 물의 절반을 용기 A에 붓는 것을 1회 시행이라 하자. n회 시행 후 용기 A에 담긴 물의 양을 a_n L라 할 때, a_n과 a_{n+1} 사이의 관계식은?

① $a_{n+1}=-\dfrac{1}{2}a_n+\dfrac{1}{4}$ ② $a_{n+1}=-\dfrac{1}{2}a_n+1$

③ $a_{n+1}=-\dfrac{1}{4}a_n+1$ ④ $a_{n+1}=\dfrac{1}{4}a_n+1$

⑤ $a_{n+1}=\dfrac{1}{2}a_n+\dfrac{1}{4}$

유형 **7** 수학적 귀납법 　　　　[개념 09-2]

475 ⭐중요

다음은 모든 자연수 n에 대하여 등식

$$\left(1+\frac{1}{1}\right)\left(1+\frac{1}{2}\right)\left(1+\frac{1}{3}\right)\times\cdots\times\left(1+\frac{1}{n}\right)=n+1 \quad\cdots\cdots\ \bigcirc$$

이 성립함을 수학적 귀납법으로 증명한 것이다.

┤ 증명 ├
(i) $n=1$일 때,

$$(좌변)=1+\frac{1}{1}=2,\ (우변)=1+1=2$$

따라서 $n=1$일 때 $\bigcirc$이 성립한다.

(ii) $n=k$일 때 $\bigcirc$이 성립한다고 가정하면

$$\left(1+\frac{1}{1}\right)\left(1+\frac{1}{2}\right)\left(1+\frac{1}{3}\right)\times\cdots\times\left(1+\frac{1}{k}\right)=k+1$$

위의 식의 양변에 [(가)](을)를 곱하면

$$\left(1+\frac{1}{1}\right)\left(1+\frac{1}{2}\right)\left(1+\frac{1}{3}\right)\times\cdots\times\left(1+\frac{1}{k}\right)\times(\ [\text{(가)}]\ )$$
$$=(k+1)\times(\ [\text{(가)}]\ )$$
$$=[\text{(나)}]$$

따라서 $n=k+1$일 때도 $\bigcirc$이 성립한다.

(i), (ii)에 의하여 모든 자연수 n에 대하여 $\bigcirc$이 성립한다.

위의 (가), (나)에 알맞은 식을 각각 $f(k)$, $g(k)$라 할 때, $f(3)\times g(2)$의 값은?

① 3　　　　　② 4　　　　　③ 5
④ 6　　　　　⑤ 7

476

다음은 $n\geq2$인 모든 자연수 n에 대하여 n^3-n이 3의 배수임을 수학적 귀납법으로 증명한 것이다.

┤ 증명 ├
(i) $n=2$일 때,

$2^3-2=6$은 3의 배수이다.

따라서 $n=2$일 때 n^3-n은 3의 배수이다.

(ii) $n=k\,(k\geq2)$일 때 n^3-n이 3의 배수라 가정하면

$$k^3-k=3m\,(m은\ 자연수)$$

으로 놓을 수 있다.

이때 $n=k+1$이면

$$(k+1)^3-(k+1)=k^3+[\text{(가)}]$$
$$=3m+3([\text{(나)}])$$
$$=3(m+[\text{(나)}])$$

따라서 $n=k+1$일 때도 n^3-n은 3의 배수이다.

(i), (ii)에 의하여 $n\geq2$인 모든 자연수 n에 대하여 n^3-n은 3의 배수이다.

위의 (가), (나)에 알맞은 식을 차례대로 나열한 것은?

① $3k^2+2k,\ k^2+k$　　　　② $3k^2+2k,\ k^2-k$
③ $3k^2-2k,\ k^2-1$　　　　④ $3k^2-2k,\ k^2+k$
⑤ $3k^2-2k,\ k^2-k$

477

다음은 $n \geq 5$인 모든 자연수 n에 대하여

$$2^n > n^2 \qquad \cdots\cdots \text{㉠}$$

이 성립함을 수학적 귀납법으로 증명한 것이다.

┤ 증명 ┝

(ⅰ) $n=5$일 때,

(좌변)$=\boxed{\text{(가)}}$, (우변)$=25$

따라서 $n=5$일 때 ㉠이 성립한다.

(ⅱ) $n=k\,(k \geq 5)$일 때 ㉠이 성립한다고 가정하면

$$2^k > k^2 \qquad \cdots\cdots \text{㉡}$$

㉡의 양변에 2를 곱하면

$$2^{k+1} > 2k^2$$

이때

$$2k^2-(k+1)^2=(k-1)^2-2>0$$

$$\therefore \ 2^{k+1} > \boxed{\text{(나)}}$$

따라서 $n=k+1$일 때도 ㉠이 성립한다.

(ⅰ), (ⅱ)에 의하여 $n \geq 5$인 모든 자연수 n에 대하여 ㉠이 성립한다.

위의 (가)에 알맞은 수와 (나)에 알맞은 식을 차례대로 나열한 것은?

① $25,\ (k-1)^2$ ② $25,\ (k+1)^2$

③ $32,\ (k-1)^2$ ④ $32,\ (k+1)^2$

⑤ $32,\ (2k+1)^2$

478 ⭐중요

다음은 $n \geq 2$인 모든 자연수 n에 대하여

$$1+\frac{1}{2}+\frac{1}{3}+\cdots+\frac{1}{n} > \frac{2n}{n+1} \qquad \cdots\cdots \text{㉠}$$

이 성립함을 수학적 귀납법으로 증명한 것이다.

┤ 증명 ┝

(ⅰ) $n=2$일 때,

(좌변)$=\boxed{\text{(가)}}$, (우변)$=\dfrac{4}{3}$

따라서 $n=2$일 때 ㉠이 성립한다.

(ⅱ) $n=k\,(k \geq 2)$일 때 ㉠이 성립한다고 가정하면

$$1+\frac{1}{2}+\frac{1}{3}+\cdots+\frac{1}{k} > \frac{2k}{k+1} \qquad \cdots\cdots \text{㉡}$$

㉡의 양변에 $\boxed{\text{(나)}}$ (을)를 더하면

$$1+\frac{1}{2}+\frac{1}{3}+\cdots+\frac{1}{k}+\boxed{\text{(나)}} > \frac{2k}{k+1}+\boxed{\text{(나)}}$$

이때

$$\frac{2k+1}{k+1}-\frac{2k+2}{k+2}=\frac{k}{(k+1)(k+2)}>0$$

이므로

$$\frac{2k}{k+1}+\boxed{\text{(나)}} > \boxed{\text{(다)}}$$

$$\therefore \ 1+\frac{1}{2}+\frac{1}{3}+\cdots+\frac{1}{k}+\boxed{\text{(나)}} > \boxed{\text{(다)}}$$

따라서 $n=k+1$일 때도 ㉠이 성립한다.

(ⅰ), (ⅱ)에 의하여 $n \geq 2$인 모든 자연수 n에 대하여 ㉠이 성립한다.

위의 (가)에 알맞은 수를 p, (나), (다)에 알맞은 식을 각각 $f(k),\ g(k)$라 할 때, $\dfrac{6p}{f(4)+g(3)}$의 값은?

① 5 ② 7 ③ 9

④ 11 ⑤ 13

시험에서 출제율이 높은 서술형 문제를 엄선하여 수록하였습니다.

479

$a_1=-5$, $a_{n+1}{}^2-2a_na_{n+1}+a_n{}^2=16$ $(n=1,\ 2,\ 3,\ \cdots)$과 같이 정의된 수열 $\{a_n\}$에서 $a_k>50$을 만족시키는 자연수 k의 최솟값을 구하시오. (단, $a_n<a_{n+1}$)

[풀이]

480

$a_{n+1}=\dfrac{n+2}{n}a_n$ $(n=1,\ 2,\ 3,\ \cdots)$과 같이 정의된 수열 $\{a_n\}$에서 $a_{20}=420$일 때, a_1의 값을 구하시오.

[풀이]

481

이차함수 $y=x^2$의 그래프 위에 다음 | 조건 |을 만족시키도록 점 P_1, P_2, P_3, $\cdots$을 차례대로 정할 때, 물음에 답하시오.

┌─ 조건 ┤
㉮ 점 P_1의 좌표는 $(0,\ 0)$이다.
㉯ 직선 P_nP_{n+1}의 기울기는 $(-1)^{n+1}$이다.

(1) 점 P_n의 x좌표를 a_n이라 할 때, a_n과 a_{n+1} 사이의 관계식을 구하시오.

[풀이]

(2) 점 P_{2026}의 x좌표를 구하시오.

[풀이]

482

모든 자연수 n에 대하여
$$1^3+2^3+3^3+\ \cdots\ +n^3=\left\{\dfrac{n(n+1)}{2}\right\}^2$$
이 성립함을 수학적 귀납법으로 증명하시오.

[풀이]

483

$2a_{n+1}=a_n+a_{n+2}$ $(n=1,\ 2,\ 3,\ \cdots)$과 같이 정의된 수열 $\{a_n\}$에서 수열 $\{a_n\}$의 첫째항부터 제n항까지의 합 S_n에 대하여 $S_8=40$, $S_{15}=-30$이다. S_{10}의 값은?

① 28   ② 30   ③ 32

④ 34   ⑤ 36

484

두 수열 $\{a_n\}$, $\{b_n\}$이
$$a_1=2,\ b_1=1$$
$$a_{n+1}=2a_n+b_n,\ b_{n+1}=a_n+2b_n\,(n=1,\ 2,\ 3,\ \cdots)$$
을 만족시킬 때, $a_{10}\times b_{10}$의 값은?

① $\dfrac{3^{10}-1}{4}$ ② $\dfrac{3^{10}-1}{2}$ ③ $3^{10}-1$

④ $\dfrac{3^{20}-1}{4}$ ⑤ $\dfrac{3^{20}-1}{2}$

485

첫째항이 1인 수열 $\{a_n\}$이 모든 자연수 n에 대하여
$$a_{n+1}=\begin{cases} \dfrac{a_n}{3} & (n\text{이 홀수인 경우}) \\ 3a_{n-1} & (n\text{이 짝수인 경우}) \end{cases}$$
를 만족시킬 때, $\displaystyle\sum_{k=1}^{10} a_k=\dfrac{q}{p}$이다. 서로소인 자연수 p, q에 대하여 $p+q$의 값은?

① 484   ② 485   ③ 486

④ 487   ⑤ 488

486

$a_1=2$, $a_{n+1}=\dfrac{a_n}{1+a_n}$ $(n=1,\ 2,\ 3,\ \cdots)$과 같이 정의된 수열 $\{a_n\}$에서 $a_k=\dfrac{2}{47}$를 만족시키는 자연수 k의 값은?

① 20   ② 24   ③ 28

④ 32   ⑤ 36

487

첫째항이 1인 수열 $\{a_n\}$이 모든 자연수 n에 대하여

$$a_{n+1}=\begin{cases} a_n-3 & (a_n>0) \\ a_n^{\,2} & (a_n\leq 0) \end{cases}$$

을 만족시킬 때, $\displaystyle\sum_{k=1}^{m} a_k=19$가 되도록 하는 자연수 m의 값은?

① 16   ② 17   ③ 18

④ 19   ⑤ 20

488

첫째항이 3인 수열 $\{a_n\}$이 모든 자연수 n에 대하여

$$a_{n+1}=\begin{cases} a_n & (a_n>n) \\ 4n-2-a_n & (a_n\leq n) \end{cases}$$

을 만족시킬 때, $a_k>20$이 되도록 하는 자연수 k의 최솟값은?

① 19   ② 20   ③ 21

④ 22   ⑤ 23

489 평가원 기출

수열 $\{a_n\}$은 $a_1=2$이고

$$a_{n+1}=a_n+(-1)^n\times\frac{2n+1}{n(n+1)} \ (n=1,\ 2,\ 3,\ \cdots)$$

을 만족시킨다. $a_{20}=\dfrac{q}{p}$일 때, $p+q$의 값을 구하시오.

(단, p와 q는 서로소인 자연수이다.)

490

물 90 g과 소금 10 g을 섞은 소금물의 농도를 $a_1 \%$라 하고, $a_1 \%$의 소금물 90 g에 소금 10 g을 섞은 소금물의 농도를 $a_2 \%$라 하자. 이와 같이 자연수 n에 대하여 $a_n \%$의 소금물 90 g에 소금 10 g을 섞은 소금물의 농도를 $a_{n+1} \%$라 할 때, $a_5=p\left\{1-\left(\dfrac{9}{10}\right)^{q}\right\}$이다. 자연수 p, q에 대하여 $p+q$의 값은?

① 85   ② 90   ③ 95

④ 100   ⑤ 105

491

첫째항이 1인 수열 $\{a_n\}$의 첫째항부터 제n항까지의 합 S_n에 대하여

$$(n+1)S_{n+1}=n+1+\sum_{k=1}^{n}S_k \ (n=1,\,2,\,3,\,\cdots) \ \cdots\cdots \ \text{㉠}$$

가 성립할 때, $\displaystyle\sum_{k=1}^{10}\frac{1}{a_k}$의 값을 구하는 과정이다.

㉠에 의하여

$$nS_n=n+\sum_{k=1}^{n-1}S_k \ (n\geq2) \ \cdots\cdots \ \text{㉡}$$

㉠에서 ㉡을 빼서 정리하면

$$(n+1)S_{n+1}-nS_n$$
$$=(n+1)-n+\sum_{k=1}^{n}S_k-\sum_{k=1}^{n-1}S_k \ (n\geq2)$$

이므로

$$(\boxed{\ \text{㉮}\ })\times a_{n+1}=1 \ (n\geq2)$$

$a_1=1=\dfrac{1}{1}$이고, $2S_2=2+S_1=2+a_1$이므로

모든 자연수 n에 대하여

$$na_n=\boxed{\ \text{㉯}\ }$$

$$\therefore \sum_{k=1}^{10}\frac{1}{a_k}=\boxed{\ \text{㉰}\ }$$

위의 ㉮에 알맞은 식을 $f(n)$, ㉯, ㉰에 알맞은 수를 각각 p, q라 할 때, $f(p+q)$의 값은?

① 55 　　　② 56 　　　③ 57

④ 58 　　　⑤ 59

492 교육청 기출

수열 $\{a_n\}$을 $a_n=\displaystyle\sum_{k=1}^{n}\frac{1}{k}$이라 할 때,

다음은 모든 자연수 n에 대하여 등식

$$a_1+2a_2+3a_3+\cdots+na_n=\frac{n(n+1)}{4}(2a_{n+1}-1)$$
$$\cdots\cdots \ (\bigstar)$$

이 성립함을 수학적 귀납법으로 증명한 것이다.

| 증명 |

(i) $n=1$일 때,

(좌변)$=a_1$, (우변)$=a_2-\boxed{\ \text{㉮}\ }=1=a_1$

이므로 $(\bigstar)$이 성립한다.

(ii) $n=m$일 때, $(\bigstar)$이 성립한다고 가정하면

$$a_1+2a_2+3a_3+\cdots+ma_m=\frac{m(m+1)}{4}(2a_{m+1}-1)$$

이다.

$n=m+1$일 때, $(\bigstar)$이 성립함을 보이자.

$$a_1+2a_2+3a_3+\cdots+ma_m+(m+1)a_{m+1}$$
$$=\frac{m(m+1)}{4}(2a_{m+1}-1)+(m+1)a_{m+1}$$
$$=(m+1)a_{m+1}(\boxed{\ \text{㉯}\ }+1)-\frac{m(m+1)}{4}$$
$$=\frac{(m+1)(m+2)}{2}(a_{m+2}-\boxed{\ \text{㉰}\ })$$
$$\qquad\qquad\qquad -\frac{m(m+1)}{4}$$
$$=\frac{(m+1)(m+2)}{2}(2a_{m+2}-1)$$

따라서 $n=m+1$일 때도 $(\bigstar)$이 성립한다.

(i), (ii)에 의하여 모든 자연수 n에 대하여

$$a_1+2a_2+3a_3+\cdots+na_n=\frac{n(n+1)}{4}(2a_{n+1}-1)$$

이 성립한다.

위의 ㉮에 알맞은 수를 p, ㉯, ㉰에 알맞은 식을 각각 $f(m)$, $g(m)$이라 할 때, $p+\dfrac{f(5)}{g(3)}$의 값은?

① 9 　　　② 10 　　　③ 11

④ 12 　　　⑤ 13

493 평가원 기출

수열 $\{a_n\}$

$$a_2 = -a_1$$

이고, $n \geq 2$인 모든 자연수 n에 대하여

$$a_{n+1} = \begin{cases} a_n - \sqrt{n} \times a_{\sqrt{n}} & (\sqrt{n}\text{이 자연수이고 } a_n > 0\text{인 경우}) \\ a_n + 1 & (\text{그 외의 경우}) \end{cases}$$

를 만족시킨다. $a_{15} = 1$이 되도록 하는 모든 a_1의 값의 곱을 구하시오.

494

자연수 n에 대하여 좌표평면 위의 점 P_n을 다음 규칙에 따라 정한다.

> ㈎ 두 점 P_1, P_2의 좌표는 각각 $(1, 0)$, $(0, 1)$이다.
> ㈏ 점 P_{n+2}는 선분 P_nP_{n+1}을 $2 : n$으로 내분하는 점이다.

원점 O에 대하여 삼각형 OP_nP_{n+1}의 넓이를 S_n이라 할 때, $\displaystyle\sum_{k=1}^{10} S_k = \dfrac{q}{p}$이다. 서로소인 자연수 p, q에 대하여 $p+q$의 값은?

① 21　　② 22　　③ 23
④ 24　　⑤ 25

수	0	1	2	3	4	5	6	7	8	9
1.0	.0000	.0043	.0086	.0128	.0170	.0212	.0253	.0294	.0334	.0374
1.1	.0414	.0453	.0492	.0531	.0569	.0607	.0645	.0682	.0719	.0755
1.2	.0792	.0828	.0864	.0899	.0934	.0969	.1004	.1038	.1072	.1106
1.3	.1139	.1173	.1206	.1239	.1271	.1303	.1335	.1367	.1399	.1430
1.4	.1461	.1492	.1523	.1553	.1584	.1614	.1644	.1673	.1703	.1732
1.5	.1761	.1790	.1818	.1847	.1875	.1903	.1931	.1959	.1987	.2014
1.6	.2041	.2068	.2095	.2122	.2148	.2175	.2201	.2227	.2253	.2279
1.7	.2304	.2330	.2355	.2380	.2405	.2430	.2455	.2480	.2504	.2529
1.8	.2553	.2577	.2601	.2625	.2648	.2672	.2695	.2718	.2742	.2765
1.9	.2788	.2810	.2833	.2856	.2878	.2900	.2923	.2945	.2967	.2989
2.0	.3010	.3032	.3054	.3075	.3096	.3118	.3139	.3160	.3181	.3201
2.1	.3222	.3243	.3263	.3284	.3304	.3324	.3345	.3365	.3385	.3404
2.2	.3424	.3444	.3464	.3483	.3502	.3522	.3541	.3560	.3579	.3598
2.3	.3617	.3636	.3655	.3674	.3692	.3711	.3729	.3747	.3766	.3784
2.4	.3802	.3820	.3838	.3856	.3874	.3892	.3909	.3927	.3945	.3962
2.5	.3979	.3997	.4014	.4031	.4048	.4065	.4082	.4099	.4116	.4133
2.6	.4150	.4166	.4183	.4200	.4216	.4232	.4249	.4265	.4281	.4298
2.7	.4314	.4330	.4346	.4362	.4378	.4393	.4409	.4425	.4440	.4456
2.8	.4472	.4487	.4502	.4518	.4533	.4548	.4564	.4579	.4594	.4609
2.9	.4624	.4639	.4654	.4669	.4683	.4698	.4713	.4728	.4742	.4757
3.0	.4771	.4786	.4800	.4814	.4829	.4843	.4857	.4871	.4886	.4900
3.1	.4914	.4928	.4942	.4955	.4969	.4983	.4997	.5011	.5024	.5038
3.2	.5051	.5065	.5079	.5092	.5105	.5119	.5132	.5145	.5159	.5172
3.3	.5185	.5198	.5211	.5224	.5237	.5250	.5263	.5276	.5289	.5302
3.4	.5315	.5328	.5340	.5353	.5366	.5378	.5391	.5403	.5416	.5428
3.5	.5441	.5453	.5465	.5478	.5490	.5502	.5514	.5527	.5539	.5551
3.6	.5563	.5575	.5587	.5599	.5611	.5623	.5635	.5647	.5658	.5670
3.7	.5682	.5694	.5705	.5717	.5729	.5740	.5752	.5763	.5775	.5786
3.8	.5798	.5809	.5821	.5832	.5843	.5855	.5866	.5877	.5888	.5899
3.9	.5911	.5922	.5933	.5944	.5955	.5966	.5977	.5988	.5999	.6010
4.0	.6021	.6031	.6042	.6053	.6064	.6075	.6085	.6096	.6107	.6117
4.1	.6128	.6138	.6149	.6160	.6170	.6180	.6191	.6201	.6212	.6222
4.2	.6232	.6243	.6253	.6263	.6274	.6284	.6294	.6304	.6314	.6325
4.3	.6335	.6345	.6355	.6365	.6375	.6385	.6395	.6405	.6415	.6425
4.4	.6435	.6444	.6454	.6464	.6474	.6484	.6493	.6503	.6513	.6522
4.5	.6532	.6542	.6551	.6561	.6571	.6580	.6590	.6599	.6609	.6618
4.6	.6628	.6637	.6646	.6656	.6665	.6675	.6684	.6693	.6702	.6712
4.7	.6721	.6730	.6739	.6749	.6758	.6767	.6776	.6785	.6794	.6803
4.8	.6812	.6821	.6830	.6839	.6848	.6857	.6866	.6875	.6884	.6893
4.9	.6902	.6911	.6920	.6928	.6937	.6946	.6955	.6964	.6972	.6981
5.0	.6990	.6998	.7007	.7016	.7024	.7033	.7042	.7050	.7059	.7067
5.1	.7076	.7084	.7093	.7101	.7110	.7118	.7126	.7135	.7143	.7152
5.2	.7160	.7168	.7177	.7185	.7193	.7202	.7210	.7218	.7226	.7235
5.3	.7243	.7251	.7259	.7267	.7275	.7284	.7292	.7300	.7308	.7316
5.4	.7324	.7332	.7340	.7348	.7356	.7364	.7372	.7380	.7388	.7396

상용로그표 2

수	0	1	2	3	4	5	6	7	8	9
5.5	.7404	.7412	.7419	.7427	.7435	.7443	.7451	.7459	.7466	.7474
5.6	.7482	.7490	.7497	.7505	.7513	.7520	.7528	.7536	.7543	.7551
5.7	.7559	.7566	.7574	.7582	.7589	.7597	.7604	.7612	.7619	.7627
5.8	.7634	.7642	.7649	.7657	.7664	.7672	.7679	.7686	.7694	.7701
5.9	.7709	.7716	.7723	.7731	.7738	.7745	.7752	.7760	.7767	.7774
6.0	.7782	.7789	.7796	.7803	.7810	.7818	.7825	.7832	.7839	.7846
6.1	.7853	.7860	.7868	.7875	.7882	.7889	.7896	.7903	.7910	.7917
6.2	.7924	.7931	.7938	.7945	.7952	.7959	.7966	.7973	.7980	.7987
6.3	.7993	.8000	.8007	.8014	.8021	.8028	.8035	.8041	.8048	.8055
6.4	.8062	.8069	.8075	.8082	.8089	.8096	.8102	.8109	.8116	.8122
6.5	.8129	.8136	.8142	.8149	.8156	.8162	.8169	.8176	.8182	.8189
6.6	.8195	.8202	.8209	.8215	.8222	.8228	.8235	.8241	.8248	.8254
6.7	.8261	.8267	.8274	.8280	.8287	.8293	.8299	.8306	.8312	.8319
6.8	.8325	.8331	.8338	.8344	.8351	.8357	.8363	.8370	.8376	.8382
6.9	.8388	.8395	.8401	.8407	.8414	.8420	.8426	.8432	.8439	.8445
7.0	.8451	.8457	.8463	.8470	.8476	.8482	.8488	.8494	.8500	.8506
7.1	.8513	.8519	.8525	.8531	.8537	.8543	.8549	.8555	.8561	.8567
7.2	.8573	.8579	.8585	.8591	.8597	.8603	.8609	.8615	.8621	.8627
7.3	.8633	.8639	.8645	.8651	.8657	.8663	.8669	.8675	.8681	.8686
7.4	.8692	.8698	.8704	.8710	.8716	.8722	.8727	.8733	.8739	.8745
7.5	.8751	.8756	.8762	.8768	.8774	.8779	.8785	.8791	.8797	.8802
7.6	.8808	.8814	.8820	.8825	.8831	.8837	.8842	.8848	.8854	.8859
7.7	.8865	.8871	.8876	.8882	.8887	.8893	.8899	.8904	.8910	.8915
7.8	.8921	.8927	.8932	.8938	.8943	.8949	.8954	.8960	.8965	.8971
7.9	.8976	.8982	.8987	.8993	.8998	.9004	.9009	.9015	.9020	.9025
8.0	.9031	.9036	.9042	.9047	.9053	.9058	.9063	.9069	.9074	.9079
8.1	.9085	.9090	.9096	.9101	.9106	.9112	.9117	.9122	.9128	.9133
8.2	.9138	.9143	.9149	.9154	.9159	.9165	.9170	.9175	.9180	.9186
8.3	.9191	.9196	.9201	.9206	.9212	.9217	.9222	.9227	.9232	.9238
8.4	.9243	.9248	.9253	.9258	.9263	.9269	.9274	.9279	.9284	.9289
8.5	.9294	.9299	.9304	.9309	.9315	.9320	.9325	.9330	.9335	.9340
8.6	.9345	.9350	.9355	.9360	.9365	.9370	.9375	.9380	.9385	.9390
8.7	.9395	.9400	.9405	.9410	.9415	.9420	.9425	.9430	.9435	.9440
8.8	.9445	.9450	.9455	.9460	.9465	.9469	.9474	.9479	.9484	.9489
8.9	.9494	.9499	.9504	.9509	.9513	.9518	.9523	.9528	.9533	.9538
9.0	.9542	.9547	.9552	.9557	.9562	.9566	.9571	.9576	.9581	.9586
9.1	.9590	.9595	.9600	.9605	.9609	.9614	.9619	.9624	.9628	.9633
9.2	.9638	.9643	.9647	.9652	.9657	.9661	.9666	.9671	.9675	.9680
9.3	.9685	.9689	.9694	.9699	.9703	.9708	.9713	.9717	.9722	.9727
9.4	.9731	.9736	.9741	.9745	.9750	.9754	.9759	.9763	.9768	.9773
9.5	.9777	.9782	.9786	.9791	.9795	.9800	.9805	.9809	.9814	.9818
9.6	.9823	.9827	.9832	.9836	.9841	.9845	.9850	.9854	.9859	.9863
9.7	.9868	.9872	.9877	.9881	.9886	.9890	.9894	.9899	.9903	.9908
9.8	.9912	.9917	.9921	.9926	.9930	.9934	.9939	.9943	.9948	.9952
9.9	.9956	.9961	.9965	.9969	.9974	.9978	.9983	.9987	.9991	.9996

삼각함수표

각	라디안	sin	cos	tan
0	0.0000	0.0000	1.0000	0.0000
1	0.0175	0.0175	0.9998	0.0175
2	0.0349	0.0349	0.9994	0.0349
3	0.0524	0.0523	0.9986	0.0524
4	0.0698	0.0698	0.9976	0.0699
5	0.0873	0.0872	0.9962	0.0875
6	0.1047	0.1045	0.9945	0.1051
7	0.1222	0.1219	0.9925	0.1228
8	0.1396	0.1392	0.9903	0.1405
9	0.1571	0.1564	0.9877	0.1584
10	0.1745	0.1736	0.9848	0.1763
11	0.1920	0.1908	0.9816	0.1944
12	0.2094	0.2079	0.9781	0.2126
13	0.2269	0.2250	0.9744	0.2309
14	0.2443	0.2419	0.9703	0.2493
15	0.2618	0.2588	0.9659	0.2679
16	0.2793	0.2756	0.9613	0.2867
17	0.2967	0.2924	0.9563	0.3057
18	0.3142	0.3090	0.9511	0.3249
19	0.3316	0.3256	0.9455	0.3443
20	0.3491	0.3420	0.9397	0.3640
21	0.3665	0.3584	0.9336	0.3839
22	0.3840	0.3746	0.9272	0.4040
23	0.4014	0.3907	0.9205	0.4245
24	0.4189	0.4067	0.9135	0.4452
25	0.4363	0.4226	0.9063	0.4663
26	0.4538	0.4384	0.8988	0.4877
27	0.4712	0.4540	0.8910	0.5095
28	0.4887	0.4695	0.8829	0.5317
29	0.5061	0.4848	0.8746	0.5543
30	0.5236	0.5000	0.8660	0.5774
31	0.5411	0.5150	0.8572	0.6009
32	0.5585	0.5299	0.8480	0.6249
33	0.5760	0.5446	0.8387	0.6494
34	0.5934	0.5592	0.8290	0.6745
35	0.6109	0.5736	0.8192	0.7002
36	0.6283	0.5878	0.8090	0.7265
37	0.6458	0.6018	0.7986	0.7536
38	0.6632	0.6157	0.7880	0.7813
39	0.6807	0.6293	0.7771	0.8098
40	0.6981	0.6428	0.7660	0.8391
41	0.7156	0.6561	0.7547	0.8696
42	0.7330	0.6691	0.7431	0.9004
43	0.7505	0.6820	0.7314	0.9325
44	0.7679	0.6947	0.7193	0.9657
45	0.7854	0.7071	0.7071	1.0000

각	라디안	sin	cos	tan
45	0.7854	0.7071	0.7071	1.0000
46	0.8029	0.7193	0.6947	1.0355
47	0.8203	0.7314	0.6820	1.0724
48	0.8378	0.7431	0.6691	1.1106
49	0.8552	0.7547	0.6561	1.1504
50	0.8727	0.7660	0.6428	1.1918
51	0.8901	0.7771	0.6293	1.2349
52	0.9076	0.7880	0.6157	1.2799
53	0.9250	0.7986	0.6018	1.3270
54	0.9425	0.8090	0.5878	1.3764
55	0.9599	0.8192	0.5736	1.4281
56	0.9774	0.8290	0.5592	1.4826
57	0.9948	0.8387	0.5446	1.5399
58	1.0123	0.8480	0.5299	1.6003
59	1.0297	0.8572	0.5150	1.6643
60	1.0472	0.8660	0.5000	1.7321
61	1.0647	0.8746	0.4848	1.8040
62	1.0821	0.8829	0.4695	1.8807
63	1.0996	0.8910	0.4540	1.9626
64	1.1170	0.8988	0.4384	2.0503
65	1.1345	0.9063	0.4226	2.1445
66	1.1519	0.9135	0.4067	2.2460
67	1.1694	0.9205	0.3907	2.3559
68	1.1868	0.9272	0.3746	2.4751
69	1.2043	0.9336	0.3584	2.6051
70	1.2217	0.9397	0.3420	2.7475
71	1.2392	0.9455	0.3256	2.9042
72	1.2566	0.9511	0.3090	3.0777
73	1.2741	0.9563	0.2924	3.2709
74	1.2915	0.9613	0.2756	3.4874
75	1.3090	0.9659	0.2588	3.7321
76	1.3265	0.9703	0.2419	4.0108
77	1.3439	0.9744	0.2250	4.3315
78	1.3614	0.9781	0.2079	4.7046
79	1.3788	0.9816	0.1908	5.1446
80	1.3963	0.9848	0.1736	5.6713
81	1.4137	0.9877	0.1564	6.3138
82	1.4312	0.9903	0.1392	7.1154
83	1.4486	0.9925	0.1219	8.1443
84	1.4661	0.9945	0.1045	9.5144
85	1.4835	0.9962	0.0872	11.4301
86	1.5010	0.9976	0.0698	14.3007
87	1.5184	0.9986	0.0523	19.0811
88	1.5359	0.9994	0.0349	28.6363
89	1.5533	0.9998	0.0175	57.2900
90	1.5708	1.0000	0.0000	

바람을 거슬러 가라

바람이 부는 대로 이리저리
떠돌아다니는 것은 올바른 인생이 아니다.
때로는 목적지에 도착하기 위해
바람을 거슬러 가야 할 때도 있다.

– 미국 인디언의 격언

MEMO

01 지수

001 ③	002 ①	003 ⑤	004 ③
005 4	006 ⑤	007 ①	008 ②
009 15	010 ①	011 ②	012 ②
013 ⑤	014 99	015 ④	016 ④
017 ④	018 17	019 ⑤	020 ④
021 ④	022 ②	023 ④	024 ③
025 ③	026 4	027 ①	028 ②
029 ④	030 ⑤	031 ⑤	032 ②
033 ④	034 0	035 ⑤	036 30
037 $\frac{1}{16}$	038 (1) 3 (2) $-\sqrt{5}$ (3) $-8\sqrt{5}$		
039 $\frac{16}{3}$	040 ④	041 ④	042 ②
043 ②	044 11	045 ⑤	046 52
047 ⑤	048 ④	049 4	050 19
051 12			

02 로그

052 ④	053 ①	054 ⑤	055 41
056 ④	057 ③	058 ④	059 ④
060 ④	061 ④	062 ③	063 ③
064 ⑤	065 3	066 ③	067 ④
068 ⑤	069 42	070 ④	071 ⑤
072 16	073 ①	074 $\frac{13}{6}$	075 ②
076 ⑤	077 $\frac{9}{4}$	078 ④	079 ⑤
080 $A<B<C$		081 ①	082 ⑤
083 ④	084 ③	085 $10^{\frac{8}{3}}$	086 ②
087 100배	088 ④	089 ⑤	090 124
091 3	092 54		
093 (1) 2 (2) $\frac{1}{4}$ (3) $x^2-5x+4=0$			
094 ④	095 ④	096 13	097 ⑤
098 ④	099 ②	100 ⑤	101 ⑤
102 23	103 ②	104 87	105 ⑤
106 12			

03 지수함수와 로그함수

107 ①	108 2	109 ④	110 ③
111 ⑤	112 ②	113 ②	114 ③
115 27	116 ②	117 ④	118 3
119 ④	120 ④	121 8	122 ④
123 $a^{\frac{1}{a}} < a^{a} < a^{a^{2}}$		124 $\frac{146}{5}$	125 ④
126 ②	127 ②	128 30	129 ③
130 ⑤	131 ②	132 ②	133 ②,⑤
134 8	135 ②	136 $\log_2 5$	137 ②
138 ①	139 ②	140 ④	141 ③
142 ⑤	143 ②	144 ⑤	145 ③
146 $C<B<A$		147 1	148 ③
149 ③	150 ④	151 ①	152 ②
153 ④	154 ②	155 ①	156 ⑤
157 ②	158 (1) $\frac{4}{n}$ (2) 7		159 $\frac{1}{4}$
160 $a=-3,\,b=2$		161 5	162 $2^{\frac{2}{3}}$
163 ②	164 ①	165 ②	166 1
167 26	168 ②	169 $b,\,c$	170 ③
171 ㄱ, ㄴ	172 ⑤	173 ④	174 ⑤
175 5	176 7	177 ①	

04 지수함수와 로그함수의 활용

178 ③	179 ①	180 5	181 ④
182 ③	183 ⑤	184 ②	185 $a>\frac{5}{4}$
186 ③	187 ③	188 ②	189 ④
190 $a\geq\frac{9}{4}$	191 ④	192 ④	193 ③
194 ②	195 ④	196 ④	197 ④
198 ③	199 7	200 ④	201 100
202 ②	203 ①	204 12	205 ④
206 ⑤	207 -4	208 ②	209 ①
210 32	211 ⑤	212 15	
213 (1) 3 (2) 11		214 2	
215 $-2\sqrt{2}-1$		216 ④	217 ②
218 ③	219 -8	220 ①	221 ⑤
222 ①	223 20	224 ②	225 24
226 4	227 4	228 25	

05 삼각함수

229 ④	230 ②	231 ③	
232 제1사분면 또는 제3사분면		233 ①	
234 ②	235 3	236 1	237 ③
238 5	239 ②	240 6	241 -7
242 $\frac{\sqrt{10}}{5}$	243 ③	244 ②	245 ②
246 ①	247 4	248 $\frac{1}{2}$	249 ④
250 ①	251 $\frac{1}{2}$	252 5π	253 ⑤
254 ②	255 ①	256 ⑤	257 2
258 $\sqrt{3}$	259 ①	260 ④	261 4
262 ②	263 ①	264 1	265 ⑤
266 ②	267 $-\pi$	268 9	269 ④
270 ④	271 $\frac{1}{2}$	272 7	273 ⑤
274 $\frac{\pi}{3}\leq x\leq\pi$		275 $\frac{3}{2}\pi$	276 7
277 ⑤	278 (1) $-\frac{3}{4}$ (2) $3x^2+8x+3=0$		
279 4	280 $\frac{\pi}{4}$	281 $\frac{\pi}{3}\leq x\leq\frac{5}{3}\pi$	
282 $\frac{4}{5}\pi$	283 ②	284 ④	285 $-\frac{\sqrt{3}}{4}$
286 ①	287 58	288 $\frac{1}{2}$	289 ㄱ, ㄷ
290 $-\frac{2}{3}\pi$	291 12	292 ③	293 15
294 ②	295 ①		

06 삼각함수의 활용

296 $\frac{16}{25}$	297 $2\sqrt{3}$	298 ④	299 ③
300 $\frac{\sqrt{5}}{3}$	301 ③	302 ④	303 ④
304 ④	305 ②	306 ③	307 $2\sqrt{11}$
308 $\sqrt{14}$	309 ⑤	310 ⑤	311 $\frac{49}{3}\pi$
312 8	313 ③	314 ④	315 ㄴ, ㄷ
316 ④	317 $15\sqrt{2}$ m		318 5 m
319 ④	320 17	321 $30°,\,150°$	
322 ③	323 $12+4\sqrt{3}$		324 ③
325 ⑤	326 ③	327 $12\sqrt{3}$	328 8
329 $\frac{\sqrt{3}+\sqrt{6}}{2}$		330 ②	331 $30°$
332 $B=90°$인 직각삼각형			
333 (1) $\frac{\sqrt{15}}{4}$ (2) $\frac{15\sqrt{15}}{4}$			334 $\sqrt{3}$
335 400	336 ②	337 ②	338 191
339 $\overline{\mathrm{AC}}=\frac{6\sqrt{5}}{5},\ \overline{\mathrm{BC}}=\frac{2\sqrt{5}}{5}$			340 21
341 21	342 ①	343 60	344 $16\sqrt{2}$
345 $-\frac{1}{3}$	346 6	347 ④	

07 등차수열과 등비수열

348 ③	349 $a_n=2n-13$		350 ④
351 25	352 6	353 제17항	354 ⑤
355 12	356 $\frac{3}{2}$	357 150	358 ②
359 ③	360 1680	361 ①	362 15
363 ②	364 ⑤	365 ⑤	366 ④
367 9	368 16	369 ③	370 ①
371 ⑤	372 9	373 ②	374 ③
375 90%	376 ⑤	377 ①	378 ③
379 ④	380 $\frac{21}{4}$ m	381 ②	382 ④
383 ④	384 ①	385 5	386 5
387 $-\frac{25}{2}$	388 (1) 2 (2) 4		389 5
390 ④	391 ②	392 ⑤	393 ①
394 ③	395 ③	396 20	397 $\frac{8^{11}}{9^{10}}$
398 ①	399 ③	400 10	401 ②
402 -25	403 ①	404 ①	405 513

08 수열의 합

406 128	407 23	408 113	409 ②
410 ①	411 ①	412 ⑤	413 ④
414 ①	415 $2^{n+1}-n-2$		416 ③
417 $\frac{n(n+1)(n+2)}{6}$		418 ②	419 ②
420 9	421 $\frac{200}{101}$	422 ③	423 $\frac{5}{21}$
424 ④	425 ④	426 ②	427 ②
428 ④	429 ②	430 ①	431 ②
432 ②	433 ④	434 165	435 284
436 590	437 75		
438 (1) $2\times4^{n}-1$ (2) 2723			439 ③
440 ②	441 53	442 21	443 0
444 ①	445 ⑤	446 -2	447 ⑤
448 8	449 ②	450 39	451 ②

09 수학적 귀납법

452 ①	453 84	454 ③	455 ②
456 ②	457 ⑤	458 105	459 ④
460 ②	461 11	462 ③	463 65
464 15	465 ⑤	466 ①	467 ②
468 ⑤	469 ⑤	470 ①	471 192
472 4일 후	473 56	474 ④	475 ③
476 ①	477 ④	478 ①	479 15
480 2			
481 (1) $a_n+a_{n+1}=(-1)^{n+1}$ (2) 2025			
482 풀이 참조		483 ②	484 ④
485 ④	486 ②	487 ④	488 ②
489 39	490 ⑤	491 ③	492 ⑤
493 231	494 ①		

빠른답 체크

Speed Check

대수 494제

빠른답 체크 후 틀린 문제는
바른답·알찬풀이에서 꼭 확인하세요.

당신이 어떤 일을 해낼 수 있는지
누군가가 물어보면 대답해라.
'물론이죠!'
그 다음 어떻게 그 일을 해낼 수
있는지 부지런히 고민하라.

-시어도어 루스벨트-

고등 도서 안내

문학 입문서

손쉬운

작품 이해에서 문제 해결까지
손쉬운 비법을 담은 문학 입문서

현대 문학, 고전 문학

비주얼 개념서

룩 LOOK

이미지 연상으로 필수 개념을 쉽게 익히는
비주얼 개념서

국어　문법
영어　분석독해

수학 개념 기본서

수학중심

개념과 유형을 한 번에 잡는 강력한
개념 기본서

수학Ⅰ, 수학Ⅱ, 확률과 통계, 미적분, 기하

수학 문제 기본서

유형중심

체계적인 유형별 학습으로 실전에서 강력한
문제 기본서

수학Ⅰ, 수학Ⅱ, 확률과 통계, 미적분

사회·과학 필수 기본서

개념 학습과 유형 학습으로 내신과 수능을 잡는
필수 기본서

[2022 개정]
사회　통합사회1, 통합사회2*, 한국사1, 한국사2*
과학　통합과학1, 통합과학2, 물리학*, 화학*, 생명과학*,
　　　지구과학*

*2025년 상반기 출간 예정

[2015 개정]
사회　한국지리, 사회·문화, 생활과 윤리, 윤리와 사상
과학　물리학Ⅰ, 화학Ⅰ, 생명과학Ⅰ, 지구과학Ⅰ

기출 분석 문제집

완벽한 기출 문제 분석으로 시험에 대비하는 1등급 문제집

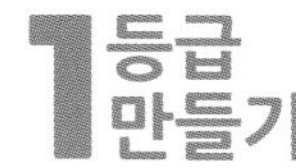

[2022 개정]
수학　공통수학1, 공통수학2, 대수, 확률과 통계*, 미적분Ⅰ*
사회　통합사회1, 통합사회2*, 한국사1, 한국사2*,
　　　세계시민과 지리, 사회와 문화, 세계사, 현대사회와 윤리
과학　통합과학1, 통합과학2

*2025년 상반기 출간 예정

[2015 개정]
국어　문학, 독서
수학　수학Ⅰ, 수학Ⅱ, 확률과 통계, 미적분, 기하
사회　한국지리, 세계지리, 생활과 윤리, 윤리와 사상,
　　　사회·문화, 정치와 법, 경제, 세계사, 동아시아사
과학　물리학Ⅰ, 화학Ⅰ, 생명과학Ⅰ, 지구과학Ⅰ,
　　　물리학Ⅱ, 화학Ⅱ, 생명과학Ⅱ, 지구과학Ⅱ

1등급 만들기

대수
494제

바른답 · 알찬풀이

Mirae N 에듀

바른답·
알찬풀이

바른답·알찬풀이

I 지수함수와 로그함수

01 지수

001 ③	**002** ①	**003** ⑤	**004** ③	**005** 4
006 ⑤	**007** ①	**008** ②	**009** 15	**010** ①
011 ②	**012** ②	**013** ⑤	**014** 99	**015** ④
016 ③	**017** ④	**018** 17	**019** ③	**020** ③
021 ④	**022** ①	**023** ④	**024** ③	**025** ③
026 4	**027** ①	**028** ③	**029** ④	**030** ⑤
031 ⑤	**032** ②	**033** ④	**034** 0	**035** ③

001

① $\sqrt{(-5)^2}=5$의 제곱근을 x라 하면 $x^2=5$이므로
$x^2-5=0,\ (x+\sqrt{5})(x-\sqrt{5})=0$
$\therefore x=\pm\sqrt{5}$
따라서 $\sqrt{(-5)^2}$의 제곱근은 $\pm\sqrt{5}$이다.

② 4의 세제곱근을 x라 하면 $x^3=4$
즉, 4의 세제곱근은 방정식 $x^3=4$의 근이므로 3개이다.

③ -64의 세제곱근을 x라 하면 $x^3=-64$이므로
$x^3+64=0,\ (x+4)(x^2-4x+16)=0$
$\therefore x=-4$ 또는 $x=2\pm2\sqrt{3}i$
따라서 -64의 세제곱근 중에서 실수인 것은 -4이다.

④ $\sqrt[4]{81}=\sqrt[4]{3^4}=3$

⑤ $\sqrt{16}=4$의 네제곱근을 x라 하면 $x^4=4$이므로
$x^4-4=0,\ (x+\sqrt{2})(x-\sqrt{2})(x^2+2)=0$
$\therefore x=\pm\sqrt{2}$ 또는 $x=\pm\sqrt{2}i$
따라서 $\sqrt{16}$의 네제곱근은 $\pm\sqrt{2},\ \pm\sqrt{2}i$이다.
이상에서 옳은 것은 ③이다.

002

-2의 세제곱근이 a이므로 $a^3=-2$
b의 네제곱근이 $\sqrt{2}$이므로 $(\sqrt{2})^4=b$, 즉 $b=4$
$\therefore \left(\dfrac{b}{a}\right)^3=\dfrac{b^3}{a^3}=\dfrac{64}{-2}=-32$

003

ㄱ. -8의 세제곱근을 x라 하면 $x^3=-8$이므로
$x^3+8=0,\ (x+2)(x^2-2x+4)=0$
$\therefore x=-2$ 또는 $x=1\pm\sqrt{3}i$
따라서 -8의 세제곱근 중에서 실수인 것은 -2이다. (거짓)

ㄴ. n이 짝수일 때, 3의 n제곱근 중에서 실수인 것은 $\sqrt[n]{3},\ -\sqrt[n]{3}$의 2개이다. (참)

ㄷ. n이 홀수일 때, a의 n제곱근 중에서 실수인 것은 $\sqrt[n]{a}$ 뿐이므로 방정식 $x^n=a$의 실근은 $\sqrt[n]{a}$이다. (참)
이상에서 옳은 것은 ㄴ, ㄷ이다.

> 참고 실수 a의 n제곱근 중에서 실수인 것은 방정식 $x^n=a$의 실근이다.

004

(i) $a=0$일 때,
$\sqrt[3]{ax^2+2ax-3}=\sqrt[3]{-3}$은 음의 실수이므로 조건을 만족시킨다.

(ii) $a\neq0$일 때,
모든 실수 x에 대하여 $\sqrt[3]{ax^2+2ax-3}$이 음의 실수가 되려면
$ax^2+2ax-3<0$이어야 한다.
즉, $a<0$이고 이차방정식 $ax^2+2ax-3=0$의 판별식을 D라 할 때,
$\dfrac{D}{4}=a^2+3a<0$
$a(a+3)<0$ $\quad\therefore -3<a<0$
따라서 정수 a는 $-2,\ -1$이다.

(i), (ii)에서 모든 실수 x에 대하여 $\sqrt[3]{ax^2+2ax-3}$이 음의 실수가 되도록 하는 정수 a는 $-2,\ -1,\ 0$의 3개이다.

005

$n=3$일 때, $2n^2-9n=2\times3^2-9\times3=-9<0$이므로 $f(3)=1$
$n=4$일 때, $2n^2-9n=2\times4^2-9\times4=-4<0$이므로 $f(4)=0$
$n=5$일 때, $2n^2-9n=2\times5^2-9\times5=5>0$이므로 $f(5)=1$
$n=6$일 때, $2n^2-9n=2\times6^2-9\times6=18>0$이므로 $f(6)=2$
$\therefore f(3)+f(4)+f(5)+f(6)=1+0+1+2=4$

006

① $\sqrt[7]{-128}=\sqrt[7]{(-2)^7}=-2$

② $\sqrt[3]{3}\times\sqrt[3]{729}=\sqrt[3]{3}\times\sqrt[3]{3^6}=\sqrt[3]{3\times3^2}=3$

③ $\dfrac{\sqrt[3]{-125}}{\sqrt{(-2)^2}}=\dfrac{\sqrt[3]{(-5)^3}}{\sqrt{2^2}}=-\dfrac{5}{2}$

④ $\sqrt[4]{\sqrt[3]{5^{24}}}=\sqrt[12]{5^{24}}=\sqrt[12]{(5^2)^{12}}=5^2=25$

⑤ $\left(\sqrt[3]{10}\times\dfrac{1}{\sqrt{10}}\right)^6=\left(\sqrt[6]{10^2}\times\dfrac{1}{\sqrt[6]{10^3}}\right)^6=\left(\dfrac{1}{\sqrt[6]{10}}\right)^6=\dfrac{1}{10}$

따라서 옳지 않은 것은 ⑤이다.

007

$\dfrac{\sqrt[5]{64}}{\sqrt[5]{2}}-\sqrt[4]{\sqrt{2^8}}+\sqrt[3]{4}\times\sqrt[3]{2}=\sqrt[5]{\dfrac{64}{2}}-\sqrt[8]{2^8}+\sqrt[3]{4\times2}$
$\qquad=\sqrt[5]{32}-2+\sqrt[3]{8}$
$\qquad=\sqrt[5]{2^5}-2+\sqrt[3]{2^3}$
$\qquad=2-2+2=2$

008

$\sqrt{(-2)^6}+(\sqrt[3]{3}-\sqrt[3]{2})(\sqrt[3]{9}+\sqrt[3]{6}+\sqrt[3]{4})$
$=\sqrt{2^6}+(\sqrt[3]{3}-\sqrt[3]{2})\{(\sqrt[3]{3})^2+\sqrt[3]{3}\times\sqrt[3]{2}+(\sqrt[3]{2})^2\}$
$=\sqrt{(2^3)^2}+\{(\sqrt[3]{3})^3-(\sqrt[3]{2})^3\}$
$=2^3+(3-2)$
$=8+1=9$

009

$$\sqrt{2a^2b}\times\sqrt[12]{a^7b^6}\div\sqrt[6]{8a^3b^5}=\frac{\sqrt[12]{2^6a^{12}b^6}\times\sqrt[12]{a^7b^6}}{\sqrt[12]{8^2a^6b^{10}}}$$
$$=\sqrt[12]{\frac{2^6a^{19}b^{12}}{2^6a^6b^{10}}}$$
$$=\sqrt[12]{a^{13}b^2}$$

따라서 $p=13$, $q=2$이므로
$p+q=13+2=15$

010

$$\sqrt[3]{\frac{\sqrt{a}}{\sqrt[4]{a}}}\div\sqrt[4]{\frac{\sqrt{a}}{\sqrt[3]{a}}}\times\sqrt{\frac{\sqrt[4]{a}}{\sqrt[3]{a}}}=\frac{\sqrt[3]{\sqrt{a}}}{\sqrt[3]{\sqrt[4]{a}}}\div\frac{\sqrt[4]{\sqrt{a}}}{\sqrt[4]{\sqrt[3]{a}}}\times\frac{\sqrt{\sqrt[4]{a}}}{\sqrt{\sqrt[3]{a}}}$$
$$=\frac{\sqrt[6]{a}}{\sqrt[12]{a}}\div\frac{\sqrt[8]{a}}{\sqrt[12]{a}}\times\frac{\sqrt[8]{a}}{\sqrt[6]{a}}$$
$$=\frac{\sqrt[6]{a}}{\sqrt[12]{a}}\times\frac{\sqrt[12]{a}}{\sqrt[8]{a}}\times\frac{\sqrt[8]{a}}{\sqrt[6]{a}}$$
$$=1$$

011

a가 b의 네제곱근이므로 $b=\sqrt[4]{a}$에서 $a^4=b$ $\qquad\cdots\cdots$ ㉠

$$\sqrt{4a^2b}\times\sqrt[6]{a^4b^6}\div\sqrt[3]{a^3b^5}=\frac{\sqrt[6]{4^3a^6b^3}\times\sqrt[6]{a^4b^6}}{\sqrt[6]{a^6b^{10}}}$$
$$=\sqrt[6]{\frac{2^6a^{10}b^9}{a^6b^{10}}}$$
$$=\sqrt[6]{\frac{2^6a^4}{b}}\qquad\cdots\cdots$$ ㉡

㉠을 ㉡에 대입하면 주어진 식의 값은 $\sqrt[6]{2^6}=2$

012

$\sqrt{3}=\sqrt[30]{3^{15}}$
$\sqrt[3]{9}=\sqrt[3]{3^2}=\sqrt[30]{3^{20}}$
$\sqrt[5]{27}=\sqrt[5]{3^3}=\sqrt[30]{3^{18}}$
이므로 $\sqrt[30]{3^{15}}<\sqrt[30]{3^{18}}<\sqrt[30]{3^{20}}$, 즉 $\sqrt{3}<\sqrt[5]{27}<\sqrt[3]{9}$

013

$\sqrt{2}=\sqrt[12]{2^6}=\sqrt[12]{64}$
$\sqrt[4]{\sqrt{5}}=\sqrt[4]{5}=\sqrt[12]{5^3}=\sqrt[12]{125}$
$\sqrt[3]{\sqrt{10}}=\sqrt[6]{10}=\sqrt[12]{10^2}=\sqrt[12]{100}$
이므로 $\sqrt[12]{64}<\sqrt[12]{100}<\sqrt[12]{125}$, 즉 $\sqrt{2}<\sqrt[3]{\sqrt{10}}<\sqrt{\sqrt{5}}$
$\therefore a=\sqrt{2}$, $b=\sqrt{\sqrt{5}}$

따라서 부등식 $\sqrt{2}<\sqrt[12]{n}<\sqrt{\sqrt{5}}$, 즉 $\sqrt[12]{64}<\sqrt[12]{n}<\sqrt[12]{125}$를 만족시키는 자연수 n은 65, 66, 67, $\cdots$, 124의 60개이다.

014

$\sqrt{3\sqrt[3]{2}}=\sqrt{\sqrt[3]{3^3\times2}}=\sqrt[6]{54}$
$\sqrt[3]{3\sqrt{5}}=\sqrt[3]{\sqrt{3^2\times5}}=\sqrt[6]{45}$
$\sqrt[3]{4\sqrt{3}}=\sqrt[3]{\sqrt{4^2\times3}}=\sqrt[6]{48}$
이므로 $\sqrt[6]{45}<\sqrt[6]{48}<\sqrt[6]{54}$, 즉 $\sqrt[3]{3\sqrt{5}}<\sqrt[3]{4\sqrt{3}}<\sqrt{3\sqrt[3]{2}}$
따라서 $a=\sqrt{3\sqrt[3]{2}}$, $b=\sqrt[3]{3\sqrt{5}}$이므로
$a^6=(\sqrt{3\sqrt[3]{2}})^6=(\sqrt[6]{54})^6=54$,
$b^6=(\sqrt[3]{3\sqrt{5}})^6=(\sqrt[6]{45})^6=45$
$\therefore a^6+b^6=54+45=99$

015

① $64^{-\frac{2}{3}}=(2^6)^{-\frac{2}{3}}=2^{-4}=\dfrac{1}{16}$

② $\dfrac{1}{\sqrt[6]{3^5}}=\dfrac{1}{3^{\frac{5}{6}}}=3^{-\frac{5}{6}}$

③ $2^{-\frac{3}{2}}\times2^{0.5}=2^{-\frac{3}{2}+\frac{1}{2}}=2^{-1}=\dfrac{1}{2}$

④ $2^{\sqrt{2}+3}\div2^{\sqrt{2}-2}=2^{\sqrt{2}+3-(\sqrt{2}-2)}=2^5=32$

⑤ $\{(-5)^2\}^{\frac{3}{2}}=(5^2)^{\frac{3}{2}}=5^3=125$

따라서 옳은 것은 ④이다.

016

$$\left(\frac{a^{\sqrt{7}}}{a}\right)^{\sqrt{7}+1}\div(\sqrt[3]{a})^{12}=(a^{\sqrt{7}-1})^{\sqrt{7}+1}\div(a^{\frac{1}{3}})^{12}$$
$$=a^6\div a^4=a^{6-4}$$
$$=a^2$$

017

$$(a^{-3}b^3)^{\frac{1}{6}}\times(a^3b^{\frac{9}{2}})^{\frac{2}{3}}\div(a^{\frac{2}{3}}b^{-2})^{-\frac{3}{4}}=a^{-\frac{1}{2}}b^{\frac{1}{2}}\times a^2b^3\div a^{-\frac{1}{2}}b^{\frac{3}{2}}$$
$$=a^{-\frac{1}{2}+2-\left(-\frac{1}{2}\right)}b^{\frac{1}{2}+3-\frac{3}{2}}$$
$$=a^2b^2$$

018

$$3^{-\frac{1}{2}}\times(4^2)^{\frac{1}{3}}\div(12^{-0.5}\times18^{-2})$$
$$=3^{-\frac{1}{2}}\times\{(2^2)^2\}^{\frac{1}{3}}\div\{(2^2\times3)^{-\frac{1}{2}}\times(2\times3^2)^{-2}\}$$
$$=3^{-\frac{1}{2}}\times2^{\frac{4}{3}}\div(2^{-1}\times3^{-\frac{1}{2}}\times2^{-2}\times3^{-4})$$
$$=2^{\frac{4}{3}-(-1)-(-2)}\times3^{-\frac{1}{2}-\left(-\frac{1}{2}\right)-(-4)}$$
$$=2^{\frac{13}{3}}\times3^4$$

따라서 $m=\dfrac{13}{3}$, $n=4$이므로

$3m+n=3\times\dfrac{13}{3}+4=17$

019

$4^{\frac{6}{n}}=(2^2)^{\frac{6}{n}}=2^{\frac{12}{n}}$

이때 $2^{\frac{12}{n}}$이 자연수가 되려면 $\dfrac{12}{n}$가 음이 아닌 정수이어야 하므로

정수 n은 12의 양의 약수이다. $\qquad\cdots\cdots$ ㉠

$\left(\dfrac{1}{256}\right)^{-\frac{n}{16}}=\left(\dfrac{1}{2^8}\right)^{-\frac{n}{16}}=(2^{-8})^{-\frac{n}{16}}=2^{\frac{n}{2}}$

이때 $2^{\frac{n}{2}}$이 자연수가 되려면 $\frac{n}{2}$이 음이 아닌 정수이어야 하므로

n의 값은 0 또는 2의 배수이다.   …… ㉡

㉠, ㉡에서 조건을 만족시키는 정수 n의 값은 2, 4, 6, 12이므로 구하는 합은

$2+4+6+12=24$

020

$a=\sqrt{7}=7^{\frac{1}{2}}$, $b=\sqrt[3]{5}=5^{\frac{1}{3}}$이므로

$$\sqrt[6]{35}=35^{\frac{1}{6}}=7^{\frac{1}{6}}\times5^{\frac{1}{6}}$$
$$=(7^{\frac{1}{2}})^{\frac{1}{3}}\times(5^{\frac{1}{3}})^{\frac{1}{2}}=a^{\frac{1}{3}}b^{\frac{1}{2}}$$

다른 풀이 $\sqrt[6]{35}=\sqrt[6]{7\times5}=\sqrt[6]{7}\times\sqrt[6]{5}$
$$=\sqrt[3]{\sqrt{7}}\times\sqrt{\sqrt[3]{5}}=\sqrt[3]{a}\times\sqrt{b}=a^{\frac{1}{3}}b^{\frac{1}{2}}$$

021

$$\sqrt{2\sqrt{2\sqrt{2\sqrt{2}}}}=\sqrt{2}\times\sqrt[4]{2}\times\sqrt[8]{2}\times\sqrt[16]{2}$$
$$=2^{\frac{1}{2}}\times2^{\frac{1}{4}}\times2^{\frac{1}{8}}\times2^{\frac{1}{16}}$$
$$=2^{\frac{1}{2}+\frac{1}{4}+\frac{1}{8}+\frac{1}{16}}=2^{\frac{15}{16}}$$

$\therefore k=\dfrac{15}{16}$

다른 풀이 $\sqrt{2\sqrt{2\sqrt{2\sqrt{2}}}}=\sqrt{2\sqrt{2\sqrt{2\times2^{\frac{1}{2}}}}}=\sqrt{2\sqrt{2\sqrt{2^{\frac{3}{2}}}}}$
$$=\sqrt{2\sqrt{2\times2^{\frac{3}{4}}}}=\sqrt{2\sqrt{2^{\frac{7}{4}}}}$$
$$=\sqrt{2\times2^{\frac{7}{8}}}=\sqrt{2^{\frac{15}{8}}}=2^{\frac{15}{16}}$$

$\therefore k=\dfrac{15}{16}$

022

$$\sqrt{a\sqrt{a^{3}\sqrt{a^{2}}}}=\sqrt{a}\times\sqrt[4]{a}\times\sqrt[12]{a^{2}}$$
$$=a^{\frac{1}{2}}\times a^{\frac{1}{4}}\times a^{\frac{1}{6}}$$
$$=a^{\frac{1}{2}+\frac{1}{4}+\frac{1}{6}}=a^{\frac{11}{12}}$$

$$\sqrt[3]{\frac{\sqrt[4]{a^{n}}}{\sqrt{a}}}=\frac{\sqrt[12]{a^{n}}}{\sqrt[6]{a}}=\frac{a^{\frac{n}{12}}}{a^{\frac{1}{6}}}=a^{\frac{n}{12}-\frac{1}{6}}=a^{\frac{n-2}{12}}$$

따라서 $\dfrac{11}{12}=\dfrac{n-2}{12}$이므로

$11=n-2$ $\therefore n=13$

023

직육면체의 부피는

$$\sqrt{32}\times\sqrt[3]{4}\times\sqrt[3]{\sqrt{128}}=\sqrt{2^{5}}\times\sqrt[3]{2^{2}}\times\sqrt[6]{2^{7}}$$
$$=2^{\frac{5}{2}}\times2^{\frac{2}{3}}\times2^{\frac{7}{6}}$$
$$=2^{\frac{5}{2}+\frac{2}{3}+\frac{7}{6}}$$
$$=2^{\frac{13}{3}}$$

또, 정육면체의 부피는 a^{3}이므로 $2^{\frac{13}{3}}=a^{3}$

$\therefore a=(2^{\frac{13}{3}})^{\frac{1}{3}}=2^{\frac{13}{9}}=\sqrt[9]{2^{13}}$

024

$\left(\dfrac{\sqrt[6]{5}}{\sqrt[4]{2}}\right)^{m}\times n=5^{\frac{m}{6}}\times\left(\dfrac{1}{2}\right)^{\frac{m}{4}}\times n=5^{2}\times2^{2}$에서

$\dfrac{m}{6}$과 $\dfrac{m}{4}$이 자연수가 되어야 하므로 m은 12의 배수이다.

(i) $m=12$일 때,

$5^{\frac{12}{6}}\times\left(\dfrac{1}{2}\right)^{\frac{12}{4}}\times n=5^{2}\times2^{2}$에서 $\left(\dfrac{1}{2}\right)^{3}\times n=2^{2}$이므로

$n=32$이다.

(ii) $m\geq24$일 때,

$5^{\frac{m}{6}}\times\left(\dfrac{1}{2}\right)^{\frac{m}{4}}\times n=5^{2}\times5^{\frac{m-12}{6}}\times\left(\dfrac{1}{2}\right)^{\frac{m}{4}}\times n=5^{2}\times2^{2}$에서

$5^{\frac{m-12}{6}}\times\left(\dfrac{1}{2}\right)^{\frac{m}{4}}\times n=2^{2}$이고 $5^{\frac{m-12}{6}}\times n=2^{\frac{m+8}{4}}$이므로

이를 만족시키는 자연수 n은 존재하지 않는다.

(i), (ii)에서 $m=12$, $n=32$이므로

$m+n=12+32=44$

025

$$(a^{\frac{1}{3}}-b^{\frac{1}{3}})(a^{\frac{2}{3}}+a^{\frac{1}{3}}b^{\frac{1}{3}}+b^{\frac{2}{3}})=(a^{\frac{1}{3}})^{3}-(b^{\frac{1}{3}})^{3}$$
$$=a-b$$
$$=5-2=3$$

026

$$(a^{\frac{1}{8}}-a^{-\frac{1}{8}})(a^{\frac{1}{8}}+a^{-\frac{1}{8}})(a^{\frac{1}{4}}+a^{-\frac{1}{4}})+(a^{\frac{1}{4}}-a^{-\frac{1}{4}})^{2}$$
$$=(a^{\frac{1}{4}}-a^{-\frac{1}{4}})(a^{\frac{1}{4}}+a^{-\frac{1}{4}})+a^{\frac{1}{2}}+a^{-\frac{1}{2}}-2$$
$$=a^{\frac{1}{2}}-a^{-\frac{1}{2}}+a^{\frac{1}{2}}+a^{-\frac{1}{2}}-2$$
$$=2\times a^{\frac{1}{2}}-2$$
$$=2\times9^{\frac{1}{2}}-2$$
$$=2\times3-2=4$$

027

$$\frac{a^{-1}+a^{-2}+a^{-3}+a^{-4}+a^{-5}}{a+a^{2}+a^{3}+a^{4}+a^{5}}$$
$$=\frac{a^{-5}(a^{4}+a^{3}+a^{2}+a+1)}{a(1+a+a^{2}+a^{3}+a^{4})}$$
$$=\frac{a^{-5}}{a}=a^{-6}$$
$$=(\sqrt[3]{5})^{-6}=(5^{\frac{1}{3}})^{-6}$$
$$=5^{-2}=\frac{1}{25}$$

028

$a^{\frac{1}{2}}+a^{-\frac{1}{2}}=\sqrt{6}$의 양변을 제곱하면

$a+a^{-1}+2=6$

$\therefore a+a^{-1}=4$

위의 식의 양변을 제곱하면

$a^{2}+a^{-2}+2=16$

$\therefore a^{2}+a^{-2}=14$

a^x+a^{-x} 꼴의 식의 값 구하기
양수 a에 대하여
① $(a^{\frac{1}{2}}\pm a^{-\frac{1}{2}})^2=a+a^{-1}\pm2$ (복부호 동순)
② $(a^{\frac{1}{3}}\pm a^{-\frac{1}{3}})^3=a\pm a^{-1}\pm3(a^{\frac{1}{3}}\pm a^{-\frac{1}{3}})$ (복부호 동순)

029

$$x^3=(a^{\frac{1}{3}}+b^{\frac{1}{3}})^3$$
$$=a+b+3a^{\frac{1}{3}}b^{\frac{1}{3}}(a^{\frac{1}{3}}+b^{\frac{1}{3}})$$
$$=a+b+3(ab)^{\frac{1}{3}}(a^{\frac{1}{3}}+b^{\frac{1}{3}})$$
$$=(2+\sqrt3)+(2-\sqrt3)+3\{(2+\sqrt3)(2-\sqrt3)\}^{\frac{1}{3}}\times(a^{\frac{1}{3}}+b^{\frac{1}{3}})$$
$$=4+3(a^{\frac{1}{3}}+b^{\frac{1}{3}})=4+3x$$
$$\therefore x^3-3x=4$$

030

$a^{2x}=3$이므로 $a^{-2x}=\dfrac{1}{a^{2x}}=\dfrac{1}{3}$, $a^{4x}=(a^{2x})^2=9$

구하는 식의 분모, 분자에 각각 a^x을 곱하면
$$\frac{a^{3x}-a^{-3x}}{a^x+a^{-x}}=\frac{a^x(a^{3x}-a^{-3x})}{a^x(a^x+a^{-x})}=\frac{a^{4x}-a^{-2x}}{a^{2x}+1}$$
$$=\frac{9-\dfrac{1}{3}}{3+1}=\frac{13}{6}$$

031

주어진 식의 좌변의 분모, 분자에 각각 5^x을 곱하면
$$\frac{5^x+5^{-x}}{5^x-5^{-x}}=\frac{5^x(5^x+5^{-x})}{5^x(5^x-5^{-x})}=\frac{5^{2x}+1}{5^{2x}-1}$$

즉, $\dfrac{5^{2x}+1}{5^{2x}-1}=2$이므로

$$5^{2x}+1=2(5^{2x}-1)$$
$$5^{2x}+1=2\times5^{2x}-2 \quad \therefore 5^{2x}=3$$
$$\therefore 5^{2x}+5^{-2x}=5^{2x}+\frac{1}{5^{2x}}=3+\frac{1}{3}=\frac{10}{3}$$

032

$184^a=32$에서 $184=32^{\frac{1}{a}}=(2^5)^{\frac{1}{a}}=2^{\frac{5}{a}}$ ...... ㉠

$46^b=8$에서 $46=8^{\frac{1}{b}}=(2^3)^{\frac{1}{b}}=2^{\frac{3}{b}}$ ...... ㉡

㉠÷㉡을 하면
$$2^{\frac{5}{a}}\div2^{\frac{3}{b}}=184\div46=4$$
$$2^{\frac{5}{a}-\frac{3}{b}}=2^2 \quad \therefore \frac{5}{a}-\frac{3}{b}=2$$

033

$15^x=8$에서 $15=8^{\frac{1}{x}}=(2^3)^{\frac{1}{x}}=2^{\frac{3}{x}}$ ...... ㉠

$a^y=2$에서 $a=2^{\frac{1}{y}}$ ...... ㉡

㉠×㉡을 하면
$$2^{\frac{3}{x}}\times2^{\frac{1}{y}}=15\times a \quad \therefore 2^{\frac{3}{x}+\frac{1}{y}}=15a$$

이때 $\dfrac{3}{x}+\dfrac{1}{y}=2$이므로

$$2^2=15a \quad \therefore a=\frac{4}{15}$$

034

$2^x=5^y=\left(\dfrac{1}{10}\right)^z=k \ (k>0)$로 놓으면

$xyz\neq0$이므로 $k\neq1$

$2^x=k$에서 $2=k^{\frac{1}{x}}$ ...... ㉠

$5^y=k$에서 $5=k^{\frac{1}{y}}$ ...... ㉡

$\left(\dfrac{1}{10}\right)^z=k$에서 $\dfrac{1}{10}=k^{\frac{1}{z}}$ ...... ㉢

㉠×㉡×㉢을 하면

$$k^{\frac{1}{x}}\times k^{\frac{1}{y}}\times k^{\frac{1}{z}}=2\times5\times\frac{1}{10}=1 \quad \therefore k^{\frac{1}{x}+\frac{1}{y}+\frac{1}{z}}=1$$

그런데 $k\neq1$이므로 $\dfrac{1}{x}+\dfrac{1}{y}+\dfrac{1}{z}=0$

035

$a^x=b^y=36^z=k \ (k>0)$로 놓으면 $xyz\neq0$이므로 $\boxed{\dfrac{2}{x}+\dfrac{2}{y}=\dfrac{1}{z}\text{이므로 }x\neq0,\ y\neq0,\ z\neq0}$

$a^x=k$에서 $a=k^{\frac{1}{x}}$, $a^2=k^{\frac{2}{x}}$ ...... ㉠

$b^y=k$에서 $b=k^{\frac{1}{y}}$, $b^2=k^{\frac{2}{y}}$ ...... ㉡

$36^z=k$에서 $36=k^{\frac{1}{z}}$ ...... ㉢

㉠×㉡을 하면

$$a^2\times b^2=k^{\frac{2}{x}}\times k^{\frac{2}{y}}=k^{\frac{2}{x}+\frac{2}{y}}$$

이때 $\dfrac{2}{x}+\dfrac{2}{y}=\dfrac{1}{z}$이므로 $a^2\times b^2=k^{\frac{1}{z}}$

㉢에서
$$a^2\times b^2=36,\ (ab)^2=36 \quad \therefore ab=-6\ \text{또는}\ ab=6$$

그런데 $ab>0$이므로 $ab=6$

내신 적중 서술형 ●16쪽

036 30   **037** $\dfrac{1}{16}$ **038** (1) 3   (2) $-\sqrt5$ (3) $-8\sqrt5$

039 $\dfrac{16}{3}$

036

$a^6=2,\ b^5=3,\ c^2=5$에서

$a=2^{\frac{1}{6}},\ b=3^{\frac{1}{5}},\ c=5^{\frac{1}{2}}$

$\therefore (abc)^n=(2^{\frac{1}{6}}\times3^{\frac{1}{5}}\times5^{\frac{1}{2}})^n=2^{\frac{n}{6}}\times3^{\frac{n}{5}}\times5^{\frac{n}{2}}$ ...... ㉮

이때 $(abc)^n$, 즉 $2^{\frac{n}{6}}\times3^{\frac{n}{5}}\times5^{\frac{n}{2}}$이 자연수가 되도록 하는 자연수 n의 값은 2, 5, 6의 공배수이다. ...... ㉯

따라서 조건을 만족시키는 자연수 n의 최솟값은 30이다. ...... ㉰

채점 기준	배점 비율
㉮ $(abc)^n$을 2, 3, 5에 대한 식으로 나타내기	40 %
㉯ $(abc)^n$이 자연수가 되기 위한 자연수 n의 조건 추론하기	40 %
㉰ 자연수 n의 최솟값 구하기	20 %

037

열차단필름 A의 투과 후 빛의 세기를 R_1이라 하면
$$R_1 = Q \times 4^{-p} \qquad \cdots\cdots \text{㉠}$$
열차단필름 B의 투과 후 빛의 세기는 열차단필름 A의 투과 후 빛의 세기의 k배이므로 kR_1이다. 즉,
$$kR_1 = Q \times 4^{-(p+2)} \qquad \cdots\cdots \text{㉡} \qquad \cdots\cdots \text{㉮}$$
㉡÷㉠을 하면
$$\frac{kR_1}{R_1} = \frac{Q \times 4^{-(p+2)}}{Q \times 4^{-p}}$$
$$\therefore k = 4^{-(p+2)-(-p)} = 4^{-2} = \frac{1}{16} \qquad \cdots\cdots \text{㉯}$$

채점 기준	배점 비율
㉮ 두 열차단필름에 대한 관계식 정리하기	40 %
㉯ k의 값 구하기	60 %

038

(1) $a^{\frac{1}{4}} + a^{-\frac{1}{4}} = \sqrt{5}$의 양변을 제곱하면
$$a^{\frac{1}{2}} + a^{-\frac{1}{2}} + 2 = 5$$
$$\therefore a^{\frac{1}{2}} + a^{-\frac{1}{2}} = 3 \qquad \cdots\cdots \text{㉮}$$
(2) $(a^{\frac{1}{2}} - a^{-\frac{1}{2}})^2 = (a^{\frac{1}{2}} + a^{-\frac{1}{2}})^2 - 4 = 9 - 4 = 5$

이때 $0 < a < 1$에서 $0 < a^{\frac{1}{2}} < 1$이므로
$$a^{\frac{1}{2}} < a^{-\frac{1}{2}}, \text{ 즉 } a^{\frac{1}{2}} - a^{-\frac{1}{2}} < 0$$
$$\therefore a^{\frac{1}{2}} - a^{-\frac{1}{2}} = -\sqrt{5} \qquad \cdots\cdots \text{㉯}$$
(3) $a^{\frac{3}{2}} - a^{-\frac{3}{2}} = (a^{\frac{1}{2}} - a^{-\frac{1}{2}})^3 + 3a^{\frac{1}{2}}a^{-\frac{1}{2}}(a^{\frac{1}{2}} - a^{-\frac{1}{2}})$
$$= (-\sqrt{5})^3 + 3 \times (-\sqrt{5})$$
$$= -5\sqrt{5} - 3\sqrt{5} = -8\sqrt{5} \qquad \cdots\cdots \text{㉰}$$

	채점 기준	배점 비율
(1)	㉮ $a^{\frac{1}{2}} + a^{-\frac{1}{2}}$의 값 구하기	20 %
(2)	㉯ $a^{\frac{1}{2}} - a^{-\frac{1}{2}}$의 값 구하기	30 %
(3)	㉰ $a^{\frac{3}{2}} - a^{-\frac{3}{2}}$의 값 구하기	50 %

039

조건 (개)에서 $3^x = 2$, $a^y = 8$이므로
$$3 = 2^{\frac{1}{x}}, \; a = 8^{\frac{1}{y}} = (2^3)^{\frac{1}{y}} = 2^{\frac{3}{y}} \qquad \cdots\cdots \text{㉠} \qquad \cdots\cdots \text{㉮}$$
이때 조건 (개)에서 $x \neq 0$, $y \neq 0$이므로 $xy \neq 0$
조건 (내)에서 $3x + y = 4xy$의 양변을 xy로 나누면
$$\frac{3}{y} + \frac{1}{x} = 4 \qquad \cdots\cdots \text{㉡} \qquad \cdots\cdots \text{㉯}$$
㉠의 두 식을 양변끼리 곱하면
$$3a = 2^{\frac{1}{x}} \times 2^{\frac{3}{y}} = 2^{\frac{1}{x} + \frac{3}{y}} = 2^4 \; (\because \text{㉡})$$
따라서 $3a = 16$이므로 $a = \dfrac{16}{3}$ $\qquad \cdots\cdots \text{㉰}$

채점 기준	배점 비율
㉮ 조건 (개)에서 3, a를 2의 거듭제곱 꼴로 나타내기	30 %
㉯ 조건 (내)에 주어진 식 정리하기	30 %
㉰ a의 값 구하기	40 %

040 ③	**041** ③	**042** ②	**043** ②	**044** 11
045 ⑤	**046** 52	**047** ⑤	**048** ④	

040

거듭제곱근

(전략) n이 홀수일 때와 짝수일 때로 나누어 실수인 거듭제곱근의 개수를 추론한다.

(풀이) (i) n이 2 이상의 홀수일 때,

-3의 n제곱근 중에서 실수인 것은 1개이므로
$$S(-3, n) = 1$$
-2의 $(n+1)$제곱근 중에서 실수인 것은 0개이므로
$$S(-2, n+1) = 0$$
5의 $(n+2)$제곱근 중에서 실수인 것은 1개이므로
$$S(5, n+2) = 1$$
따라서
$$S(-3, n) + S(-2, n+1) + S(5, n+2) = 1 + 0 + 1 = 2$$
이므로 주어진 조건을 만족시키지 않는다.

(ii) n이 2 이상의 짝수일 때,

-3의 n제곱근 중에서 실수인 것은 0개이므로
$$S(-3, n) = 0$$
-2의 $(n+1)$제곱근 중에서 실수인 것은 1개이므로
$$S(-2, n+1) = 1$$
5의 $(n+2)$제곱근 중에서 실수인 것은 2개이므로
$$S(5, n+2) = 2$$
따라서
$$S(-3, n) + S(-2, n+1) + S(5, n+2) = 0 + 1 + 2 = 3$$
이므로 주어진 조건을 만족시킨다.

(i), (ii)에서 n은 10 이하의 짝수이므로 조건을 만족시키는 자연수 n의 값의 합은
$$2 + 4 + 6 + 8 + 10 = 30$$

041

거듭제곱근과 지수법칙

(전략) 주어진 거듭제곱근을 지수를 사용하여 나타낸 후 자연수가 될 지수의 조건을 생각해 본다.

(풀이) $(\sqrt[n]{a})^3 = a^{\frac{3}{n}}$

(i) $a = 4$일 때,
$$4^{\frac{3}{n}} = (2^2)^{\frac{3}{n}} = 2^{\frac{6}{n}}$$
$2^{\frac{6}{n}}$이 자연수가 되려면 $\dfrac{6}{n}$이 음이 아닌 정수이어야 하므로 n은 6의 양의 약수이어야 한다.

따라서 2 이상의 자연수 n의 값은 2, 3, 6이므로 n의 최댓값은 6이다.
$$\therefore f(4) = 6$$
(ii) $a = 27$일 때,
$$27^{\frac{3}{n}} = (3^3)^{\frac{3}{n}} = 3^{\frac{9}{n}}$$

$3^{\frac{9}{n}}$이 자연수가 되려면 $\dfrac{9}{n}$가 음이 아닌 정수이어야 하므로 n은 9의 양의 약수이어야 한다.

따라서 2 이상의 자연수 n의 값은 3, 9이므로 n의 최댓값은 9이다.

$$\therefore f(27)=9$$

(i), (ii)에서 $f(4)+f(27)=6+9=15$

042

거듭제곱근의 성질

(전략) n이 짝수일 때와 홀수일 때로 나누어 거듭제곱근의 성질을 이용한다.

(풀이) ㄱ. $\sqrt[n]{(-a)^{2n}}=\sqrt[n]{\{(-a)^2\}^n}$
$$=(-a)^2=a^2 \text{ (참)}$$

ㄴ. n이 짝수일 때, $\sqrt[n]{(-a)^n}=\sqrt[n]{a^n}=a$

　n이 홀수일 때, $\sqrt[n]{(-a)^n}=-a$

　$\therefore \sqrt[n]{(-a)^n}=a$ 또는 $\sqrt[n]{(-a)^n}=-a$ (거짓)

ㄷ. $\{\sqrt[n]{(-a)^2}\}^n=\sqrt[n]{\{(-a)^2\}^n}$
$$=(-a)^2=a^2 \text{ (거짓)}$$

ㄹ. n이 홀수이므로
$$(\sqrt[n]{-a})^n=\sqrt[n]{(-a)^n}=-a \text{ (참)}$$

이상에서 옳은 것은 ㄱ, ㄹ이다.

개념 보충

$\sqrt[n]{a^n}$과 $(\sqrt[n]{a})^n$

a가 실수이고 n이 2 이상인 자연수일 때

	$\sqrt[n]{a^n}$	$(\sqrt[n]{a})^n$
n이 짝수	$|a|$	a (단, $a>0$)
n이 홀수	a	a

043

거듭제곱근의 대소 비교

(전략) $A-B$, $A-C$의 값의 부호를 조사하여 A, B, C의 대소를 비교한다.

(풀이) $A-B=(3+\sqrt[4]{3})-(3+\sqrt[3]{2})$
$$=\sqrt[4]{3}-\sqrt[3]{2}$$
$$=\sqrt[12]{3^3}-\sqrt[12]{2^4}$$
$$=\sqrt[12]{27}-\sqrt[12]{16}>0$$

$\therefore A>B$ ...... ㉠

$A-C=(3+\sqrt[4]{3})-(\sqrt[4]{3}+\sqrt[3]{28})$
$$=3-\sqrt[3]{28}$$
$$=\sqrt[3]{3^3}-\sqrt[3]{28}$$
$$=\sqrt[3]{27}-\sqrt[3]{28}<0$$

$\therefore A<C$ ...... ㉡

㉠, ㉡에서 $B<A<C$

044

거듭제곱근을 지수를 사용하여 나타내기

(전략) 주어진 거듭제곱근을 지수를 사용하여 나타낸 후 자연수가 될 지수의 조건과 유리수가 될 지수의 조건을 생각해 본다.

(풀이) (i) $\sqrt{\dfrac{3^m\times 5^n}{5}}=\sqrt{3^m}\times\sqrt{5^{n-1}}=3^{\frac{m}{2}}\times 5^{\frac{n-1}{2}}$이 자연수이

므로 $\dfrac{m}{2}$, $\dfrac{n-1}{2}$은 모두 음이 아닌 정수이다.

따라서 m은 2의 배수이고 $n-1$은 0 또는 2의 배수이므로 　→ m은 자연수이므로 $m\neq 0$

　$m=2, 4, 6, 8, \cdots,$

　$n=1, 3, 5, 7, \cdots$

(ii) $\sqrt[3]{\dfrac{2^{n+1}}{7^m}}=\dfrac{\sqrt[3]{2^{n+1}}}{\sqrt[3]{7^m}}=\dfrac{2^{\frac{n+1}{3}}}{7^{\frac{m}{3}}}$이 유리수이므로 $\dfrac{m}{3}$, $\dfrac{n+1}{3}$은

모두 음이 아닌 정수이다.

따라서 m은 3의 배수이고 $n+1$도 3의 배수이므로 　→ m, n은 자연수이므로 $m\neq 0$, $n+1\neq 0$

　$m=3, 6, 9, 12, \cdots,$

　$n=2, 5, 8, 11, \cdots$

(i), (ii)에서 m의 최솟값은 6, n의 최솟값은 5이므로

$m+n$의 최솟값은

$6+5=11$

(참고) m, n이 자연수이므로 $3^{\frac{m}{2}}\times 5^{\frac{n-1}{2}}$, $\dfrac{2^{\frac{n+1}{3}}}{7^{\frac{m}{3}}}$에서

$\dfrac{m}{2}>0$, $\dfrac{n-1}{2}\geq 0$, $\dfrac{m}{3}>0$, $\dfrac{n+1}{3}>0$

따라서 지수가 음의 정수인 경우는 생각하지 않는다.

045

지수법칙을 이용한 식의 값 구하기

(전략) 구하는 식의 분모, 분자를 각각 a^2으로 나눈다.

(풀이) $a^{\frac{1}{2}}+a^{-\frac{1}{2}}=\sqrt{6}$의 양변을 제곱하면

$a+a^{-1}+2=6$ 　$\therefore a+a^{-1}=4$ ...... ㉠

㉠의 양변을 제곱하면

$a^2+a^{-2}+2=16$ 　$\therefore a^2+a^{-2}=14$ ...... ㉡

$\dfrac{a^4+6a^2+1}{a^3+a}$의 분모와 분자를 각각 a^2 $(a>0)$으로 나누면

$\dfrac{a^4+6a^2+1}{a^3+a}=\dfrac{a^2+6+a^{-2}}{a+a^{-1}}$
$$=\dfrac{14+6}{4}\ (\because ㉠, ㉡)$$
$$=5$$

046

지수법칙을 이용한 식의 값 구하기

(전략) 공통인 식을 치환하여 식의 값을 구한다. 이때 산술평균과 기하평균의 관계를 이용하여 치환한 식의 값의 범위를 먼저 구한다.

(풀이) $3^a+3^{-a}=t$라 하면

$3^a>0$, $3^{-a}>0$이므로 산술평균과 기하평균의 관계에 의하여

$3^a+3^{-a}\geq 2\sqrt{3^a\times 3^{-a}}=2$

$\therefore t\geq 2$

$t^2=2t+8$에서 $t^2-2t-8=0$

$(t-4)(t+2)=0$

$\therefore t=-2$ 또는 $t=4$

이때 $t\geq 2$이므로 $t=4$

$$\therefore\ 27^a+27^{-a}=(3^3)^a+(3^3)^{-a}=3^{3a}+3^{-3a}$$
$$=(3^a+3^{-a})^3-3\times3^a\times3^{-a}\times(3^a+3^{-a})$$
$$=t^3-3t$$
$$=64-12=52$$

047

지수법칙을 이용한 식의 값 구하기

(전략) $\dfrac{a^{\frac{1}{15}}-a^{-\frac{1}{15}}}{2}$의 값의 범위를 이용하여 $\sqrt{x^2-1}$의 값을 구한다.

(풀이) $\sqrt{x^2-1}=\sqrt{\left(\dfrac{a^{\frac{1}{15}}+a^{-\frac{1}{15}}}{2}\right)^2-1}$

$=\sqrt{\dfrac{\left(a^{\frac{1}{15}}\right)^2+2+\left(a^{-\frac{1}{15}}\right)^2-4}{4}}$

$=\sqrt{\dfrac{\left(a^{\frac{1}{15}}\right)^2-2+\left(a^{-\frac{1}{15}}\right)^2}{4}}$

$=\sqrt{\left(\dfrac{a^{\frac{1}{15}}-a^{-\frac{1}{15}}}{2}\right)^2}$

이때 $0<a^{\frac{1}{15}}<1$에서 $a^{-\frac{1}{15}}=\dfrac{1}{a^{\frac{1}{15}}}>1$이므로

$\dfrac{a^{\frac{1}{15}}-a^{-\frac{1}{15}}}{2}<0$

$\therefore\ \sqrt{x^2-1}=-\dfrac{a^{\frac{1}{15}}-a^{-\frac{1}{15}}}{2}$

$\therefore\ (x-\sqrt{x^2-1})^{60}=\left\{\dfrac{a^{\frac{1}{15}}+a^{-\frac{1}{15}}}{2}-\left(-\dfrac{a^{\frac{1}{15}}-a^{-\frac{1}{15}}}{2}\right)\right\}^{60}$

$=(a^{\frac{1}{15}})^{60}=a^4$

048

지수법칙을 이용한 식의 값 구하기

(전략) 주어진 식을 정리하여 $a,\ b$의 관계식을 구한 후 지수법칙을 이용한다.

(풀이) $a^2+b^2=2ab(a-b+1)$에서

$a^2+b^2=2ab(a-b)+2ab$

$a^2+b^2-2ab-2ab(a-b)=0$

$(a-b)^2-2ab(a-b)=0$

$(a-b)(a-b-2ab)=0$

이때 $a-b=0$, 즉 $a=b$이면 $2^a\neq10^b$이므로 $a-b\neq0$

$\therefore\ a-b-2ab=0$

$ab\neq0$이므로 양변을 ab로 나누면

$\dfrac{1}{b}-\dfrac{1}{a}=2$ …… ㉠

$2^a=k$에서 $2=k^{\frac{1}{a}}$ …… ㉡

$10^b=k$에서 $10=k^{\frac{1}{b}}$ …… ㉢

㉢$\div$㉡을 하면

$k^{\frac{1}{b}}\div k^{\frac{1}{a}}=10\div2$

$k^{\frac{1}{b}-\frac{1}{a}}=5$

㉠을 위의 식에 대입하면 $k^2=5$

k는 1보다 큰 양수이므로 $k=\sqrt5$

a가 실수이고 n이 2 이상의 자연수일 때, a의 n제곱근 중에서 실수인 것의 개수는 다음 표와 같다.

	$a<0$	$a=0$	$a>0$
n이 짝수	0	1	2
n이 홀수	1	1	1

도전 1등급 최고난도 ──────── ● 19쪽

049 4 **050** 19 **051** 12

049

거듭제곱근

(1단계) m^3의 n제곱근의 의미를 이해한다.

m^3의 n제곱근은 x에 대한 방정식 $x^n=m^3$의 근이다.

(2단계) 자연수 m의 값에 따른 $f(m)$의 값을 구한다.

(ⅰ) $m=p^2$ (p는 소수)일 때,

x에 대한 방정식 $x^n=m^3$, 즉 $x^n=p^6$이 정수근을 갖도록 하는 2 이상의 자연수 n의 값은 6의 약수 중에서 2, 3, 6의 3개이다.

$\therefore\ f(m)=3$

(ⅱ) $m=p^3$ (p는 소수)일 때,

x에 대한 방정식 $x^n=m^3$, 즉 $x^n=p^9$이 정수근을 갖도록 하는 2 이상의 자연수 n의 값은 9의 약수 중에서 3, 9의 2개이다.

$\therefore\ f(m)=2$

(ⅲ) $m=p^4$ (p는 소수)일 때,

x에 대한 방정식 $x^n=m^3$, 즉 $x^n=p^{12}$이 정수근을 갖도록 하는 2 이상의 자연수 n의 값은 12의 약수 중에서 2, 3, 4, 6, 12의 5개이다.

$\therefore\ f(m)=5$

(ⅳ) $m=p^5$ (p는 소수)일 때,

$m\geq2^5\geq30$이므로 고려하지 않아도 된다.

(ⅴ) $m=p^k$ ($k=2,\ 3,\ 4,\ \cdots,\ p$는 소수) 꼴이 아닐 때,

x에 대한 방정식 $x^n=m^3$이 정수근을 갖도록 하는 2 이상의 자연수 n의 값은 3의 약수 중에서 3의 1개이다.

$\therefore\ f(m)=1$

(3단계) $f(m)=2,\ f(m)=3$인 값이 각각 2개, 1개 포함되도록 하는 n의 값을 추론한다.

$f(2)\times f(3)\times\cdots\times f(n)$의 값이 12의 배수가 되려면 $f(m)=2$인 m이 적어도 2개, $f(m)=3$인 m이 적어도 1개 있어야 한다.

즉, (소수)^3, (소수)^{2}인 수가 각각 2개, 1개 포함되어야 하므로

$n\geq3^3,\ n\geq2^2$

따라서 구하는 자연수 n은 27, 28, 29, 30의 4개이다.

050

거듭제곱근

(1단계) n이 홀수일 때, $f(n)$의 값을 추론한다.

(i) n이 2 이상의 홀수일 때,

　　n^2-k의 값에 관계없이 n^2-k의 n제곱근 중 실수인 것의 개수는

　　1이므로

　　$f(3)=f(5)=f(7)=f(9)=1$

[2단계] n이 짝수일 때, $f(n)$의 값을 추론한다.

(ii) n이 2 이상의 짝수일 때,

　　$n^2-k<0$이면 n^2-k의 n제곱근 중 실수인 것의 개수는 0

　　$n^2-k=0$이면 n^2-k의 n제곱근 중 실수인 것의 개수는 1

　　$n^2-k>0$이면 n^2-k의 n제곱근 중 실수인 것의 개수는 2

　　$f(2)+f(3)+f(4)+\cdots+f(10)=10$이고,

　　(i)에서 $f(3)=f(5)=f(7)=f(9)=1$이므로

　　$f(2)+f(4)+f(6)+f(8)+f(10)=6$

　　이때 $f(2)\leq f(4)\leq f(6)\leq f(8)\leq f(10)$이므로

　　$f(2)=f(4)=0,$

　　$f(6)=f(8)=f(10)=2$

[3단계] $f(n)$의 값을 이용하여 k의 값의 범위를 구한다.

$f(4)=0$에서 $4^2-k<0$　　$\therefore k>16$

$f(6)=2$에서 $6^2-k>0$　　$\therefore k<36$

따라서 $16<k<36$이므로

자연수 k는 17, 18, 19, $\cdots$, 35의 19개이다.

051

거듭제곱근을 지수를 사용하여 나타내기

[1단계] $\left(\sqrt{2\sqrt[3]{4}}\right)^m\times 2^n$을 지수를 사용하여 나타낸다.

$\left(\sqrt{2\sqrt[3]{4}}\right)^m\times 2^n=\left(\sqrt{2\times\sqrt[6]{2^2}}\right)^m\times 2^n$

$\qquad\qquad\qquad=\left(2^{\frac{1}{2}}\times 2^{\frac{1}{3}}\right)^m\times 2^n$

$\qquad\qquad\qquad=2^{\frac{5}{6}m+n}$

[2단계] $2^{\frac{5}{6}m+n}$이 자연수가 되기 위한 조건을 추론한다.

$2^{\frac{5}{6}m+n}$이 자연수이므로 $\frac{5}{6}m$은 음이 아닌 정수이다.

　　　　　　→ m은 자연수이므로 $m\neq 0$

따라서 m은 6의 배수이다.

[3단계] 자연수 m의 값에 따른 n의 값을 추론하고, mn의 최솟값을 구한다.

(i) $m=6$일 때,

　　$2^{5+n}\geq 1000$이어야 하므로 $n\geq 5$

　　$\therefore mn\geq 30$

(ii) $m=12$일 때,

　　$2^{10+n}\geq 1000$이어야 하므로 $n\geq 1$

　　$\therefore mn\geq 12$

(iii) m이 18 이상의 6의 배수일 때,

　　n이 1 이상의 자연수이면 주어진 식의 값이 네 자리의 자연수가

　　되므로

　　$mn\geq 18$

이상에서 mn의 최솟값은 12이다.

02 로그

052 ④	**053** ①	**054** ⑤	**055** 41	**056** ④
057 ③	**058** ④	**059** ④	**060** ④	**061** ④
062 ③	**063** ③	**064** ⑤	**065** 3	**066** ③
067 ③	**068** ⑤	**069** 42	**070** ①	**071** ⑤
072 16	**073** ①	**074** $\frac{13}{6}$	**075** ②	**076** ⑤
077 $\frac{9}{4}$	**078** ⑤	**079** ⑤	**080** $A<B<C$	
081 ①	**082** ⑤	**083** ④	**084** ③	**085** $10^{\frac{8}{3}}$
086 ②	**087** 100배	**088** ④	**089** ⑤	

052

$a=\sqrt[3]{81}=\sqrt[3]{9^2}=9^{\frac{2}{3}}$이므로

$\log_9 a=\log_9 9^{\frac{2}{3}}=\frac{2}{3}$

053

$\log_a 5=3$에서 $a^3=5$ 　　　　　$\cdots\cdots$ ㉠

$\log_5 2=b$에서 $5^b=2$ 　　　　　$\cdots\cdots$ ㉡

㉠을 ㉡에 대입하면 $(a^3)^b=2$

$(a^b)^3=2$　　$\therefore a^b=\sqrt[3]{2}$

054

$x=\log_2(2-\sqrt{3})$에서 $2^x=2-\sqrt{3}$

$\therefore 2^x+2^{-x}=2^x+\dfrac{1}{2^x}$

$\qquad\qquad=2-\sqrt{3}+\dfrac{1}{2-\sqrt{3}}$

$\qquad\qquad=2-\sqrt{3}+2+\sqrt{3}=4$

055

$\log_2(\log_3 x)=1$에서 $\log_3 x=2$

$\therefore x=3^2=9$

$\log_7\{\log_5(\log_2 y)\}=0$에서

$\log_5(\log_2 y)=1,\ \log_2 y=5$

$\therefore y=2^5=32$

$\therefore x+y=9+32=41$

056

$\log_a\sqrt{b}=2$에서 $a^2=\sqrt{b}$　　$\therefore a^4=b$

이를 만족시키는 1보다 크고 100보다 작은 두 자연수 a, b의 값을 구하면

$a=2,\ b=16$ 또는 $a=3,\ b=81$

따라서 $\dfrac{b}{a}=8$ 또는 $\dfrac{b}{a}=27$이므로 $\dfrac{b}{a}$의 최댓값은 27이다.

057

$\log_2 a = 2 \log_8 b = k$라 하면

$\log_2 a = k$에서 $a = 2^k$

$2 \log_8 b = k$에서 $\log_8 b = \dfrac{k}{2}$이므로

$b = 8^{\frac{k}{2}} = (2^3)^{\frac{k}{2}} = 2^{\frac{3}{2}k} = (2^k)^{\frac{3}{2}} = a^{\frac{3}{2}}$

따라서 $b = a^{\frac{3}{2}}$에서 $\log_a b = \dfrac{3}{2}$

058

밑의 조건에서 $x+1 > 0$, $x+1 \neq 1$

$\therefore\ x > -1$, $x \neq 0$ $\qquad\qquad$ …… ㉠

진수의 조건에서 $-x^2 + x + 12 > 0$

$x^2 - x - 12 < 0$, $(x+3)(x-4) < 0$

$\therefore\ -3 < x < 4$ $\qquad\qquad$ …… ㉡

㉠, ㉡에서 $-1 < x < 0$ 또는 $0 < x < 4$

따라서 정수 x는 $1, 2, 3$이므로 구하는 곱은

$1 \times 2 \times 3 = 6$

059

(i) $\log_{x-1} (x-3)^2$이 정의되려면

밑의 조건에서 $x-1 > 0$, $x-1 \neq 1$

$\therefore\ x > 1$, $x \neq 2$ $\qquad\quad$ …… ㉠

진수의 조건에서 $(x-3)^2 > 0$

$\therefore\ x \neq 3$ $\qquad\qquad\quad$ …… ㉡

㉠, ㉡에서 $x > 1$, $x \neq 2$, $x \neq 3$

(ii) $\log_{|7-x|} (7-x)$가 정의되려면

밑의 조건에서 $|7-x| > 0$, $|7-x| \neq 1$

$\therefore\ x \neq 6$, $x \neq 7$, $x \neq 8$ $\quad$ …… ㉢

진수의 조건에서 $7-x > 0$

$\therefore\ x < 7$ $\qquad\qquad\quad$ …… ㉣

㉢, ㉣에서 $x < 7$, $x \neq 6$

(i), (ii)에서 $1 < x < 7$, $x \neq 2$, $x \neq 3$, $x \neq 6$

따라서 $\log_{x-1} (x-3)^2$과 $\log_{|7-x|} (7-x)$가 모두 정의되도록 하는 x의 값이 아닌 것은 ④이다.

060

밑의 조건에서 $x-1 > 0$, $x-1 \neq 1$

$\therefore\ x > 1$, $x \neq 2$ $\qquad\qquad$ …… ㉠

진수의 조건에서 $-x^2 + (a+1)x - a > 0$

$x^2 - (a+1)x + a < 0$, $(x-1)(x-a) < 0$

이때 $a > 1$이므로 $1 < x < a$ $\qquad$ …… ㉡

㉠, ㉡에서 $1 < x < a$, $x \neq 2$

즉, 정수 x의 개수가 3이므로 정수 x는 $3, 4, 5$이다.

따라서 $5 < a \leq 6$이므로 구하는 a의 최댓값은 6이다.

061

① $\log_2 1 = 0$

② $\log_3 2 + \log_3 5 = \log_3 (2 \times 5) = \log_3 10$

③ $\log_5 6 = \log_5 (2 \times 3) = \log_5 2 + \log_5 3$

⑤ $2 \log_3 2 = \log_3 2^2$

따라서 옳은 것은 ④이다.

062

$\log_2 6 - \dfrac{3}{2} \log_2 3 + \log_2 4\sqrt{3} = \log_2 6 - \log_2 3^{\frac{3}{2}} + \log_2 4\sqrt{3}$

$\qquad\qquad = \log_2 6 - \log_2 3\sqrt{3} + \log_2 4\sqrt{3}$

$\qquad\qquad = \log_2 \dfrac{6 \times 4\sqrt{3}}{3\sqrt{3}}$

$\qquad\qquad = \log_2 8 = \log_2 2^3 = 3$

063

$\log_6 x + \log_6 \sqrt{3} y - \log_6 3z = 1$에서

$\log_6 \dfrac{x \times \sqrt{3} y}{3z} = 1$

$\dfrac{\sqrt{3} xy}{3z} = 6$ $\qquad \therefore\ \dfrac{xy}{z} = 6\sqrt{3}$

064

조건 (개)에서 $\log_2 a + \log_2 b - 2\log_2 c = 1$이므로

$\log_2 a + \log_2 b - \log_2 c^2 = 1$ $\quad \therefore\ \log_2 \dfrac{ab}{c^2} = 1$ $\quad$ …… ㉠

조건 (내)에서 $c = \sqrt[3]{ab}$ $\quad \therefore\ c^3 = ab$ $\qquad$ …… ㉡

㉡을 ㉠에 대입하면 $\log_2 c = 1$ $\quad \therefore\ c = 2$

$\therefore\ ab + c = c^3 + c = 2^3 + 2 = 8 + 2 = 10$

065

$\log_2 \left(1 + \dfrac{1}{2}\right) + \log_2 \left(1 + \dfrac{1}{3}\right) + \log_2 \left(1 + \dfrac{1}{4}\right)$

$\qquad\qquad\qquad + \cdots + \log_2 \left(1 + \dfrac{1}{15}\right)$

$= \log_2 \dfrac{3}{2} + \log_2 \dfrac{4}{3} + \log_2 \dfrac{5}{4} + \cdots + \log_2 \dfrac{16}{15}$

$= \log_2 \left(\dfrac{3}{2} \times \dfrac{4}{3} \times \dfrac{5}{4} \times \cdots \times \dfrac{16}{15}\right)$

$= \log_2 \dfrac{16}{2} = \log_2 8 = \log_2 2^3 = 3$

066

$\log_a x = \dfrac{1}{4}$에서 $\dfrac{1}{\log_x a} = \dfrac{1}{4}$ $\quad \therefore\ \log_x a = 4$

$\log_b x = \dfrac{1}{9}$에서 $\dfrac{1}{\log_x b} = \dfrac{1}{9}$ $\quad \therefore\ \log_x b = 9$

$\therefore\ \dfrac{1}{\log_{ab} x} = \log_x ab = \log_x a + \log_x b$

$\qquad\qquad = 4 + 9 = 13$

067

$\left(\log_3 \sqrt{5} + \dfrac{3}{4} \log_{\sqrt{3}} 5\right) \times \log_{25} 3\sqrt{3}$

$= \left(\log_3 5^{\frac{1}{2}} + \dfrac{3}{4} \log_{3^{\frac{1}{2}}} 5\right) \times \log_{5^2} 3^{\frac{3}{2}}$

$= \left(\dfrac{1}{2} \log_3 5 + \dfrac{3}{2} \log_3 5\right) \times \dfrac{3}{4} \log_5 3$

$$=2\log_3 5 \times \frac{3}{4}\log_5 3$$

$$=\frac{3}{2}\times\log_3 5\times\log_5 3=\frac{3}{2}$$

068

$$\log_a \frac{a^3}{b^2}=\log_a a^3-\log_a b^2=3-2\log_a b=2$$

$$\therefore \log_a b=\frac{1}{2},\ \log_b a=2$$

$$\therefore \log_a b+3\log_b a=\frac{1}{2}+3\times 2=\frac{13}{2}$$

069

$$\log_{16} a=\frac{1}{\log_b 4}$$에서 $\log_{16} a\times\log_b 4=1$

$$\log_{4^2} a\times\log_b 4=1,\ \frac{1}{2}\log_4 a\times\log_b 4=1$$

$$\log_4 a\times\log_b 4=2,\ \log_4 a\times\frac{1}{\log_4 b}=2,\ \frac{\log_4 a}{\log_4 b}=2$$

$\log_b a=2$ $\therefore a=b^2$ $\cdots\cdots$ ㉠

한편, $\log_6 ab=3$에서 $ab=6^3$ $\cdots\cdots$ ㉡

㉠을 ㉡에 대입하면

$b^3=6^3$ $\therefore b=6$

따라서 $a=6^2=36$이므로

$a+b=36+6=42$

070

$$(\log_{25} 32)(\log_4 9)(\log_{27} 5)=\log_{5^2} 2^5\times\log_{2^2} 3^2\times\log_{3^3} 5$$

$$=\frac{5}{2}\log_5 2\times\frac{2}{2}\log_2 3\times\frac{1}{3}\log_3 5$$

$$=\frac{5}{6}\times\log_5 2\times\log_2 3\times\log_3 5$$

$$=\frac{5}{6}$$

따라서 $m=6,\ n=5$이므로

$m+n=6+5=11$

참고 1이 아닌 양수 $a,\ b,\ c,\ k$에 대하여

$$\log_a b\times\log_b c\times\log_c a=\frac{\log_k b}{\log_k a}\times\frac{\log_k c}{\log_k b}\times\frac{\log_k a}{\log_k c}=1$$

071

$$2\log_5 3-\log_{\frac{1}{5}} 27-\log_{25} 243$$

$$=\log_5 3^2+\log_5 27-\frac{1}{2}\log_5 3^5$$

$$=\log_5 9+\log_5 27-\log_5 9\sqrt{3}$$

$$=\log_5 \frac{9\times 27}{9\sqrt{3}}=\log_5 9\sqrt{3}$$

$$\therefore (\text{주어진 식})=25^{\log_5 9\sqrt{3}}=(9\sqrt{3})^{\log_5 25}$$

$$=(9\sqrt{3})^{2\log_5 5}=(9\sqrt{3})^2=243$$

072

$$\frac{\log_a b}{2a}=\frac{3}{4}$$에서 $4\log_a b=6a$ $\therefore a=\frac{2}{3}\log_a b$

$$\frac{18\log_b a}{b}=\frac{3}{4}$$에서 $72\log_b a=3b$ $\therefore b=24\log_b a$

$$\therefore ab=\frac{2}{3}\log_a b\times 24\log_b a$$

$$=16\times\log_a b\times\log_b a=16$$

073

$$A=2^{\log_4 3}=3^{\log_4 2}=3^{\frac{1}{2}\log_2 2}=3^{\frac{1}{2}}=\sqrt{3}$$

$$B=\log_{\sqrt{3}} 9-2=\log_{3^{\frac{1}{2}}} 3^2-2=4\log_3 3-2=2$$

$$C=\log_2 9+\log_3 2=\log_2 3^2+\log_3 2=2\log_2 3+\log_3 2$$

$\log_2 3>0$이므로 산술평균과 기하평균의 관계에 의하여

$$C=2\log_2 3+\log_3 2$$

$$=2\log_2 3+\frac{1}{\log_2 3}$$

$$\geq 2\sqrt{2\log_2 3\times\frac{1}{\log_2 3}}=2\sqrt{2}$$

$$\left(\text{단, 등호는 }\log_2 3=\frac{\sqrt{2}}{2}\text{일 때 성립}\right)$$

이때 $\sqrt{3}<2<2\sqrt{2}$이므로 $A<B<C$

074

$\log_c a:\log_c b=2:3$에서

$\log_c a=2k,\ \log_c b=3k$ (k는 0이 아닌 실수)라 하면

$$\log_a b=\frac{\log_c b}{\log_c a}=\frac{3k}{2k}=\frac{3}{2}$$이므로

$$\log_b a=\frac{1}{\log_a b}=\frac{2}{3}$$

$$\therefore \log_a b+\log_b a=\frac{3}{2}+\frac{2}{3}=\frac{13}{6}$$

개념 보충

비례식의 표현

0이 아닌 실수 k에 대하여

$$a:b=c:d \iff \frac{a}{b}=\frac{c}{d} \iff a=bk,\ c=dk$$

$$a:b=c:d \iff \frac{a}{c}=\frac{b}{d} \iff a=ck,\ b=dk$$

075

$\log_2 3=a,\ \log_3 5=b$이므로

$$\log_{24} 30=\frac{\log_2 30}{\log_2 24}=\frac{\log_2(2\times 3\times 5)}{\log_2(2^3\times 3)}$$

$$=\frac{\log_2 2+\log_2 3+\log_2 5}{3\log_2 2+\log_2 3}$$

$$=\frac{1+\log_2 3+\frac{\log_3 5}{\log_3 2}}{3+\log_2 3}$$

$$=\frac{1+\log_2 3+\log_3 5\times\log_2 3}{3+\log_2 3}$$

$$=\frac{ab+a+1}{a+3}$$

076

$2^x=5$, $2^y=9$에서

$x=\log_2 5$, $y=\log_2 9=\log_2 3^2=2\log_2 3$

$\therefore \log_2 5=x$, $\log_2 3=\dfrac{1}{2}y$

$\therefore \log_{15} 45=\dfrac{\log_2 45}{\log_2 15}$

$\qquad\quad\ =\dfrac{\log_2 (3^2\times 5)}{\log_2 (3\times 5)}$

$\qquad\quad\ =\dfrac{2\log_2 3+\log_2 5}{\log_2 3+\log_2 5}$

$\qquad\quad\ =\dfrac{y+x}{\dfrac{1}{2}y+x}=\dfrac{2x+2y}{2x+y}$

077

$a^3 b^4=1$의 양변에 a를 밑으로 하는 로그를 취하면

$\log_a a^3 b^4=\log_a 1$, $\log_a a^3+\log_a b^4=0$

$3+4\log_a b=0$ $\quad\therefore \log_a b=-\dfrac{3}{4}$

$\therefore \log_a a^6 b^5=\log_a a^6+\log_a b^5$

$\qquad\qquad\quad\ =6+5\log_a b$

$\qquad\qquad\quad\ =6+5\times\left(-\dfrac{3}{4}\right)=\dfrac{9}{4}$

078

이차방정식의 근과 계수의 관계에 의하여

$\log_2 a+\log_2 b=7$, $\log_2 a\times\log_2 b=5$

$\therefore \log_a b+\log_b a=\dfrac{\log_2 b}{\log_2 a}+\dfrac{\log_2 a}{\log_2 b}$

$\qquad\qquad\qquad\ =\dfrac{(\log_2 a)^2+(\log_2 b)^2}{\log_2 a\times\log_2 b}$

$\qquad\qquad\qquad\ =\dfrac{(\log_2 a+\log_2 b)^2-2\log_2 a\times\log_2 b}{\log_2 a\times\log_2 b}$

$\qquad\qquad\qquad\ =\dfrac{7^2-2\times 5}{5}=\dfrac{39}{5}$

079

$4=\log_2 16<\log_2 24<\log_2 32=5$이므로

$\log_2 24$의 정수 부분은 4이다. $\quad\therefore n=4$

$\log_2 24$의 소수 부분은

$\alpha=\log_2 24-4=\log_2 24-\log_2 16=\log_2 \dfrac{24}{16}=\log_2 \dfrac{3}{2}$

$\therefore n^\alpha=4^{\log_2 \frac{3}{2}}=\left(\dfrac{3}{2}\right)^{\log_2 4}=\left(\dfrac{3}{2}\right)^2=\dfrac{9}{4}$

080

$a^3=b^4$에서 $b=a^{\frac{3}{4}}$

$\therefore A=\log_a b=\log_a a^{\frac{3}{4}}=\dfrac{3}{4}$

$b^4=c^5$에서 $c=b^{\frac{4}{5}}$

$\therefore B=\log_b c=\log_b b^{\frac{4}{5}}=\dfrac{4}{5}$

$a^3=c^5$에서 $a=c^{\frac{5}{3}}$

$\therefore C=\log_c a=\log_c c^{\frac{5}{3}}=\dfrac{5}{3}$

$\therefore A<B<C$

081

$\log_a b=4k$에서 $b=a^{4k}$

$k\log_b c=4k$, 즉 $\log_b c=4$에서 $c=b^4=(a^{4k})^4=a^{16k}$

$c=a^{16k}$에서 $a=c^{\frac{1}{16k}}$이므로

$\log_a b+\log_c a=4k+\log_c c^{\frac{1}{16k}}=4k+\dfrac{1}{16k}$

$k>0$이므로 산술평균과 기하평균의 관계에 의하여

$\log_a b+\log_c a=4k+\dfrac{1}{16k}$

$\qquad\qquad\qquad\ \ \geq 2\sqrt{4k\times\dfrac{1}{16k}}=2\sqrt{\dfrac{1}{4}}=1$

$$\left(\text{단, 등호는 }k=\dfrac{1}{8}\text{일 때 성립}\right)$$

따라서 $\log_a b+\log_c a$의 최솟값은 1이다.

082

수	$\cdots$	4	5	6	$\cdots$
$\vdots$			$\vdots$	$\vdots$	
3.1	$\cdots$	.4969	.4983	.4997	$\cdots$
3.2	$\cdots$	.5105	.5119	.5132	$\cdots$
3.3	$\cdots$	.5237	.5250	.5263	$\cdots$

상용로그표에서 $\log 3.14=0.4969$이므로

$\log (3.14\times 10^{-2})=\log 3.14-2$

$\qquad\qquad\qquad\quad\ =0.4969-2=-1.5031$

083

① $\log 67.8=\log (6.78\times 10)=\log 6.78+1$

$\qquad\qquad\ =0.8312+1=1.8312$

② $\log 678=\log (6.78\times 10^2)=\log 6.78+2$

$\qquad\qquad\ =0.8312+2=2.8312$

③ $\log 6780 = \log (6.78 \times 10^3) = \log 6.78 + 3$
$\qquad\qquad = 0.8312 + 3 = 3.8312$

④ $\log 0.678 = \log (6.78 \times 10^{-1}) = \log 6.78 + (-1)$
$\qquad\qquad = 0.8312 - 1 = -0.1688$

⑤ $\log 0.0678 = \log (6.78 \times 10^{-2}) = \log 6.78 + (-2)$
$\qquad\qquad = 0.8312 - 2 = -1.1688$

따라서 옳지 않은 것은 ④이다.

상용로그의 값
양수 A에 대하여 n은 실수이고 $\log A = k$일 때
① $\log A^n = n \log A = nk$
② $\log (A \times 10^n) = \log A + \log 10^n = k + n$

084

$\log a = 2 + 0.48$
$\qquad = \log 10^2 + \log 3.02$
$\qquad = \log (10^2 \times 3.02) = \log 302$
$\therefore a = 302$
$\log b = -1 + 0.48$
$\qquad = \log 10^{-1} + \log 3.02$
$\qquad = \log (10^{-1} \times 3.02) = \log 0.302$
$\therefore b = 0.302$
$\therefore a + 1000b = 302 + 1000 \times 0.302 = 604$

085

$\log x + \log \sqrt{x} = \log x + \dfrac{1}{2} \log x = \dfrac{3}{2} \log x$

$100 < x < 1000$에서 $2 < \log x < 3$

$\therefore 3 < \dfrac{3}{2} \log x < \dfrac{9}{2}$

이때 $\dfrac{3}{2} \log x$가 정수이려면

$\dfrac{3}{2} \log x = 4$, $\log x = \dfrac{8}{3}$ $\quad \therefore x = 10^{\frac{8}{3}}$

086

$\log x^2 - \log \dfrac{1}{x} = 2 \log x + \log x = 3 \log x$

$10 < x < 100$에서 $1 < \log x < 2$

$\therefore 3 < 3 \log x < 6$

이때 $3 \log x$가 정수이려면 $3 \log x = 4$ 또는 $3 \log x = 5$

$\log x = \dfrac{4}{3}$ 또는 $\log x = \dfrac{5}{3}$ $\quad \therefore x = 10^{\frac{4}{3}}$ 또는 $x = 10^{\frac{5}{3}}$

따라서 구하는 곱은

$10^{\frac{4}{3}} \times 10^{\frac{5}{3}} = 10^{\frac{4}{3} + \frac{5}{3}} = 10^3$

087

겉보기등급이 2인 별의 밝기를 a_1, 겉보기등급이 7인 별의 밝기를 a_2라 하면

$\log \dfrac{a_1}{a_2} = \dfrac{2}{5} \times (7 - 2)$, $\log \dfrac{a_1}{a_2} = 2$

$\dfrac{a_1}{a_2} = 10^2$ $\quad \therefore a_1 = 100 a_2$

따라서 겉보기등급이 2인 별의 밝기는 겉보기등급이 7인 별의 밝기의 100배이다.

088

$C = 75$, $W = 15$, $S = 186$, $N = a$이므로

$75 = 15 \times \log_2 \left(1 + \dfrac{186}{a}\right)$

$\log_2 \left(1 + \dfrac{186}{a}\right) = 5$에서 $1 + \dfrac{186}{a} = 2^5 = 32$

$\dfrac{186}{a} = 31$, $31a = 186$ $\quad \therefore a = 6$

089

$r = 0.2$, $h = 0.3$, $z = 7.5$일 때,

$U_1 = u \log \dfrac{7.5 - 0.3}{0.2} = u \log 36 = u \log 6^2 = 2u \log 6$

$r = 0.2$, $h = 0.3$, $z = 43.5$일 때,

$U_2 = u \log \dfrac{43.5 - 0.3}{0.2} = u \log 216 = u \log 6^3 = 3u \log 6$

$\therefore \dfrac{U_2}{U_1} = \dfrac{3u \log 6}{2u \log 6} = \dfrac{3}{2}$

내신 적중 서술형 — ● 28쪽

090 124 **091** 3 **092** 54
093 (1) 2 (2) $\dfrac{1}{4}$ (3) $x^2 - 5x + 4 = 0$

090

직선 $y = -2x - 1$과 수직으로 만나는 직선 AB의 기울기는 $\dfrac{1}{2}$이므로

$\dfrac{\log_3 b - 1}{\log_3 a - (-1)} = \dfrac{1}{2}$에서 $2 \log_3 b - 2 = \log_3 a + 1$

$2 \log_3 b - \log_3 a = 3$, $\log_3 \dfrac{b^2}{a} = 3$

$\dfrac{b^2}{a} = 3^3$ $\quad \therefore a = \dfrac{b^2}{27}$ $\qquad \cdots\cdots$ ㉠ $\qquad \cdots\cdots$ ㉰

$\log_2 a + \log_2 27b = 6$에서 $\log_2 27ab = 6$
$27ab = 2^6 = 64$ $\qquad \cdots\cdots$ ㉡

㉡에 ㉠을 대입하면 $27 \times \dfrac{b^2}{27} \times b = 64$, $b^3 = 64$

$b > 0$이므로 $b = 4$

$b = 4$를 ㉠에 대입하면 $a = \dfrac{16}{27}$ $\qquad \cdots\cdots$ ㉱

$\therefore 27(a + b) = 27 \times \left(\dfrac{16}{27} + 4\right) = 124$ $\qquad \cdots\cdots$ ㉲

채점 기준	배점 비율
㉮ 직선 AB의 기울기에 대한 식을 구하고 간단히 하기	40 %
㉯ $\log_2 a + \log_2 27b = 6$을 간단히 하여 a, b의 값 구하기	50 %
㉰ $27(a+b)$의 값 구하기	10 %

091

$27^x = 12^y = k \ (k>0)$라 하면

$27^x = k$에서 $3^{3x} = k$, $3 = k^{\frac{1}{3x}}$ ...... ㉠

$12^y = k$에서 $12 = k^{\frac{1}{y}}$ ...... ㉡

㉠×㉡을 하면

$3 \times 12 = k^{\frac{1}{3x}} \times k^{\frac{1}{y}}$에서 $36 = k^{\frac{1}{3x} + \frac{1}{y}}$

이때 $\dfrac{1}{3x} + \dfrac{1}{y} = 2$이므로

$36 = k^2$ ∴ $k=6 \ (\because k>0)$ ...... ㉮

$3x \log_6 9 + y \log_6 12 = \log_6 9^{3x} + \log_6 12^y = \log_6 (9^{3x} \times 12^y)$

㉠에서 $9^{3x} = (3^{3x})^2 = k^2 = 36$

㉡에서 $12^y = k = 6$

∴ $3x \log_6 9 + y \log_6 12 = \log_6 (9^{3x} \times 12^y)$

$\qquad = \log_6 (36 \times 6)$

$\qquad = \log_6 6^3 = 3$ ...... ㉯

채점 기준	배점 비율
㉮ $27^x = 12^y = k \ (k>0)$라 하고 k의 값 구하기	50 %
㉯ 주어진 식의 값 구하기	50 %

092

(i) $N=1$일 때,

　$\log_2 1 = 0$에서 $\log_2 1$의 정수 부분이 0이므로 $f(1)=0$

(ii) $2 \le N < 4$일 때,

　$\log_2 2 \le \log_2 N < \log_2 4$에서 $1 \le \log_2 N < 2$

　즉, $\log_2 N$의 정수 부분이 1이므로 $f(N)=1$

　∴ $f(2)=f(3)=1$

(iii) $4 \le N < 8$일 때,

　$\log_2 4 \le \log_2 N < \log_2 8$에서 $2 \le \log_2 N < 3$

　즉, $\log_2 N$의 정수 부분이 2이므로 $f(N)=2$

　∴ $f(4)=f(5)=f(6)=f(7)=2$

(iv) $8 \le N < 16$일 때,

　$\log_2 8 \le \log_2 N < \log_2 16$에서 $3 \le \log_2 N < 4$

　즉, $\log_2 N$의 정수 부분이 3이므로 $f(N)=3$

　∴ $f(8)=f(9)= \cdots =f(15)=3$

(v) $16 \le N < 32$일 때,

　$\log_2 16 \le \log_2 N < \log_2 32$에서 $4 \le \log_2 N < 5$

　즉, $\log_2 N$의 정수 부분이 4이므로 $f(N)=4$

　∴ $f(16)=f(17)= \cdots =f(20)=4$ ...... ㉮

이상에서

$f(1)+f(2)+f(3)+ \cdots +f(20)$

$=0 \times 1 + 1 \times 2 + 2 \times 4 + 3 \times 8 + 4 \times 5$

$=54$ ...... ㉯

채점 기준	배점 비율
㉮ N의 값의 범위에 따라 $f(N)$의 값 구하기	70 %
㉯ $f(1)+f(2)+f(3)+\cdots+f(20)$의 값 구하기	30 %

093

이차방정식의 근과 계수의 관계에 의하여

$\log_2 \alpha + \log_2 \beta = 8$, $\log_2 \alpha \times \log_2 \beta = 4$

(1) $\log_\alpha 2 + \log_\beta 2 = \dfrac{1}{\log_2 \alpha} + \dfrac{1}{\log_2 \beta}$

$\qquad = \dfrac{\log_2 \alpha + \log_2 \beta}{\log_2 \alpha \times \log_2 \beta} = \dfrac{8}{4} = 2$ ...... ㉮

(2) $\log_\alpha 2 \times \log_\beta 2 = \dfrac{1}{\log_2 \alpha} \times \dfrac{1}{\log_2 \beta}$

$\qquad = \dfrac{1}{\log_2 \alpha \times \log_2 \beta} = \dfrac{1}{4}$ ...... ㉯

(3) $\log_\alpha 4 + \log_\beta 4 = \dfrac{1}{\log_4 \alpha} + \dfrac{1}{\log_4 \beta}$

$\qquad = \dfrac{2}{\log_2 \alpha} + \dfrac{2}{\log_2 \beta}$

$\qquad = \dfrac{2(\log_2 \alpha + \log_2 \beta)}{\log_2 \alpha \times \log_2 \beta} = \dfrac{2 \times 8}{4} = 4$

$\log_\alpha 4 \times \log_\beta 4 = \dfrac{1}{\log_4 \alpha} \times \dfrac{1}{\log_4 \beta}$

$\qquad = \dfrac{2}{\log_2 \alpha} \times \dfrac{2}{\log_2 \beta} = \dfrac{4}{\log_2 \alpha \times \log_2 \beta}$

$\qquad = \dfrac{4}{4} = 1$

두 근이 1, 4이고 최고차항 계수가 1인 이차방정식은

$(x-1)(x-4)=0$

따라서 구하는 이차방정식은 $x^2 - 5x + 4 = 0$ ...... ㉰

	채점 기준	배점 비율
(1)	㉮ $\log_\alpha 2 + \log_\beta 2$의 값 구하기	25 %
(2)	㉯ $\log_\alpha 2 \times \log_\beta 2$의 값 구하기	25 %
(3)	㉰ $\log_\alpha 4 + \log_\beta 4$, $\log_\alpha 4 \times \log_\beta 4$를 두 근으로 하고 최고차항의 계수가 1인 이차방정식 구하기	50 %

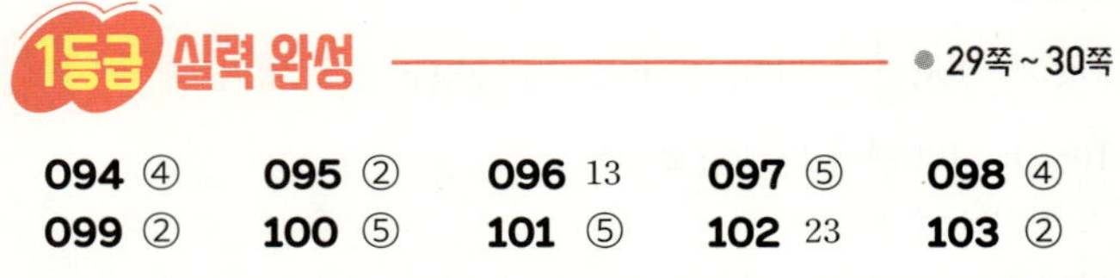

094 ④	095 ②	096 13	097 ⑤	098 ④
099 ②	100 ⑤	101 ⑤	102 23	103 ②

094

로그

전략 조건을 만족시키는 a의 값을 먼저 추론한 후 $\log_a b$가 유리수가 되는 b의 값을 구한다.

풀이 조건 (가)에 의하여 $a=2$ 또는 $a=3$ 또는 $a=4$이다.

(i) $a=2$일 때,

　$2 < b < 4$이므로 $b=3$

　이때 $\log_2 3$은 유리수가 아니다.

(ii) $a=3$일 때,

$3<b<9$이므로 $b=4, 5, 6, 7, 8$

이때 $\log_3 b$가 유리수가 되도록 하는 자연수 b는 존재하지 않는다.

(iii) $a=4$일 때,

$4<b<16$이므로 $b=5, 6, 7, \cdots, 15$

이때 $\log_4 b$가 유리수가 되려면 자연수 b가 2의 거듭제곱 꼴이어야 하므로 $b=8$

이상에서 $a=4$, $b=8$이므로 $ab=4\times 8=32$

1등급 비법

> 1이 아닌 자연수 a, b에 대하여 $\log_a b$가 유리수인 경우,
> $\log_a b=\dfrac{n}{m}$ (m, n은 서로소인 자연수)이므로
> $a^{\frac{n}{m}}=b, a^n=b^m$
> 따라서 자연수 a, b는 어떤 자연수 p에 대하여 $a=p^m, b=p^n$ 꼴로 표현이 가능하다.

095

로그의 밑과 진수의 조건

(전략) 로그의 밑과 진수의 조건을 이용하여 a의 값의 범위를 구한다.

(풀이) 밑의 조건에서 $9-a^2>0$, $9-a^2\neq 1$

$9-a^2>0$에서 $a^2<9$ $\therefore -3<a<3$

$9-a^2\neq 1$에서 $a^2\neq 8$ $\therefore a\neq -2\sqrt{2}, a\neq 2\sqrt{2}$

$\therefore -3<a<3, a\neq -2\sqrt{2}, a\neq 2\sqrt{2}$ $\cdots\cdots$ ㉠

진수의 조건에서 모든 실수 x에 대하여

$ax^2-4ax+2a+4>0$이어야 한다. $\cdots\cdots$ ㉡

(i) $a=0$일 때,

$4>0$이므로 모든 실수 x에 대하여 부등식 ㉡이 성립한다.

(ii) $a\neq 0$일 때,

모든 실수 x에 대하여 부등식 ㉡이 성립하려면 $a>0$이고,

이차방정식 $ax^2-4ax+2a+4=0$의 판별식을 D라 할 때,

$\dfrac{D}{4}=(-2a)^2-a(2a+4)<0$

$2a^2-4a<0, 2a(a-2)<0$ $\therefore 0<a<2$

(i), (ii)에서 $0\leq a<2$ $\cdots\cdots$ ㉢

㉠, ㉢에서 $0\leq a<2$이므로 정수 a는 0, 1의 2개이다.

오답 피하기 모든 실수 x에 대하여 이차부등식 $px^2+qx+r>0$이 성립함을 보이려면 $p>0$, $D=q^2-4pr<0$임을 조사하면 된다.

하지만 주어진 문제와 같이 주어진 부등식 $px^2+qx+r>0$이 이차부등식이라는 조건이 없다면 $p=0$인 경우도 확인해야 한다.

096

로그의 성질

(전략) 로그의 성질을 이용하여 주어진 식을 정리하고, n을 거듭제곱 꼴로 나타내어 조건을 만족시키는 n을 구한다.

(풀이) $\log_4 2n^2-\dfrac{1}{2}\log_2\sqrt{n}=\log_4 2n^2-\log_4\sqrt{n}$

$$=\log_4\dfrac{2n^2}{\sqrt{n}}=\log_4\dfrac{2n^2}{n^{\frac{1}{2}}}$$

$$=\log_4 2n^{\frac{3}{2}}$$

$\log_4 2n^{\frac{3}{2}}=m$ (m은 40 이하의 자연수)라 하면

$2n^{\frac{3}{2}}=4^m$, $n^{\frac{3}{2}}=2^{2m-1}$ $\therefore n=2^{\frac{2}{3}(2m-1)}=2^{\frac{4m-2}{3}}$

이때 n이 자연수이므로 $\dfrac{4m-2}{3}$가 자연수이어야 한다.

m은 40 이하의 자연수이므로 $\dfrac{4m-2}{3}$의 값은 $2, 6, 10, \cdots, 50$이다.

따라서 자연수 n은 $2^2, 2^6, 2^{10}, \cdots, 2^{50}$의 13개이다.

097

로그의 밑의 변환과 여러 가지 성질

(전략) $\log_a b=\dfrac{4}{3}\log_b c=6\log_c a=k$라 하고 로그의 밑의 변환과 로그의 성질을 이용하여 k의 값을 구한다.

(풀이) $\log_a b=\dfrac{4}{3}\log_b c=6\log_c a=k(k>0)$라 하면

$\log_a b=k$, $\log_b c=\dfrac{3}{4}k$, $\log_c a=\dfrac{k}{6}$

이때 $\log_a b\times\log_b c\times\log_c a=1$이므로

$k\times\dfrac{3}{4}k\times\dfrac{k}{6}=1, k^3=8$

$\therefore k=2$

$\therefore \log_a b+\log_a c=\log_a b+\dfrac{1}{\log_c a}$

$$=k+\dfrac{6}{k}$$

$$=2+\dfrac{6}{2}=5$$

098

로그의 여러 가지 성질

(전략) 로그의 성질을 활용하여 $f(x)$를 간단히 정리한 후 $f(1)\times f(2)\times f(3)\times\cdots\times f(12)$의 값을 구한다.

(풀이) $f(x)=4^{\log_2\left(1+\frac{1}{x+1}\right)}=4^{\log_2\left(\frac{x+2}{x+1}\right)}$

$$=\left(\dfrac{x+2}{x+1}\right)^{\log_2 4}=\left(\dfrac{x+2}{x+1}\right)^2$$

$\therefore f(1)\times f(2)\times f(3)\times\cdots\times f(12)$

$$=\left(\dfrac{3}{2}\right)^2\times\left(\dfrac{4}{3}\right)^2\times\left(\dfrac{5}{4}\right)^2\times\cdots\times\left(\dfrac{14}{13}\right)^2$$

$$=\left(\dfrac{3}{2}\times\dfrac{4}{3}\times\dfrac{5}{4}\times\cdots\times\dfrac{14}{13}\right)^2$$

$$=7^2=49$$

099

로그의 성질의 활용

(전략) 주어진 비례식과 로그의 밑의 변환을 이용하여 $\log_a b$의 값을 구한다.

(풀이) $\log_a b:\log_b a=\log_a a^2b:3$에서

$\log_a b:\log_b a=(\log_a a^2+\log_a b):3$

$\log_a b:\log_b a=(2+\log_a b):3$

$3\log_a b=\log_b a(2+\log_a b)$

양변에 $\log_a b$를 곱하면

$3(\log_a b)^2=2+\log_a b$

$3(\log_a b)^2-\log_a b-2=0, (\log_a b-1)(3\log_a b+2)=0$

$$\therefore \log_a b = 1 \text{ 또는 } \log_a b = -\frac{2}{3}$$

이때 a, b는 1이 아닌 서로 다른 양수이므로 $\log_a b = -\frac{2}{3}$

$$\therefore \log_a b + \log_b a = \log_a b + \frac{1}{\log_a b}$$
$$= -\frac{2}{3} + \left(-\frac{3}{2}\right) = -\frac{13}{6}$$

100

로그의 성질의 활용

(전략) $a>1$이고 양수 M과 정수 n에 대하여 $a^n \le M < a^{n+1}$일 때, $n \le \log_a M < n+1$임을 이용한다.

(풀이) $A = (\sqrt{3})^{\log_2 12 - \log_2 3} = (\sqrt{3})^{\log_2 4} = (\sqrt{3})^2 = 3$

$$B = \frac{1}{\log_4 2} + \frac{1}{\log_3 5} = \log_2 4 + \log_5 3 = 2 + \log_5 3$$

이때 $0 = \log_5 1 < \log_5 3 < \log_5 5 = 1$이므로

$2 < 2 + \log_5 3 < 3$, 즉 $2 < B < 3$

$$C = \frac{\log_3 30}{\log_3 6} = \log_6 30$$

이때 $1 = \log_6 6 < \log_6 30 < \log_6 36 = 2$이므로 $1 < C < 2$

$$\therefore C < B < A$$

101

로그의 성질 ➕ 상용로그

(전략) 로그의 성질을 이용하여 구하는 식을 하나의 로그로 나타낸다.

(풀이) $1000 = 10^3$이므로 1000의 양의 약수를 작은 수부터 차례대로 a_1, a_2, a_3, $\cdots$, a_{16}이라 하면

$$a_1 a_{16} = a_2 a_{15} = a_3 a_{14} = \cdots = a_8 a_9 = 10^3$$
$$\therefore \log a_1 + \log a_2 + \log a_3 + \cdots + \log a_{16}$$
$$= \log (a_1 a_2 a_3 \times \cdots \times a_{16})$$
$$= \log \{(a_1 a_{16})(a_2 a_{15})(a_3 a_{14}) \times \cdots \times (a_8 a_9)\}$$
$$= \log (10^3)^8 = \log 10^{24} = 24$$

102

상용로그의 활용

(전략) 조건 (가)를 이용하여 $\log N$의 값의 범위를 구한 후 조건 (나)를 이용하여 N의 값을 구한다.

(풀이) $1 \le x \le 8$에서 $\log_2 1 \le \log_2 x \le \log_2 8$이므로

$0 \le \log_2 x \le 3$

즉, 조건 (가)에서 $0 \le \log N \le 3$ $\qquad \cdots\cdots$ ㉠

조건 (나)에서 $\log N - \log \dfrac{1}{N} = \log N + \log N = 2\log N$

이므로 $2\log N$은 정수이고, ㉠에서 $0 \le 2\log N \le 6$이므로

$2\log N = 0, 1, 2, 3, 4, 5, 6$

$\log N = 0, \dfrac{1}{2}, 1, \dfrac{3}{2}, 2, \dfrac{5}{2}, 3$

$$\therefore N = 1, 10^{\frac{1}{2}}, 10, 10^{\frac{3}{2}}, 10^2, 10^{\frac{5}{2}}, 10^3$$

이때 모든 N의 값의 곱은

$$1 \times 10^{\frac{1}{2}} \times 10 \times 10^{\frac{3}{2}} \times 10^2 \times 10^{\frac{5}{2}} \times 10^3 = 10^{\frac{1}{2}+1+\frac{3}{2}+2+\frac{5}{2}+3} = 10^{\frac{21}{2}}$$

따라서 $m=2$, $n=21$이므로

$$m+n = 2+21 = 23$$

103

상용로그의 실생활에의 활용

(전략) C_0, t, C의 의미를 파악하여 주어진 조건을 식에 대입한 후 k의 값을 먼저 구한다.

(풀이) 물 1 mL당 초기 박테리아 수가 8×10^5이고, 약품을 투여한 지 3시간이 지나는 순간 물 1 mL당 박테리아 수는 2×10^5이 되므로

$\log \dfrac{C}{C_0} = -kt$에 $C_0 = 8 \times 10^5$, $t=3$, $C = 2 \times 10^5$을 대입하면

$$\log \frac{2 \times 10^5}{8 \times 10^5} = -3k, \quad \log 2^{-2} = -3k$$

$-2\log 2 = -3k$, $-2 \times 0.3 = -3k$ $\qquad \therefore k = 0.2$

약품을 투여한 지 a시간이 지나는 순간 물 1 mL당 박테리아 수가 8×10^2이 되므로

$\log \dfrac{C}{C_0} = -0.2t$에 $C_0 = 8 \times 10^5$, $t=a$, $C = 8 \times 10^2$을 대입하면

$$\log \frac{8 \times 10^2}{8 \times 10^5} = -0.2a, \quad \log 10^{-3} = -0.2a$$

$-3 = -0.2a$ $\qquad \therefore a = 15$

● 31쪽

104 87 　　**105** ⑤ 　　**106** 12

104

로그

(1단계) 로그의 정의를 이용하여 집합의 조건을 이해한다.

$N = a \log_2 b$에서 $2^{\frac{N}{a}} = b$

$N \ne 0$이고 b가 자연수이므로 $\dfrac{N}{a}$은 자연수이어야 한다.

즉, 자연수 a는 N의 양의 약수이고, a의 값에 따라 b의 값이 정해지므로 집합 A_N의 원소인 순서쌍 (a, b)의 개수는 N의 양의 약수의 개수와 같다.

(2단계) $n(A_N) = 3$이기 위한 N의 값의 조건을 파악한다.

$n(A_N) = 3$인 경우는 N의 양의 약수의 개수가 3인 경우이므로 $N = p^2$ (p는 소수) 꼴이어야 한다.

(3단계) 조건을 만족시키는 모든 N의 값의 합을 구한다.

따라서 $N(A_N) = 3$을 만족시키는 100 이하의 모든 자연수 N은 2^2, 3^2, 5^2, 7^2이므로 구하는 합은

$$4 + 9 + 25 + 49 = 87$$

105

로그

(1단계) 로그의 정의를 이용하여 주어진 식을 간단히 정리한다.

조건 (가)에서 $p \log_x (y+z) = 1$이므로

$$\log_x (y+z) = \frac{1}{p} \qquad \therefore y+z = x^{\frac{1}{p}} \qquad \cdots\cdots ㉠$$

또, $q \log_x (y-z) = 1$이므로

$$\log_x (y-z) = \frac{1}{q} \qquad \therefore y-z = x^{\frac{1}{q}} \qquad \cdots\cdots ㉡$$

$\bigcirc\times\bigcirc$을 하면 $(y+z)(y-z)=x^{\frac{1}{p}}\times x^{\frac{1}{q}}$

$y^2-z^2=x^{\frac{1}{p}+\frac{1}{q}}=x^{\frac{p+q}{pq}}$

이때 조건 (나)에서 $\dfrac{p+q}{2}=pq$, 즉 $p+q=2pq$이므로

$\dfrac{p+q}{pq}=2$ $\therefore y^2-z^2=x^{\frac{p+q}{pq}}=x^2$

〔2단계〕삼각형의 세 변의 길이 사이의 관계를 파악한다.

따라서 $x^2+z^2=y^2$이므로 주어진 삼각형은 빗변의 길이가 y인 직각삼각형이다.

106

로그의 밑의 변환과 여러 가지 성질

〔1단계〕$A\cap B\cap C=A$에서 $1\in C$임을 이용한다.

$A\cap B\cap C=A$에서

$1\in C$이므로 $\log_{64}a+\log_{8}b=1$

$\log_{64}a+\log_{8^2}b^2=1$, $\log_{64}ab^2=1$

$\therefore ab^2=64$ $\qquad\qquad \cdots\cdots\bigcirc$

〔2단계〕집합 A의 1이 아닌 또 다른 원소가 C에 포함됨을 이용하여 a, b의 값을 구한다.

집합 A의 또 다른 원소 $\log_b a$가 집합 B와 집합 C에도 포함되어야 하므로

$A\subset C$에서 $\log_b a=2$ 또는 $\log_b a=4$

(i) $\log_b a=2$일 때,

$a=b^2$이므로 이것을 $\bigcirc$에 대입하면

$b^4=64$에서 $b^4=2^6$ $\therefore b=2^{\frac{3}{2}}$

$\therefore a=(2^{\frac{3}{2}})^2=2^3$

한편,

$8\log_2 b-\log_2 a=8\log_2 2^{\frac{3}{2}}-\log_2 2^3=8\times\dfrac{3}{2}-3=9$

이므로 $B=\{1,\ 2,\ 9\}$

따라서 집합 B의 모든 원소의 합은

$1+2+9=12$

(ii) $\log_b a=4$일 때,

$a=b^4$이므로 이것을 $\bigcirc$에 대입하면

$b^6=64$에서 $b=2$ $\therefore a=2^4=16$

한편,

$8\log_2 b-\log_2 a=8\log_2 2-\log_2 16=8-4=4$

이므로 $B=\{1,\ 2,\ 4\}$

따라서 집합 B의 모든 원소의 합은

$1+2+4=7$

〔3단계〕집합 B의 모든 원소의 합의 최댓값을 구한다.

(i), (ii)에서 집합 B의 모든 원소의 합의 최댓값은 12이다.

1등급 비법

세 집합 A, B, C에 대하여 다음이 성립한다.

① $A\cap B=A\Longleftrightarrow A\subset B$

② $A\cap B\cap C=A\Longleftrightarrow A\subset(B\cap C)$

$\qquad\qquad\qquad\Longleftrightarrow A\subset B$이고 $A\subset C$

03 지수함수와 로그함수

● 34쪽 ~ 42쪽

유형 분석 기출

107	①	**108**	2	**109**	④	**110**	③	**111**	⑤
112	②	**113**	②	**114**	③	**115**	27	**116**	②
117	④	**118**	3	**119**	④	**120**	④	**121**	8
122	③	**123**	$a^{\frac{1}{a}}<a^a<a^{a^2}$			**124**	$\dfrac{146}{5}$	**125**	④
126	②	**127**	②	**128**	30	**129**	③	**130**	⑤
131	③	**132**	②	**133**	②, ⑤	**134**	8	**135**	①
136	$\log_2 5$	**137**	③	**138**	③	**139**	③	**140**	④
141	③	**142**	⑤	**143**	②	**144**	⑤	**145**	③
146	$C<B<A$			**147**	1	**148**	③	**149**	③
150	③	**151**	①	**152**	②	**153**	④	**154**	③
155	①	**156**	⑤	**157**	②				

107

$f(p)=a^p=9$

$f(q)=a^q=\dfrac{1}{3}$에서 $a^{3q}=(a^q)^3=\left(\dfrac{1}{3}\right)^3=\dfrac{1}{27}$

$\therefore f(p+3q)=a^{p+3q}=a^p\times a^{3q}=9\times\dfrac{1}{27}=\dfrac{1}{3}$

108

$f(0)=a^{-n}=\dfrac{1}{2}$

$f(2)=a^{2m-n}=8$에서 $a^{2m}\times\dfrac{1}{2}=8$
$\quad\to a^{2m}\times a^{-n}$

$a^{2m}=16$ $\therefore a^m=4\ (\because a^m>0)$

$\therefore f(1)=a^{m-n}=a^m\times a^{-n}=4\times\dfrac{1}{2}=2$

109

$f(1)+f(-1)=4$이므로 $a+a^{-1}=4$

$(a-a^{-1})^2=(a+a^{-1})^2-4=4^2-4=12$

이때 $a>1$에서 $0<\dfrac{1}{a}<1$이므로 $a-a^{-1}>0$

$\therefore a-a^{-1}=\sqrt{12}=2\sqrt{3}$

$\therefore f(2)-f(-2)=a^2-a^{-2}$

$\qquad\qquad=(a+a^{-1})(a-a^{-1})$

$\qquad\qquad=4\times 2\sqrt{3}=8\sqrt{3}$

110

ㄱ. $f(-m)=a^{-m}=\dfrac{1}{a^m}=\dfrac{1}{f(m)}$ (참)

ㄴ. $f(m+n)=a^{m+n}$, $f(m)+f(n)=a^m+a^n$이므로

$\quad f(m+n)\neq f(m)+f(n)$ (거짓)

ㄷ. $f(mn)=a^{mn}=(a^m)^n=\{f(m)\}^n$ (참)

이상에서 옳은 것은 ㄱ, ㄷ이다.

지수법칙

$a>0,\ b>0$이고 $x,\ y$가 실수일 때
① $a^x\times a^y=a^{x+y}$　　　② $a^x\div a^y=a^{x-y}$
③ $(a^x)^y=a^{xy}$　　　④ $(ab)^x=a^xb^x$

111

$f(5)=a^5=32$에서 $a=2$　　$\therefore f(x)=2^x$
② $y=2^x$에 $x=1$을 대입하면 $y=2$이므로 그래프는 점 $(1,\ 2)$를 지난다.
④ 그래프의 점근선은 x축이므로 점근선의 방정식은 $y=0$이다.
⑤ $y=2^x$에서 밑이 1보다 크므로 x의 값이 증가하면 y의 값도 증가한다.
따라서 옳지 않은 것은 ⑤이다.

112

두 점 $A(a,\ m)$, $B(b,\ n)$이 $y=5^x$의 그래프 위의 점이므로
$m=5^a,\ n=5^b$
이때 $mn=125$이므로
$5^a\times5^b=125,\ 5^{a+b}=5^3$
$\therefore a+b=3$

113

$y=\left(\dfrac{a^2-2a+1}{4}\right)^x$에서 x의 값이 증가할 때 y의 값이 감소하려면
$0<\dfrac{a^2-2a+1}{4}<1$이어야 한다.
(i) $\dfrac{a^2-2a+1}{4}>0$에서 $a^2-2a+1>0,\ (a-1)^2>0$
　　이므로 $a\ne1$인 모든 실수이다.
(ii) $\dfrac{a^2-2a+1}{4}<1$에서 $a^2-2a+1<4$
　　$a^2-2a-3<0,\ (a+1)(a-3)<0$　　$\therefore -1<a<3$
(i), (ii)에서 $-1<a<1$ 또는 $1<a<3$
따라서 조건을 만족시키는 정수 a는 0, 2의 2개이다.

114

두 점 A, B의 x좌표를 각각 $a,\ b$라 하면 점 $A(a,\ 4)$가 곡선 $y=2^x$ 위의 점이므로
$2^a=4=2^2$　　$\therefore a=2$
$\therefore A(2,\ 4)$
점 $B(b,\ 4)$가 곡선 $y=\left(\dfrac{1}{4}\right)^x$의 위의 점이므로
$\left(\dfrac{1}{4}\right)^b=4=\left(\dfrac{1}{4}\right)^{-1}$　　$\therefore b=-1$
$\therefore B(-1,\ 4)$
따라서 삼각형 OAB의 넓이는
$\dfrac{1}{2}\times\{2-(-1)\}\times4=6$

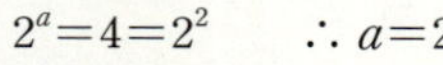

115

$y=3^x$의 그래프 위의 점 A의 x좌표를 a라 하면
y좌표가 $\dfrac{1}{3}$이므로
$3^a=\dfrac{1}{3}=3^{-1}$　　$\therefore a=-1$
$\therefore A\left(-1,\ \dfrac{1}{3}\right)$
점 B의 x좌표를 b라 하면 $B(b,\ 3^b)$이므로 선분 AB를 $1:3$으로 내분하는 점 C의 좌표는
$\left(\dfrac{1\times b+3\times(-1)}{1+3},\ \dfrac{1\times3^b+3\times\dfrac{1}{3}}{1+3}\right)$　　$\therefore C\left(\dfrac{b-3}{4},\ \dfrac{3^b+1}{4}\right)$
이때 점 C가 y축 위에 있으므로
$\dfrac{b-3}{4}=0$　　$\therefore b=3$
따라서 점 B의 y좌표는 $3^3=27$

좌표평면 위의 선분의 내분점과 중점

좌표평면 위의 두 점 $A(x_1,\ y_1)$, $B(x_2,\ y_2)$에 대하여 선분 AB를 $m:n\ (m>0,\ n>0)$으로 내분하는 점을 P, 선분 AB의 중점을 M이라 하면
① 내분점: $P\left(\dfrac{mx_2+nx_1}{m+n},\ \dfrac{my_2+ny_1}{m+n}\right)$
② 중점: $M\left(\dfrac{x_1+x_2}{2},\ \dfrac{y_1+y_2}{2}\right)$

116

$y=3^x$의 그래프를 x축의 방향으로 m만큼, y축의 방향으로 n만큼 평행이동한 그래프의 식은 $y=3^{x-m}+n$
이 그래프의 점근선의 방정식이 $y=2$이므로 $n=2$
또, 이 그래프가 점 $(7,\ 5)$를 지나므로
$5=3^{7-m}+2,\ 3^{7-m}=3$　　$\therefore m=6$
$\therefore m+n=6+2=8$

117

$y=\dfrac{1}{4}\times2^x-1=2^{-2}\times2^x-1=2^{x-2}-1$
① $y=2^{x-2}-1$의 그래프는 $y=2^x$의 그래프를 x축의 방향으로 2만큼, y축의 방향으로 -1만큼 평행이동한 것이므로 오른쪽 그림과 같다.

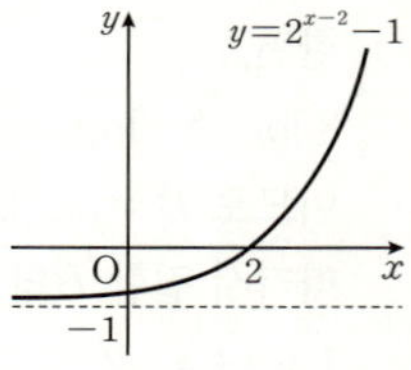

② 치역은 $\{y\,|\,y>-1\}$이다.
③ $y=2^{x-2}-1$에 $x=3$을 대입하면 $y=2^{3-2}-1=2-1=1$
　　이므로 그래프는 점 $(3,\ 1)$을 지난다.
⑤ $y=\left(\dfrac{1}{2}\right)^{x-2}+1$의 그래프를 원점에 대하여 대칭이동한 그래프의 식은 $-y=\left(\dfrac{1}{2}\right)^{-x-2}+1,\ -y=2^{x+2}+1$
　　$\therefore y=-2^{x+2}-1$
따라서 옳은 것은 ④이다.

118

$y=2^{2x+a}+b$의 그래프를 y축에 대하여 대칭이동한 그래프의 식은
$y=2^{-2x+a}+b$
이 그래프의 점근선이 직선 $y=2$이므로
$b=2$
또, 이 그래프가 점 $(-1, 10)$을 지나므로
$y=2^{-2x+a}+2$에 $x=-1$, $y=10$을 대입하면
$10=2^{2+a}+2$
$2^{2+a}=8=2^3$
$2+a=3$
$\therefore a=1$
$\therefore a+b=1+2=3$

119

ㄱ. $y=4^{-x}$의 그래프는 $y=4^x$의 그래프를 y축에 대하여 대칭이동한 것이다.

ㄴ. $y=2^{2x+1}=2^{2\left(x+\frac{1}{2}\right)}=4^{x+\frac{1}{2}}$이므로 $y=2^{2x+1}$의 그래프는 $y=4^x$의 그래프를 x축의 방향으로 $-\frac{1}{2}$만큼 평행이동한 것이다.

ㄷ. $y=2^{3x-6}=2^{2\left(\frac{3}{2}x-3\right)}=4^{\frac{3}{2}x-3}$이므로 $y=2^{3x-6}$의 그래프를 $y=4^x$의 그래프를 평행이동 또는 대칭이동하여 완전히 겹쳐질 수 없다.

ㄹ. $y=4^{x-1}+1$의 그래프는 $y=4^x$의 그래프를 x축의 방향으로 1만큼, y축의 방향으로 1만큼 평행이동한 것이다.

이상에서 $y=4^x$의 그래프를 평행이동 또는 대칭이동하여 완전히 겹쳐질 수 있는 그래프의 식인 것은 ㄱ, ㄴ, ㄹ이다.

120

두 함수 $y=2^x+1$, $y=-2^x+n$의 그래프가 제1사분면에서 만나려면 오른쪽 그림과 같이 함수 $y=-2^x+n$의 그래프의 y절편이 함수 $y=2^x+1$의 그래프의 y절편보다 커야 한다.

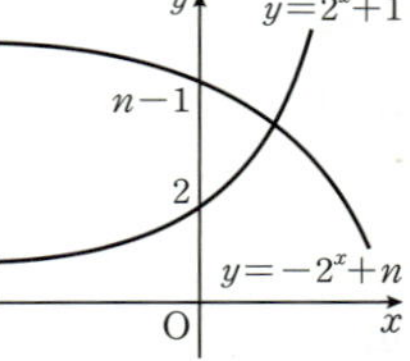

즉, $n-1>2$에서 $n>3$
따라서 자연수 n의 최솟값은 4이다.

121

$y=\left(\frac{1}{2}\right)^x+5$의 그래프는 $y=\left(\frac{1}{2}\right)^x+1$의 그래프를 y축의 방향으로 4만큼 평행이동한 것이다.

즉, 오른쪽 그림에서 빗금 친 두 부분의 넓이가 서로 같으므로 두 함수

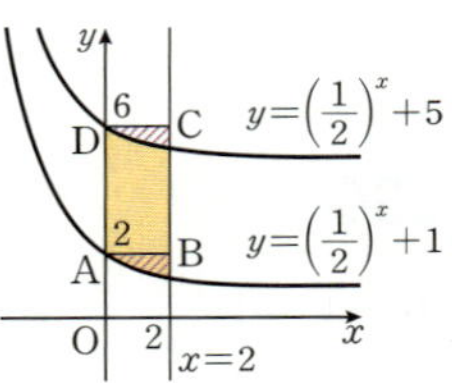

$y=\left(\frac{1}{2}\right)^x+1$, $y=\left(\frac{1}{2}\right)^x+5$의 그래프와 두 직선 $x=0$, $x=2$로 둘러싸인 부분의 넓이는 직사각형 ABCD의 넓이와 같다.

따라서 구하는 넓이는
$\overline{AB}\times\overline{AD}=2\times(6-2)=8$

122

$A=\frac{1}{\sqrt{5}}=5^{-\frac{1}{2}}$

$B=\sqrt[3]{0.04}=\sqrt[3]{\frac{1}{5^2}}=5^{-\frac{2}{3}}$

$C=\sqrt[10]{0.2^3}=\sqrt[10]{\frac{1}{5^3}}=5^{-\frac{3}{10}}$

이때 $-\frac{2}{3}<-\frac{1}{2}<-\frac{3}{10}$이고 밑이 1보다 크므로

$5^{-\frac{2}{3}}<5^{-\frac{1}{2}}<5^{-\frac{3}{10}}$

$\therefore B<A<C$

지수함수를 이용한 수의 대소 비교
주어진 수를 밑이 같은 거듭제곱의 꼴로 나타낸 후 다음의 지수함수의 성질을 이용한다.
지수함수 $y=a^x$ $(a>0, a\neq1)$에서
① $a>1$일 때, $x_1<x_2$이면 $a^{x_1}<a^{x_2}$
② $0<a<1$일 때, $x_1<x_2$이면 $a^{x_1}>a^{x_2}$

123

$0<a<1$이므로 $\frac{1}{a}>1$

$a^2-a=a(a-1)<0 \qquad \therefore a^2<a$

$\therefore a^2<a<\frac{1}{a}$

이때 $0<a<1$에서 밑이 1보다 작으므로

$a^{\frac{1}{a}}<a^a<a^{a^2}$

124

$y=5^{x-1}+2$는 밑이 1보다 크므로
$0\leq x\leq3$에서
$x=3$일 때 최대이고 최댓값은 $5^{3-1}+2=25+2=27$,
$x=0$일 때 최소이고 최솟값은 $5^{0-1}+2=\frac{1}{5}+2=\frac{11}{5}$
따라서 최댓값과 최솟값의 합은
$27+\frac{11}{5}=\frac{146}{5}$

125

$f(x)=a\times2^{2-x}+b=a\times\left(\frac{1}{2}\right)^{x-2}+b$

(i) $a>0$일 때,

$-1\leq x\leq1$에서

$x=-1$일 때 최대이고 최댓값은 $a\times2^3+b=8a+b=6$

$x=1$일 때 최소이고 최솟값은 $a\times2^1+b=2a+b=0$

위의 두 식을 연립하여 풀면

$a=1$, $b=-2$

(ii) $a<0$일 때,

$-1\leq x\leq1$에서

$x=1$일 때 최대이고 최댓값은 $a\times2^1+b=2a+b=6$

$x=-1$일 때 최소이고 최솟값은 $a\times2^3+b=8a+b=0$

위의 두 식을 연립하여 풀면
$a=-1$, $b=8$
이때 $b>0$이므로 (ⅰ), (ⅱ)에서
$a=-1$, $b=8$
따라서 $f(x)=-2^{2-x}+8$이므로
$f(2)=-1+8=7$

126

$y=2^{x^2-4x+a}$에서
$f(x)=x^2-4x+a$로 놓으면
$f(x)=(x-2)^2+a-4$
$1\leq x\leq 4$에서
$f(1)=(1-2)^2+a-4=a-3$,
$f(2)=(2-2)^2+a-4=a-4$,
$f(4)=(4-2)^2+a-4=a$
이므로

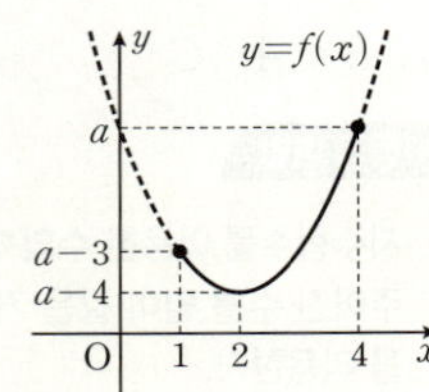

$a-4\leq f(x)\leq a$
$y=2^{x^2-4x+a}=2^{f(x)}$에서 밑이 1보다 크므로 $f(x)$가 최대일 때 y도 최대, $f(x)$가 최소일 때 y도 최소이다.
즉, 함수 $y=2^{f(x)}$는 $f(x)=a$일 때 최대이고 최댓값은 $2^a=32=2^5$이므로
$a=5$
또, $f(x)=a-4$일 때 최소이고 최솟값은
$2^{a-4}=2^{5-4}=2$

제한된 범위에서의 이차함수의 최댓값과 최솟값

$\alpha\leq x\leq\beta$일 때, 이차함수 $f(x)=a(x-m)^2+n$의 최댓값과 최솟값은 다음과 같이 구할 수 있다.
① m이 $\alpha\leq x\leq\beta$에 속하면, 즉 $\alpha\leq m\leq\beta$이면
  ⇨ $f(m)$, $f(\alpha)$, $f(\beta)$ 중 가장 큰 값이 최댓값, 가장 작은 값이 최솟값이다.
② m이 $\alpha\leq x\leq\beta$에 속하지 않으면, 즉 $m<\alpha$ 또는 $m>\beta$이면
  ⇨ $f(\alpha)$, $f(\beta)$ 중 큰 값이 최댓값, 작은 값이 최솟값이다.

127

$y=4^x-2^{x+1}+3=(2^x)^2-2\times2^x+3$
$2^x=t\,(t>0)$로 놓으면
$-1\leq x\leq 2$에서 $2^{-1}\leq 2^x\leq 2^2$
$\therefore \dfrac{1}{2}\leq t\leq 4$
이때 주어진 함수는
$y=t^2-2t+3=(t-1)^2+2$
따라서 $t=4$일 때 최대이고 최댓값은 $(4-1)^2+2=11$,
$t=1$일 때 최소이고 최솟값은 2이므로
$M=11$, $m=2$
$\therefore Mm=11\times2=22$

128

$y=\left(\dfrac{1}{4}\right)^x-\left(\dfrac{1}{2}\right)^{x-2}+3$
$\quad=\left\{\left(\dfrac{1}{2}\right)^x\right\}^2-4\times\left(\dfrac{1}{2}\right)^x+3$
$\left(\dfrac{1}{2}\right)^x=t\,(t>0)$로 놓으면
$-3\leq x\leq 0$에서
$\left(\dfrac{1}{2}\right)^0\leq\left(\dfrac{1}{2}\right)^x\leq\left(\dfrac{1}{2}\right)^{-3}$
$\therefore 1\leq t\leq 8$
이때 주어진 함수는
$y=t^2-4t+3$
$\quad=(t-2)^2-1$
따라서 $t=8$, 즉 $x=-3$일 때 최대이고
최댓값은 $6^2-1=35$,
$t=2$, 즉 $x=-1$일 때 최소이고 최솟값은
-1이므로
$a=-3$, $b=35$, $c=-1$, $d=-1$
$\therefore a+b+c+d=-3+35+(-1)+(-1)$
$\qquad\qquad=30$

 $a^x=t\,(t>0)$로 치환하여 t에 대한 함수로 바꾸는 경우에는 최대 또는 최소가 되는 t의 값을 x의 값으로 착각하지 않도록 주의한다.

129

$3^x+3^{-x}=t$로 놓으면 $3^x>0$, $3^{-x}>0$이므로 산술평균과 기하평균의 관계에 의하여
$t=3^x+3^{-x}\geq 2\sqrt{3^x\times3^{-x}}=2$ (단, 등호는 $x=0$일 때 성립)
이때 $9^x+9^{-x}=(3^x+3^{-x})^2-2=t^2-2$이므로
주어진 함수는 $t\geq 2$에서
$y=(t^2-2)-4t$
$\quad=(t-2)^2-6$
따라서 $t=2$, 즉 $x=0$일 때 최솟값은 -6이므로
$a=0$, $b=-6$
$\therefore a-b=0-(-6)=6$

산술평균과 기하평균의 관계를 이용한 지수함수의 최대 · 최소
$a>0$, $a\neq 1$일 때, 모든 실수 x에 대하여 $a^x>0$, $a^{-x}>0$이므로 산술평균과 기하평균의 관계에 의하여
$\quad a^x+a^{-x}\geq 2\sqrt{a^x\times a^{-x}}=2$ (단, 등호는 $a^x=a^{-x}$, 즉 $x=0$일 때 성립)

130

$f(-1)=\left(\dfrac{1}{3}\right)^{-1}=3$이므로
$(f\circ f)(-1)=f(f(-1))=f(3)$
$\qquad\qquad=2\log_3 3$
$\qquad\qquad=2$

131

조건 (가)에서 $f(a)-f(b)=1$이므로

$\log_2 a - \log_2 b = 1$

$\log_2 \dfrac{a}{b} = 1$

$\dfrac{a}{b} = 2$

$\therefore a = 2b$ $\qquad\qquad$ …… ㉠

조건 (나)에서 $f(a+2b)=4$이므로

$\log_2 (a+2b) = 4$

$\therefore a+2b = 2^4 = 16$ $\qquad$ …… ㉡

㉠을 ㉡에 대입하면

$4b = 16$ $\qquad \therefore b = 4$

㉠에서

$a = 2 \times 4 = 8$

$\therefore ab = 8 \times 4 = 32$

132

ㄱ. $f(2n) = \log_2 2n$

$\qquad\quad = \log_2 2 + \log_2 n$

$\qquad\quad = 1 + \log_2 n$

$\quad 2f(n) = 2\log_2 n$

$\quad \therefore f(2n) \neq 2f(n)$ (거짓)

ㄴ. $f(n^3) - f(n^2) = \log_2 n^3 - \log_2 n^2$

$\qquad\qquad\qquad = 3\log_2 n - 2\log_2 n$

$\qquad\qquad\qquad = \log_2 n$

$\qquad\qquad\qquad = f(n)$ (참)

ㄷ. $f(2^{n+1}) = \log_2 2^{n+1}$

$\qquad\qquad = (n+1)\log_2 2$

$\qquad\qquad = n+1$

$\quad f(2^n) + 2 = \log_2 2^n + 2$

$\qquad\qquad\quad = n\log_2 2 + 2$

$\qquad\qquad\quad = n+2$

$\quad \therefore f(2^{n+1}) \neq f(2^n) + 2$ (거짓)

이상에서 옳은 것은 ㄴ뿐이다.

133

① 로그함수 $f(x) = \log_{\frac{1}{a}} x$는 일대일함수이므로

$\quad x_1 \neq x_2$이면 $f(x_1) \neq f(x_2)$이다.

$\quad$ 따라서 대우인 '$f(x_1) = f(x_2)$이면 $x_1 = x_2$이다.'는 참이다.

② $a>1$이면 $0<\dfrac{1}{a}<1$이므로 $x_1<x_2$이면 $f(x_1)>f(x_2)$이다.

④ 로그함수 $f(x) = \log_{\frac{1}{a}} x$는 지수함수 $y=\left(\dfrac{1}{a}\right)^x$의 역함수이므

$\quad$ 로 두 그래프는 직선 $y=x$에 대하여 대칭이다.

⑤ $y = \log_a x = -\log_{\frac{1}{a}} x$이므로 $f(x) = \log_{\frac{1}{a}} x$의 그래프와

$\quad y = \log_a x$의 그래프는 x축에 대하여 대칭이다.

따라서 옳지 않은 것은 ②, ⑤이다.

134

$y = \log(k^2 - x^2)$에서

$k^2 - x^2 > 0$이므로 $x^2 - k^2 < 0$

$(x+k)(x-k)<0$ $\qquad \therefore -k<x<k \ (\because k>0)$

$\therefore A = \{x \mid -k < x < k\}$

$y = \log(\log x)$에서

$x>0$이고 $\log x > 0$이므로 $x>1$

$\therefore B = \{x \mid x > 1\}$

이때 집합 $A \cap B$에 속하는 정수의 개수가 6이려면 $k>1$이어야

한다. 즉, $A \cap B = \{x \mid 1 < x < k\}$이고, 집합 $A \cap B$에 속하는 정수

가 6개이므로 $7 < k \leq 8$이어야 한다.

└→ 2, 3, 4, 5, 6, 7

따라서 k의 최댓값은 8이다.

135

$y = \log_a x$에 $y=1$을 대입하면

$\log_a x = 1$, $x=a$ $\qquad \therefore A_1(a, 1)$

$y = \log_b x$에 $y=1$을 대입하면

$\log_b x = 1$, $x=b$ $\qquad \therefore B_1(b, 1)$

$y = \log_a x$에 $y=2$를 대입하면

$\log_a x = 2$, $x=a^2$ $\qquad \therefore A_2(a^2, 2)$

$y = \log_b x$에 $y=2$를 대입하면

$\log_b x = 2$, $x=b^2$ $\qquad \therefore B_2(b^2, 2)$

이때 선분 A_1B_1의 중점의 좌표가 $(2, 1)$이므로

$\dfrac{a+b}{2} = 2$ $\qquad \therefore a+b=4$

또, $\overline{A_1B_1} = 1$이므로 $b-a=1$

$\therefore \overline{A_2B_2} = b^2 - a^2 = (b+a)(b-a) = 4 \times 1 = 4$

136

점 D의 좌표를 $(a, \log_2 a)$라 하면 정사각형 ABCD의 한 변의 길

이가 3이므로

$\log_2 a = 3$ $\qquad \therefore a = 2^3 = 8$

즉, $C(8, 0)$이고 $\overline{BC} = 3$이므로 점 B의 좌표는 $(5, 0)$이다.

점 E의 x좌표는 점 B의 x좌표와 같고 점 E는 $y = \log_2 x$의 그래

프 위의 점이므로 $E(5, \log_2 5)$

따라서 점 E의 y좌표는 $\log_2 5$이다.

137

오른쪽 그림에서

$b = \log_3 c$,

$c = \log_3 d$이므로

$b - c = \log_3 c - \log_3 d$

$\qquad\quad = \log_3 \dfrac{c}{d}$

따라서 $3^{b-c} = \dfrac{c}{d}$이므로

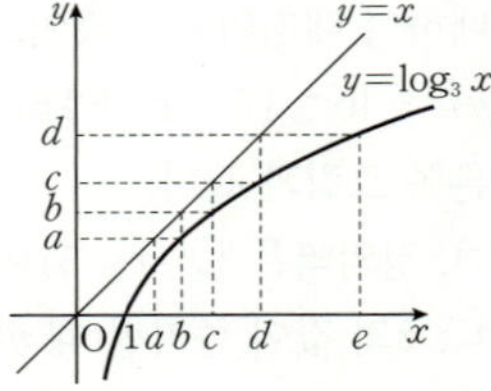

$\left(\dfrac{1}{3}\right)^{b-c} = (3^{-1})^{b-c} = (3^{b-c})^{-1}$

$\qquad\qquad = \left(\dfrac{c}{d}\right)^{-1} = \dfrac{d}{c}$

138

곡선 $y=\log_4 x$ 위의 점 A의 y좌표가 1이므로

$\log_4 x=1$ $\therefore x=4$

$\therefore$ A$(4, 1)$

선분 AB와 x축이 만나는 점을 C라 하면 x축이 삼각형 OAB의 넓이를 이등분하므로 점 C는 선분 AB의 중점이다.

즉, 선분 AB의 중점의 y좌표가 0이므로 점 B의 y좌표는 -1이다. 이때 점 B는 곡선 $y=-\log_4 (x+1)$ 위의 점이므로

$-\log_4 (x+1)=-1$

$x+1=4$ $\therefore x=3$

$\therefore$ B$(3, -1)$

$\therefore \overline{\mathrm{OB}}=\sqrt{3^2+(-1)^2}=\sqrt{10}$

139

$y=\log_3 ax$의 그래프를 y축에 대하여 대칭이동한 그래프의 식은

$y=\log_3 (-ax)$

$y=\log_3 (-ax)$의 그래프를 x축의 방향으로 2만큼 평행이동한 그래프의 식은

$y=\log_3 \{-a(x-2)\}$

$\therefore y=\log_3 (-ax+2a)$

이 그래프가 점 $(-1, 2)$를 지나므로

$\log_3 (a+2a)=2$, $\log_3 3a=2$

$3a=3^2=9$ $\therefore a=3$

140

$y=\log_2 x$의 그래프를 x축의 방향으로 a만큼, y축의 방향으로 b만큼 평행이동한 그래프의 식은

$y=\log_2 (x-a)+b$

이 그래프의 점근선이 직선 $x=-1$이므로

$a=-1$

또, 이 그래프가 점 $(0, 1)$을 지나므로

$1=\log_2 (0+1)+b$ $\therefore b=1$

$\therefore a+b=-1+1=0$

141

$y=-\log_5 (5-x)+1=-\log_5 \{-(x-5)\}+1$이므로

$y=-\log_5 (5-x)+1$의 그래프는 $y=-\log_5 (-x)$의 그래프를 x축의 방향으로 5만큼, y축의 방향으로 1만큼 평행이동한 것이다. 이때 $y=-\log_5 (-x)$의 그래프는 $y=\log_5 x$의 그래프를 원점에 대하여 대칭이동한 것이므로

$y=-\log_5 (5-x)+1$의 그래프는 오른쪽 그림과 같다.

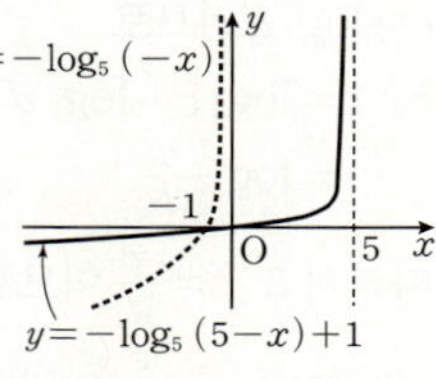

ㄱ. 정의역은 $\{x|x<5\}$이다. (참)

ㄴ. x의 값이 증가할 때 y의 값도 증가한다. (거짓)

ㄷ. $y=-\log_5 (-x)$의 그래프를 x축의 방향으로 5만큼, y축의 방향으로 1만큼 평행이동하면 완전히 겹쳐진다. (참)

이상에서 옳은 것은 ㄱ, ㄷ이다.

142

① $y=\log_2 (x+1)$의 그래프는 $y=\log_2 x$의 그래프를 x축의 방향으로 -1만큼 평행이동한 것이다.

② $y=\log_2 3x=\log_2 3+\log_2 x$이므로 $y=\log_2 3x$의 그래프는 $y=\log_2 x$의 그래프를 y축의 방향으로 $\log_2 3$만큼 평행이동한 것이다.

③ $y=\log_{\frac{1}{2}} x-2=-\log_2 x-2$이므로 $y=\log_{\frac{1}{2}} x-2$의 그래프는 $y=\log_2 x$의 그래프를 x축에 대하여 대칭이동한 후 y축의 방향으로 -2만큼 평행이동한 것이다.

④ $y=-\log_2 (-x+3)=-\log_2 \{-(x-3)\}$이므로 $y=-\log_2 (-x+3)$의 그래프는 $y=\log_2 x$의 그래프를 원점에 대하여 대칭이동한 후 x축의 방향으로 3만큼 평행이동한 것이다.

⑤ $y=\log_2 x^3=3 \log_2 x$이므로 $y=\log_2 x^3$의 그래프는 평행이동 또는 대칭이동으로 $y=\log_2 x$의 그래프와 완전히 겹쳐질 수 없다.

따라서 평행이동 또는 대칭이동하여 $y=\log_2 x$의 그래프와 완전히 겹쳐지지 않는 것은 ⑤이다.

143

$g(x)=\log_2 3x=\log_2 3+\log_2 x=\log_2 3+f(x)$이므로

$g(x)=\log_2 3x$의 그래프는 $f(x)=\log_2 x$의 그래프를 y축의 방향으로 $\log_2 3$만큼 평행이동한 것이다.

즉, 아래 그림에서 빗금 친 두 부분의 넓이는 서로 같다.

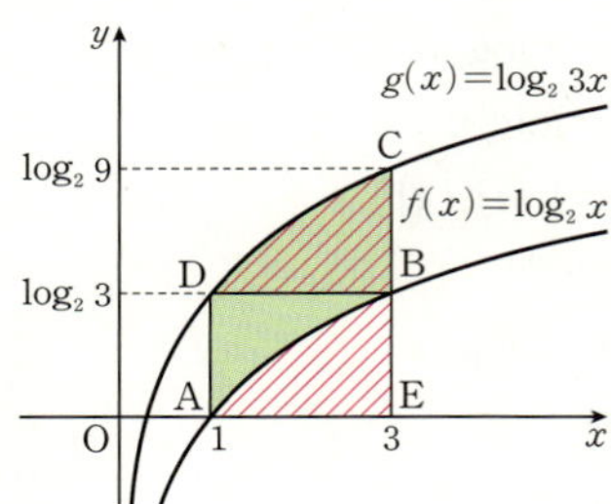

점 $(3, 0)$을 E라 하면 두 함수 $y=f(x)$, $y=g(x)$의 그래프와 선분 AD, 선분 BC로 둘러싸인 부분의 넓이는 사각형 AEBD의 넓이와 같다.

따라서 $\overline{\mathrm{AD}}=\log_2 3$, $\overline{\mathrm{AE}}=3-1=2$이므로 구하는 넓이는

$2 \times \log_2 3=2 \log_2 3$

144

$y=3+\log_2 x$의 그래프를 x축의 방향으로 -4만큼, y축의 방향으로 k만큼 평행이동한 그래프의 식은

$y-k=3+\log_2 (x+4)$ $\therefore y=k+3+\log_2 (x+4)$

이 그래프가 제4사분면을 지나지 않으려면 오른쪽 그림과 같이 $x=0$일 때 $y \geq 0$이어야 한다.

즉, $k+3+\log_2 4 \geq 0$

$k+3+\log_2 2^2 \geq 0$

$k+5 \geq 0$ $\therefore k \geq -5$

따라서 k의 최솟값은 -5이다.

145

$A=-2\log_2 \dfrac{1}{7}=\log_2 \left(\dfrac{1}{7}\right)^{-2}$

$\quad =\log_2 49$

$B=3+\log_2 5=\log_2 8+\log_2 5$

$\quad =\log_2 40$

$C=1+3\log_2 3=\log_2 2+\log_2 3^3$

$\quad =\log_2 54$

이때 밑이 1보다 크므로

$\log_2 40<\log_2 49<\log_2 54$

$\therefore B<A<C$

로그함수를 이용한 수의 대소 비교
주어진 수를 밑이 같은 로그로 나타낸 후 다음을 이용한다.
로그함수 $y=\log_a x\,(a>0,\,a\neq1)$에서
① $a>1$일 때, $x_1<x_2$이면 $\log_a x_1<\log_a x_2$
② $0<a<1$일 때, $x_1<x_2$이면 $\log_a x_1>\log_a x_2$

146

$1<x<3$의 각 변에 밑이 3인 로그를 취하면

$\log_3 1<\log_3 x<\log_3 3$

$\therefore 0<\log_3 x<1$

(i) $A-B=\log_3 x-(\log_3 x)^2$

$\qquad =\log_3 x\times(1-\log_3 x)>0$

$\quad \therefore A>B$

(ii) $C=\log_3 (\log_3 x)<0$이고, $B=(\log_3 x)^2>0$이므로

$\quad C<B$

(i), (ii)에서 $C<B<A$

147

$y=\dfrac{1}{2}\log_2 (x+6)-3$에서

$\dfrac{1}{2}\log_2 (x+6)=y+3$

$\log_2 (x+6)=2(y+3)$

로그의 정의에 의하여

$x+6=2^{2(y+3)}$

$x=4^{y+3}-6$

x와 y를 서로 바꾸면

$y=4^{x+3}-6$이므로

$a=4,\ b=3,\ c=-6$

$\therefore a+b+c=4+3+(-6)=1$

역함수 구하는 방법

(i) 함수 $y=f(x)$가 일대일대응인지 확인한다.
(ii) $y=f(x)$를 x에 대하여 푼다. 즉, $x=f^{-1}(y)$ 꼴로 변형한다.
(iii) $x=f^{-1}(y)$에서 x와 y를 서로 바꾸어 $y=f^{-1}(x)$로 나타낸다.

148

$y=f(x)$라 하면 $y=3^{x-1}+a$에서

$y-a=3^{x-1}$

양변에 밑이 3인 로그를 취하면

$x-1=\log_3 (y-a),\ x=\log_3 (y-a)+1$

x와 y를 서로 바꾸면

$y=\log_3 (x-a)+1$

즉, $y=f(x)$의 역함수가 $y=\log_3 (x-a)+1$이고, 이 그래프가 점

$\left(a+\dfrac{1}{3},\ a-2\right)$를 지나므로

$a-2=\log_3 \left(a+\dfrac{1}{3}-a\right)+1$

$a-2=0 \quad \therefore a=2$

 $f(x)=3^{x-1}+a$의 역함수의 그래프가 점 $\left(a+\dfrac{1}{3},\ a-2\right)$

를 지나므로 함수 $y=f(x)$의 그래프는 점 $\left(a-2,\ a+\dfrac{1}{3}\right)$을 지난다.

즉, $a+\dfrac{1}{3}=3^{a-2-1}+a$이므로 $3^{a-3}=\dfrac{1}{3}$

$3^{a-3}=3^{-1},\ a-3=-1 \quad \therefore a=2$

역함수의 성질

함수 $f(x)$의 역함수를 $g(x)$라 하고, 함수 $y=f(x)$의 그래프 위의
점을 $(a,\,b)$라 하면 $\quad f(a)=b \iff g(b)=a$

149

점 $B(a,\,b)$가 함수 $y=2^x$의 그래프 위의 점이므로

$b=2^a$ $\qquad\qquad$ …… ㉠

$y=g(x)$는 $y=2^x$의 역함수이므로 $g(x)=\log_2 x$

점 $A(a,\,1)$이 $y=\log_2 x$의 그래프 위의 점이므로

$1=\log_2 a \quad \therefore a=2$

$a=2$를 ㉠에 대입하면 $b=2^2=4$

$\therefore \log_2 ab=\log_2 (2\times4)$

$\qquad =\log_2 8=\log_2 2^3=3$

 점 $B(a,\,b)$가 함수 $y=2^x$의 그래프 위의 점이므로

$b=2^a$ $\qquad\qquad$ …… ㉠

이때 두 함수 $y=2^x$와 $y=g(x)$가 서로 역함수 관계에 있고, 점
$A(a,\,1)$이 $y=g(x)$의 그래프 위의 점이므로 점 $(1,\,a)$는 함수
$y=2^x$의 그래프 위의 점이다.

즉, $a=2^1=2$

$a=2$를 ㉠에 대입하면 $b=2^2=4$

$\therefore \log_2 ab=\log_2 (2\times4)=\log_2 8=\log_2 2^3=3$

150

함수 $g(x)$가 $(g\circ f)(x)=x$를 만족시키므로 함수 $g(x)$는 함수
$f(x)$의 역함수이다.

$y=f(x)$라 하면 $y=3^{x-1}+k$에서

$y-k=3^{x-1}$

양변에 밑이 3인 로그를 취하면

$\log_3 (y-k)=x-1,\ x=\log_3 (y-k)+1$

x와 y를 서로 바꾸면
$y=\log_3(x-k)+1$
$\therefore g(x)=\log_3(x-k)+1$
이때 곡선 $y=f(x)$의 점근선의 방정식은 $y=k$, 곡선 $y=g(x)$의 점근선의 방정식은 $x=k$이므로 두 곡선 $y=f(x)$, $y=g(x)$의 점근선의 교점의 좌표는 $(k,\,k)$이다.
점 $(k,\,k)$가 직선 $y=2x-2$ 위에 있으므로
$k=2k-2$　　$\therefore k=2$

151

두 함수 $y=2^x-1$, $y=\log_2(x+1)$ 은 서로 역함수 관계에 있으므로 두 함수의 그래프는 직선 $y=x$에 대하여 대칭이다.

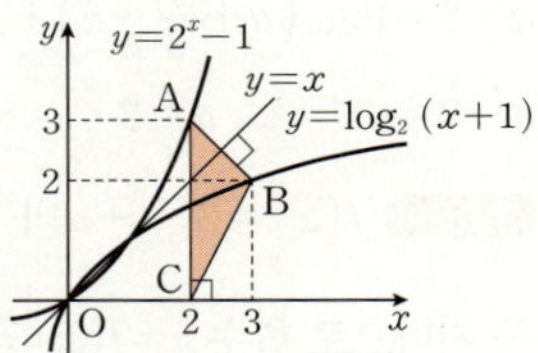

이때 직선 AB의 기울기가 -1이므로 직선 AB와 직선 $y=x$는 서로 수직이다.
즉, 두 점 A와 B는 직선 $y=x$에 대하여 대칭이므로 점 B의 좌표는 $(3,\,2)$이다.
따라서 삼각형 ABC의 넓이는
$\dfrac{1}{2}\times3\times1=\dfrac{3}{2}$

참고　$y=2^x-1$에서 $y+1=2^x$
양변에 밑이 2인 로그를 취하면 $x=\log_2(y+1)$
x와 y를 서로 바꾸면 $y=\log_2(x+1)$
따라서 두 함수 $y=2^x-1$과 $y=\log_2(x+1)$은 서로 역함수 관계에 있다.

152

두 곡선 $y=a^x-1$, $y=\log_a(x+1)$은 서로 역함수 관계에 있으므로 두 곡선은 직선 $y=x$에 대하여 대칭이다.
점 P는 직선 $y=x$ 위의 점이므로 점 P의 좌표를 $(k,\,k)$라 하면 점 P는 곡선 $y=\log_a(x+1)$ 위의 점이므로
$k+1>0$　　$\therefore k>-1$
이때 삼각형 OHP의 넓이가 2이므로
$\dfrac{1}{2}\times\overline{\mathrm{OH}}\times\overline{\mathrm{PH}}=2,\ \dfrac{k^2}{2}=2$
$k^2=4$　　$\therefore k=2\ (\because k>-1)$
따라서 곡선 $y=a^x-1$이 점 $\mathrm{P}(2,\,2)$를 지나므로
$2=a^2-1,\ a^2=3$　　$\therefore a=\sqrt{3}\ (\because a>1)$

153

$y=\log_{\frac{1}{2}}(x+k)+3$에서 밑이 1보다 작으므로 $x=-1$일 때 최댓값을 갖고, $x=5$일 때 최솟값을 갖는다.
즉, $\log_{\frac{1}{2}}(-1+k)+3=2$에서
$\log_{\frac{1}{2}}(-1+k)=-1$
$-1+k=\left(\dfrac{1}{2}\right)^{-1}=2$　　$\therefore k=3$

따라서 $y=\log_{\frac{1}{2}}(x+3)+3$이므로
$x=5$일 때 최솟값은
$\log_{\frac{1}{2}}(5+3)+3=\log_{2^{-1}}2^3+3=-3+3=0$　　$\therefore m=0$
$\therefore k+m=3+0=3$

154

$y=\log_2(x^2-2x+5)$에서
$f(x)=x^2-2x+5$로 놓으면
$f(x)=(x-1)^2+4$
$0\le x\le3$에서
$f(0)=5,\ f(1)=4,\ f(3)=8$이므로
$4\le f(x)\le8$
$y=\log_2(x^2-2x+5)=\log_2 f(x)$에서 밑이 1보다 크므로 $f(x)$가 최대일 때 y도 최대, $f(x)$가 최소일 때 y도 최소이다. 즉,
$f(x)=8$일 때 최대이고 최댓값은 $\log_2 8=\log_2 2^3=3$,
$f(x)=4$일 때 최소이고 최솟값은 $\log_2 4=\log_2 2^2=2$이므로
$M=3,\ m=2$
$\therefore M+m=3+2=5$

155

$y=\log_{\frac{1}{2}}x\times\log_{\frac{1}{2}}\dfrac{4}{x}$
$\quad=\log_{\frac{1}{2}}x\times\left(\log_{\frac{1}{2}}4-\log_{\frac{1}{2}}x\right)$
$\quad=\log_{\frac{1}{2}}x\times\left(\log_{2^{-1}}2^2-\log_{\frac{1}{2}}x\right)$
$\quad=-\left(\log_{\frac{1}{2}}x\right)^2-2\log_{\frac{1}{2}}x$
$\log_{\frac{1}{2}}x=t$로 놓으면
$\dfrac{1}{4}\le x\le8$에서 $\left(\dfrac{1}{2}\right)^2\le x\le\left(\dfrac{1}{2}\right)^{-3}$
$\therefore -3\le t\le2$
이때 주어진 함수는
$y=-t^2-2t=-(t+1)^2+1$
이므로

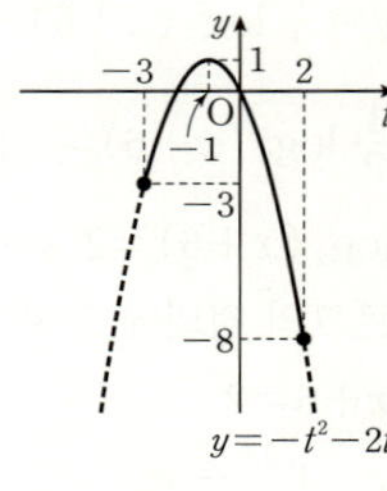

$t=-1$일 때 최대이고 최댓값은 1,
$t=2$일 때 최소이고 최솟값은 -8이므로
$M=1,\ m=-8$
$\therefore M+m=1+(-8)=-7$

156

$f(x)=x^{\log_3 x-2}$의 양변에 밑이 3인 로그를 취하면
$\log_3 f(x)=\log_3 x^{\log_3 x-2}$
$\qquad\quad=(\log_3 x-2)\log_3 x$
$\qquad\quad=(\log_3 x)^2-2\log_3 x$
$\log_3 x=t$로 놓으면
$3\le x\le27$에서 $3^1<x<3^3$
$\therefore 1\le t\le3$

이때 $y=\log_3 f(x)$라 하면 주어진 함수는
$$y=\log_3 f(x)=t^2-2t=(t-1)^2-1$$
이므로 오른쪽 그림과 같고 $t=3$일 때 최대
이고 최댓값은 3, $t=1$일 때 최소이고 최솟
값은 -1이다. 즉,
$$\log_3 M=3\text{에서 } M=3^3=27$$
$$\log_3 m=-1\text{에서 } m=3^{-1}=\frac{1}{3}$$
$$\therefore Mm=27\times\frac{1}{3}=9$$

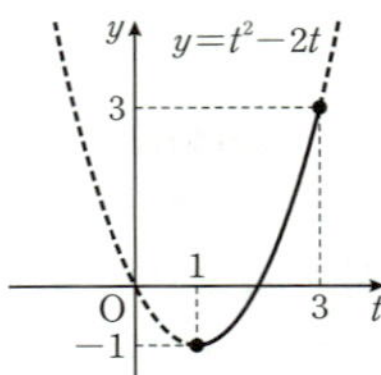

1등급 비법

$y=x^{\log_a f(x)}$ 꼴인 함수의 최대·최소를 구할 때는 먼저 양변에 밑이 a인 로그를 취하여 $\log_a y$의 최대·최소를 구한다.

157

$$\log_4\left(x+\frac{1}{y}\right)+\log_4\left(y+\frac{9}{x}\right)=\log_4\left(x+\frac{1}{y}\right)\left(y+\frac{9}{x}\right)$$
$$=\log_4\left(xy+\frac{9}{xy}+10\right)$$

이때 $xy>0$, $\dfrac{9}{xy}>0$이므로 산술평균과 기하평균의 관계에 의하여
$$xy+\frac{9}{xy}+10\geq 2\sqrt{xy\times\frac{9}{xy}}+10$$
$$=2\times 3+10$$
$$=16\ (\text{단, 등호는 } xy=3\text{일 때 성립})$$

이때 밑이 1보다 크므로
$$\log_4\left(xy+\frac{9}{xy}+10\right)\geq\log_4 16=2$$
$$\therefore \log_4\left(x+\frac{1}{y}\right)+\log_4\left(y+\frac{9}{x}\right)\geq 2$$
따라서 구하는 최솟값은 2이다.

내신 적중 서술형 ● 43쪽

158 (1) $\dfrac{4}{n}$ (2) 7 　　**159** $\dfrac{1}{4}$ 　　**160** $a=-3,\ b=2$
161 5

158

(1) $g(x)=2^{x-\frac{1}{n}}$의 그래프는 $f(x)=2^x$의 그래프를 x축의 방향으로 $\dfrac{1}{n}$만큼 평행이동한 것이다.

오른쪽 그림에서 빗금 친 두 부분의 넓이가 서로 같으므로 두 곡선 $y=f(x)$, $y=g(x)$와 두 직선 $y=n$, $y=n+4$로 둘러싸인 부분은 가로가 $\dfrac{1}{n}$, 세로가 4인 직사각형의 넓이와 같다.

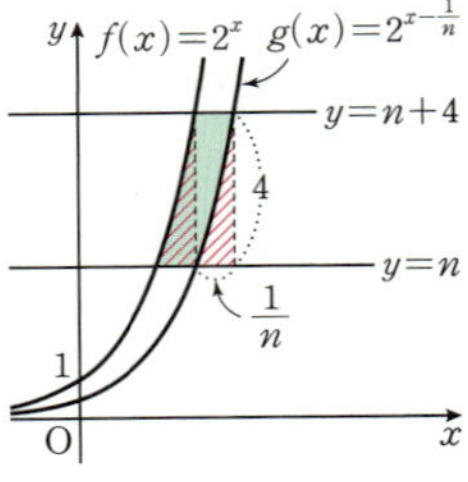

$$\therefore S(n)=\frac{4}{n} \qquad \cdots\cdots ㉮$$

(2) $S(n)=\dfrac{4}{n}$의 값이 자연수가 되도록 하려면 n의 값이 4의 약수이면 되므로 $n=1,\ 2,\ 4$
따라서 모든 n의 값의 합은
$$1+2+4=7 \qquad \cdots\cdots ㉯$$

	채점 기준	배점 비율
(1)	㉮ 지수함수의 평행이동을 이용하여 $S(n)$ 구하기	70 %
(2)	㉯ $S(n)$의 값이 자연수가 되도록 하는 모든 n의 값의 합 구하기	30 %

159

$f(x)=x^2-2x+3=(x-1)^2+2$에서 $f(x)\geq 2$
$y=(g\circ f)(x)=g(f(x))=\left(\dfrac{1}{2}\right)^{f(x)}$에서 밑이 1보다 작으므로
$f(x)$가 최소일 때 y는 최대이다. 　　$\cdots\cdots ㉮$
즉, $x=1$일 때 $f(x)$는 최소이므로 $a=1$이고
$f(x)=2$일 때 $y=\left(\dfrac{1}{2}\right)^{f(x)}$은 최대이므로 최댓값은
$$M=g(f(1))=g(2)=\left(\frac{1}{2}\right)^2=\frac{1}{4}$$
$$\therefore M=\frac{1}{4} \qquad \cdots\cdots ㉯$$
$$\therefore aM=1\times\frac{1}{4}=\frac{1}{4} \qquad \cdots\cdots ㉰$$

채점 기준	배점 비율
㉮ $(g\circ f)(x)$가 최대일 조건 알기	40 %
㉯ $a,\ M$의 값 구하기	50 %
㉰ aM의 값 구하기	10 %

160

함수 $y=\log_3 x$의 그래프를 x축의 방향으로 a만큼, y축의 방향으로 b만큼 평행이동한 그래프의 식은
$$y=\log_3(x-a)+b \qquad \cdots\cdots ㉮$$
이 함수의 그래프의 점근선이 $x=-3$이므로
$$a=-3 \qquad \cdots\cdots ㉯$$
이 함수의 그래프가 점 $(0,\ 3)$을 지나므로
$$3=\log_3 3+b$$
$$3=1+b \qquad \therefore b=2 \qquad \cdots\cdots ㉰$$

채점 기준	배점 비율
㉮ 평행이동한 그래프의 식 구하기	40 %
㉯ a의 값 구하기	30 %
㉰ b의 값 구하기	30 %

161

함수 $y=2^{\frac{x}{a}}$의 그래프를 직선 $y=x$에 대하여 대칭이동하면
$$x=2^{\frac{y}{a}}$$
$$\frac{y}{a}=\log_2 x \qquad \therefore y=a\log_2 x$$
이 그래프를 x축의 방향으로 b만큼, y축의 방향으로 c만큼 평행이동한 그래프의 식은
$$y=a\log_2(x-b)+c \qquad \cdots\cdots ㉠ \qquad \cdots\cdots ㉮$$

이때

$$y=6\log_2\dfrac{2}{x-5}=6\{\log_2 2-\log_2(x-5)\}$$

$$=-6\log_2(x-5)+6$$

이 함수의 그래프가 ㉠과 일치하므로

$$a=-6,\ b=5,\ c=6 \qquad\qquad \cdots\cdots \text{㉯}$$

$$\therefore a+b+c=-6+5+6=5 \qquad\qquad \cdots\cdots \text{㉰}$$

채점 기준	배점 비율
㉮ $y=2^{\frac{x}{a}}$의 그래프를 이동한 함수의 식 구하기	40 %
㉯ a, b, c의 값 구하기	40 %
㉰ $a+b+c$의 값 구하기	20 %

1등급 실력 완성

● 44쪽 ~ 46쪽

162 $2^{\frac{2}{3}}$	**163** ②	**164** ①	**165** ②	**166** 1
167 26	**168** ②	**169** b, c	**170** ③	
171 ㄱ, ㄴ	**172** ⑤	**173** ⑤	**174** ⑤	

162

지수함수의 그래프

[전략] 두 곡선 $y=2^{x+1}$, $y=2^{-x+1}$과 직선 $y=k$, 직선 $y=2k$가 만나는 점의 좌표를 구한다.

[풀이] $2^{x+1}=k$에서 $x+1=\log_2 k$ $\quad \therefore x=\log_2 k-1$

$2^{x+1}=2k$에서 $x+1=\log_2 2k=\log_2 2+\log_2 k$

$x+1=1+\log_2 k$ $\quad \therefore x=\log_2 k$

$\therefore \mathrm{D}(\log_2 k-1,\ k),\ \mathrm{F}(\log_2 k,\ 2k)$

$2^{-x+1}=k$에서 $-x+1=\log_2 k$ $\quad \therefore x=1-\log_2 k$

$2^{-x+1}=2k$에서 $-x+1=\log_2 2k=\log_2 2+\log_2 k$

$-x+1=1+\log_2 k$ $\quad \therefore x=-\log_2 k$

$\therefore \mathrm{E}(1-\log_2 k,\ k),\ \mathrm{G}(-\log_2 k,\ 2k)$

삼각형 CFG의 넓이는

$$\frac{1}{2}\{\log_2 k-(-\log_2 k)\}\times(2k-2)=2(k-1)\log_2 k$$

사각형 ABED의 넓이는

$$\frac{1}{2}[\{1-\log_2 k-(\log_2 k-1)\}+2]\times(k-1)$$

$$=\frac{1}{2}(4-2\log_2 k)(k-1)$$

$$=(2-\log_2 k)(k-1)$$

$1<k<2$이고 삼각형 CFG의 넓이와 사각형 ABED의 넓이가 같으므로

$$2(k-1)\log_2 k=(2-\log_2 k)(k-1)$$

$$2\log_2 k=2-\log_2 k,\ 3\log_2 k=2$$

$$\log_2 k=\frac{2}{3} \qquad \therefore k=2^{\frac{2}{3}}$$

163

지수함수의 그래프의 평행이동

[전략] 두 함수 $y=2^x$, $y=k\times 2^x$의 그래프는 모양이 서로 같음을 이용한다.

[풀이] $y=2^x$의 그래프를 x축의 방향으로 a만큼 평행이동한 그래프의 식이 $y=k\times 2^x$이므로

$$y=2^{x-a}=2^{-a}\times 2^x=k\times 2^x \qquad \therefore k=2^{-a}$$

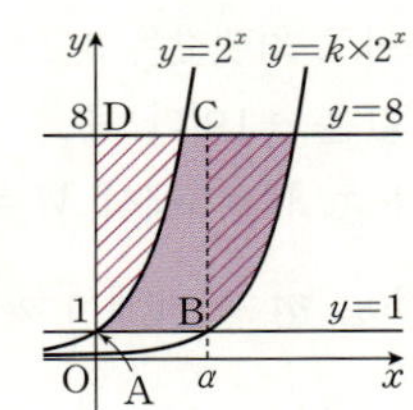

오른쪽 그림에서 빗금 친 두 부분의 넓이가 서로 같으므로 두 함수 $y=2^x$, $y=k\times 2^x$의 그래프 및 두 직선 $y=1$, $y=8$로 둘러싸인 부분의 넓이는 직사각형 ABCD의 넓이와 같다. 즉,

$$a\times(8-1)=28,\ 7a=28 \qquad \therefore a=4$$

$$\therefore k=2^{-a}=2^{-4}=\frac{1}{16}$$

164

지수함수를 이용한 수의 대소 비교

[전략] $a>1$일 때와 $0<a<1$일 때의 지수함수 $y=a^x$의 성질을 이용한다.

[풀이] $a^2<a$이므로 $0<a<1$이고, $b<b^2$이므로 $b>1$이다.

(i) $0<a<1$이고, $a^2<a$에서 $a<\sqrt{a}$이므로

$$a^a>a^{\sqrt{a}}$$

(ii) $b>1$이고, $b<b^2$에서 $\sqrt{b}<b$이므로

$$b^{\sqrt{b}}<b^b$$

(iii) $0<a<1<b$이므로 $a^a<b^a$ $\qquad\qquad \cdots\cdots \text{㉠}$

$b>1$이고, $a^2<b$에서 $a<\sqrt{b}$이므로

$$b^a<b^{\sqrt{b}} \qquad\qquad \cdots\cdots \text{㉡}$$

㉠, ㉡에서 $a^a<b^{\sqrt{b}}$

이상에서 $a^{\sqrt{a}}<a^a<b^{\sqrt{b}}<b^b$

165

지수함수의 최대 · 최소

[전략] $2\le x\le 5$에서 함수 $f(x)$의 값의 범위를 구한 후 $(g\circ f)(x)=g(f(x))$임을 이용한다.

[풀이] $f(x)=x^2-6x+3$

$$=(x-3)^2-6$$

$2\le x\le 5$에서

$$f(2)=-5,\ f(3)=-6,\ f(5)=-2$$

이므로 $-6\le f(x)\le -2$

또, $y=(g\circ f)(x)=g(f(x))=a^{f(x)}$ $\qquad\qquad \cdots\cdots \text{㉠}$

(i) $0<a<1$일 때,

㉠에서 밑이 1보다 작으므로 $f(x)$가 최대일 때 y는 최소, $f(x)$가 최소일 때 y는 최대이다.

즉, $f(x)=-6$일 때 최대이고 최댓값이 8이므로

$$a^{-6}=8 \qquad \therefore a=8^{-\frac{1}{6}}=(2^3)^{-\frac{1}{6}}=\frac{\sqrt{2}}{2}$$

따라서 $f(x)=-2$일 때 최소이고 최솟값은

$$a^{-2}=\left(\frac{\sqrt{2}}{2}\right)^{-2}=2$$

(ii) $a>1$일 때,

㉠에서 밑이 1보다 크므로 $f(x)$가 최대일 때 y도 최대, $f(x)$가 최소일 때 y도 최소이다.

즉, $f(x)=-2$일 때 최대이고 최댓값이 8이므로

$a^{-2}=8$ $\therefore a=8^{-\frac{1}{2}}=(2^3)^{-\frac{1}{2}}=\frac{\sqrt{2}}{4}$

이때 $a=\frac{\sqrt{2}}{4}$는 $a>1$을 만족시키지 않는다.

(i), (ii)에서 함수 $(g \circ f)(x)$의 최솟값은 2이다.

166
로그함수의 함숫값

전략 $0<t<1,\ t=1,\ t>1$인 경우로 나누어 $f(t)+f\left(\frac{1}{t}\right)=3$을 만족시키는 t의 값을 구한다.

풀이 (i) $0<t<1$일 때,

$\frac{1}{t}>1$이므로

$f(t)+f\left(\frac{1}{t}\right)=\log_{\frac{1}{2}}t+\log_4\frac{1}{t}$

$=-\log_2 t-\frac{1}{2}\log_2 t=-\frac{3}{2}\log_2 t$

$-\frac{3}{2}\log_2 t=3$에서 $\log_2 t=-2$

$\therefore t=2^{-2}=\frac{1}{4}$

(ii) $t=1$일 때,

$f(t)+f\left(\frac{1}{t}\right)=2f(1)=2\log_{\frac{1}{2}}1=0$

즉, 주어진 식을 만족시키지 않는다.

(iii) $t>1$일 때,

$0<\frac{1}{t}<1$이므로

$f(t)+f\left(\frac{1}{t}\right)=\log_4 t+\log_{\frac{1}{2}}\frac{1}{t}$

$=\frac{1}{2}\log_2 t+\log_2 t=\frac{3}{2}\log_2 t$

$\frac{3}{2}\log_2 t=3$에서 $\log_2 t=2$ $\therefore t=2^2=4$

이상에서 주어진 식을 만족시키는 모든 양수 t의 값의 곱은

$\frac{1}{4}\times 4=1$

167
로그함수의 그래프

전략 네 점 P, Q, R, S가 그래프 위의 점임을 이용하여 점의 좌표를 a, b로 나타낸 후 주어진 조건을 이용하여 a와 b의 관계식을 구한다.

풀이 $P(a, \log_{\frac{1}{9}}a)$, $Q(a, \log_3 a)$이므로

$\overline{PQ}=\log_{\frac{1}{9}}a-\log_3 a=-\frac{1}{2}\log_3 a-\log_3 a=-\frac{3}{2}\log_3 a$

$R(b, \log_{\frac{1}{9}}b)$, $S(b, \log_3 b)$이므로

$\overline{SR}=\log_3 b-\log_{\frac{1}{9}}b=\log_3 b-\left(-\frac{1}{2}\log_3 b\right)=\frac{3}{2}\log_3 b$

조건 ㈎에서 $\overline{PQ}:\overline{SR}=2:1$이므로 $\overline{PQ}=2\overline{SR}$

$-\frac{3}{2}\log_3 a=2\times\frac{3}{2}\log_3 b,\ \log_3 a=-2\log_3 b$

$\log_3 a=\log_3\frac{1}{b^2}$ $\therefore a=\frac{1}{b^2}$ $\qquad$ ...... ㉠

조건 ㈏에서

$\frac{a+b}{2}=\frac{14}{9}$ $\therefore a+b=\frac{28}{9}$ $\qquad$ ...... ㉡

㉠을 ㉡에 대입하면

$\frac{1}{b^2}+b=\frac{28}{9},\ 9b^3-28b^2+9=0$

$(b-3)(9b^2-b-3)=0$ $\therefore b=3\ (\because b>1)$

$b=3$을 ㉠에 대입하면 $a=\frac{1}{9}$

$\therefore 9(b-a)=9\times\left(3-\frac{1}{9}\right)=26$

168
로그함수의 그래프

전략 두 곡선 $y=\log_n x$, $y=\log_{n^2}x$가 직선 $y=m$과 만나는 두 점 P, Q의 좌표를 구한 후 $S(n, m)$을 구한다.

풀이 $\log_n x=m$에서 $x=n^m$

$\log_{n^2}x=m$에서 $x=(n^2)^m=n^{2m}$

$\therefore P(n^m, m)$, $Q(n^{2m}, m)$

즉, 삼각형 OPQ의 넓이는

$S(n, m)=\frac{1}{2}(n^{2m}-n^m)\times m$

이므로

$S(n, 4)=2(n^8-n^4)$

$S(n, 2)=n^4-n^2$

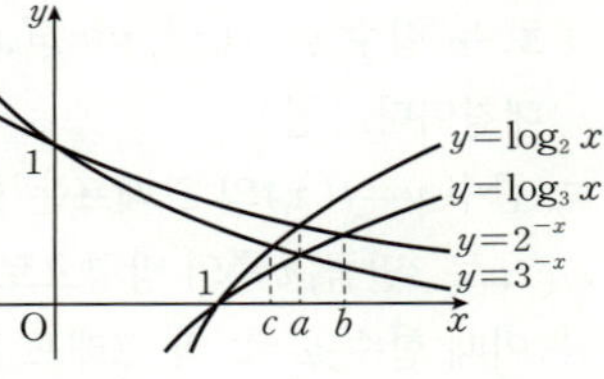

이때 $S(n, 4)=180\times S(n, 2)$에서

$2(n^8-n^4)=180\times(n^4-n^2)$

$(n^4+n^2)(n^4-n^2)=90(n^4-n^2)$

$n>1$에서 $n^4-n^2>0$이므로

$n^4+n^2=90,\ (n^2+10)(n^2-9)=0$

n이 자연수이므로 $n^2-9=0,\ n^2=9$ $\therefore n=3\ (\because n>1)$

169
지수함수의 그래프와 로그함수의 그래프를 이용한 대소 비교

전략 주어진 등식에서 a, b, c가 나타내는 의미를 파악해 본다.

풀이 $\left(\frac{1}{2}\right)^a=\log_2 a$에서 a의 값은 두 함수 $y=\left(\frac{1}{2}\right)^x$과 $y=\log_2 x$의 그래프의 교점의 x좌표와 같다.

$\left(\frac{1}{2}\right)^b=\log_3 b$에서 b의 값은 두 함수 $y=\left(\frac{1}{2}\right)^x$과 $y=\log_3 x$의 그래프의 교점의 x좌표와 같다.

$\left(\frac{1}{3}\right)^c=\log_2 c$에서 c의 값은 두 함수 $y=\left(\frac{1}{3}\right)^x$과 $y=\log_2 x$의 그래프의 교점의 x좌표와 같다.

네 함수 $y=\left(\frac{1}{2}\right)^x=2^{-x}$,

$y=\left(\frac{1}{3}\right)^x=3^{-x},\ y=\log_2 x$,

$y=\log_3 x$의 그래프는 오른쪽 그림과 같으므로 $c<a<b$

따라서 가장 큰 값은 b, 가장 작은 값은 c이다.

170

지수함수와 로그함수의 그래프의 평행이동과 대칭이동

(전략) 주어진 두 함수의 그래프의 점근선을 파악하여 직선과 만나는 점의 개수를 확인한다.

(풀이)
$$y=\log_{\frac{1}{2}}(2x-4)=\log_{2^{-1}}\{2(x-2)\}$$
$$=-\{\log_2(x-2)+1\}$$
$$=-\log_2(x-2)-1$$

이므로 $y=\log_{\frac{1}{2}}(2x-4)$의 그래프는 $y=-\log_2 x$의 그래프를 x축의 방향으로 2만큼, y축의 방향으로 -1만큼 평행이동한 것이다.

또, $y=2^{-x}-10=\left(\dfrac{1}{2}\right)^{x}-10$이므로 $y=2^{-x}-10$의 그래프는

$y=\left(\dfrac{1}{2}\right)^{x}$의 그래프를 y축의 방향으로 -10만큼 평행이동한 것이다.

즉, 두 함수 $y=\log_{\frac{1}{2}}(2x-4)$,

$y=|2^{-x}-10|$의 그래프는 오른쪽 그림과 같으므로

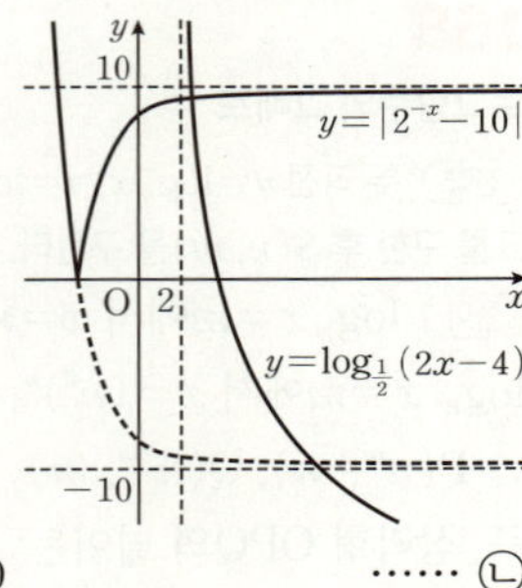

함수 $y=\log_{\frac{1}{2}}(2x-4)$의 그래프와 직선 $x=n$이 한 점에서 만나려면

$n>2$ ...... ㉠

$y=|2^{-x}-10|$의 그래프와 직선 $y=n$이 두 점에서 만나려면 $0<n<10$ ...... ㉡

㉠, ㉡에서 $2<n<10$

따라서 조건을 만족시키는 자연수 n의 개수는 3, 4, 5, …, 9의 7개이다.

171

지수함수와 로그함수의 관계

(전략) 함수 $f(x)$의 역함수를 구하여 두 함수 $f(x)$, $g(x)$ 사이의 관계를 파악한다.

(풀이) ㄱ. $f(x)=2^{x-3}+2$, $g(x)=\log_2(x-2)+3$에서

$f^{-1}(4)=k$라 하면 $f(k)=4$이므로

$f(k)=2^{k-3}+2=4$, $2^{k-3}=2$

양변에 밑이 2인 로그를 취하면

$k-3=1$ ∴ $k=4$

$g(4)=\log_2(4-2)+3=1+3=4$

∴ $f^{-1}(4)\times\{g(4)+1\}=4\times(4+1)=20$ (참)

ㄴ. $f(x)=2^{x-3}+2$에서

$y=2^{x-3}+2$로 놓으면 $y-2=2^{x-3}$

양변에 밑이 2인 로그를 취하면

$x-3=\log_2(y-2)$, $x=\log_2(y-2)+3$

x와 y를 서로 바꾸면

$y=\log_2(x-2)+3=g(x)$

따라서 함수 $f(x)$와 함수 $g(x)$는 서로 역함수 관계에 있으므로 두 함수 $y=f(x)$, $y=g(x)$의 그래프는 직선 $y=x$에 대하여 대칭이다. (참)

ㄷ. 함수 $y=f(x)$의 그래프는 함수 $y=2^x$의 그래프를 x축의 방향으로 3만큼, y축의 방향으로 2만큼 평행이동한 것이다.

이때 함수 $y=2^x$의 그래프 위의 점 $(0,1)$은 이 평행이동에 의하여 함수 $y=f(x)$의 그래프 위의 점 $(3,3)$으로 평행이동하

고, 점 $(3,3)$은 직선 $y=x$ 위의 점이므로 함수 $y=f(x)$의 그래프와 직선 $y=x$는 만난다.

따라서 직선 $y=x$에 대하여 대칭인 두 함수 $y=f(x)$, $y=g(x)$의 그래프는 점 $(3,3)$에서 만난다. (거짓)

이상에서 옳은 것은 ㄱ, ㄴ이다.

172

지수함수와 로그함수의 관계

(전략) 두 함수 $y=2^x$과 $y=\log_2 x$가 역함수 관계이므로 두 그래프가 직선 $y=x$에 대하여 대칭임을 이용한다.

(풀이) ㄱ. 두 곡선 $y=2^x$과 $y=\log_2 x$는 직선 $y=x$에 대하여 서로 대칭이므로

$x_1=y_2$, $y_1=x_2$ ∴ $\overline{OA}=\overline{OB}$

이때 삼각형 OAB의 넓이가 삼각형 OAC의 넓이의 2배이므로

$\overline{OC}=\dfrac{1}{2}\overline{OB}=\dfrac{1}{2}\overline{OA}$ (참)

ㄴ. 점 C는 선분 OB의 중점이므로

$x_3=\dfrac{1}{2}x_2$, $y_3=\dfrac{1}{2}y_2$

즉, $x_2=y_1=2x_3$이므로

$x_2+y_1=2x_3+2x_3=4x_3$ (참)

ㄷ. $y_2=2^{x_2}$, $y_3=\left(\dfrac{1}{2}\right)^{x_3}=2^{-x_3}$

세 점 O, B, C는 직선 l 위의 점이므로 직선 l의 기울기는

$\dfrac{y_2}{x_2}=\dfrac{y_3}{x_3}$에서 $\dfrac{2^{x_2}}{x_2}=\dfrac{2^{-x_3}}{x_3}$

ㄴ에서 $x_2=2x_3$이므로 $\dfrac{2^{2x_3}}{2x_3}=\dfrac{2^{-x_3}}{x_3}$에서 $2^{2x_3-1}=2^{-x_3}$

즉, $2x_3-1=-x_3$이므로 $x_3=\dfrac{1}{3}$

따라서 직선 l의 기울기는

$\dfrac{y_3}{x_3}=\dfrac{\left(\dfrac{1}{2}\right)^{x_3}}{x_3}=3\times\left(\dfrac{1}{2}\right)^{\frac{1}{3}}$ (참)

이상에서 ㄱ, ㄴ, ㄷ 모두 옳다.

173

로그함수의 최대 · 최소

(전략) 주어진 식에서 로그의 밑이 모두 3이 되도록 정리한 후 $\log_3 y$의 최댓값과 최솟값을 구한다.

(풀이) $\log_3 x+\dfrac{6}{\log_3 x}-\log_x y=4$에서

$\log_x y=\log_3 x+\dfrac{6}{\log_3 x}-4$

$\dfrac{\log_3 y}{\log_3 x}=\log_3 x+\dfrac{6}{\log_3 x}-4$

$\log_3 y=(\log_3 x)^2-4\log_3 x+6$

$\log_3 x=t$로 놓으면 $3\leq x\leq 81$에서

$\log_3 3\leq\log_3 x\leq\log_3 81$ ∴ $1\leq t\leq 4$

이때 주어진 식은

$\log_3 y=t^2-4t+6=(t-2)^2+2$

이므로 $\log_3 y$는 $t=4$일 때 최댓값 6, $t=2$일 때 최솟값 2를 갖는다.

$\log_3 y=6$에서 $y=3^6$이므로 $M=3^6$

$\log_3 y=2$에서 $y=3^2$이므로 $m=3^2$

$\therefore \dfrac{M}{m}=\dfrac{3^6}{3^2}=3^4=81$

174

로그함수의 최대·최소

(전략) $0<a<1$, $a>1$인 경우로 나누어 함수 $f(x)$의 최댓값과 최솟값을 구한다.

(풀이) (i) $0<a<1$일 때,

밑이 1보다 작으므로

$x=0$일 때 최댓값은 a,

$x=4$일 때 최솟값은 $\log_a 9+a$

따라서 최댓값과 최솟값의 차는

$a-(\log_a 9+a)=-\log_a 9$

즉, $-\log_a 9=2$에서 $a^{-2}=9$, $a^2=\dfrac{1}{9}$

$\therefore a=\dfrac{1}{3}$ ($\because 0<a<1$)

(ii) $a>1$일 때,

밑이 1보다 크므로

$x=0$일 때 최솟값은 a,

$x=4$일 때 최댓값은 $\log_a 9+a$

따라서 최댓값과 최솟값의 차는

$(\log_a 9+a)-a=\log_a 9$

즉, $\log_a 9=2$에서 $a^2=9$

$\therefore a=3$ ($\because a>1$)

(i), (ii)에서 모든 a의 값의 합은

$\dfrac{1}{3}+3=\dfrac{10}{3}$

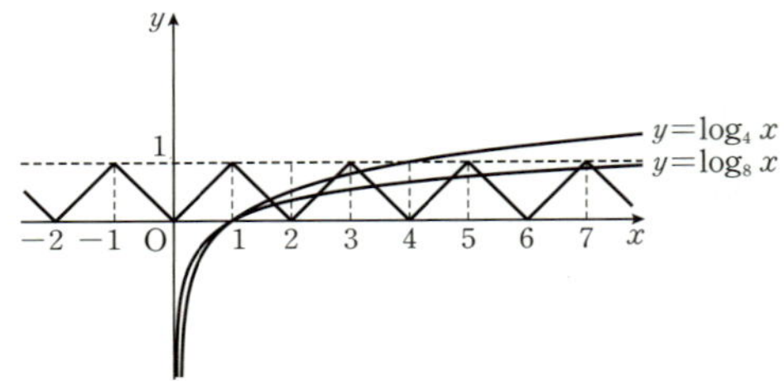

● 47쪽

175 ⑤   **176** 7   **177** ①

175

로그함수의 그래프

(1단계) 함수 $y=f(x)$, $y=\log_{2^n} x$의 그래프를 그린 후 두 그래프가 만나는 점의 개수를 세어 규칙을 찾아 본다.

함수 $y=f(x)$의 그래프와 $y=\log_{2^n} x$ $(n=2, 3, \cdots)$의 그래프는 다음 그림과 같다.

(2단계) 함수 $y=f(x)$, $y=\log_{2^n} x$의 그래프의 교점의 개수를 확인하고 $g(n)$의 규칙성을 추론한다.

$g(2)=3=4-1=2^2-1$

$g(3)=7=8-1=2^3-1$

$\vdots$

$g(n)=2^n-1$ $(n=2, 3, \cdots)$

(3단계) 주어진 식의 값을 만족시키는 n의 값을 구한다.

$\begin{aligned}g(n)+g(n+1)&=2^n-1+2^{n+1}-1\\&=3\times 2^n-2\\&=94\end{aligned}$

$2^n=32=2^5$

$\therefore n=5$

176

지수함수와 로그함수의 관계

(1단계) 지수함수의 역함수의 그래프, 로그함수의 평행이동을 이용하여 두 점 A, B의 좌표를 구한다.

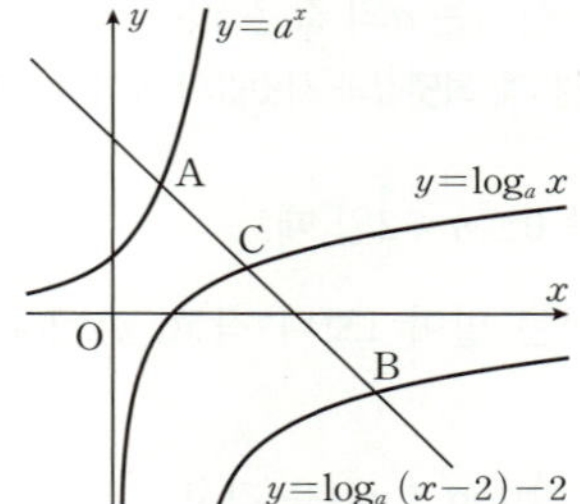

$y=a^x$의 그래프를 직선 $y=x$에 대하여 대칭이동한 그래프의 식은

$y=\log_a x$

$y=\log_a x$의 그래프를 x축의 방향으로 2만큼, y축의 방향으로 -2만큼 평행이동한 그래프의 식은

$y=\log_a (x-2)-2$

$y=\log_a x$의 그래프와 직선 AB의 교점을 C라 하자.

점 A의 좌표를 (p, q)라 하면 점 C의 좌표는 (q, p), 점 B의 좌표는 $(q+2, p-2)$

(2단계) 원의 중심의 y좌표가 3이고, 원의 넓이가 32π임을 이용하여 식을 세운다.

선분 AB를 지름으로 하는 원의 중심의 y좌표가 3이므로 선분 AB의 중점의 y좌표가 3이다. 즉,

$\dfrac{q+p-2}{2}=3$, $p+q=8$ ...... ㉠

또, 원의 넓이가 32π인 원의 반지름의 길이는 $4\sqrt{2}$이므로

$\overline{AB}=8\sqrt{2}$

즉, $\overline{AB}=\sqrt{\{(q+2)-p\}^2+\{(p-2)-q\}^2}=\sqrt{2}|p-q-2|$이므로

$\sqrt{2}|p-q-2|=8\sqrt{2}$, $|p-q-2|=8$

$p-q-2=-8$ 또는 $p-q-2=8$

$p-q=-6$ 또는 $p-q=10$

점 A(p, q)는 $y=a^x$의 그래프 위의 점이므로 $a^p>p$, 즉 $q>p$

$\therefore p-q=-6$ ...... ㉡

(3단계) a의 값을 구한다.

㉠, ㉡을 연립하여 풀면 $p=1$, $q=7$

따라서 점 A$(1, 7)$이 $y=a^x$의 그래프 위의 점이므로

$a=7$

참고 $p-q=10$을 ㉠과 연립하여 풀면 $p=9$, $q=-1$이므로
A$(9, -1)$
이때 $y=a^x\ (a>1)$의 그래프 위의 점의 y좌표는 항상 양수이므로
점 A는 $y=a^x$의 그래프 위의 점이 될 수 없다.

177

지수함수와 로그함수의 최대·최소

[1단계] $a+2<2$일 때, 최댓값과 최솟값의 합이 3이 되도록 하는 a의 값을 구한다.

(i) $a+2<2$, 즉 $a<0$일 때,

$y=\left(\dfrac{1}{2}\right)^{x-2}$에서 밑이 1보다 작으므로

$x=a$일 때 최댓값, $x=a+2$일 때 최솟값을 갖는다.

이때 $\left(\dfrac{1}{2}\right)^{a-2}+\left(\dfrac{1}{2}\right)^{a}=3$에서 $4\times\left(\dfrac{1}{2}\right)^{a}+\left(\dfrac{1}{2}\right)^{a}=3$,

$\left(\dfrac{1}{2}\right)^{a}=\dfrac{3}{5}$, $2^{-a}=\dfrac{3}{5}$ $\therefore a=-\log_2\dfrac{3}{5}=\log_2\dfrac{5}{3}$

즉, $a<0$을 만족시키는 a의 값은 없다.

[2단계] $a<2\le a+2$일 때, 최댓값과 최솟값의 합이 3이 되도록 하는 a의 값을 구한다.

(ii) $a<2\le a+2$, 즉 $0\le a<2$일 때,

$y=\left(\dfrac{1}{2}\right)^{x-2}$에서는 밑이 1보다 작고, $y=\log_2 x$에서는 밑이 1보다 크므로

$x=2$일 때 최솟값 $\log_2 2=1$을 갖고,

$x=a$ 또는 $x=a+2$일 때 최댓값을 갖는다.

이때 최댓값과 최솟값의 합이 3이므로 최댓값은 2이다.

$x=a$일 때 최댓값을 갖는다고 하면

$\left(\dfrac{1}{2}\right)^{a-2}=2$

$2^{2-a}=2$, $2-a=1$ $\therefore a=1$

$x=a+2$일 때 최댓값을 갖는다고 하면

$\log_2(a+2)=2$, $a+2=2^2=4$ $\therefore a=2$

그런데 $0\le a<2$이므로 $a=1$

[3단계] $a\ge 2$일 때, 최댓값과 최솟값의 합이 3이 되도록 하는 a의 값을 구한다.

(iii) $a\ge 2$일 때,

$y=\log_2 x$에서 밑이 1보다 크므로

$x=a$일 때 최솟값, $x=a+2$일 때 최댓값을 갖는다.

이때 최댓값과 최솟값의 합이 3이므로

$\log_2 a+\log_2(a+2)=3$에서

$\log_2(a^2+2a)=3$

$a^2+2a=2^3$, $a^2+2a-8=0$

$(a+4)(a-2)=0$ $\therefore a=-4$ 또는 $a=2$

그런데 $a\ge 2$이므로 $a=2$

이상에서 조건을 만족시키는 모든 실수 a의 값의 합은
$1+2=3$

04 지수함수와 로그함수의 활용

유형 분석 기출 ● 49쪽 ~ 54쪽

178 ③	**179** ①	**180** 5	**181** ④	**182** ③
183 ⑤	**184** ②	**185** $a>\dfrac{5}{4}$	**186** ②	**187** ③
188 ②	**189** ④	**190** $a\ge\dfrac{9}{4}$	**191** ④	**192** ④
193 ③	**194** ②	**195** ④	**196** ④	**197** ④
198 ③	**199** 7	**200** ④	**201** 100	**202** ②
203 ①	**204** 12	**205** ④	**206** ⑤	**207** -4
208 ②	**209** ①	**210** 32	**211** ⑤	

178

$8^{2x+3}=(\sqrt{2})^{x^2+5x}$에서

$(2^3)^{2x+3}=2^{\frac{x^2+5x}{2}}$, $2^{6x+9}=2^{\frac{x^2+5x}{2}}$

$6x+9=\dfrac{x^2+5x}{2}$이므로

$12x+18=x^2+5x$

$x^2-7x-18=0$

$(x+2)(x-9)=0$

$\therefore x=-2$ 또는 $x=9$

따라서 모든 실근의 합은
$-2+9=7$

179

선분 AB가 한 변의 길이가 1인 정사각형의 대각선이므로

$6^{-a}-6^{-a-1}=1$

$6^{-a}-\dfrac{6^{-a}}{6}=1$

$6^{-a}=t\ (t>0)$로 놓으면

$t-\dfrac{t}{6}=1$

$\dfrac{5}{6}t=1$ $\therefore t=\dfrac{6}{5}$

$\therefore 6^{-a}=\dfrac{6}{5}$

180

$\begin{cases}\left(\dfrac{1}{5}\right)^{x}+\left(\dfrac{1}{5}\right)^{y}=30\\[2mm]\left(\dfrac{1}{5}\right)^{x+y+1}=25\end{cases}$ 에서 $\begin{cases}\left(\dfrac{1}{5}\right)^{x}+\left(\dfrac{1}{5}\right)^{y}=30\\[2mm]\left(\dfrac{1}{5}\right)^{x}\times\left(\dfrac{1}{5}\right)^{y}=125\end{cases}$

$\left(\dfrac{1}{5}\right)^{x}=X$, $\left(\dfrac{1}{5}\right)^{y}=Y\ (X>0,\ Y>0)$로 놓으면

$\begin{cases}X+Y=30\\XY=125\end{cases}$

X, Y는 t에 대한 이차방정식 $t^2-30t+125=0$의 두 근이므로

$X=5$, $Y=25$ 또는 $X=25$, $Y=5$

즉, $\left(\dfrac{1}{5}\right)^{x}=5$, $\left(\dfrac{1}{5}\right)^{y}=25$ 또는 $\left(\dfrac{1}{5}\right)^{x}=25$, $\left(\dfrac{1}{5}\right)^{y}=5$이므로

$x=-1, y=-2$ 또는 $x=-2, y=-1$
따라서 $\alpha=-1, \beta=-2$ 또는 $\alpha=-2, \beta=-1$이므로
$\alpha^2+\beta^2=5$

181

$(x-1)^{x+3}=(x-1)^{x^2-x-5}$에서

(ⅰ) $x-1=1$, 즉 $x=2$일 때,

　$1^5=1^{-3}$이므로 주어진 방정식이 성립한다.

(ⅱ) $x-1\neq1$, 즉 $x\neq2$일 때,

　$x+3=x^2-x-5$이므로

　$x^2-2x-8=0, (x+2)(x-4)=0$

　$\therefore x=4 \ (\because x>1)$

(ⅰ), (ⅱ)에서 $x=2$ 또는 $x=4$

따라서 모든 근의 곱은

$2\times4=8$

182

$9^x-4\times3^{x+1}+27=0$에서

$(3^x)^2-12\times3^x+27=0$

$3^x=t \ (t>0)$로 놓으면

$t^2-12t+27=0$

$(t-3)(t-9)=0$

$\therefore t=3$ 또는 $t=9$

즉, $3^x=3$ 또는 $3^x=9=3^2$이므로

$x=1$ 또는 $x=2$

따라서 모든 실근의 합은

$1+2=3$

183

$4^x-5\times2^x+3=0$에서

$(2^x)^2-5\times2^x+3=0$

$2^x=t \ (t>0)$로 놓으면

$t^2-5t+3=0$ ...... ㉠

주어진 방정식의 두 근이 α, β이므로 t에 대한 이차방정식 ㉠의
두 근은 $2^\alpha, 2^\beta$이다.

즉, 이차방정식의 근과 계수의 관계에 의하여

$2^\alpha+2^\beta=5, 2^\alpha\times2^\beta=3$

$\therefore 4^\alpha+4^\beta=(2^\alpha+2^\beta)^2-2\times2^\alpha\times2^\beta$

$\qquad\qquad =5^2-2\times3=19$

184

$4^x-(k+1)2^{x+1}+k^3=0$에서

$(2^x)^2-(2k+2)2^x+k^3=0$

$2^x=t \ (t>0)$로 놓으면

$t^2-(2k+2)t+k^3=0$ ...... ㉠

주어진 방정식의 두 근의 비가 $1:2$이므로 주어진 방정식의 두 근
을 $\alpha, 2\alpha$로 놓으면 t에 대한 이차방정식 ㉠의 두 근은 $2^\alpha, 2^{2\alpha}$이다.

즉, 이차방정식의 근과 계수의 관계에 의하여

$2^\alpha+2^{2\alpha}=2k+2$ ...... ㉡

$2^\alpha\times2^{2\alpha}=k^3$ ...... ㉢

㉢에서 $2^{3\alpha}=k^3, 2^\alpha=k$ ...... ㉣

㉣을 ㉡에 대입하면

$k+k^2=2k+2$

$k^2-k-2=0$

$(k+1)(k-2)=0$

$\therefore k=-1$ 또는 $k=2$

따라서 $k=2^\alpha>0$이므로 $k=2$

185

$4^x-a\times2^{x+2}+a+5=0$에서

$(2^x)^2-4a\times2^x+a+5=0$

$2^x=t \ (t>0)$로 놓으면

$t^2-4at+a+5=0$ ...... ㉠

주어진 방정식이 서로 다른 두 실근을 가지려면 t에 대한 이차방
정식 ㉠이 서로 다른 두 양의 실근을 가져야 한다.

(ⅰ) 이차방정식 ㉠의 판별식을 D라 할 때,

$$\frac{D}{4}=(-2a)^2-(a+5)>0$$

　$4a^2-a-5>0, (a+1)(4a-5)>0$

$$\therefore a<-1 \text{ 또는 } a>\frac{5}{4}$$

(ⅱ) (두 근의 합)$=4a>0$

　$\therefore a>0$

(ⅲ) (두 근의 곱)$=a+5>0$

　$\therefore a>-5$

이상에서 실수 a의 값의 범위는 $a>\dfrac{5}{4}$

186

$\left(\dfrac{1}{3}\right)^{x^2-4}>(\sqrt{3})^{-4x+2}$에서

$3^{-(x^2-4)}>3^{\frac{-4x+2}{2}}, 3^{-x^2+4}>3^{-2x+1}$

이때 밑이 1보다 크므로

$-x^2+4>-2x+1, x^2-2x-3<0$

$(x+1)(x-3)<0 \qquad \therefore -1<x<3$

따라서 정수 x는 $0, 1, 2$의 3개이다.

187

$\left(\dfrac{1}{8}\right)^{f(x)}<\left(\dfrac{1}{8}\right)^{g(x)}$에서 밑이 1보다 작으므로

$f(x)>g(x)$

즉, 주어진 부등식의 해는 삼차함수 $y=f(x)$의 그래프가 직선 $y=g(x)$보다 위쪽에 있는 부분의 x의 값의 범위이므로

$a<x<0$ 또는 $x>d$

188

(i) $2^x-4\geq0,\ 3^x-27\leq0$일 때,

　$2^x-4\geq0$에서 $2^x\geq2^2$

　이때 밑이 1보다 크므로 $x\geq2$

　$3^x-27\leq0$에서 $3^x\leq3^3$

　이때 밑이 1보다 크므로 $x\leq3$

　$\therefore\ 2\leq x\leq3$

(ii) $2^x-4\leq0,\ 3^x-27\geq0$일 때,

　$2^x-4\leq0$에서 $2^x\leq2^2$

　이때 밑이 1보다 크므로 $x\leq2$

　$3^x-27\geq0$에서 $3^x\geq3^3$

　이때 밑이 1보다 크므로 $x\geq3$

　따라서 조건을 만족시키는 해는 없다.

(i), (ii)에서 주어진 부등식의 해는 $2\leq x\leq3$이므로 정수 x는 2, 3의 2개이다.

189

$\left(\dfrac{1}{36}\right)^x-a\times\left(\dfrac{1}{6}\right)^x+b<0$에서

$\left\{\left(\dfrac{1}{6}\right)^x\right\}^2-a\times\left(\dfrac{1}{6}\right)^x+b<0$

$\left(\dfrac{1}{6}\right)^x=t\ (t>0)$로 놓으면

$t^2-at+b<0$ ...... ㉠

이때 주어진 부등식의 해가 $-2<x<0$이므로

$\left(\dfrac{1}{6}\right)^0<\left(\dfrac{1}{6}\right)^x<\left(\dfrac{1}{6}\right)^{-2}$ $\quad\therefore\ 1<t<36$

해가 $1<t<36$이고 t^2의 계수가 1인 이차부등식은

$(t-1)(t-36)<0$ $\quad\therefore\ t^2-37t+36<0$

위의 부등식이 부등식 ㉠과 일치해야 하므로

$a=37,\ b=36$

$\therefore\ a-b=37-36=1$

190

$9^x-3^{x+1}+a\geq0$에서 $(3^x)^2-3\times3^x+a\geq0$

$3^x=t\ (t>0)$로 놓으면

$t^2-3t+a\geq0$

$\left(t-\dfrac{3}{2}\right)^2+a-\dfrac{9}{4}\geq0$ ...... ㉠

주어진 부등식이 모든 실수 x에 대하여 성립하려면 ㉠이 $t>0$인 모든 실수 t에 대하여 성립해야 하므로

$a-\dfrac{9}{4}\geq0$ $\quad\therefore\ a\geq\dfrac{9}{4}$

191

$4^x-k\times2^{x+1}+16=0$에서

$(2^x)^2-2k\times2^x+16=0$

$2^x=t\ (t>0)$로 놓으면

$t^2-2kt+16=0$ ...... ㉠

주어진 방정식이 오직 하나의 실근을 가지므로 t에 대한 이차방정식 ㉠은 양수인 근을 한 개 갖는다.

즉, 이차방정식 ㉠은 양수인 중근을 갖거나 양수인 근과 음수인 근을 각각 1개씩 갖는다.

이때 이차방정식의 근과 계수의 관계에 의하여 이차방정식 ㉠의 두 근의 곱은 $16>0$이므로 두 근의 부호가 같다.

따라서 양수인 중근을 갖는다.

(i) 이차방정식 ㉠의 판별식을 D라 할 때,

　$\dfrac{D}{4}=(-k)^2-16=0$

　$k^2-16=0$

　$(k+4)(k-4)=0$

　$\therefore\ k=-4$ 또는 $k=4$

(ii) (두 근의 합)$=2k>0$

　$\therefore\ k>0$

(i), (ii)에서 $k=4$

$t^2-8t+16=0$에서

$(t-4)^2=0$ $\quad\therefore\ t=4$

즉, $2^x=4=2^2$이므로

$x=2$ $\quad\therefore\ a=2$

$\therefore\ k+a=4+2=6$

192

$x^{x-10}<x^{4x-x^2}$에서

(i) $0<x<1$일 때, ← 밑이 1보다 작은 경우

　$x-10>4x-x^2$이므로

　$x^2-3x-10>0$

　$(x+2)(x-5)>0$

　$\therefore\ x<-2$ 또는 $x>5$

　그런데 $0<x<1$이므로 조건을 만족시키는 해는 없다.

(ii) $x=1$일 때,

　$1^{-9}=1^3$이므로 주어진 부등식이 성립하지 않는다.

(iii) $x>1$일 때, ← 밑이 1보다 큰 경우

　$x-10<4x-x^2$이므로

　$x^2-3x-10<0$

　$(x+2)(x-5)<0$

　$\therefore\ -2<x<5$

　그런데 $x>1$이므로 $1<x<5$

이상에서 주어진 부등식의 해는 $1<x<5$

따라서 부등식을 만족시키는 정수 x는 2, 3, 4이므로 모든 정수 x의 값의 합은

$2+3+4=9$

지수와 밑에 모두 미지수가 있고 밑이 같은 부등식, 즉

$$x^{f(x)} < x^{g(x)} \ (x>0)$$

꼴의 부등식은 다음과 같은 순서로 푼다.
(i) $0<(밑)<1$, $(밑)=1$, $(밑)>1$일 때, 즉
  $0<x<1$, $x=1$, $x>1$일 때로 나누어 부등식을 푼다.
(ii) (i)에서 구한 해의 합집합이 주어진 부등식의 해이다.

193

$B_1 = \dfrac{kI_0 r_1{}^2}{2(x_1{}^2 + r_1{}^2)^{\frac{3}{2}}}$ 이고

$B_2 = \dfrac{kI_0 (3r_1)^2}{2\{(3x_1)^2 + (3r_1)^2\}^{\frac{3}{2}}}$

$\quad = \dfrac{kI_0 \times 9r_1{}^2}{2(9x_1{}^2 + 9r_1{}^2)^{\frac{3}{2}}}$

$\quad = \dfrac{9kI_0 r_1{}^2}{2 \times 9^{\frac{3}{2}} (x_1{}^2 + r_1{}^2)^{\frac{3}{2}}}$

$\quad = \dfrac{1}{3} \times \dfrac{kI_0 r_1{}^2}{2(x_1{}^2 + r_1{}^2)^{\frac{3}{2}}}$

$\quad = \dfrac{1}{3} B_1$

$\therefore \dfrac{B_2}{B_1} = \dfrac{1}{3}$

194

처음 불순물의 양을 a라 하면 여과기를 n번 통과한 후 남은 불순물의 양은

$$a \times \left(1 - \dfrac{80}{100}\right)^n = a \times \left(\dfrac{1}{5}\right)^n$$

불순물의 양이 처음 불순물의 양의 0.16 % 이하가 되려면

$$a \times \left(\dfrac{1}{5}\right)^n \leq a \times \dfrac{0.16}{100}$$

$$\left(\dfrac{1}{5}\right)^n \leq \dfrac{1}{625} \ (\because a>0)$$

$$\left(\dfrac{1}{5}\right)^n \leq \left(\dfrac{1}{5}\right)^4$$

이때 밑이 1보다 작으므로 $n \geq 4$
따라서 여과기를 최소 4번 통과시켜야 한다.

195

진수의 조건에서 $x+3>0$, $3x+13>0$
$\therefore x>-3$ $\qquad\qquad \cdots\cdots$ ㉠
$2 \log_2 (x+3) = \log_2 (3x+13)$에서
$\log_2 (x+3)^2 = \log_2 (3x+13)$
$(x+3)^2 = 3x+13$
$x^2 + 3x - 4 = 0$
$(x+4)(x-1) = 0$
$\therefore x = -4$ 또는 $x = 1$
㉠에서 $x = 1$

196

밑과 진수의 조건에서 $x>0$, $x \neq 1$, $x^2 > 0$
$\therefore x>0$, $x \neq 1$
$\log_9 x^2 + \log_x 27 + 4 = 0$에서
$\log_3 x + 3 \log_x 3 + 4 = 0$
$\log_3 x + \dfrac{3}{\log_3 x} + 4 = 0$
$\log_3 x = t \ (t \neq 0)$로 놓으면
$t + \dfrac{3}{t} + 4 = 0$
$t^2 + 4t + 3 = 0$
$(t+3)(t+1) = 0$
$\therefore t = -3$ 또는 $t = -1$
즉, $\log_3 x = -3$ 또는 $\log_3 x = -1$이므로
$x = 3^{-3} = \dfrac{1}{27}$ 또는 $x = 3^{-1} = \dfrac{1}{3}$
따라서 두 근의 곱은
$$\dfrac{1}{27} \times \dfrac{1}{3} = \dfrac{1}{81}$$

다른 풀이 주어진 방정식에서 $\log_3 x = t \ (t \neq 0)$로 놓으면
$t + \dfrac{3}{t} + 4 = 0$, $t^2 + 4t + 3 = 0$ $\qquad \cdots\cdots$ ㉠
주어진 방정식의 두 근을 α, β라 하면 방정식 ㉠의 두 근은
$\log_3 \alpha$, $\log_3 \beta$이다.
따라서 방정식 ㉠에서 이차방정식의 근과 계수의 관계에 의하여
$\log_3 \alpha + \log_3 \beta = -4$, $\log_3 \alpha\beta = -4$
$\therefore \alpha\beta = 3^{-4} = \dfrac{1}{81}$

로그와 이차방정식

이차방정식 $px^2 + qx + r = 0$의 두 근이 $\log_a \alpha$, $\log_a \beta$이면
① $\log_a \alpha + \log_a \beta = \log_a \alpha\beta = -\dfrac{q}{p}$
② $\log_a \alpha \times \log_a \beta = \dfrac{r}{p}$

197

$(\log_3 x)^2 - 6 \log_3 \sqrt{x} + 3 = 0$에서
$(\log_3 x)^2 - 6 \times \dfrac{1}{2} \log_3 x + 3 = 0$
$(\log_3 x)^2 - 3 \log_3 x + 3 = 0$
$\log_3 x = t$로 놓으면
$t^2 - 3t + 3 = 0$ $\qquad\qquad \cdots\cdots$ ㉠
주어진 방정식의 두 근이 α, β일 때 방정식 ㉠의 두 근은 $\log_3 \alpha$, $\log_3 \beta$이다.
따라서 방정식 ㉠에서 이차방정식의 근과 계수의 관계에 의하여
$\log_3 \alpha + \log_3 \beta = 3$이므로
$\log_3 \alpha\beta = 3$
$\therefore \alpha\beta = 3^3 = 27$

198

진수의 조건에서 $x>0$, $y>0$

$$\begin{cases} \log_2 x+\log_3 y=6 \\ \log_2 x\times\log_3 y=5 \end{cases}$$에서

$\log_2 x=X$, $\log_3 y=Y$로 놓으면

$$\begin{cases} X+Y=6 \\ XY=5 \end{cases}$$

X, Y는 t에 대한 이차방정식 $t^2-6t+5=0$의 두 근이므로

$X=1$, $Y=5$ 또는 $X=5$, $Y=1$

즉, $\log_2 x=1$, $\log_3 y=5$ 또는 $\log_2 x=5$, $\log_3 y=1$이므로

$x=2$, $y=3^5=243$ 또는 $x=2^5=32$, $y=3$

이때 $\alpha>\beta$이므로

$\alpha=32$, $\beta=3$

$\therefore \alpha+\beta=32+3=35$

199

밑과 진수의 조건에서

$2x^2+1>0$, $2x^2+1\neq1$, $7x+5>0$, $7x+5\neq1$이고 $x-2>0$

$\therefore x>2$ …… ㉠

(i) $2x^2+1=7x+5$일 때,

   $2x^2-7x-4=0$

   $(2x+1)(x-4)=0$

   $\therefore x=-\dfrac{1}{2}$ 또는 $x=4$

   ㉠에서 $x=4$

(ii) $x-2=1$일 때, $x=3$

   $x=3$은 ㉠을 만족시키므로 주어진 방정식의 해이다.

(i), (ii)에서 $x=3$ 또는 $x=4$

따라서 모든 근의 합은

$3+4=7$

200

진수의 조건에서 $x>0$

$x^{\log_5 x}=25x$의 양변에 밑이 5인 로그를 취하면

$\log_5 x^{\log_5 x}=\log_5 25x$, $(\log_5 x)^2=\log_5 25+\log_5 x$

$(\log_5 x)^2-\log_5 x-2=0$

$\log_5 x=t$로 놓으면

$t^2-t-2=0$, $(t+1)(t-2)=0$

$\therefore t=-1$ 또는 $t=2$

즉, $\log_5 x=-1$ 또는 $\log_5 x=2$이므로

$x=5^{-1}=\dfrac{1}{5}$ 또는 $x=5^2=25$

201

주어진 이차방정식이 중근을 가져야 하므로 이차방정식의 판별식을 D라 할 때,

$$\frac{D}{4}=(1+\log a)^2-4(1+\log a)=0$$

$(\log a)^2-2\log a-3=0$

$\log a=t$로 놓으면

$t^2-2t-3=0$, $(t+1)(t-3)=0$

$\therefore t=-1$ 또는 $t=3$

즉, $\log a=-1$ 또는 $\log a=3$이므로

$a=10^{-1}=\dfrac{1}{10}$ 또는 $a=10^3=1000$

따라서 모든 양수 a의 값의 곱은

$\dfrac{1}{10}\times1000=100$

202

진수의 조건에서

$11-2x>0$, $6-x>0$, $5-y>0$, $4-y>0$

$\therefore x<\dfrac{11}{2}$, $y<4$ …… ㉠

$\log(11-2x)-\log(6-x)=\log(5-y)-\log(4-y)$에서

$\log\dfrac{11-2x}{6-x}=\log\dfrac{5-y}{4-y}$

$\dfrac{11-2x}{6-x}=\dfrac{5-y}{4-y}$

$(11-2x)(4-y)=(6-x)(5-y)$

$xy-3x-5y=-14$

$\therefore (x-5)(y-3)=1$

이를 만족시키는 정수 x, y는

$x-5=1$, $y-3=1$ 또는 $x-5=-1$, $y-3=-1$

$\therefore x=6$, $y=4$ 또는 $x=4$, $y=2$

㉠에서 $x=4$, $y=2$

$\therefore 2x+y=8+2=10$

203

진수의 조건에서

$x-1>0$, $7-x>0$

$\therefore 1<x<7$ …… ㉠

$2\log_3\dfrac{1}{x-1}<\log_{\frac{1}{3}}(7-x)$에서

$-2\log_3(x-1)<-\log_3(7-x)$

$\log_3(x-1)^2>\log_3(7-x)$

이때 밑이 1보다 크므로

$(x-1)^2>7-x$

$x^2-x-6>0$

$(x+2)(x-3)>0$

$\therefore x<-2$ 또는 $x>3$ …… ㉡

㉠, ㉡에서 $3<x<7$

따라서 부등식을 만족시키는 정수 x는 4, 5, 6이므로 모든 정수 x의 값의 합은

$4+5+6=15$

204

진수의 조건에서 $x-2>0$, $x+2>0$

$\therefore x>2$ $\qquad\qquad$ ...... ㉠

$\log_2(x-2)+\log_2(x+2)\le 4$에서

$\log_2(x-2)(x+2)\le 4$, $\log_2(x^2-4)\le\log_2 2^4$

$x^2-4\le 16$, $x^2-20\le 0$

$(x+2\sqrt5)(x-2\sqrt5)\le 0$ $\quad\therefore -2\sqrt5\le x\le 2\sqrt5$ $\qquad$ ...... ㉡

㉠, ㉡에서 $2<x\le 2\sqrt5$

따라서 부등식을 만족시키는 정수 x는 3, 4이므로 모든 정수 x의 값의 곱은

$3\times 4=12$

205

진수의 조건에서

$x>0$, $\log_4 x>0$, $\log_3(\log_4 x)>0$

$\log_3(\log_4 x)>\log_3 1$에서 $\log_4 x>1$

$\therefore x>4$ $\qquad\qquad$ ...... ㉠

$\log_2\{\log_3(\log_4 x)\}<0$에서

$\log_2\{\log_3(\log_4 x)\}<\log_2 1$

이때 밑이 1보다 크므로

$\log_3(\log_4 x)<1$

$\log_3(\log_4 x)<\log_3 3$

이고, 밑이 1보다 크므로

$\log_4 x<3$

$\log_4 x<\log_4 4^3$

또, 밑이 1보다 크므로

$x<64$ $\qquad\qquad$ ...... ㉡

㉠, ㉡에서 $4<x<64$

따라서 정수 x는 5, 6, 7, $\cdots$, 63의 59개이다.

206

진수의 조건에서 $f(x)>0$, $x-2>0$

$\therefore 2<x<6$ $\qquad\qquad$ ...... ㉠

$\log_2 f(x)-\log_2(x-2)\le 0$에서

$\log_2 f(x)\le\log_2(x-2)$

이때 밑이 1보다 크므로

$f(x)\le x-2$

주어진 부등식의 해는 이차함수 $y=f(x)$의 그래프가 직선 $y=x-2$보다 아래쪽에 있는 부분의 x의 값의 범위이므로

$x\le 2$ 또는 $x\ge 5$ $\qquad\qquad$ ...... ㉡

㉠, ㉡에서 $5\le x<6$

따라서 $\alpha=5$, $\beta=6$이므로

$\alpha\times\beta=5\times 6=30$

207

$\log_{\frac19} x\times\log_3\dfrac{x}{9}\ge a$에서

$\log_{3^{-2}} x\times(\log_3 x-\log_3 9)\ge a$

$-\dfrac12\log_3 x\times(\log_3 x-2)-a\ge 0$

$\log_3 x=t$로 놓으면

$-\dfrac12 t(t-2)-a\ge 0$

$t^2-2t+2a\le 0$ $\qquad\qquad$ ...... ㉠

이때 주어진 부등식의 해가 $\dfrac19\le x\le 81$이므로

$\log_3\dfrac19\le\log_3 x\le\log_3 81$

$-2\le\log_3 x\le 4$

$\therefore -2\le t\le 4$

해가 $-2\le t\le 4$이고 t^2의 계수가 1인 이차부등식은

$(t+2)(t-4)\le 0$

$\therefore t^2-2t-8\le 0$

이 부등식이 부등식 ㉠과 일치해야 하므로

$2a=-8$ $\quad\therefore a=-4$

208

진수의 조건에서 $x>0$ $\qquad\qquad$ ...... ㉠

$x^{\log_2 x}<8x^2$의 양변에 밑이 2인 로그를 취하면

$\log_2 x^{\log_2 x}<\log_2 8x^2$

$(\log_2 x)^2<\log_2 8+\log_2 x^2$

$(\log_2 x)^2-2\log_2 x-3<0$

$\log_2 x=t$로 놓으면

$t^2-2t-3<0$

$(t+1)(t-3)<0$

$\therefore -1<t<3$

즉, $-1<\log_2 x<3$이므로

$\log_2 2^{-1}<\log_2 x<\log_2 2^3$

이때 밑이 1보다 크므로

$\dfrac12<x<8$ $\qquad\qquad$ ...... ㉡

㉠, ㉡에서 $\dfrac12<x<8$

따라서 정수 x는 1, 2, 3, $\cdots$, 7의 7개이다.

209

$(\log x)^2+\log 10x+k\ge 0$에서

$(\log x)^2+\log x+1+k\ge 0$

$\log x=t$로 놓으면

$t^2+t+1+k\ge 0$ $\qquad\qquad$ ...... ㉠

주어진 부등식이 모든 양수 x에 대하여 성립하려면 부등식 ㉠이 모든 실수 t에 대하여 성립해야 한다.

이차방정식 $t^2+t+1+k=0$의 판별식을 D라 할 때,

$D=1^2-4(1+k)\le 0$

$-3-4k\le 0$ $\quad\therefore k\ge-\dfrac34$

> 참고 함수 $y=\log x$의 치역은 실수 전체의 집합이므로 주어진 부등식이 모든 양수 x에 대하여 성립하려면 $\log x=t$로 치환했을 때, t에 대한 부등식이 모든 실수 t에 대하여 성립해야 한다.

210

$T=300$, $P_1=1$, $P_2=16$을 주어진 식에 대입하면

$$E_1=300R\log_a\frac{16}{1}=300R\log_a 2^4$$
$$\qquad=1200R\log_a 2$$

$T=240$, $P_1=1$, $P_2=x$를 주어진 식에 대입하면

$$E_2=240R\log_a\frac{x}{1}=240R\log_a x$$

이때 $E_1=E_2$이므로

$$1200R\log_a 2=240R\log_a x$$
$$5\log_a 2=\log_a x,\ \log_a 2^5=\log_a x$$
$$\therefore\ x=2^5=32$$

211

n시간 후의 박테리아의 수는 10×3^n이므로

$$10\times 3^n\geq 5\times 10^7$$
$$3^n\geq 5\times 10^6$$

양변에 상용로그를 취하면

$$\log 3^n\geq\log(5\times 10^6)$$
$$\log 3^n\geq\log 5+\log 10^6,\ n\log 3\geq(1-\log 2)+6$$
$$\therefore\ n\geq\frac{7-\log 2}{\log 3}=\frac{7-0.3010}{0.4771}=14.\times\times\times$$

따라서 박테리아 10마리가 분열을 시작하여 5천만 마리 이상이 되는 것은 최소 15시간 후부터이다.

●55쪽

212 15 **213** (1) 3 (2) 11 **214** 2
215 $-2\sqrt{2}-1$

212

$4^x-2^{x+3}+k=0$에서 $(2^x)^2-8\times 2^x+k=0$

$2^x=t\ (t>0)$로 놓으면

$$t^2-8t+k=0 \qquad\qquad \cdots\cdots\ \bigcirc$$

주어진 방정식이 서로 다른 두 실근을 가지려면 이차방정식 $\bigcirc$이 서로 다른 두 양의 실근을 가져야 한다. $\qquad\cdots\cdots$ ㉮

(i) 이차방정식 $\bigcirc$의 판별식을 D라 할 때,

$$\frac{D}{4}=16-k>0 \qquad \therefore\ k<16$$

(ii) (두 근의 합)$=8>0$, (두 근의 곱)$=k>0$

(i), (ii)에서 $0<k<16$ $\qquad\cdots\cdots$ ㉯

따라서 정수 k는 $1, 2, 3, \cdots, 15$의 15개이다. $\qquad\cdots\cdots$ ㉰

채점 기준	배점 비율
㉮ 주어진 방정식이 서로 다른 두 실근을 가질 조건 알기	50 %
㉯ k의 값의 범위 구하기	40 %
㉰ 정수 k의 개수 구하기	10 %

213

(1) 방정식 $3^{\log x}\times x^{\log 3}-2(3^{\log x}+x^{\log 3})+k=0$에서

$$3^{\log x}\times 3^{\log x}-2(3^{\log x}+3^{\log x})+k=0$$
$$(3^{\log x})^2-4\times 3^{\log x}+k=0$$

$3^{\log x}=t\ (t>0)$로 놓으면

$$t^2-4t+k=0 \qquad\cdots\cdots\ \bigcirc \qquad\cdots\cdots$ ㉮

t에 대한 이차방정식 $\bigcirc$의 두 근은 $3^{\log\alpha}$, $3^{\log\beta}$이므로 이차방정식의 근과 계수의 관계에 의하여

$$3^{\log\alpha}\times 3^{\log\beta}=k$$
$$3^{\log\alpha+\log\beta}=k$$
$$3^{\log\alpha\beta}=k$$

이때 $\alpha\beta=10$이므로 $\log\alpha\beta=\log 10=1$

$$\therefore\ k=3 \qquad\cdots\cdots$ ㉯

(2) (1)에 의하여 $\alpha\beta=10$일 때, $k=3$이므로 주어진 방정식에서

$3^{\log x}=t\ (t>0)$로 놓으면

$$t^2-4t+3=0$$
$$(t-1)(t-3)=0 \qquad \therefore\ t=1\ \text{또는}\ t=3$$

즉, $3^{\log x}=1$ 또는 $3^{\log x}=3$

(i) $3^{\log x}=1$일 때,

$\quad\log x=0$이므로 $x=1$

(ii) $3^{\log x}=3$일 때,

$\quad\log x=1$이므로 $x=10$

(i), (ii)에서 방정식의 두 근 α, β는 $\alpha=1$, $\beta=10$ 또는 $\alpha=10$, $\beta=1$이므로

$$\alpha+\beta=11 \qquad\cdots\cdots$ ㉰

	채점 기준	배점 비율
(1)	㉮ 주어진 방정식을 $3^{\log x}=t$로 치환하여 나타내기	20 %
	㉯ k의 값 구하기	40 %
(2)	㉰ $\alpha+\beta$의 값 구하기	40 %

214

(i) $25^x-5^x\geq 0$에서 $(5^x)^2-5^x\geq 0$

$\quad 5^x=t\ (t>0)$로 놓으면

$$t^2-t\geq 0,\ t(t-1)\geq 0 \qquad \therefore\ t\leq 0\ \text{또는}\ t\geq 1$$

이때 $t>0$이므로 $t\geq 1$

즉, $5^x\geq 1$이므로 $x\geq 0$ $\qquad\cdots\cdots$ ㉮

(ii) $25^x-5^x\leq 20$에서 $(5^x)^2-5^x-20\leq 0$

$\quad 5^x=t\ (t>0)$로 놓으면

$$t^2-t-20\leq 0,\ (t+4)(t-5)\leq 0 \qquad \therefore\ -4\leq t\leq 5$$

이때 $t>0$이므로 $0<t\leq 5$

즉, $0<5^x\leq 5$이므로 $x\leq 1$ $\qquad\cdots\cdots$ ㉯

(i), (ii)에서 $0\leq x\leq 1$

따라서 정수 x는 $0, 1$의 2개이다. $\qquad\cdots\cdots$ ㉰

채점 기준	배점 비율
㉮ 부등식 $25^x-5^x\geq 0$의 해 구하기	40 %
㉯ 부등식 $25^x-5^x\leq 20$의 해 구하기	40 %
㉰ 정수 x의 개수 구하기	20 %

부등식 $|\log_2(x+1)|<1$의 진수의 조건에서 $x+1>0$

$\therefore\ x>-1$ …… ㉠

$-1<\log_2(x+1)<1$에서

$\log_2\dfrac{1}{2}<\log_2(x+1)<\log_2 2$

이때 밑이 1보다 크므로

$\dfrac{1}{2}<x+1<2$ $\therefore\ -\dfrac{1}{2}<x<1$ …… ㉡

㉠, ㉡에서 $-\dfrac{1}{2}<x<1$ …… ㉢   …… ㉮

부등식 $4^x+a\times 2^x+b<0$에서

$(2^x)^2+a\times 2^x+b<0$

$2^x=t\ (t>0)$로 놓으면

$t^2+at+b<0$

이때 ㉢에서 $-\dfrac{1}{2}<x<1$이므로

$2^{-\frac{1}{2}}<2^x<2^1$ $\therefore\ \dfrac{1}{\sqrt{2}}<t<2$ …… ㉯

해가 $\dfrac{1}{\sqrt{2}}<t<2$이고 t^2의 계수가 1인 이차부등식은

$\left(t-\dfrac{1}{\sqrt{2}}\right)(t-2)<0$ $\therefore\ t^2-\left(2+\dfrac{1}{\sqrt{2}}\right)t+\sqrt{2}<0$

따라서 $a=-\left(2+\dfrac{1}{\sqrt{2}}\right)$, $b=\sqrt{2}$이므로

$ab=-\left(2+\dfrac{1}{\sqrt{2}}\right)\times\sqrt{2}=-2\sqrt{2}-1$ …… ㉰

채점 기준	배점 비율
㉮ 부등식 $\|\log_2(x+1)\|<1$의 해 구하기	50 %
㉯ 부등식 $4^x+a\times 2^x+b<0$의 해 구하기	30 %
㉰ ab의 값 구하기	20 %

1등급 실력 완성

● 56쪽 ~ 57쪽

216 ④	**217** ②	**218** ③	**219** -8	**220** ①
221 ⑤	**222** ①	**223** 20	**224** ③	**225** 24

216

지수함수의 활용; 방정식

전략 $a,\ b$가 정수일 때, $a^b=1$인 경우는 (i) $a=1$, (ii) $a=-1$이고 b는 짝수, (iii) $b=0$이고 $a\neq 0$임을 이용한다.

풀이 $(x^2-x-1)^{x+4}=1$에서

(i) $x^2-x-1=1$일 때,

$x^2-x-2=0$, $(x+1)(x-2)=0$

$\therefore\ x=-1$ 또는 $x=2$

(ii) $x^2-x-1=-1$이고 $x+4$가 짝수일 때,

$x^2-x-1=-1$에서 $x^2-x=0$

$x(x-1)=0$ $\therefore\ x=0$ 또는 $x=1$

이때 $x+4$가 짝수이어야 하므로 $x=0$

(iii) $x+4=0$이고 $x^2-x-1\neq 0$일 때,

   $x=-4$

이상에서 정수 x는 $-4,\ -1,\ 0,\ 2$의 4개이다.

217

지수함수의 활용; 방정식

전략 $3^x+3^{-x}=t\ (t\geq 2)$로 놓고 주어진 방정식을 t에 대한 이차방정식으로 나타내어 실근을 가질 조건을 생각한다.

풀이 $3^x+3^{-x}=t$로 놓으면 $3^x>0$, $3^{-x}>0$이므로 산술평균과 기하평균의 관계에 의하여

$3^x+3^{-x}\geq 2\sqrt{3^x\times 3^{-x}}=2$ (단, 등호는 $x=0$일 때 성립)

$\therefore\ t\geq 2$

$9^x+9^{-x}+a(3^x+3^{-x})+2=0$에서

$(3^x+3^{-x})^2+a(3^x+3^{-x})=0$

$t^2+at=0\ (t\geq 2)$ …… ㉠

$t(t+a)=0$

$\therefore\ t=0$ 또는 $t=-a$

이때 주어진 방정식이 실근을 가지려면 t에 대한 이차방정식 ㉠이 $t\geq 2$에서 실근을 가져야 하므로

$-a\geq 2$ $\therefore\ a\leq -2$

따라서 a의 최댓값은 -2이다.

참고 $a=-2$일 때, 이차방정식 ㉠의 해는 $t=2$이므로

$3^x+3^{-x}=2$에서 $3^x=X$로 놓으면

$X+\dfrac{1}{X}=2$, $X^2-2X+1=0$ $\therefore\ X=1$

즉, $3^x=1$에서 $x=0$이다.

218

지수함수의 활용; 부등식

전략 $0<a<1$일 때와 $a>1$일 때로 나누어 주어진 부등식의 해를 구해 본다.

풀이 $a^{2x}-24a^x+128\leq 0$에서

$a^x=t\ (t>0)$로 놓으면

$t^2-24t+128\leq 0$

$(t-8)(t-16)\leq 0$

$\therefore\ 8\leq t\leq 16$ …… ㉠

주어진 부등식의 해가 $-4\leq x\leq -3$이므로

(i) $0<a<1$일 때,

   $a^{-3}\leq a^x\leq a^{-4}$에서

   $a^{-3}\leq t\leq a^{-4}$

   위의 부등식이 부등식 ㉠과 일치해야 하므로

   $a^{-3}=8$, $a^{-4}=16$에서

   $a^3=\dfrac{1}{8}$, $a^4=\dfrac{1}{16}$

   $\therefore\ a=\dfrac{1}{2}$

(ii) $a>1$일 때,

   $a^{-4}\leq a^x\leq a^{-3}$에서 $a^{-4}\leq t\leq a^{-3}$

   위의 부등식이 부등식 ㉠과 일치해야 하므로

$a^{-4}=8,\ a^{-3}=16$에서

$a^4=\dfrac{1}{8},\ a^3=\dfrac{1}{16}$

그런데 위의 두 식을 동시에 만족시키는 실수 a의 값은 존재하지 않는다.

(i), (ii)에서 $a=\dfrac{1}{2}$

219

지수함수의 활용; 부등식

(전략) 주어진 부등식의 각 항의 밑을 $\dfrac{1}{3}$로 변형하여 나타내어 본다.

(풀이) $a\times 3^{-x}\le 3^{-2x+1}\le b\times 27^{-x}$에서

$a\times\left(\dfrac{1}{3}\right)^x\le 3\times\left(\dfrac{1}{3}\right)^{2x}\le b\times\left(\dfrac{1}{3}\right)^{3x}$

$\left(\dfrac{1}{3}\right)^x=t\ (t>0)$로 놓으면 $at\le 3t^2\le bt^3$

$-1\le x\le 1$에서 $\left(\dfrac{1}{3}\right)^1\le\left(\dfrac{1}{3}\right)^x\le\left(\dfrac{1}{3}\right)^{-1}$

$\therefore \dfrac{1}{3}\le t\le 3$ ······ ㉠

㉠에서 부등식 $at\le 3t^2\le bt^3$이 항상 성립해야 한다.

(i) $at\le 3t^2$에서 양변을 t로 나누면 $a\le 3t$

    $\therefore t\ge\dfrac{a}{3}$

    위의 부등식의 해에 부등식 ㉠이 포함되어야 하므로

    $\dfrac{a}{3}\le\dfrac{1}{3}$ $\therefore a\le 1$

(ii) $3t^2\le bt^3$에서 양변을 t^2으로 나누면 $3\le bt$

    $b\le 0$이면 부등식이 성립하지 않으므로 $b>0$

    $\therefore t\ge\dfrac{3}{b}$

    위의 부등식의 해에 부등식 ㉠이 포함되어야 하므로

    $\dfrac{3}{b}\le\dfrac{1}{3}$ $\therefore b\ge 9$

(i), (ii)에서 $a-b\le 1-9=-8$

따라서 $a-b$의 최댓값은 -8이다.

220

지수함수의 활용; 방정식 ⊕ 로그함수의 활용; 방정식

(전략) $|A|=a$일 때, $A=-a$ 또는 $A=a$임을 이용하여 함수 $y=|\log_2 x-3|$의 그래프와 직선 $y=t$가 만나는 점의 좌표를 구한다.

(풀이) 함수 $y=|\log_2 x-3|$의 그래프와 직선 $y=t$가 두 점에서 만나려면 $t>0$이어야 한다.

함수 $y=|\log_2 x-3|$의 그래프와 직선 $y=t$가 만나는 두 점의 좌표를 구하면

$|\log_2 x-3|=t$에서

$\log_2 x-3=-t$ 또는 $\log_2 x-3=t$

$\therefore x=2^{-t+3}$ 또는 $x=2^{t+3}$

즉, 두 점의 좌표는 $(2^{-t+3},\ t),\ (2^{t+3},\ t)$이고,

$t>0$에서 $2^{t+3}>2^{-t+3}$이므로

두 점 사이의 거리는

$2^{t+3}-2^{-t+3}=12$에서

$8\times 2^t-8\times\dfrac{1}{2^t}=12$

$2^t=X\ (X>1)$로 놓으면

$8X-\dfrac{8}{X}=12$

$8X^2-12X-8=0$

$2X^2-3X-2=0,\ (2X+1)(X-2)=0$

$\therefore X=-\dfrac{1}{2}$ 또는 $X=2$

이때 $X>1$이므로 $X=2$

즉, $2^t=2$에서 $t=1$

(참고) $2^t=X$로 놓을 때, $t>0$이므로 $2^t>2^0$, 즉 $2^t>1$이다.

221

지수함수의 활용; 방정식 ⊕ 로그함수의 활용; 방정식

(전략) 주어진 지수방정식에서 $x,\ y$ 사이의 관계를 구한 후 이를 이용하여 로그방정식의 해를 구한다.

(풀이) 진수의 조건에서 $x>0,\ y>0$

$3^x=9^y$에서 $3^x=3^{2y}$

$\therefore x=2y$ ······ ㉠

$(\log_2 x)(\log_2 4y)=6$에 ㉠을 대입하면

$(\log_2 2y)(\log_2 4y)=6$

$(\log_2 2+\log_2 y)(\log_2 4+\log_2 y)=6$

$(1+\log_2 y)(2+\log_2 y)=6,\ (\log_2 y)^2+3\log_2 y-4=0$

$(\log_2 y+4)(\log_2 y-1)=0$ $\therefore \log_2 y=-4$ 또는 $\log_2 y=1$

$\therefore y=2^{-4}=\dfrac{1}{16}$ 또는 $y=2$

㉠에서 $y=\dfrac{1}{16}$일 때 $x=\dfrac{1}{8}$이고, $y=2$일 때 $x=4$

따라서 $\alpha\beta$의 최댓값은

$4\times 2=8$

222

로그함수의 활용; 방정식

(전략) $\log_3 x=t$로 놓고 주어진 방정식을 t에 대한 이차방정식으로 나타내어 본다.

(풀이) ㄱ. $3x^2-4x+1=0$에서 $(3x-1)(x-1)=0$

    $\therefore x=\dfrac{1}{3}$ 또는 $x=1$

    따라서 방정식 ㉠의 한 근이 $\dfrac{1}{3}<x<1$을 만족시켜야 한다.

    방정식 ㉠에서 $\log_3 x=t$로 놓으면

    $t^2-4t+k=0$ ······ ㉡

    $\dfrac{1}{3}<x<1$에서 $\log_3\dfrac{1}{3}<\log_3 x<\log_3 1$

    $\therefore -1<t<0$ ······ ㉢

    방정식 ㉡의 한 근이 ㉢을 만족시켜야 하므로

$f(t)=t^2-4t+k$로 놓으면

$f(t)=(t-2)^2+k-4$

이므로 이차함수 $y=f(t)$의 그래프가

오른쪽 그림과 같아야 한다.

즉, 이차함수 $y=f(t)$의 그래프가

$-1<t<0$에서 t축과 만나야 하므로

$f(-1)=5+k>0$에서 $k>-5$

$f(0)=k<0$

$\therefore -5<k<0$ (참)

ㄴ. 방정식 ㉠의 두 근을 α, β라 하면 방정식 ㉡의 두 근은 $\log_3 \alpha$,
$\log_3 \beta$이므로 이차방정식의 근과 계수의 관계에 의하여

$\log_3 \alpha + \log_3 \beta = 4$, $\log_3 \alpha\beta = 4$

$\therefore \alpha\beta = 3^4 = 81$

따라서 방정식 ㉠의 두 근의 곱은 81이다. (거짓)

ㄷ. ㄱ에서 이차함수 $y=f(t)$의 그래프의 축의 방정식이 $t=2$이므
로 그래프가 $-1<t<0$에서 t축과 만나면 $4<t<5$에서도 t축
과 만난다.

따라서 방정식 ㉡이 $4<t<5$를 만족시키는 근을 가지므로 방정식
㉠은 $4<\log_3 x<5$, 즉 $81<x<243$을 만족시키는 근을 갖는다.

이때 $x^2-9x+20=0$에서

$(x-4)(x-5)=0$ $\therefore x=4$ 또는 $x=5$

따라서 방정식 ㉠의 다른 한 근은 4와 5 사이에 있지 않다.

(거짓)

이상에서 옳은 것은 ㄱ뿐이다.

223

로그함수의 활용; 부등식

(전략) $(x-1)^2=|x-1|^2$임을 이용한다.

(풀이) 진수의 조건에서 $x\neq 1$　　　　……㉠

$-\log|x-1|+\log(x-1)^2\leq 1$에서

$(x-1)^2=|x-1|^2$이므로

$-\log|x-1|+\log|x-1|^2\leq 1$

$-\log|x-1|+2\log|x-1|\leq 1$

$\log|x-1|\leq 1$, $|x-1|\leq 10$

$-10\leq x-1\leq 10$

$\therefore -9\leq x\leq 11$　　　　……㉡

㉠, ㉡에서 $-9\leq x<1$ 또는 $1<x\leq 11$

따라서 정수 x는 -9, -8, -7, …, 0, 2, …, 10, 11의 20개이다.

224

로그함수의 활용; 부등식

(전략) $k=0$일 때와 $k=3$일 때 주어진 로그부등식을 만족시키는 자연수 n의 값
을 구한다.

(풀이) $k<(g\circ f)(n)<k+2$에서

$k<\log_3 f(n)<k+2$

$\log_3 3^k<\log_3 f(n)<\log_3 3^{k+2}$

진수의 조건에서 $f(n)>0$

이때 밑이 1보다 크므로

$3^k<f(n)<3^{k+2}$

$f(n)=n^2-6n+11=(n-3)^2+2$이므로

$3^k<(n-3)^2+2<3^{k+2}$을 만족시키는 자연수 n의 개수가 $h(k)$이다.

(i) $k=0$일 때,

$3^0<(n-3)^2+2<3^2$에서 $-1<(n-3)^2<7$

$-1<0^2\leq(n-3)^2\leq 2^2<7$이므로

$n-3=0$ 또는 $n-3=\pm 1$ 또는 $n-3=\pm 2$

즉, $n=1, 2, 3, 4, 5$이므로 $h(0)=5$

(ii) $k=3$일 때,

$3^3<(n-3)^2+2<3^5$에서 $25<(n-3)^2<241$

$25<6^2\leq(n-3)^2\leq 15^2<241$이고 n은 자연수이므로

$n-3=6$ 또는 $n-3=7$ 또는 $n-3=8$ 또는 $n-3=9$ 또는

$n-3=10$ 또는 … $n-3=15$

즉, $n=9, 10, 11, …, 18$이므로 $h(3)=10$

(i), (ii)에서 $h(0)+h(3)=5+10=15$

225

로그함수의 실생활에서의 활용

(전략) n개월 후 두 웹 사이트에 가입된 회원 수를 구하여 부등식을 세운다.

(풀이) n개월 후 웹 사이트 A에 가입된 회원 수는

$10\times(1+0.05)^n$(만 명)

n개월 후 웹 사이트 B에 가입된 회원 수는

$20\times(1+0.02)^n$(만 명)

n개월 후에 웹 사이트 A에 가입된 회원 수가 웹 사이트 B에 가입
된 회원 수보다 많아지므로

$10\times(1+0.05)^n>20\times(1+0.02)^n$

$1.05^n>2\times 1.02^n$

양변에 상용로그를 취하면

$\log 1.05^n>\log(2\times 1.02^n)$

$n\log 1.05>\log 2+n\log 1.02$, $n(\log 1.05-\log 1.02)>\log 2$

$\therefore n>\dfrac{\log 2}{\log 1.05-\log 1.02}$

$\qquad =\dfrac{0.3010}{0.0212-0.0086}=23.\times\times\times$

따라서 자연수 n의 최솟값은 24이다.

● 58쪽

226 4　　　**227** 4　　　**228** 25

226

지수함수의 활용; 방정식

[1단계] 주어진 방정식의 좌변을 인수분해 하여 방정식의 해를 구한다.

$4^{f(x)}-9\times 2^{n+f(x)}+2^{2n+3}=0$에서

$\{2^{f(x)}\}^2-9\times 2^n\times 2^{f(x)}+2^n\times 2^{n+3}=0$

$\{2^{f(x)}-2^n\}\{2^{f(x)}-2^{n+3}\}=0$

$2^{f(x)}=2^n$ 또는 $2^{f(x)}=2^{n+3}$

$\therefore f(x)=n$ 또는 $f(x)=n+3$　　　　……㉠

〔2단계〕 함수 $y=f(x)$의 그래프를 그려 주어진 방정식의 서로 다른 실근의 개수
가 3이 되는 경우를 생각해 본다.

함수 $y=f(x)$의 그래프는 오른쪽 그림과
같고, 이때 ㉠을 만족시키는 서로 다른
실근의 개수가 3인 경우는 다음과 같다.

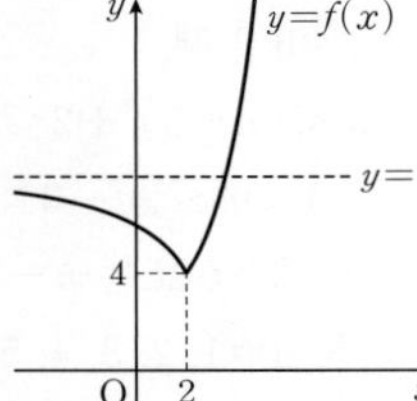

(i) $n=4$일 때,

  $n+3=7<8$이므로

  $f(x)=4$를 만족시키는 x의 개수는 1,

  $f(x)=7$을 만족시키는 x의 개수는 2이므로 주어진 조건을 만
족시킨다.

(ii) $5\leq n<8$일 때,

  $n+3\geq8$이므로

  $f(x)=n\;(5\leq n<8)$을 만족시키는 x의 개수는 2,

  $f(x)=n+3\;(5\leq n<8)$을 만족시키는 x의 개수는 1이므로 주
어진 조건을 만족시킨다.

〔3단계〕 자연수 n의 개수를 구한다.

(i), (ii)에서 $n=4$ 또는 $5\leq n<8$

따라서 자연수 n은 4, 5, 6, 7의 4개이다.

참고 (i) $n=4$일 때,   (ii) $5\leq n<8$일 때,

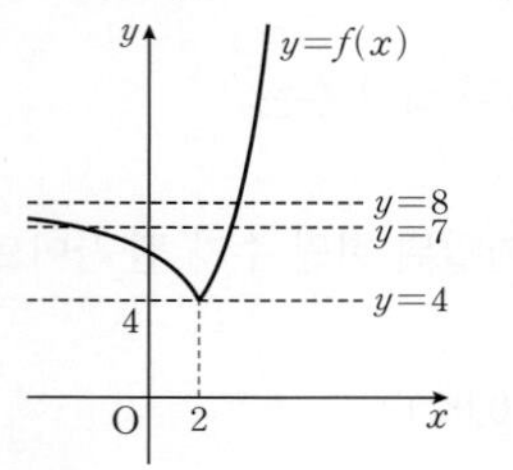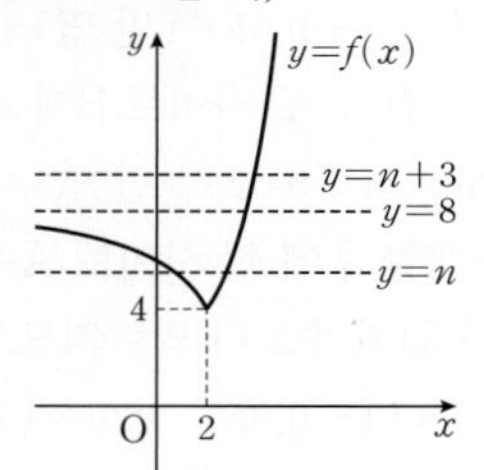

227

지수함수의 활용; 부등식 ➕ 로그함수의 활용; 부등식

〔1단계〕 집합 A의 부등식의 해를 구한다.

$|2^{x-a}-5|<3$에서 $-3<2^{x-a}-5<3$

$2<2^{x-a}<8,\; 2^1<2^{x-a}<2^3$

$1<x-a<3$　　∴ $a+1<x<a+3$

∴ $A=\{x\,|\,a+1<x<a+3\}$

〔2단계〕 $0<a<1, a>1$일 때로 나누어 집합 B의 부등식의 해를 구한다.

진수의 조건에서 $5+2x>0,\; x^2-2x>0$

즉, $x>-\dfrac{5}{2}$이고,

$x(x-2)>0$에서 $x<0$ 또는 $x>2$이므로

$-\dfrac{5}{2}<x<0$ 또는 $x>2$　　　　…… ㉠

$\log_a(5+2x)<\log_a(x^2-2x)$에서

(i) $0<a<1$일 때,

  $5+2x>x^2-2x$

  $x^2-4x-5<0,\; (x+1)(x-5)<0$

  ∴ $-1<x<5$

  ㉠에서 $-1<x<0$ 또는 $2<x<5$

  ∴ $B=\{x\,|\,-1<x<0$ 또는 $2<x<5\}$

  $A\subset B$이려면

  $a+1\geq2$이고 $a+3\leq5$이어야 한다.

  ∴ $1\leq a\leq2$

이때 $0<a<1$이므로 조건을 만족시키는 a의 값은 존재하지 않
는다.

(ii) $a>1$일 때,

  $5+2x<x^2-2x$

  $x^2-4x-5>0,\; (x+1)(x-5)>0$

  ∴ $x<-1$ 또는 $x>5$

  ㉠에서 $-\dfrac{5}{2}<x<-1$ 또는 $x>5$

  ∴ $B=\left\{x\,\middle|\,-\dfrac{5}{2}<x<-1$ 또는 $x>5\right\}$

  $A\subset B$이려면 $a+1\geq5$이어야 한다.

  ∴ $a\geq4$

  이때 $a>1$이므로 $a\geq4$

〔3단계〕 정수 a의 최솟값을 구한다.

(i), (ii)에서 $a\geq4$

따라서 정수 a의 최솟값은 4이다.

228

로그함수의 활용; 부등식

〔1단계〕 주어진 부등식의 좌변을 인수분해 한다.

$x^2-x\log_2 4n+\log_2 n^2\leq0$에서

$x^2-(\log_2 4+\log_2 n)x+2\log_2 n\leq0$

$x^2-(2+\log_2 n)x+2\log_2 n\leq0$

$(x-2)(x-\log_2 n)\leq0$　　　　　　　…… ㉠

〔2단계〕 $\log_2 n<2, \log_2 n=2, \log_2 n>2$일 때로 나누어 주어진 부등식의 해를
구한다.

(i) $\log_2 n<2$, 즉 $n<4$일 때,

  ㉠에서 $\log_2 n\leq x\leq2$

  주어진 부등식을 만족시키는 정수 x의 개수가 1이어야 하므로

  $1<\log_2 n\leq2$

  $\log_2 2<\log_2 n\leq\log_2 4$

  ∴ $2<n\leq4$

  이때 $n<4$이므로 $2<n<4$

(ii) $\log_2 n=2$, 즉 $n=4$일 때,

  ㉠에서 $(x-2)^2\leq0$　　∴ $x=2$

  따라서 주어진 부등식을 만족시키는 정수 x의 개수가 1이므로

  $n=4$

(iii) $\log_2 n>2$, 즉 $n>4$일 때,

  ㉠에서 $2\leq x\leq\log_2 n$

  주어진 부등식을 만족시키는 정수 x의 개수가 1이어야 하므로

  $2\leq\log_2 n<3$

  $\log_2 4\leq\log_2 n<\log_2 8$

  ∴ $4\leq n<8$

  이때 $n>4$이므로 $4<n<8$

〔3단계〕 조건을 만족시키는 자연수 n의 값의 합을 구한다.

이상에서 $2<n<8$

따라서 부등식을 만족시키는 자연수 n은 3, 4, 5, 6, 7이므로 모든
자연수 n의 값의 합은

$3+4+5+6+7=25$

Ⅱ 삼각함수

05 삼각함수

● 62쪽 ~ 70쪽

229 ④　　**230** ②　　**231** ③
232 제1사분면 또는 제3사분면　　**233** ①　　**234** ③
235 3　　**236** 1　　**237** ③　　**238** 5　　**239** ②
240 6　　**241** -7　　**242** $\dfrac{\sqrt{10}}{5}$　　**243** ③　　**244** ②
245 ②　　**246** ①　　**247** 4　　**248** $\dfrac{1}{2}$　　**249** ④
250 ①　　**251** $\dfrac{1}{2}$　　**252** 5π　　**253** ⑤　　**254** ①
255 ①　　**256** ⑤　　**257** 2　　**258** $\sqrt{3}$　　**259** ①
260 ④　　**261** 4　　**262** ③　　**263** ①　　**264** 1
265 ⑤　　**266** ②　　**267** $-\pi$　　**268** 9　　**269** ②
270 ④　　**271** $\dfrac{1}{2}$　　**272** 7　　**273** ⑤
274 $\dfrac{\pi}{3}\leq x\leq\pi$　　**275** $\dfrac{3}{2}\pi$　　**276** 7　　**277** ⑤

229

① $50°=50\times\dfrac{\pi}{180}=\dfrac{5}{18}\pi$

② $315°=315\times\dfrac{\pi}{180}=\dfrac{7}{4}\pi$

③ $-105°=-105\times\dfrac{\pi}{180}=-\dfrac{7}{12}\pi$

④ $\dfrac{2}{5}\pi=\dfrac{2}{5}\pi\times\dfrac{180°}{\pi}=72°$

⑤ $\dfrac{3}{2}\pi=\dfrac{3}{2}\pi\times\dfrac{180°}{\pi}=270°$

따라서 옳지 않은 것은 ④이다.

230

주어진 각을 나타내는 동경이 존재하는 사분면을 각각 구하면

① $590°=360°\times1+230°$

　⇨ 제3사분면

② $-740°=360°\times(-3)+340°$

　⇨ 제4사분면

③ $-\dfrac{5}{6}\pi=2\pi\times(-1)+\dfrac{7}{6}\pi$

　⇨ 제3사분면

④ $\dfrac{5}{4}\pi$ ⇨ 제3사분면

⑤ $\dfrac{16}{3}\pi=2\pi\times2+\dfrac{4}{3}\pi$ ⇨ 제3사분면

따라서 사분면이 나머지 넷과 다른 하나는 ②이다.

231

① $\dfrac{4}{3}\pi=240°$

② $-\dfrac{7}{6}\pi=-210°$

　　　$=360°\times(-1)+150°$

③ $-\dfrac{10}{3}\pi=-600°$

　　　$=360°\times(-2)+120°$

④ $\dfrac{13}{6}\pi=390°$

　　　$=360°\times1+30°$

⑤ $\dfrac{19}{3}\pi=1140°$

　　　$=360°\times3+60°$

따라서 120°를 나타내는 동경과 일치하는 것은 ③이다.

232

θ가 제2사분면의 각이므로

$360°\times n+90°<\theta<360°\times n+180°$ (n은 정수)

$\therefore\ 180°\times n+45°<\dfrac{\theta}{2}<180°\times n+90°$

(ⅰ) $n=2k$ (k는 정수)일 때,

　$180°\times 2k+45°<\dfrac{\theta}{2}<180°\times 2k+90°$

　$\therefore\ 360°\times k+45°<\dfrac{\theta}{2}<360°\times k+90°$

따라서 $\dfrac{\theta}{2}$는 제1사분면의 각이다.

(ⅱ) $n=2k+1$ (k는 정수)일 때,

　$180°\times(2k+1)+45°<\dfrac{\theta}{2}<180°\times(2k+1)+90°$

　$\therefore\ 360°\times k+225°<\dfrac{\theta}{2}<360°\times k+270°$

따라서 $\dfrac{\theta}{2}$는 제3사분면의 각이다.

(ⅰ), (ⅱ)에서 각 $\dfrac{\theta}{2}$를 나타내는 동경이 존재할 수 있는 사분면은
제1사분면 또는 제3사분면이다.

> **개념 보충**
>
> **사분면의 일반각**
> 각 θ를 나타내는 동경이 존재하는 사분면에 따라 θ의 값의 범위를
> 일반각으로 표현하면 다음과 같다. (단, n은 정수)
> ① θ가 제1사분면의 각이면
> 　⇨ $360°\times n<\theta<360°\times n+90°$
> ② θ가 제2사분면의 각이면
> 　⇨ $360°\times n+90°<\theta<360°\times n+180°$
> ③ θ가 제3사분면의 각이면
> 　⇨ $360°\times n+180°<\theta<360°\times n+270°$
> ④ θ가 제4사분면의 각이면
> 　⇨ $360°\times n+270°<\theta<360°\times n+360°$

233

3θ가 제4사분면의 각이므로

$360°\times n+270°<3\theta<360°\times n+360°$ (n은 정수)

$\therefore 120°\times n+90°<\theta<120°\times n+120°$

(i) $n=3k$ (k는 정수)일 때,

$\quad 120°\times 3k+90°<\theta<120°\times 3k+120°$

$\quad \therefore 360°\times k+90°<\theta<360°\times k+120°$

$\quad$ 따라서 θ는 제2사분면의 각이다.

(ii) $n=3k+1$ (k는 정수)일 때,

$\quad 120°\times(3k+1)+90°<\theta<120°\times(3k+1)+120°$

$\quad \therefore 360°\times k+210°<\theta<360°\times k+240°$

$\quad$ 따라서 θ는 제3사분면의 각이다.

(iii) $n=3k+2$ (k는 정수)일 때,

$\quad 120°\times(3k+2)+90°<\theta<120°\times(3k+2)+120°$

$\quad \therefore 360°\times k+330°<\theta<360°\times k+360°$

$\quad$ 따라서 θ는 제4사분면의 각이다.

이상에서 각 θ를 나타내는 동경이 존재할 수 없는 사분면은 제1사분면이다.

234

각 θ를 나타내는 동경과 각 7θ를 나타내는 동경이 일치하므로

$7\theta-\theta=2n\pi$ (n은 정수)

$6\theta=2n\pi \quad \therefore \theta=\dfrac{n}{3}\pi$

$0<\theta<\pi$에서 $0<\dfrac{n}{3}\pi<\pi$이므로

$0<n<3$

n은 정수이므로 $n=1$ 또는 $n=2$

$\therefore \theta=\dfrac{\pi}{3}$ 또는 $\theta=\dfrac{2}{3}\pi$

따라서 모든 각 θ의 크기의 합은

$\dfrac{\pi}{3}+\dfrac{2}{3}\pi=\pi$

235

각 2θ를 나타내는 동경과 각 5θ를 나타내는 동경이 x축에 대하여 대칭이므로

$2\theta+5\theta=2n\pi$ (n은 정수)

$7\theta=2n\pi \quad \therefore \theta=\dfrac{2n}{7}\pi$

$\pi<\theta<2\pi$에서 $\pi<\dfrac{2n}{7}\pi<2\pi$이므로

$\dfrac{7}{2}<n<7$

이때 n은 정수이므로

$n=4$ 또는 $n=5$ 또는 $n=6$

$\therefore \theta=\dfrac{8}{7}\pi$ 또는 $\theta=\dfrac{10}{7}\pi$ 또는 $\theta=\dfrac{12}{7}\pi$

따라서 각 θ의 개수는 3이다.

236

각 3θ를 나타내는 동경과 각 7θ를 나타내는 동경이 일직선 위에 있고 방향이 반대이므로

$7\theta-3\theta=2n\pi+\pi$ (n은 정수)

$4\theta=2n\pi+\pi \quad \therefore \theta=\dfrac{n}{2}\pi+\dfrac{\pi}{4}$

$0<\theta<\dfrac{\pi}{2}$에서 $0<\dfrac{n}{2}\pi+\dfrac{\pi}{4}<\dfrac{\pi}{2}$이므로

$-\dfrac{\pi}{4}<\dfrac{n}{2}\pi<\dfrac{\pi}{4} \quad \therefore -\dfrac{1}{2}<n<\dfrac{1}{2}$

n은 정수이므로 $n=0$

$\therefore \theta=\dfrac{\pi}{4}$

$\therefore \tan\theta=\tan\dfrac{\pi}{4}=1$

237

부채꼴의 반지름의 길이를 r, 중심각의 크기를 θ라 하면

$\dfrac{1}{2}\times r\times 3\pi=9\pi \quad \therefore r=6$

따라서 $6\theta=3\pi$이므로 $\theta=\dfrac{\pi}{2}$

238

부채꼴의 반지름의 길이를 r이라 하면 둘레의 길이가 20이므로 호의 길이는 $20-2r$이다.

이때 $20-2r>0$, $r>0$이므로

$0<r<10$

부채꼴의 넓이를 S라 하면

$S=\dfrac{1}{2}r(20-2r)$

$\quad =-r^2+10r$

$\quad =-(r-5)^2+25 \ (0<r<10)$

따라서 $r=5$일 때 S가 최대이므로 넓이가 최대일 때의 반지름의 길이는 5이다.

239

부채꼴 PAB가 원 O에 접하며 한 바퀴 돌아서 중심 P가 제자리에 왔으므로 원 O의 둘레의 길이는 부채꼴 PAB의 둘레의 길이와 같다.

원 O의 둘레의 길이는

$2\pi \times 2 = 4\pi$

부채꼴 PAB에서 호 AB의 길이는 4θ이므로

부채꼴 PAB의 둘레의 길이는

$4 + 4 + 4\theta = 8 + 4\theta$

즉, $4\pi = 8 + 4\theta$이므로

$4\theta = 4\pi - 8 \qquad \therefore \theta = \pi - 2$

240

$\overline{OA} = r$, $\angle AOC = \theta \ (0 < \theta < \pi)$라 하면

호 AC의 길이가 π이므로

$$r\theta = \pi \qquad \therefore \theta = \frac{\pi}{r} \qquad\qquad \cdots\cdots \ \text{㉠}$$

부채꼴 OBC의 넓이가 15π이므로

$$\frac{1}{2}r^2(\pi - \theta) = 15\pi$$

이 식에 ㉠을 대입하면

$$\frac{1}{2}r^2\left(\pi - \frac{\pi}{r}\right) = 15\pi$$

$r^2 - r - 30 = 0$, $(r+5)(r-6) = 0 \qquad \therefore r = 6 \ (\because r > 0)$

따라서 선분 OA의 길이는 6이다.

241

$\overline{OP} = \sqrt{(-4)^2 + (-3)^2} = 5$이므로

$$\sin\theta = \frac{-3}{5} = -\frac{3}{5}, \ \cos\theta = \frac{-4}{5} = -\frac{4}{5}, \ \tan\theta = \frac{-3}{-4} = \frac{3}{4}$$

$\therefore 10\sin\theta + 5\cos\theta + 4\tan\theta$

$$= 10 \times \left(-\frac{3}{5}\right) + 5 \times \left(-\frac{4}{5}\right) + 4 \times \frac{3}{4}$$

$$= -6 - 4 + 3 = -7$$

242

$x - 3y = 0$에서 $y = \frac{1}{3}x$이므로 $\tan\theta = \frac{1}{3}$

$0 < \theta < \pi$이므로

오른쪽 그림에서 각 θ를 나타내는 동경을 OP라 할 때, $\tan\theta = \frac{1}{3}$에서 점 P의 좌표를 $(3, 1)$로 놓을 수 있다.

$\overline{OP} = \sqrt{3^2 + 1^2} = \sqrt{10}$이므로

$$\sin\theta = \frac{1}{\sqrt{10}} = \frac{\sqrt{10}}{10}, \ \cos\theta = \frac{3}{\sqrt{10}} = \frac{3\sqrt{10}}{10}$$

$$\therefore \cos\theta - \sin\theta = \frac{3\sqrt{10}}{10} - \frac{\sqrt{10}}{10} = \frac{\sqrt{10}}{5}$$

243

점 P의 좌표를 $(a, \sqrt{a}) \ (a > 0)$라 하면

$\overline{OP} = \sqrt{a^2 + a}$

$$\therefore \sin\theta = \frac{\sqrt{a}}{\sqrt{a^2 + a}}, \ \cos\theta = \frac{a}{\sqrt{a^2 + a}}$$

이때 $\cos^2\theta - 2\sin^2\theta = -1$에서

$$\frac{a^2}{a^2 + a} - \frac{2a}{a^2 + a} = -1$$

$a^2 - 2a = -a^2 - a$, $2a^2 - a = 0$

$a(2a - 1) = 0 \qquad \therefore a = \frac{1}{2} \ (\because a > 0)$

$$\therefore \overline{OP} = \sqrt{\left(\frac{1}{2}\right)^2 + \frac{1}{2}} = \frac{\sqrt{3}}{2}$$

244

(ⅰ) $\sin\theta\cos\theta < 0$에서

$\sin\theta > 0$, $\cos\theta < 0$일 때, θ는 제2사분면의 각이고,

$\sin\theta < 0$, $\cos\theta > 0$일 때, θ는 제4사분면의 각이다.

(ⅱ) $\cos\theta\tan\theta > 0$에서

$\cos\theta > 0$, $\tan\theta > 0$일 때, θ는 제1사분면의 각이고,

$\cos\theta < 0$, $\tan\theta < 0$일 때, θ는 제2사분면의 각이다.

(ⅰ), (ⅱ)에서 θ는 제2사분면의 각이다.

245

$\frac{3}{2}\pi < \theta < 2\pi$이므로

$\sin\theta < 0$, $\cos\theta > 0$, $\sin\theta - \cos\theta < 0$

$\therefore \sqrt{\sin^2\theta} + \sqrt{(\sin\theta - \cos\theta)^2} + \sqrt{\cos^2\theta}$

$= |\sin\theta| + |\sin\theta - \cos\theta| + |\cos\theta|$

$= -\sin\theta - (\sin\theta - \cos\theta) + \cos\theta$

$= -2\sin\theta + 2\cos\theta$

참고 $\sqrt{a^2} = |a| = \begin{cases} a & (a \geq 0) \\ -a & (a < 0) \end{cases}$

246

$\sqrt{\sin\theta}\sqrt{\cos\theta} + \sqrt{\sin\theta\cos\theta} = 0$에서

$\sqrt{\sin\theta}\sqrt{\cos\theta} = -\sqrt{\sin\theta\cos\theta}$

이므로 $\sin\theta < 0$, $\cos\theta < 0$

즉, θ는 제3사분면의 각이므로

$\tan\theta > 0$, $\sin\theta - \tan\theta < 0$

$\therefore |\sin\theta| - |\tan\theta| + \sqrt{(\sin\theta - \tan\theta)^2}$

$= -\sin\theta - \tan\theta + |\sin\theta - \tan\theta|$

$= -\sin\theta - \tan\theta - (\sin\theta - \tan\theta)$

$= -2\sin\theta$

247

$\sin^2\theta + \cos^2\theta = 1$에서

$$\sin^2\theta = 1 - \cos^2\theta = 1 - \left(-\frac{3}{5}\right)^2 = \frac{16}{25}$$

이때 θ가 제2사분면의 각이므로 $\sin\theta > 0$

$$\therefore \sin\theta = \sqrt{\frac{16}{25}} = \frac{4}{5}$$

$$\tan\theta=\frac{\sin\theta}{\cos\theta}=\frac{\dfrac{4}{5}}{-\dfrac{3}{5}}=-\frac{4}{3}\text{이므로}$$

$$10\sin\theta+3\tan\theta=10\times\frac{4}{5}+3\times\left(-\frac{4}{3}\right)$$
$$=8-4=4$$

248

$$\frac{1}{1+\sin\theta}+\frac{1}{1-\sin\theta}=\frac{(1-\sin\theta)+(1+\sin\theta)}{(1+\sin\theta)(1-\sin\theta)}$$
$$=\frac{2}{1-\sin^2\theta}=\frac{2}{\cos^2\theta}$$

즉, $\dfrac{2}{\cos^2\theta}=\dfrac{5}{2}$이므로

$$4=5\cos^2\theta\qquad\therefore\cos^2\theta=\frac{4}{5}$$

$$\therefore\sin^2\theta=1-\cos^2\theta=1-\frac{4}{5}=\frac{1}{5}$$

이때 $\pi<\theta<\dfrac{3}{2}\pi$이므로

$$\sin\theta<0,\ \cos\theta<0$$

$$\therefore\sin\theta=-\sqrt{\frac{1}{5}}=-\frac{\sqrt{5}}{5},\ \cos\theta=-\sqrt{\frac{4}{5}}=-\frac{2\sqrt{5}}{5}$$

$$\therefore\tan\theta=\frac{\sin\theta}{\cos\theta}=\frac{-\dfrac{\sqrt{5}}{5}}{-\dfrac{2\sqrt{5}}{5}}=\frac{1}{2}$$

249

$$\text{ㄱ.}\ \cos^4\theta-\sin^4\theta=(\cos^2\theta+\sin^2\theta)(\cos^2\theta-\sin^2\theta)$$
$$=\cos^2\theta-\sin^2\theta$$
$$=(1-\sin^2\theta)-\sin^2\theta$$
$$=1-2\sin^2\theta\ \text{(참)}$$

$$\text{ㄴ.}\ \frac{\cos\theta}{1+\sin\theta}+\tan\theta=\frac{\cos\theta}{1+\sin\theta}+\frac{\sin\theta}{\cos\theta}$$
$$=\frac{\cos^2\theta+\sin\theta(1+\sin\theta)}{(1+\sin\theta)\cos\theta}$$
$$=\frac{\cos^2\theta+\sin\theta+\sin^2\theta}{(1+\sin\theta)\cos\theta}$$
$$=\frac{1+\sin\theta}{(1+\sin\theta)\cos\theta}$$
$$=\frac{1}{\cos\theta}\ \text{(거짓)}$$

$$\text{ㄷ.}\ \tan^2\theta+\cos^2\theta(1-\tan^4\theta)$$
$$=\tan^2\theta+\cos^2\theta(1+\tan^2\theta)(1-\tan^2\theta)$$
$$=\tan^2\theta+(\cos^2\theta+\cos^2\theta\tan^2\theta)(1-\tan^2\theta)$$
$$=\tan^2\theta+(\cos^2\theta+\sin^2\theta)(1-\tan^2\theta)$$
$$=\tan^2\theta+(1-\tan^2\theta)$$
$$=1\ \text{(참)}$$

이상에서 옳은 것은 ㄱ, ㄷ이다.

250

$\sin\theta-\cos\theta=\dfrac{\sqrt{7}}{2}$의 양변을 제곱하면

$$\sin^2\theta-2\sin\theta\cos\theta+\cos^2\theta=\frac{7}{4}$$

$$1-2\sin\theta\cos\theta=\frac{7}{4}\qquad\therefore\sin\theta\cos\theta=-\frac{3}{8}$$

이때 $(\sin^2\theta+\cos^2\theta)^2=1$에서

$$\sin^4\theta+2\sin^2\theta\cos^2\theta+\cos^4\theta=1$$

$$\sin^4\theta+2\times\left(-\frac{3}{8}\right)^2+\cos^4\theta=1$$

$$\therefore\sin^4\theta+\cos^4\theta=1-\frac{9}{32}=\frac{23}{32}$$

251

조건 (개)에 의하여

$$f\left(\frac{31}{3}\right)=f\left(10+\frac{1}{3}\right)=f\left(8+\frac{1}{3}\right)$$
$$=f\left(6+\frac{1}{3}\right)=f\left(4+\frac{1}{3}\right)$$
$$=f\left(2+\frac{1}{3}\right)=f\left(\frac{1}{3}\right)$$

조건 (내)에 의하여

$$f\left(\frac{1}{3}\right)=\cos\frac{\pi}{3}=\frac{1}{2}$$

$$\therefore f\left(\frac{31}{3}\right)=\frac{1}{2}$$

252

오른쪽 그림에서 $y=\sin x$의 그래프는 $0\le x\le\pi$에서 직선 $x=\dfrac{\pi}{2}$에 대하여 대칭이므로

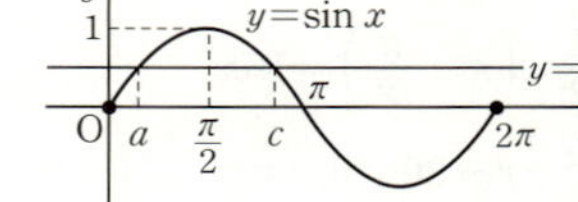

$$\frac{a+c}{2}=\frac{\pi}{2}\qquad\therefore a+c=\pi$$

오른쪽 그림에서 $y=\cos x$의 그래프는 $0\le x\le2\pi$에서 직선 $x=\pi$에 대하여 대칭이므로

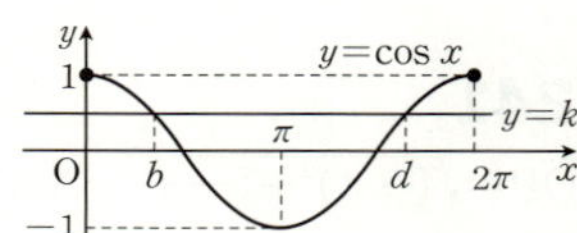

$$\frac{b+d}{2}=\pi\qquad\therefore b+d=2\pi$$

$$\therefore a+2b+c+2d=(a+c)+2(b+d)$$
$$=\pi+2\times2\pi=5\pi$$

다른 풀이 위의 각 그림에서 $c=\pi-a$, $d=2\pi-b$이므로

$$a+2b+c+2d=a+2b+(\pi-a)+2(2\pi-b)$$
$$=\pi+4\pi=5\pi$$

253

$y=3\sin\dfrac{\pi}{2}x-1$의 그래프를 x축에 대하여 대칭이동한 그래프의 식은

$$-y=3\sin\frac{\pi}{2}x-1,\ \text{즉}\ y=-3\sin\frac{\pi}{2}x+1$$

이 그래프를 y축의 방향으로 a만큼 평행이동한 그래프의 식은

$$y=-3\sin\frac{\pi}{2}x+1+a$$

위의 식이 $y=b\sin\dfrac{\pi}{2}x+5$와 일치해야 하므로

$$-3=b,\ 1+a=5\qquad\therefore a=4,\ b=-3$$
$$\therefore a-b=4-(-3)=7$$

도형의 평행이동과 대칭이동

방정식 $f(x, y)=0$이 나타내는 도형을
① x축의 방향으로 a만큼, y축의 방향으로 b만큼 평행이동한 도형
　의 방정식 $\Rightarrow f(x-a,\ y-b)=0$
② x축에 대하여 대칭이동한 도형의 방정식
　　$\Rightarrow f(x,\ -y)=0$
③ y축에 대하여 대칭이동한 도형의 방정식
　　$\Rightarrow f(-x,\ y)=0$
④ 원점에 대하여 대칭이동한 도형의 방정식
　　$\Rightarrow f(-x,\ -y)=0$

254

ㄱ. 주기가 $\dfrac{1}{\frac{1}{3}}=3\pi$인 주기함수이다. (참)

ㄴ. $f(-x)=\tan\dfrac{-x}{3}+2=-\tan\dfrac{x}{3}+2$
　　　　　　　　　　　$\uparrow$ $\tan(-\theta)=-\tan\theta$
　　$-f(x)=-\tan\dfrac{x}{3}-2$

　　$\therefore f(-x)\neq -f(x)$ (거짓)

ㄷ. 그래프의 점근선의 방정식은
　　$\dfrac{x}{3}=n\pi+\dfrac{\pi}{2}$, 즉 $x=3n\pi+\dfrac{3}{2}\pi$ (n은 정수) (거짓)

이상에서 옳은 것은 ㄱ뿐이다.

255

$f(x)=a\tan(bx+c)$라 하면 함수 $f(x)$의 주기는 $\dfrac{\pi}{|b|}=4\pi$이므로

$b=\dfrac{1}{4}\ (\because b>0)$

$\therefore f(x)=a\tan\left(\dfrac{x}{4}+c\right)=a\tan\dfrac{1}{4}(x+4c)$

즉, 함수 $y=f(x)$의 그래프는 함수 $y=a\tan\dfrac{1}{4}x$의 그래프를 x축의

방향으로 $-4c$만큼 평행이동한 것이므로

$f(-4c)=0$

$0<c<\pi$에서 $-4\pi<-4c<0$

$f(-3\pi)=0$이므로 $c=\dfrac{3}{4}\pi$

또, 함수 $y=f(x)$의 그래프가 점 $(0, -3)$을 지나므로

$f(0)=a\tan\dfrac{3}{4}\pi=-3$

$a\times(-1)=-3$　　$\therefore a=3$

$\therefore a\times b\times c=3\times\dfrac{1}{4}\times\dfrac{3}{4}\pi=\dfrac{9}{16}\pi$

256

주어진 그래프에서 함수 $y=\sin(ax-\pi)+b$의 주기가

$\dfrac{5}{6}\pi-\dfrac{\pi}{3}=\dfrac{1}{2}\pi$이므로 $\dfrac{2\pi}{|a|}=\dfrac{1}{2}\pi$, $|a|=4$

$\therefore a=4$ 또는 $a=-4$

(ⅰ) $a=4$일 때,

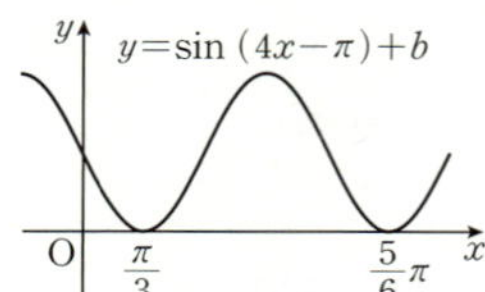

(ⅱ) $a=-4$일 때,

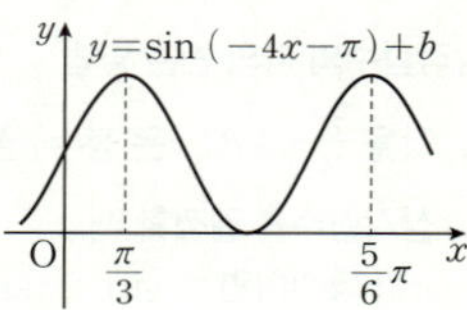

주어진 그래프는 (ⅰ)의 그래프의 개형과 같으므로 $a=4$

함수 $y=\sin(4x-\pi)+b$의 최댓값이 2이므로

$1+b=2$　　$\therefore b=1$

$\therefore a+b=4+1=5$

참고 함수 $y=\sin(4x-\pi)+1=\sin 4\left(x-\dfrac{\pi}{4}\right)+1$의 그래프는

함수 $y=\sin 4x$의 그래프를 x축의 방향으로 $\dfrac{\pi}{4}$만큼,

y축의 방향으로 1만큼 평행이동한 것이다.

257

조건 (가)에서 함수 $f(x)=a|\cos bx|+c$의 주기가 $\dfrac{\pi}{3}$이므로

$\dfrac{\pi}{|b|}=\dfrac{\pi}{3}$　　$\therefore b=3\ (\because b>0)$

$\therefore f(x)=a|\cos 3x|+c$

이때 $0\le|\cos 3x|\le 1$이므로

$c\le a|\cos 3x|+c\le a+c$, 즉 $c\le f(x)\le a+c$

조건 (나)에서 함수 $f(x)$의 최댓값이 3이므로

$a+c=3$　　　　　　　　　$\cdots\cdots$ ㉠

조건 (다)에서 $f\left(\dfrac{\pi}{9}\right)=\dfrac{5}{2}$이므로

$a\left|\cos\dfrac{\pi}{3}\right|+c=\dfrac{5}{2}$, $\dfrac{1}{2}a+c=\dfrac{5}{2}$

$\therefore a+2c=5$　　　　　　　$\cdots\cdots$ ㉡

㉠, ㉡을 연립하여 풀면 $a=1$, $c=2$

$\therefore a+b-c=1+3-2=2$

참고 함수 $y=|\cos x|$의 그래프는 함수 $y=\cos x$의 그래프에서
x축의 아랫부분을 x축에 대하여 대칭이동한 것이므로 다음 그림
과 같다.

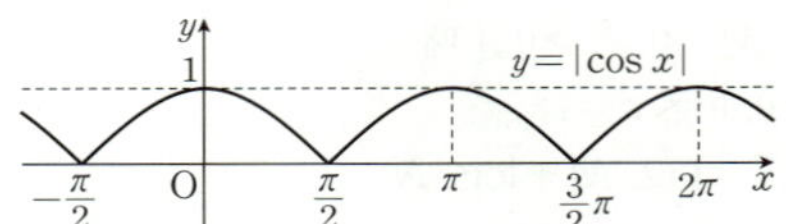

따라서 함수 $y=|\cos x|$의 주기는 π이므로 함수 $y=|\cos bx|$

의 주기는 $\dfrac{\pi}{|b|}$이다.

258

$\sin\dfrac{5}{6}\pi=\sin\left(\pi-\dfrac{\pi}{6}\right)=\sin\dfrac{\pi}{6}=\dfrac{1}{2}$

$\tan\dfrac{19}{3}\pi=\tan\left(6\pi+\dfrac{\pi}{3}\right)=\tan\dfrac{\pi}{3}=\sqrt{3}$

$\cos\left(-\dfrac{8}{3}\pi\right)=\cos\dfrac{8}{3}\pi=\cos\left(3\pi-\dfrac{\pi}{3}\right)=-\cos\dfrac{\pi}{3}=-\dfrac{1}{2}$

$\therefore$ (주어진 식)$=\dfrac{1}{2}+\sqrt{3}+\left(-\dfrac{1}{2}\right)=\sqrt{3}$

삼각함수의 각의 변환 방법

(i) 각을 $\dfrac{n}{2}\pi\pm\theta$ (n은 정수) 꼴로 고친다.

(ii) 삼각함수를 결정할 때,

n이 짝수이면 $\Rightarrow$ $\sin\to\sin,\ \cos\to\cos,\ \tan\to\tan$

n이 홀수이면 $\Rightarrow$ $\sin\to\cos,\ \cos\to\sin,\ \tan\to\dfrac{1}{\tan}$

(iii) θ를 예각으로 생각하여 $\dfrac{n}{2}\pi\pm\theta$를 나타내는 동경이 존재하는 사분면에서 처음에 주어진 삼각함수의 부호가 양이면 '$+$', 음이면 '$-$'를 붙인다.

259

$$\dfrac{\cos(\pi+\theta)}{1+\cos\left(\dfrac{3}{2}\pi-\theta\right)}-\dfrac{\sin\left(\dfrac{\pi}{2}+\theta\right)}{1+\sin(\pi-\theta)}$$

$$=\dfrac{-\cos\theta}{1-\sin\theta}-\dfrac{\cos\theta}{1+\sin\theta}$$

$$=\dfrac{-\cos\theta(1+\sin\theta)-\cos\theta(1-\sin\theta)}{1-\sin^2\theta}$$

$$=\dfrac{-2\cos\theta}{\cos^2\theta}=-\dfrac{2}{\cos\theta}$$

$$=-2\times3=-6$$

260

$\theta=10°$이므로

$\log_3\tan4\theta+\log_3\tan5\theta+\log_3\tan6\theta$

$=\log_3\tan40°+\log_3\tan50°+\log_3\tan60°$

$=\log_3(\tan40°\times\tan50°\times\tan60°)$ $\cdots\cdots$ ㉠

이때 $\tan60°=\sqrt{3}$이고

$\tan50°=\tan(90°-40°)=\dfrac{1}{\tan40°}$이므로

(주어진 식)$=\log_3\left(\tan40°\times\dfrac{1}{\tan40°}\times\sqrt{3}\right)$ ($\because$ ㉠)

$$=\log_3\sqrt{3}=\dfrac{1}{2}$$

로그의 성질

$a>0,\ a\ne1,\ M>0,\ N>0$일 때

① $\log_a1=0,\ \log_aa=1$

② $\log_aMN=\log_aM+\log_aN$

③ $\log_a\dfrac{M}{N}=\log_aM-\log_aN$

④ $\log_aM^k=k\log_aM$ (단, k는 실수)

261

$\sin^2 10°+\sin^2 20°+\sin^2 30°+\cdots+\sin^2 80°$

$=\sin^2 10°+\sin^2 20°+\sin^2 30°+\sin^2 40°+\sin^2(90°-40°)$

$\qquad+\sin^2(90°-30°)+\sin^2(90°-20°)+\sin^2(90°-10°)$

$=\sin^2 10°+\sin^2 20°+\sin^2 30°+\sin^2 40°$

$\qquad\qquad+\cos^2 40°+\cos^2 30°+\cos^2 20°+\cos^2 10°$

$=(\sin^2 10°+\cos^2 10°)+(\sin^2 20°+\cos^2 20°)$

$\qquad\qquad+(\sin^2 30°+\cos^2 30°)+(\sin^2 40°+\cos^2 40°)$

$=1+1+1+1=4$

 $\alpha+\beta=90°$일 때,

$\sin^2\alpha+\sin^2\beta=\sin^2\alpha+\sin^2(90°-\alpha)$

$\qquad\qquad=\sin^2\alpha+\cos^2\alpha=1$

262

점 $P_1,\ P_2,\ P_3,\ \cdots,\ P_{10}$은 원을 10등분 한 점이고 $\angle P_1OP_2=\theta$이므로

$$\theta=\dfrac{2\pi}{10}\qquad\therefore\ 5\theta=\pi$$

$\therefore\ \cos\theta+\cos2\theta+\cos3\theta+\cdots+\cos10\theta$

$=\cos\theta+\cos2\theta+\cos3\theta+\cos4\theta+\cos5\theta$

$\qquad\qquad+\cos(5\theta+\theta)+\cos(5\theta+2\theta)+\cos(5\theta+3\theta)$

$\qquad\qquad\qquad+\cos(5\theta+4\theta)+\cos(5\theta+5\theta)$

$=\cos\theta+\cos2\theta+\cos3\theta+\cos4\theta+\cos5\theta$

$\qquad\qquad+\cos(\pi+\theta)+\cos(\pi+2\theta)+\cos(\pi+3\theta)$

$\qquad\qquad\qquad+\cos(\pi+4\theta)+\cos(\pi+5\theta)$

$=\cos\theta+\cos2\theta+\cos3\theta+\cos4\theta+\cos5\theta$

$\qquad\qquad-\cos\theta-\cos2\theta-\cos3\theta-\cos4\theta-\cos5\theta$

$=0$

263

함수 $f(x)$의 주기가 4이므로

$\dfrac{2\pi}{\dfrac{\pi}{a}}=4$에서 $a=2$

$-1\le\cos\dfrac{\pi}{2}x\le1$이므로

$-4+b\le4\cos\dfrac{\pi}{2}x+b\le4+b$

함수 $f(x)$의 최솟값은 $-4+b$이므로

$-4+b=-1\qquad\therefore\ b=3$

$\therefore\ a+b=2+3=5$

264

$\sin\left(x-\dfrac{\pi}{2}\right)=\sin\left\{-\left(\dfrac{\pi}{2}-x\right)\right\}$

$$=-\sin\left(\dfrac{\pi}{2}-x\right)$$

$$=-\cos x$$

이므로

$y=2\sin\left(x-\dfrac{\pi}{2}\right)+3\cos x+k$

$=-2\cos x+3\cos x+k$

$=\cos x+k$

이때 $-1\le\cos x\le1$이므로

$-1+k\le\cos x+k\le1+k$, 즉 $-1+k\le y\le1+k$

따라서 주어진 함수의 최댓값은 $1+k$, 최솟값은 $-1+k$이다.

최댓값과 최솟값의 합이 2이므로

$(1+k)+(-1+k)=2$

$2k=2\qquad\therefore\ k=1$

삼각함수를 포함한 식의 최대·최소 (일차식의 꼴)
① 두 종류 이상의 삼각함수를 포함한 함수의 최대·최소는 한 종류의 삼각
  함수로 통일하여 구한다.
② 절댓값 기호를 포함한 삼각함수의 최대·최소는
$$0\le|\sin x|\le 1,\ 0\le|\cos x|\le 1$$
  임을 이용하여 구한다.

265

$y=2|2\sin x-1|+1$에서 $\sin x=t$로 놓으면

$-1\le\sin x\le 1$에서 $-1\le t\le 1$ $\therefore y=2|2t-1|+1$

(i) $-1\le t<\dfrac{1}{2}$일 때,

$$y=-2(2t-1)+1=-4t+3$$

(ii) $\dfrac{1}{2}\le t\le 1$일 때,

$$y=2(2t-1)+1=4t-1$$

오른쪽 그림에서

$t=-1$일 때 최댓값은 7,

$t=\dfrac{1}{2}$일 때 최솟값은 1

이므로 $M=7,\ m=1$

$\therefore M-m=7-1=6$

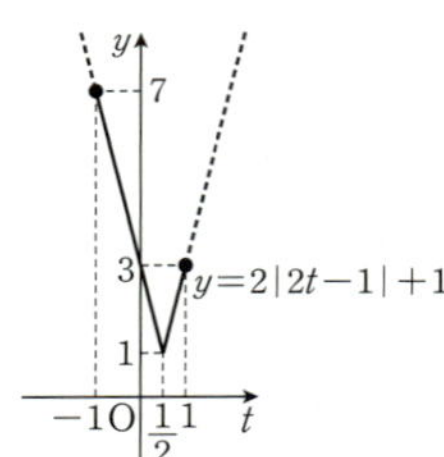

다른 풀이 $-1\le\sin x\le 1$이므로

$-3\le 2\sin x-1\le 1,\ 0\le|2\sin x-1|\le 3$

$\therefore 1\le 2|2\sin x-1|+1\le 7$, 즉 $1\le y\le 7$

따라서 주어진 함수의 최댓값은 7, 최솟값은 1이므로 $M=7,\ m=1$

$\therefore M-m=7-1=6$

266

$y=\dfrac{2\tan x-1}{\tan x+1}$ 에서 $\tan x=t$로 놓으면

$0\le x\le\dfrac{\pi}{4}$에서 $0\le t\le 1$

$\therefore y=\dfrac{2t-1}{t+1}=\dfrac{2(t+1)-3}{t+1}=-\dfrac{3}{t+1}+2$

오른쪽 그림에서

$t=1$일 때 최댓값은 $\dfrac{1}{2}$,

$t=0$일 때 최솟값은 -1

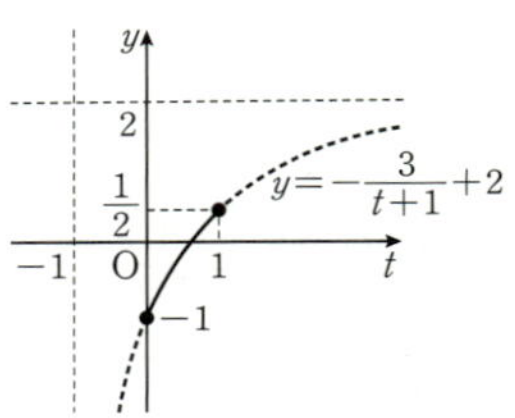

이므로 치역은 $\left\{y\,\middle|\,-1\le y\le\dfrac{1}{2}\right\}$

따라서 $a=-1,\ b=\dfrac{1}{2}$이므로

$$a+b=-1+\dfrac{1}{2}=-\dfrac{1}{2}$$

개념 보충

유리함수의 그래프

유리함수 $y=\dfrac{ax+b}{cx+d}\,(ad-bc\ne 0,\ c\ne 0)$의 그래프는

$y=\dfrac{k}{x-p}+q\,(k\ne 0)$ 꼴로 변형하여 그린다.

267

$y=-\cos^2 x-\sin x+1$

$\quad=-(1-\sin^2 x)-\sin x+1$

$\quad=\sin^2 x-\sin x$

$\sin x=t$로 놓으면 $-\pi\le x\le\pi$에서

$-1\le t\le 1$

$\therefore y=t^2-t=\left(t-\dfrac{1}{2}\right)^2-\dfrac{1}{4}$

오른쪽 그림에서 $t=-1$일 때 최댓값은 2이

므로 $b=2$

한편, $t=-1$, 즉 $\sin x=-1$에서

$x=-\dfrac{\pi}{2}\ (\because -\pi\le x\le\pi)$

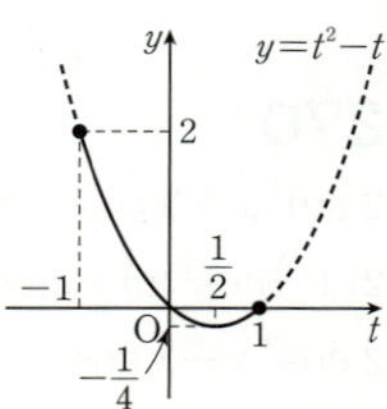

$\therefore a=-\dfrac{\pi}{2}$

$\therefore ab=\left(-\dfrac{\pi}{2}\right)\times 2=-\pi$

268

$\sin\left(x-\dfrac{3}{4}\pi\right)=\sin\left(x-\dfrac{\pi}{4}-\dfrac{\pi}{2}\right)$

$\qquad\qquad=-\sin\left\{\dfrac{\pi}{2}-\left(x-\dfrac{\pi}{4}\right)\right\}$

$\qquad\qquad=-\cos\left(x-\dfrac{\pi}{4}\right)$

이므로

$f(x)=4\sin^2\left(x-\dfrac{\pi}{4}\right)+8\sin\left(x-\dfrac{3}{4}\pi\right)+k$

$\qquad=4\sin^2\left(x-\dfrac{\pi}{4}\right)-8\cos\left(x-\dfrac{\pi}{4}\right)+k$

$\qquad=4-4\cos^2\left(x-\dfrac{\pi}{4}\right)-8\cos\left(x-\dfrac{\pi}{4}\right)+k$

$\cos\left(x-\dfrac{\pi}{4}\right)=t$로 놓으면

$-1\le t\le 1$

$\therefore y=-4t^2-8t+4+k$

$\qquad=-4(t+1)^2+8+k$

$f(t)=-4(t+1)^2+8+k$로 놓으면

$t=-1$일 때, $f(t)$의 최댓값은 $8+k$이므로

$8+k=7$ $\therefore k=-1$

$t=1$일 때, $f(t)$의 최솟값은 $-8+k$이므로

$m=-8-1=-9$

$\therefore km=(-1)\times(-9)=9$

269

$2\sin\left(2x-\dfrac{\pi}{3}\right)=\sqrt{3}$에서

$\sin\left(2x-\dfrac{\pi}{3}\right)=\dfrac{\sqrt{3}}{2}$ $\cdots\cdots$ ㉠

$2x-\dfrac{\pi}{3}=t$로 놓으면 $0\le x<\pi$에서

$-\dfrac{\pi}{3}\le t<\dfrac{5}{3}\pi$

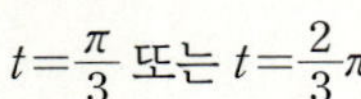

㉠에서 $\sin t=\dfrac{\sqrt{3}}{2}$ 이므로

$t=\dfrac{\pi}{3}$ 또는 $t=\dfrac{2}{3}\pi$

즉, $2x-\dfrac{\pi}{3}=\dfrac{\pi}{3}$ 또는 $2x-\dfrac{\pi}{3}=\dfrac{2}{3}\pi$ 이므로

$x=\dfrac{\pi}{3}$ 또는 $x=\dfrac{\pi}{2}$

270

$2\sin^2 x+3\cos x=0$ 에서

$2(1-\cos^2 x)+3\cos x=0$

$2\cos^2 x-3\cos x-2=0$, $(2\cos x+1)(\cos x-2)=0$

$\therefore \cos x=-\dfrac{1}{2}$ 또는 $\cos x=2$

$0\le x\le 2\pi$ 에서 $-1\le\cos x\le 1$ 이므로

$\cos x=-\dfrac{1}{2}$

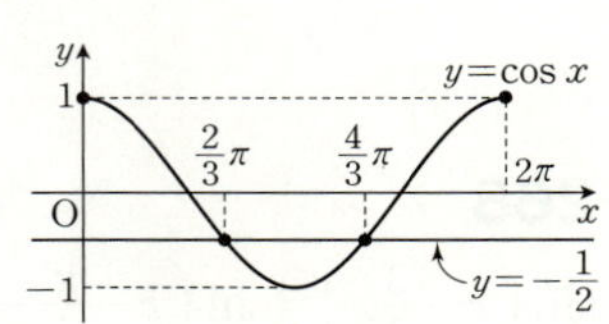

$\therefore x=\dfrac{2}{3}\pi$ 또는 $x=\dfrac{4}{3}\pi$

따라서 모든 근의 합은

$\dfrac{2}{3}\pi+\dfrac{4}{3}\pi=2\pi$

271

$2\cos^2 A-\sin A=1$ 에서

$2(1-\sin^2 A)-\sin A-1=0$

$2\sin^2 A+\sin A-1=0$

$(\sin A+1)(2\sin A-1)=0$

$\therefore \sin A=-1$ 또는 $\sin A=\dfrac{1}{2}$

$0<A<\pi$ 에서 $0<\sin A\le 1$ 이므로

$\sin A=\dfrac{1}{2}$

이때 $A+B+C=\pi$ 이므로

$B+C=\pi-A$

$\therefore \cos\left(\dfrac{B+C-A}{2}\right)=\cos\left(\dfrac{\pi}{2}-A\right)=\sin A=\dfrac{1}{2}$

272

방정식 $\sin\pi x=\dfrac{2}{7}x$ 의 서로 다른 실근의 개수는 함수 $y=\sin\pi x$

의 그래프와 직선 $y=\dfrac{2}{7}x$ 의 교점의 개수와 같다.

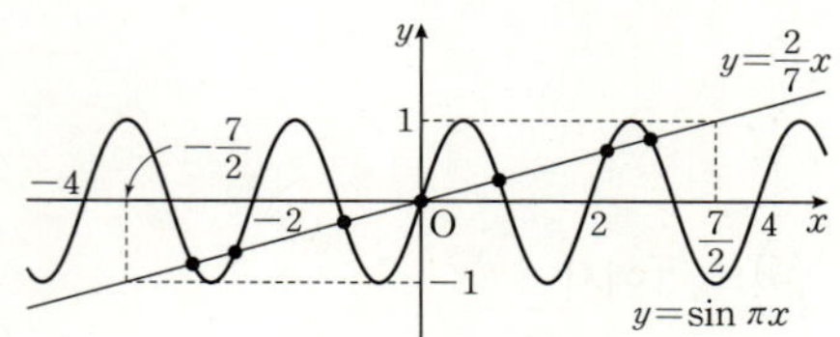

위의 그림에서 함수 $y=\sin\pi x$ 의 그래프와 직선 $y=\dfrac{2}{7}x$ 의 교점의

개수는 7이므로 주어진 방정식의 서로 다른 실근의 개수는 7이다.

 $y=\dfrac{2}{7}x$ 에서 $x<-\dfrac{7}{2}$ 이면 $y<-1$, $x>\dfrac{7}{2}$ 이면 $y>1$ 이므로

$x<-\dfrac{7}{2}$ 또는 $x>\dfrac{7}{2}$ 에서 직선 $y=\dfrac{2}{7}x$ 는 함수 $y=\sin\pi x$ 의 그래프와 만나지 않는다.

273

$f(0)=a\cos 0+a=2a$ 이므로 점 A의 좌표는 $(0,\ 2a)$ 이다.

$-\dfrac{3}{2}\pi\le x\le\dfrac{3}{2}\pi$ 에서 함수 $y=a\cos\dfrac{2}{3}x+a$ 의 그래프가 직선

$y=\dfrac{a}{2}$ 와 만나는 두 점의 x좌표는 방정식 $a\cos\dfrac{2}{3}x+a=\dfrac{a}{2}$ 의 실

근과 같다.

$a\cos\dfrac{2}{3}x+a=\dfrac{a}{2}$ 에서 $\cos\dfrac{2}{3}x=-\dfrac{1}{2}$

$-\dfrac{3}{2}\pi\le x\le\dfrac{3}{2}\pi$ 에서 $-\pi\le\dfrac{2}{3}x\le\pi$ 이므로

$\dfrac{2}{3}x=-\dfrac{2}{3}\pi$ 또는 $\dfrac{2}{3}x=\dfrac{2}{3}\pi$

$\therefore x=-\pi$ 또는 $x=\pi$

$\therefore \mathrm{B}\left(-\pi,\ \dfrac{a}{2}\right),\ \mathrm{C}\left(\pi,\ \dfrac{a}{2}\right)$

이때 삼각형 ABC가 정삼각형이므로

$\overline{\mathrm{AC}}=\overline{\mathrm{BC}}=|\pi-(-\pi)|=2\pi$

오른쪽 그림과 같이 직선 $y=\dfrac{a}{2}$ 가 y축

과 만나는 점을 H라 하면

직각삼각형 AHC에서

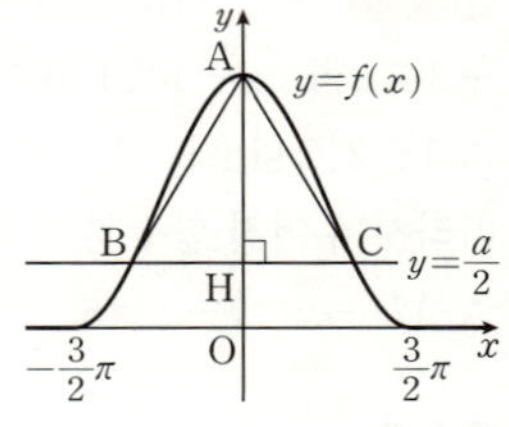

$\overline{\mathrm{AH}}=\overline{\mathrm{AC}}\times\sin\dfrac{\pi}{3}$

$2a-\dfrac{1}{2}a=2\pi\times\dfrac{\sqrt{3}}{2}$

$\dfrac{3}{2}a=\sqrt{3}\pi$ $\therefore a=\dfrac{2\sqrt{3}}{3}\pi$

274

$x-\dfrac{\pi}{6}=t$ 로 놓으면 $0\le x<2\pi$ 에서 $-\dfrac{\pi}{6}\le t<\dfrac{11}{6}\pi$

주어진 부등식은 $\sin t\ge\dfrac{1}{2}$ 이므로

t의 값의 범위는 $\dfrac{\pi}{6}\le t\le\dfrac{5}{6}\pi$

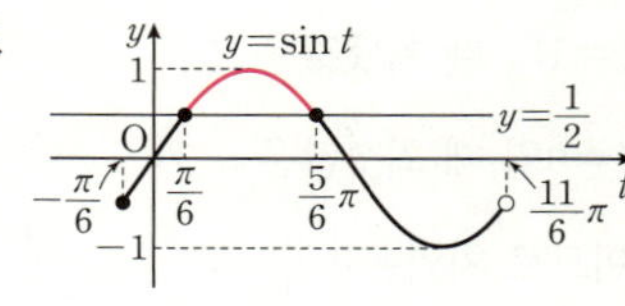

즉, $\dfrac{\pi}{6}\le x-\dfrac{\pi}{6}\le\dfrac{5}{6}\pi$ 이므로

$\dfrac{\pi}{3}\le x\le\pi$

삼각함수의 활용 ; 부등식 (일차식의 꼴)
① $\sin x>k$ (또는 $\cos x>k$ 또는 $\tan x>k$) 꼴의 부등식
$\Rightarrow y=\sin x$ (또는 $y=\cos x$ 또는 $y=\tan x$)의 그래프가 직선 $y=k$보
다 위쪽에 있는 부분의 x의 값의 범위를 구한다.
② $\sin x<k$ (또는 $\cos x<k$ 또는 $\tan x<k$) 꼴의 부등식
$\Rightarrow y=\sin x$ (또는 $y=\cos x$ 또는 $y=\tan x$)의 그래프가 직선 $y=k$보
다 아래쪽에 있는 부분의 x의 값의 범위를 구한다.

275

$0 \leq x < 2\pi$에서 부등식
$\sin x > \cos x$의 해는
$0 \leq x < 2\pi$에서 $y = \sin x$의 그래프
가 $y = \cos x$의 그래프보다 위쪽에
있는 부분의 x의 값의 범위와 같으
므로

$$\frac{\pi}{4} < x < \frac{5}{4}\pi$$

따라서 $\alpha = \frac{\pi}{4}$, $\beta = \frac{5}{4}\pi$이므로

$$\alpha + \beta = \frac{\pi}{4} + \frac{5}{4}\pi = \frac{3}{2}\pi$$

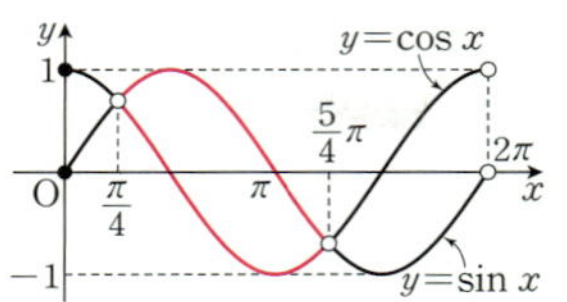

276

$\cos^2 x - 3\cos x - a + 9 \geq 0$에서
$\cos x = t$로 놓으면 $-1 \leq t \leq 1$
주어진 부등식은 $t^2 - 3t - a + 9 \geq 0$이므로
$y = t^2 - 3t - a + 9$로 놓으면

$$y = \left(t - \frac{3}{2}\right)^2 + \frac{27}{4} - a$$

$-1 \leq t \leq 1$에서
$t = 1$일 때 최솟값은 $7 - a$이므로
주어진 부등식이 모든 실수 x에 대하여 성
립하려면 $7 - a \geq 0$이어야 한다.
즉, $-a \geq -7$ $\therefore a \leq 7$
따라서 실수 a의 최댓값은 7이다.

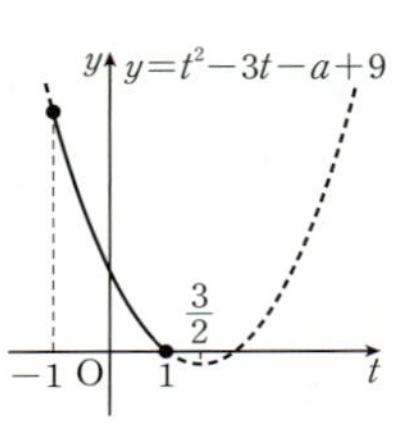

277

$$f(3+x) = \cos\frac{\pi}{6}(3+x) = \cos\left(\frac{\pi}{2} + \frac{\pi}{6}x\right) = -\sin\frac{\pi}{6}x$$

$$f(3-x) = \cos\frac{\pi}{6}(3-x) = \cos\left(\frac{\pi}{2} - \frac{\pi}{6}x\right) = \sin\frac{\pi}{6}x$$

이므로 주어진 부등식은

$$-4\sin^2\frac{\pi}{6}x + 3 < 0, \quad \sin^2\frac{\pi}{6}x > \frac{3}{4}$$

$$\therefore \sin\frac{\pi}{6}x < -\frac{\sqrt{3}}{2} \text{ 또는 } \sin\frac{\pi}{6}x > \frac{\sqrt{3}}{2} \quad \cdots\cdots \text{㉠}$$

이때 함수 $y = \sin\frac{\pi}{6}x$의 주기는 $\dfrac{2\pi}{\frac{\pi}{6}} = 12$이므로

$0 < x < 18$에서 함수 $y = \sin\frac{\pi}{6}x$의 그래프 및 두 직선
$y = -\frac{\sqrt{3}}{2}$, $y = \frac{\sqrt{3}}{2}$은 다음 그림과 같다.

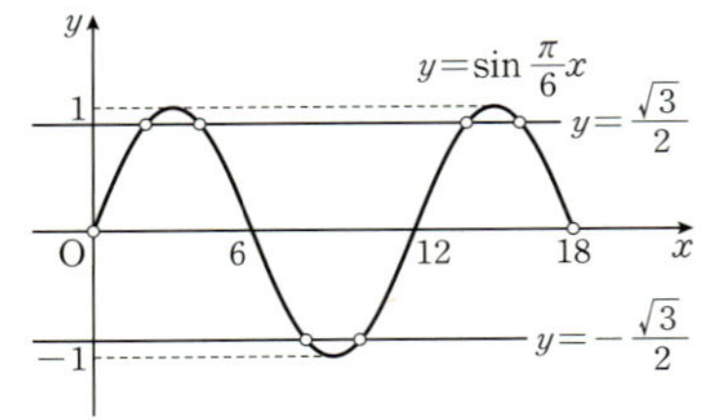

방정식 $\sin X = \frac{\sqrt{3}}{2}$에서 $X = \frac{\pi}{3}, \frac{2}{3}\pi, \frac{7}{3}\pi, \frac{8}{3}\pi, \cdots$이므로

방정식 $\sin\frac{\pi}{6}x = \frac{\sqrt{3}}{2}$에서 $x = 2, 4, 14, 16, \cdots$

방정식 $\sin Y = -\frac{\sqrt{3}}{2}$에서 $Y = \frac{4}{3}\pi, \frac{5}{3}\pi, \cdots$이므로

방정식 $\sin\frac{\pi}{6}x = -\frac{\sqrt{3}}{2}$에서 $x = 8, 10, \cdots$

$0 < x < 18$에서 ㉠을 만족시키는 x의 값의 범위는
$2 < x < 4$ 또는 $8 < x < 10$ 또는 $14 < x < 16$
따라서 ㉠을 만족시키는 자연수는 3, 9, 15이고 그 합은
$3 + 9 + 15 = 27$

278 (1) $-\dfrac{3}{4}$ (2) $3x^2 + 8x + 3 = 0$ **279** 4 **280** $\dfrac{\pi}{4}$

281 $\dfrac{\pi}{3} \leq x \leq \dfrac{5}{3}\pi$

278

(1) 이차방정식의 근과 계수의 관계에 의하여

$$\sin\theta + \cos\theta = \frac{1}{2} \quad \cdots\cdots \text{㉠}$$

$$\sin\theta\cos\theta = \frac{k}{2} \quad \cdots\cdots \text{㉡}$$

㉠의 양변을 제곱하면

$$\sin^2\theta + 2\sin\theta\cos\theta + \cos^2\theta = \frac{1}{4}$$

$$1 + 2\sin\theta\cos\theta = \frac{1}{4}, \quad 2\sin\theta\cos\theta = -\frac{3}{4}$$

$$\therefore \sin\theta\cos\theta = -\frac{3}{8} \quad \cdots\cdots \text{㉢}$$

㉡, ㉢에서 $\dfrac{k}{2} = -\dfrac{3}{8}$ $\therefore k = -\dfrac{3}{4}$ $\cdots\cdots$ ㉮

(2) $\tan\theta$, $\dfrac{1}{\tan\theta}$을 두 근으로 하고 x^2의 계수가 3인 이차방정식은

$$3\left\{x^2 - \left(\tan\theta + \frac{1}{\tan\theta}\right)x + \tan\theta \times \frac{1}{\tan\theta}\right\} = 0$$

이때
두 근의 합 두 근의 곱

$$\tan\theta + \frac{1}{\tan\theta} = \frac{\sin\theta}{\cos\theta} + \frac{\cos\theta}{\sin\theta} = \frac{\sin^2\theta + \cos^2\theta}{\sin\theta\cos\theta}$$

$$= \frac{1}{\sin\theta\cos\theta} = -\frac{8}{3} \quad (\because \text{㉢})$$

$$\tan\theta \times \frac{1}{\tan\theta} = 1 \quad \cdots\cdots \text{㉯}$$

따라서 구하는 이차방정식은

$$3\left\{x^2 - \left(-\frac{8}{3}\right)x + 1\right\} = 0$$

$$\therefore 3x^2 + 8x + 3 = 0 \quad \cdots\cdots \text{㉰}$$

	채점 기준	배점 비율
(1)	㉮ k의 값 구하기	40 %
(2)	㉯ $\tan\theta+\dfrac{1}{\tan\theta}$, $\tan\theta\times\dfrac{1}{\tan\theta}$의 값 구하기	40 %
	㉰ 이차방정식 구하기	20 %

이차방정식의 두 근이 삼각함수로 주어진 경우
이차방정식 $ax^2+bx+c=0$의 두 근이 $\sin\theta$, $\cos\theta$이면 이차방정식의 근과 계수의 관계에 의하여

$$\sin\theta+\cos\theta=-\frac{b}{a},\ \sin\theta\cos\theta=\frac{c}{a}$$

279

주어진 그래프에서 함수 $y=a\tan bx$의 주기가

$$\frac{\pi}{4}-\left(-\frac{\pi}{4}\right)=\frac{\pi}{2}$$이므로 $\frac{\pi}{|b|}=\frac{\pi}{2}$ $\quad\therefore b=2\ (\because b>0)$ $\cdots\cdots$ ㉮

함수 $y=a\tan 2x$의 그래프가 점 $\left(\dfrac{\pi}{8},2\right)$를 지나므로

$$2=a\tan\frac{\pi}{4} \quad\therefore a=2 \quad\cdots\cdots ㉯$$

$$\therefore ab=2\times2=4 \quad\cdots\cdots ㉰$$

채점 기준	배점 비율
㉮ b의 값 구하기	40 %
㉯ a의 값 구하기	40 %
㉰ ab의 값 구하기	20 %

삼각함수의 미정계수의 결정
주어진 삼각함수의 그래프에서 최대·최소, 주기, 함숫값을 이용하여 미정계수를 구한다.
① $y=a\sin bx+c$, $y=a\cos bx+c$
  ⇨ a, c: 삼각함수의 최대·최소 또는 함숫값을 이용한다.
    b: 삼각함수의 주기를 이용한다.
② $y=a\tan bx+c$
  ⇨ a, c: 함숫값을 이용한다.
    b: 삼각함수의 주기 또는 점근선의 방정식을 이용한다.

280

이차방정식 $x^2-2\sqrt{2}\,x+2\tan\theta=0$이 중근을 가지려면 이 이차방정식의 판별식을 D라 할 때,

$$\frac{D}{4}=(-\sqrt{2})^2-2\tan\theta=0$$

이어야 하므로

$$2-2\tan\theta=0 \quad\therefore \tan\theta=1 \quad\cdots\cdots ㉮$$

$$0\leq\theta<\pi$$이므로 $\quad\theta=\dfrac{\pi}{4} \quad\cdots\cdots ㉯$

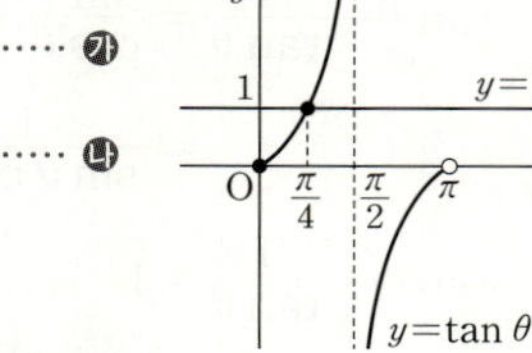

채점 기준	배점 비율
㉮ $\tan\theta$의 값 구하기	60 %
㉯ θ의 값 구하기	40 %

281

$2\sin^2 x-3\cos x\geq0$에서 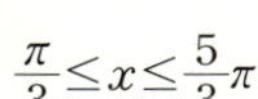

$$2(1-\cos^2 x)-3\cos x\geq0$$

$$2\cos^2 x+3\cos x-2\leq0,\ (\cos x+2)(2\cos x-1)\leq0$$

$0\leq x<2\pi$에서 $\cos x+2>0$이므로

$$2\cos x-1\leq0$$

$$\therefore \cos x\leq\frac{1}{2} \quad\cdots\cdots ㉮$$

따라서 부등식 $\cos x\leq\dfrac{1}{2}$의 해는

$$\frac{\pi}{3}\leq x\leq\frac{5}{3}\pi \quad\cdots\cdots ㉯$$

채점 기준	배점 비율
㉮ $\cos x$의 값의 범위 구하기	60 %
㉯ 주어진 부등식의 해 구하기	40 %

1등급 실력 완성 ● 72쪽 ~ 74쪽

282 $\dfrac{4}{5}\pi$ **283** ② **284** ④ **285** $-\dfrac{\sqrt{3}}{4}$ **286** ①

287 58 **288** $\dfrac{1}{2}$ **289** ㄱ, ㄷ **290** $-\dfrac{2}{3}\pi$ **291** 12

292 ③ **293** 15

282

두 동경의 위치 관계

(전략) 두 각 α, β를 나타내는 두 동경이 y축에 대하여 대칭이면 $\alpha+\beta=2n\pi+\pi$ (n은 정수)이고, 직선 $y=x$에 대하여 대칭이면 $\alpha+\beta=2n\pi+\dfrac{\pi}{2}$ (n은 정수)임을 이용한다.

(풀이) 각 θ를 나타내는 동경과 각 9θ를 나타내는 동경이 y축에 대하여 대칭이므로

$$\theta+9\theta=2n\pi+\pi\ (n\text{은 정수})$$

$$10\theta=2n\pi+\pi \quad\therefore \theta=\frac{n}{5}\pi+\frac{\pi}{10}$$

$0<\theta<\pi$에서 $0<\dfrac{n}{5}\pi+\dfrac{\pi}{10}<\pi$이므로

$$-\frac{\pi}{10}<\frac{n}{5}\pi<\frac{9}{10}\pi \quad\therefore -\frac{1}{2}<n<\frac{9}{2}$$

n은 정수이므로 $n=0,\ 1,\ 2,\ 3,\ 4$

$$\therefore \theta=\frac{\pi}{10},\ \frac{3}{10}\pi,\ \frac{\pi}{2},\ \frac{7}{10}\pi,\ \frac{9}{10}\pi \quad\cdots\cdots ㉠$$

또, 각 θ를 나타내는 동경과 각 4θ를 나타내는 동경이 직선 $y=x$에 대하여 대칭이므로

$$\theta+4\theta=2n\pi+\frac{\pi}{2}\ (n\text{은 정수})$$

$$5\theta=2n\pi+\frac{\pi}{2} \quad\therefore \theta=\frac{2n}{5}\pi+\frac{\pi}{10}$$

$0<\theta<\pi$에서 $0<\dfrac{2n}{5}\pi+\dfrac{\pi}{10}<\pi$이므로

$$-\frac{\pi}{10}<\frac{2n}{5}\pi<\frac{9}{10}\pi \quad\therefore -\frac{1}{4}<n<\frac{9}{4}$$

n은 정수이므로 $n=0,\ 1,\ 2$

$\therefore \theta=\dfrac{\pi}{10},\ \dfrac{\pi}{2},\ \dfrac{9}{10}\pi$ $\cdots\cdots$ ㉡

㉠, ㉡에서 $\theta=\dfrac{\pi}{10},\ \dfrac{\pi}{2},\ \dfrac{9}{10}\pi$

따라서 $\alpha=\dfrac{9}{10}\pi$, $\beta=\dfrac{\pi}{10}$이므로

$\alpha-\beta=\dfrac{9}{10}\pi-\dfrac{\pi}{10}=\dfrac{4}{5}\pi$

283

부채꼴의 호의 길이와 넓이

(전략) 반지름의 길이가 r, 중심각의 크기가 θ인 부채꼴의 넓이를 S라 하면 $S=\dfrac{1}{2}r^2\theta$임을 이용한다.

(풀이) 부채꼴 OAB는 반지름의 길이가 6, 중심각의 크기가 $\dfrac{\pi}{4}$이므로

$S_1=\dfrac{1}{2}\times 6^2\times\dfrac{\pi}{4}=\dfrac{9}{2}\pi$

오른쪽 그림과 같이 반원 C의 중심을 Q, 반지름의 길이를 r라 하고 선분 OB와 반원 C의 접점을 H라 하면
삼각형 OQH는 직각삼각형이고

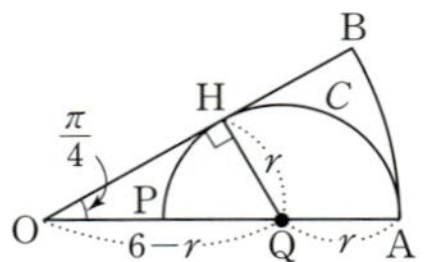

$\angle\mathrm{HOQ}=\dfrac{\pi}{4}$이므로

$\overline{\mathrm{OQ}}\sin(\angle\mathrm{HOQ})=\overline{\mathrm{QH}}$에서 $\overline{\mathrm{OQ}}\sin\dfrac{\pi}{4}=\overline{\mathrm{QH}}$, $\dfrac{\overline{\mathrm{OQ}}}{\sqrt{2}}=\overline{\mathrm{QH}}$

$\dfrac{6-r}{\sqrt{2}}=r$, $\sqrt{2}r=6-r$

$\therefore r=\dfrac{6}{\sqrt{2}+1}=6(\sqrt{2}-1)$

$\therefore S_2=\dfrac{1}{2}\times\pi\times\{6(\sqrt{2}-1)\}^2=18(3-2\sqrt{2})\pi$

$\therefore \dfrac{4S_1}{S_2}=\dfrac{4\times\dfrac{9}{2}\pi}{18(3-2\sqrt{2})\pi}=3+2\sqrt{2}$

284

삼각함수의 뜻 ⊕ 삼각함수 사이의 관계

(전략) 두 직각삼각형 BOQ, POA에서 삼각함수의 뜻을 이용하여 각 변의 길이를 삼각함수로 나타낸다.

(풀이) ㄱ. 직각삼각형 BOQ에서

$\sin\theta=\dfrac{\overline{\mathrm{BQ}}}{\overline{\mathrm{OB}}}=\overline{\mathrm{BQ}}$

이때 $\overline{\mathrm{BQ}}<\overline{\mathrm{OB}}$이므로 $\sin\theta<\overline{\mathrm{OB}}$ (거짓)

ㄴ. 직각삼각형 POA에서

$\tan\theta=\dfrac{\overline{\mathrm{PA}}}{\overline{\mathrm{OA}}}=\overline{\mathrm{PA}}$

직각삼각형 BOQ에서

$\cos\theta=\dfrac{\overline{\mathrm{OQ}}}{\overline{\mathrm{OB}}}=\overline{\mathrm{OQ}}$, $\sin\theta=\dfrac{\overline{\mathrm{BQ}}}{\overline{\mathrm{OB}}}=\overline{\mathrm{BQ}}$

$\therefore \overline{\mathrm{PA}}\times\overline{\mathrm{OQ}}=\tan\theta\times\cos\theta$

$\qquad=\dfrac{\sin\theta}{\cos\theta}\times\cos\theta$

$\qquad=\sin\theta=\overline{\mathrm{BQ}}$ (참)

ㄷ. 직각삼각형 BOQ에서

$\cos\theta=\dfrac{\overline{\mathrm{OQ}}}{\overline{\mathrm{OB}}}=\overline{\mathrm{OQ}}$

직각삼각형 POA에서

$\cos\theta=\dfrac{\overline{\mathrm{OA}}}{\overline{\mathrm{OP}}}=\dfrac{1}{\overline{\mathrm{OP}}}$ $\therefore \overline{\mathrm{OP}}=\dfrac{1}{\cos\theta}$

$\therefore \overline{\mathrm{OQ}}\times\overline{\mathrm{OP}}=\cos\theta\times\dfrac{1}{\cos\theta}=1$ (참)

이상에서 옳은 것은 ㄴ, ㄷ이다.

285

삼각함수의 값의 부호 ⊕ 삼각함수 사이의 관계

(전략) $ab\neq 0$일 때, $\sqrt{a}\sqrt{b}=-\sqrt{ab}$이면 $a<0$, $b<0$임을 이용하여 θ가 각 제몇 사분면의 각인지 파악한다.

(풀이) 조건 (나)에서

$1+\tan\theta=(2-\sqrt{3})(1-\tan\theta)$

$(3-\sqrt{3})\tan\theta=1-\sqrt{3}$

$\therefore \tan\theta=\dfrac{1-\sqrt{3}}{3-\sqrt{3}}=-\dfrac{\sqrt{3}}{3}$ $\cdots\cdots$ ㉠

$\tan\theta=\dfrac{\sin\theta}{\cos\theta}$이므로 $\cos\theta\tan\theta=\sin\theta$

즉, 조건 (가)에서

$\sqrt{\cos\theta}\sqrt{\tan\theta}=-\sqrt{\sin\theta}=-\sqrt{\cos\theta\tan\theta}$

이때 ㉠에서 $\cos\theta\neq 0$, $\tan\theta\neq 0$이므로

$\cos\theta<0$, $\tan\theta<0$

따라서 θ는 제2사분면의 각이므로 오른쪽 그림에서 각 θ를 나타내는 동경을 OP라 할 때, ㉠에서 점 P의 좌표를 $(-3,\ \sqrt{3})$으로 놓을 수 있다.

$\overline{\mathrm{OP}}=\sqrt{(-3)^2+(\sqrt{3})^2}=2\sqrt{3}$이므로

$\sin\theta=\dfrac{\sqrt{3}}{2\sqrt{3}}=\dfrac{1}{2}$, $\cos\theta=\dfrac{-3}{2\sqrt{3}}=-\dfrac{\sqrt{3}}{2}$

$\therefore \sin\theta\cos\theta=\dfrac{1}{2}\times\left(-\dfrac{\sqrt{3}}{2}\right)=-\dfrac{\sqrt{3}}{4}$

(다른 풀이) 조건 (가), (나)에서 $\tan\theta=-\dfrac{\sqrt{3}}{3}$이고 θ는 제2사분면의 각임을 이용하여 다음과 같이 구할 수도 있다.

$\sin^2\theta+\cos^2\theta=1$의 양변을 $\cos^2\theta$로 나누면

$\tan^2\theta+1=\dfrac{1}{\cos^2\theta}$이므로

$\dfrac{1}{\cos^2\theta}=\left(-\dfrac{\sqrt{3}}{3}\right)^2+1=\dfrac{4}{3}$ $\therefore \cos^2\theta=\dfrac{3}{4}$

또, $\sin^2\theta+\cos^2\theta=1$에서

$\sin^2\theta=1-\cos^2\theta=1-\dfrac{3}{4}=\dfrac{1}{4}$

이때 θ가 제2사분면의 각이므로

$\sin\theta>0$, $\cos\theta<0$

따라서 $\sin\theta=\sqrt{\dfrac{1}{4}}=\dfrac{1}{2}$, $\cos\theta=-\sqrt{\dfrac{3}{4}}=-\dfrac{\sqrt{3}}{2}$이므로

$\sin\theta\cos\theta=\dfrac{1}{2}\times\left(-\dfrac{\sqrt{3}}{2}\right)=-\dfrac{\sqrt{3}}{4}$

286

삼각함수의 그래프

(전략) 삼각함수의 주기와 그래프의 대칭성을 이용한다.

(풀이) 삼각형 AOB의 넓이가 $\dfrac{15}{2}$이므로

$$\dfrac{1}{2}\times\overline{AB}\times 5=\dfrac{15}{2} \text{에서 } \overline{AB}=3$$

$$\therefore \overline{BC}=\overline{AB}+6=3+6=9$$

함수 $y=f(x)$의 주기가 $\dfrac{2\pi}{\dfrac{\pi}{b}}=2b$이고

$\overline{AC}=\overline{AB}+\overline{BC}$이므로

$$2b=12 \qquad \therefore b=6$$

선분 AB의 중점의 x좌표가 3이므로 점 A의 좌표는 $\left(\dfrac{3}{2},\,5\right)$이다.

점 A가 함수 $y=f(x)$의 그래프 위의 점이므로 $f\left(\dfrac{3}{2}\right)=5$에서

$$a\sin\dfrac{\pi}{4}+1=5,\ \dfrac{\sqrt{2}}{2}a=4 \qquad \therefore a=4\sqrt{2}$$

$$\therefore a^2+b^2=(4\sqrt{2})^2+6^2=32+36=68$$

287

삼각함수의 그래프

(전략) 주어진 함수의 주기를 통해 개형을 파악하고 대칭성을 이용하여 $f(n)$의 값을 구한다.

(풀이) 함수 $y=-\cos\dfrac{\pi}{2^n}x$의 주기는 $\dfrac{2\pi}{\dfrac{\pi}{2^n}}=2^{n+1}$이다.

(i) $n=1$일 때,

함수 $y=-\cos\dfrac{\pi}{2}x$의 그래프와 직선 $y=1$은 점 $(2,\,1)$에서 만나므로 $f(1)=2$

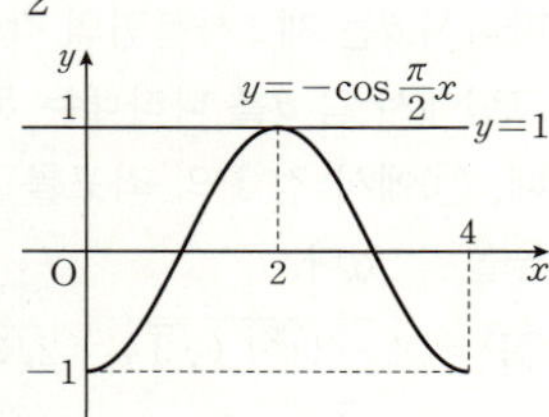

(ii) $n\geq 2$일 때,

함수 $y=-\cos\dfrac{\pi}{2^n}x$의 그래프와 직선 $y=\dfrac{1}{n}$이 만나는 두 점의 x좌표를 $\alpha,\ \beta\ (\alpha<\beta)$라 하면

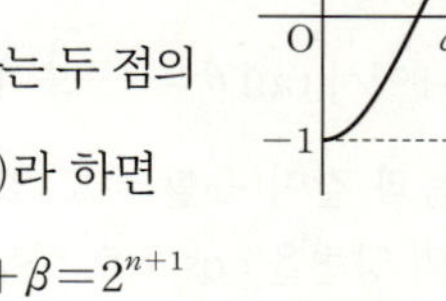

$\dfrac{\alpha+\beta}{2}=2^n$이므로 $\alpha+\beta=2^{n+1}$

$$\therefore f(n)=2^{n+1}$$

(i), (ii)에서

$$f(1)+f(2)+f(3)+f(4)=2+2^3+2^4+2^5$$
$$=2+8+16+32=58$$

288

여러 가지 각에 대한 삼각함수의 성질

(전략) 직선 $y=mx+n$이 x축의 양의 방향과 이루는 각의 크기를 θ라 하면 $m=\tan\theta$임을 이용한다.

(풀이) 직선 $y=ax+1$이 x축의 양의 방향과 이루는 각의 크기가 θ이므로 $\tan\theta=a$

$$\therefore \dfrac{1-\cos(\pi+\theta)}{\sin(\pi-\theta)}+\dfrac{1+\sin\left(\dfrac{3}{2}\pi-\theta\right)}{\cos\left(\dfrac{\pi}{2}+\theta\right)}$$

$$=\dfrac{1-(-\cos\theta)}{\sin\theta}+\dfrac{1+(-\cos\theta)}{-\sin\theta}$$

$$=\dfrac{1+\cos\theta}{\sin\theta}-\dfrac{1-\cos\theta}{\sin\theta}$$

$$=\dfrac{2\cos\theta}{\sin\theta}=\dfrac{2}{\tan\theta}$$

즉, $\dfrac{2}{\tan\theta}=4$이므로 $\tan\theta=\dfrac{1}{2}$ $\qquad \therefore a=\tan\theta=\dfrac{1}{2}$

289

여러 가지 각에 대한 삼각함수의 성질

(전략) 정사각형의 성질을 이용하여 $\alpha,\ \beta,\ \gamma,\ \delta$ 사이의 관계를 파악하고, 여러 가지 각에 대한 삼각함수의 성질을 이용한다.

(풀이) ㄱ. $\sin\gamma=\sin(\pi+\alpha)=-\sin\alpha$

$\therefore \sin\alpha+\sin\gamma=\sin\alpha+(-\sin\alpha)=0$ (참)

ㄴ. $\cos\delta=\cos\left(\dfrac{3}{2}\pi+\alpha\right)=\sin\alpha$

$\therefore \sin\alpha+\cos\delta=\sin\alpha+\sin\alpha$
$\qquad\qquad\qquad =2\sin\alpha\neq 0$ (거짓)

ㄷ. $\tan\gamma=\tan\left(\dfrac{\pi}{2}+\beta\right)=-\dfrac{1}{\tan\beta}$

$\therefore \tan\beta\times\tan\gamma=\tan\beta\times\left(-\dfrac{1}{\tan\beta}\right)=-1$ (참)

이상에서 옳은 것은 ㄱ, ㄷ이다.

(참고) 사각형 $ABCD$는 정사각형이고 원점을 중심으로 하는 원에 내접하므로 두 대각선 AC, BD의 교점은 원점과 일치한다.

290

삼각함수를 포함한 식의 최대·최소

(전략) 주어진 함수식을 한 종류의 삼각함수에 대한 식으로 나타낸 후 삼각함수를 t로 치환한다.

(풀이) $y=\cos^2 x+2k\sin x+6k$
$\qquad\quad =1-\sin^2 x+2k\sin x+6k$

$\sin x=t$로 놓으면

$0\leq x<2\pi$에서 $-1\leq t\leq 1$

$\therefore y=-t^2+2kt+6k+1$
$\qquad =-(t-k)^2+k^2+6k+1$

$f(t)=-(t-k)^2+k^2+6k+1$로 놓으면

(i) $k<-1$일 때,

$f(t)$의 최댓값은 $f(-1)$이므로

$f(-1)=-9$에서 $4k=-9$

$$\therefore k=-\dfrac{9}{4}$$

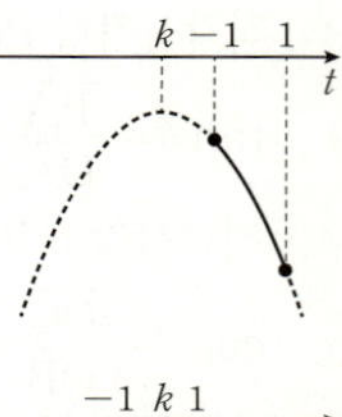

(ii) $-1\leq k<1$일 때,

$f(t)$의 최댓값은 $f(k)$이므로

$f(k)=-9$에서 $k^2+6k+1=-9$

$$\therefore k^2+6k+10=0$$

이 이차방정식의 판별식을 D라 하면

$$\frac{D}{4}=3^2-10=-1<0$$

이므로 이를 만족시키는 실수 k의 값은 존재하지 않는다.

(iii) $k\geq1$일 때,

$f(t)$의 최댓값은 $f(1)$이므로

$f(1)=-9$에서 $8k=-9$

$$\therefore k=-\frac{9}{8}$$

그런데 $k=-\frac{9}{8}$는 $k\geq1$을 만족시키지 않는다.

이상에서 $k=-\frac{9}{4}$이고, $f(t)$는 $t=-1$일 때 최댓값을 가지므로

$\sin x=-1$에서 $x=\frac{3}{2}\pi$ $(\because 0\leq x<2\pi)$ $\qquad \therefore a=\frac{3}{2}\pi$

$$\therefore \frac{a}{k}=\frac{3}{2}\pi\div\left(-\frac{9}{4}\right)=\frac{3}{2}\pi\times\left(-\frac{4}{9}\right)=-\frac{2}{3}\pi$$

291

삼각함수의 활용; 방정식

(전략) 주어진 곡선과 직선이 만나는 점의 좌표를 구한 후 삼각형 PAB의 넓이가 최대가 되도록 하는 세 점 A, B, P의 좌표를 구한다.

(풀이) $2\sin\frac{1}{4}(x-\pi)=1$에서

$$\sin\frac{1}{4}(x-\pi)=\frac{1}{2} \qquad\qquad \cdots\cdots\ \bigcirc$$

$\frac{1}{4}(x-\pi)=t$로 놓으면 $0\leq x\leq10\pi$에서

$$-\frac{\pi}{4}\leq\frac{1}{4}(x-\pi)\leq\frac{9}{4}\pi$$

$$\therefore -\frac{\pi}{4}\leq t\leq\frac{9}{4}\pi \qquad\qquad \cdots\cdots\ \bigcirc\!\!\bigcirc$$

$\bigcirc$에서 $\sin t=\frac{1}{2}$이므로

$t=\frac{\pi}{6}$ 또는 $t=\frac{5}{6}\pi$

또는 $t=\frac{13}{6}\pi$ $(\because \bigcirc\!\!\bigcirc)$

즉, $\frac{1}{4}(x-\pi)=\frac{\pi}{6}$ 또는 $\frac{1}{4}(x-\pi)=\frac{5}{6}\pi$

또는 $\frac{1}{4}(x-\pi)=\frac{13}{6}\pi$

$\therefore x=\frac{5}{3}\pi$ 또는 $x=\frac{13}{3}\pi$ 또는 $x=\frac{29}{3}\pi$

즉, 곡선 $y=2\sin\frac{1}{4}(x-\pi)$와 직선 $y=1$이 만나는 점의 좌표는

$\left(\frac{5}{3}\pi,\ 1\right)$, $\left(\frac{13}{3}\pi,\ 1\right)$, $\left(\frac{29}{3}\pi,\ 1\right)$이다.

오른쪽 그림과 같이 세 점 A, B, P가

$A\left(\frac{5}{3}\pi,\ 1\right)$, $B\left(\frac{29}{3}\pi,\ 1\right)$,

$P(7\pi,\ -2)$

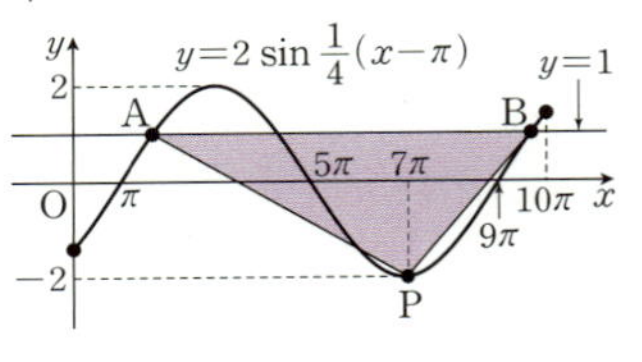

일 때 삼각형 PAB의 넓이는 최대이다.

따라서 삼각형 PAB의 넓이의 최댓값은

$$\frac{1}{2}\times\left(\frac{29}{3}\pi-\frac{5}{3}\pi\right)\times\{1-(-2)\}$$

$$=\frac{1}{2}\times8\pi\times3$$

$$=12\pi$$

$$\therefore k=12$$

(참고) 함수 $y=2\sin\frac{1}{4}(x-\pi)$의 주기는 $\frac{2\pi}{\frac{1}{4}}=8\pi$이다.

따라서 점 A의 x좌표를 $\pi+\alpha$라 하면 점 B의 x좌표는 $9\pi+\alpha$이므로 삼각형 PAB의 넓이의 최댓값을

$$\frac{1}{2}\times\{(9\pi+\alpha)-(\pi+\alpha)\}\times\{1-(-2)\}=12\pi$$

와 같이 구할 수도 있다.

292

삼각함수의 활용; 방정식

(전략) 점 A의 좌표를 a로 놓고 점 B가 선분 AC를 2:1로 내분함을 이용하여 점 C의 좌표를 구한다.

(풀이) $0\leq x\leq2\pi$일 때, 방정식 $f(x)=g(x)$에서

$k\sin x=\cos x$

$\cos x\neq0$일 때, 양변을 $\cos x$로 나누면

$$k\tan x=1 \qquad \therefore \tan x=\frac{1}{k} \qquad\qquad \cdots\cdots\ \bigcirc$$

점 A의 x좌표를 $a\left(0<a<\frac{\pi}{2}\right)$라 하면 함수 $y=\tan x$의 주기가 π이므로 점 B의 x좌표는 $a+\pi$이다.

$\therefore A(a,\ \cos a)$, $B(a+\pi,\ -\cos a)$

점 C의 x좌표를 t $(\pi<t<2\pi)$라 하면 점 C의 좌표는 $(t,\ k\sin t)$이고, 점 B가 선분 AC를 2:1로 내분하므로

$$\frac{2\times t+1\times a}{2+1}=a+\pi$$

$$\therefore t=a+\frac{3}{2}\pi$$

$$\frac{2\times k\sin t+1\times\cos a}{2+1}=-\cos a$$

$$\therefore k=2$$

$x=a$는 $\bigcirc$의 해이므로 $\tan a=\frac{1}{2}$에서

$$\cos a=\frac{2\sqrt{5}}{5},\ \sin a=\frac{\sqrt{5}}{5}$$

$$\therefore C\left(a+\frac{3}{2}\pi,\ -\frac{4\sqrt{5}}{5}\right),\ D\left(a+\frac{3}{2}\pi,\ \frac{\sqrt{5}}{5}\right)$$

$$\overline{CD}=\left|\frac{\sqrt{5}}{5}-\left(-\frac{4\sqrt{5}}{5}\right)\right|=\sqrt{5}$$

또, 점 B와 직선 CD 사이의 거리는

$$\left|\left(a+\frac{3}{2}\pi\right)-(a+\pi)\right|=\frac{\pi}{2}$$

따라서 삼각형 BCD의 넓이는

$$\frac{1}{2}\times\sqrt{5}\times\frac{\pi}{2}=\frac{\sqrt{5}}{4}\pi$$

293

삼각함수를 포함한 식의 최대·최소 ⊕ 삼각함수의 활용; 부등식

(전략) $g(x)=t$로 놓고 $(f \circ g)(x)$를 t에 대한 함수로 나타낸다.

(풀이) $g(x)=\sin^2 x-2\sin x$
$\qquad\quad =(\sin x-1)^2-1$

이때 $-1\le\sin x\le 1$이므로 $g(x)$는

$\sin x=1$일 때 최솟값 -1, $\sin x=-1$일 때 최댓값 3을 갖는다.

$\therefore -1\le g(x)\le 3$

$g(x)=t$로 놓으면 $-1\le t\le 3$이고

$(f \circ g)(x)=f(t)$
$\qquad\qquad\quad =t^2-8t+a$
$\qquad\qquad\quad =(t-4)^2+a-16$

$-1\le t\le 3$에서 함수 $(f \circ g)(x)$, 즉 $f(t)$는 $t=3$일 때 최솟값 $a-15$를 갖는다.

모든 실수 x에 대하여 부등식 $(f \circ g)(x)\ge 0$이 성립하려면

$a-15\ge 0$이어야 하므로 $a\ge 15$

따라서 실수 a의 최솟값은 15이다.

● 75쪽

294 ②　　**295** ①

294

삼각함수의 그래프

(1단계) 함수 $f(x)$의 주기를 구하여 개형을 그린다.

함수 $f(x)=-7\sin 4nx$의 주기는 $\dfrac{2\pi}{4n}=\dfrac{\pi}{2n}$이므로 $y=f(x)$ 그래프의 개형은 다음 그림과 같다.

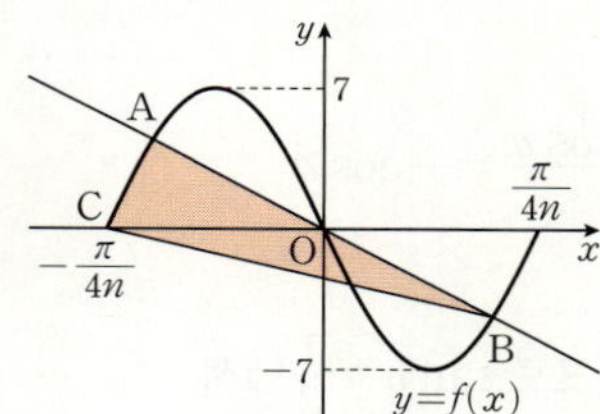

(2단계) 두 점 A, B의 좌표를 구한다.

원점 O를 지나고 기울기가 음수인 직선이 $-\dfrac{\pi}{4n}<x<\dfrac{\pi}{4n}$에서 함수 $y=f(x)$의 그래프와 만나는 점 중에서 두 점 A, B는 원점에 대하여 대칭이다.

실수 $t\left(-\dfrac{\pi}{4n}<t<\dfrac{\pi}{4n},\ t\ne 0\right)$에 대하여 점 A의 좌표를 $(-t,\ 7\sin 4nt)$라 하면 점 B의 좌표는 $(t,\ -7\sin 4nt)$이다.

(3단계) 점의 좌표를 이용하여 삼각형의 넓이를 구한다.

삼각형 OAC의 넓이와 삼각형 OCB의 넓이가 같으므로 삼각형 ACB의 넓이는

$2\times\dfrac{1}{2}\times\dfrac{\pi}{4n}\times 7\,|\sin 4nt|=\dfrac{7\pi}{24}$

$|\sin 4nt|=\dfrac{n}{6}$

$0<|\sin 4nt|\le 1$이므로 $0<\dfrac{n}{6}\le 1$

$\therefore 0<n\le 6$

따라서 자연수 n의 최댓값은 6이다.

295

삼각함수의 활용; 방정식

(1단계) 두 조건 (가), (나)를 이용하여 a의 값을 구한다.

$-1\le\cos bx\le 1$이므로

함수 $f(x)=a\cos bx+8-3a$의 최솟값은

$-a+8-3a=-4a+8$이고 조건 (가)를 만족시키려면

$-4a+8\ge 0$이어야 한다.

또, 조건 (나)를 만족시키려면 $-4a+8=0$이어야 하므로

$a=2$

(2단계) 함수 $f(x)$의 주기를 이용하여 b의 값을 구한다.

함수 $f(x)=2\cos bx+2$의 주기는 $\dfrac{2\pi}{b}$이므로 $0\le x\le\dfrac{2\pi}{b}$에서

방정식 $f(x)=0$의 서로 다른 실근의 개수는 1이고, 함수 $y=f(x)$의 그래프와 x축의 교점의 좌표는 $\left(\dfrac{\pi}{b},\ 0\right)$이다.

따라서 $0\le x<2\pi$에서 방정식 $f(x)=0$의 서로 다른 실근의 개수가 7이 되려면

$\dfrac{2\pi}{b}\times 6+\dfrac{\pi}{b}<2\pi\le\dfrac{2\pi}{b}\times 7+\dfrac{\pi}{b}$

$\dfrac{13}{b}\pi<2\pi\le\dfrac{15}{b}\pi$

$\therefore \dfrac{13}{2}<b\le\dfrac{15}{2}\ (\because b>0)$

이때 b는 자연수이므로

$b=7$

$\therefore ab=2\times 7=14$

(참고) $a=1$이면 $f(x)=0$을 만족시키는 실근이 존재하지 않는다.

06 삼각함수의 활용

296 $\dfrac{16}{25}$		**297** $2\sqrt{3}$		**298** ④		**299** ③		**300** $\dfrac{\sqrt{5}}{3}$	
301 ③		**302** ④		**303** ④		**304** ④		**305** ②	
306 ③		**307** $2\sqrt{11}$		**308** $\sqrt{14}$		**309** ⑤		**310** ⑤	
311 $\dfrac{49}{3}\pi$		**312** 8		**313** ③		**314** ④			
315 ㄴ, ㄷ		**316** ④		**317** $15\sqrt{2}\,\text{m}$				**318** $5\,\text{m}$	
319 ④		**320** 17		**321** $30°, 150°$				**322** ③	
323 $12+4\sqrt{3}$				**324** ③		**325** ⑤		**326** ③	
327 $12\sqrt{3}$		**328** 8		**329** $\dfrac{\sqrt{3}+\sqrt{6}}{2}$				**330** ②	

296

사인법칙에 의하여

$$\frac{5}{\sin 60°}=\frac{2\sqrt{3}}{\sin B}$$

$$5\sin B=2\sqrt{3}\sin 60°$$

$$\therefore \sin B=2\sqrt{3}\sin 60°\times\frac{1}{5}$$

$$=2\sqrt{3}\times\frac{\sqrt{3}}{2}\times\frac{1}{5}=\frac{3}{5}$$

$$\therefore \cos^2 B=1-\sin^2 B=1-\left(\frac{3}{5}\right)^2=\frac{16}{25}$$

297

$B+C=180°-A$이므로 $4\cos A\cos(B+C)=-1$에서

$$4\cos A\cos(180°-A)=-1$$

$$4\cos A\times(-\cos A)=-1$$

$$-4\cos^2 A=-1 \qquad \therefore \cos^2 A=\frac{1}{4}$$

$$\therefore \sin^2 A=1-\cos^2 A=1-\frac{1}{4}=\frac{3}{4}$$

$0°<A<180°$에서 $\sin A>0$이므로

$$\sin A=\sqrt{\frac{3}{4}}=\frac{\sqrt{3}}{2}$$

$\triangle ABC$의 외접원의 반지름의 길이가 2이므로 사인법칙에 의하여

$$\frac{\overline{BC}}{\sin A}=2\times 2$$

$$\therefore \overline{BC}=4\sin A=4\times\frac{\sqrt{3}}{2}=2\sqrt{3}$$

298

$$A=180°-(45°+105°)=30°$$

사인법칙에 의하여

$$\frac{10}{\sin 30°}=\frac{\overline{AC}}{\sin 45°}$$

$$10\sin 45°=\overline{AC}\sin 30°$$

$$\therefore \overline{AC}=10\sin 45°\times\frac{1}{\sin 30°}=10\times\frac{\sqrt{2}}{2}\times 2=10\sqrt{2}$$

299

$\overset{\frown}{\text{AD}}$에 대한 원주각의 크기가 같으므로

$$\angle ACD=\angle ABD=60°$$

$\triangle ACD$에서 사인법칙에 의하여

$$\frac{4\sqrt{6}}{\sin 60°}=\frac{\overline{CD}}{\sin 45°}$$

$$4\sqrt{6}\sin 45°=\overline{CD}\sin 60°$$

$$\therefore \overline{CD}=4\sqrt{6}\sin 45°\times\frac{1}{\sin 60°}$$

$$=4\sqrt{6}\times\frac{\sqrt{2}}{2}\times\frac{2}{\sqrt{3}}$$

$$=8$$

개념 보충

원주각의 크기와 호의 길이 사이의 관계

한 원에서 한 호에 대한 원주각의 크기는 모두 같다.

⇨ $\angle APB=\angle AQB=\angle ARB$

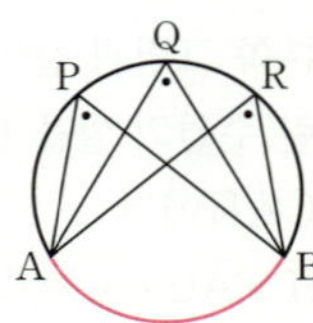

300

오른쪽 그림과 같이 $\overline{BD}$를 그으면 반원에 대한 원주각의 크기는 $90°$이므로

$$\angle BDC=90°$$

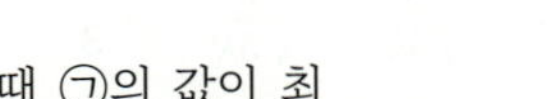

$\triangle BCD$에서

$$\overline{BD}=\sqrt{9^2-6^2}=\sqrt{45}=3\sqrt{5}$$

또, $\overline{BC}$는 $\triangle ABD$의 외접원의 지름이므로 사인법칙에 의하여

$$\frac{\overline{BD}}{\sin A}=\overline{BC}$$

$$\therefore \sin A=\frac{\overline{BD}}{\overline{BC}}=\frac{3\sqrt{5}}{9}=\frac{\sqrt{5}}{3}$$

301

$C=180°-(75°+45°)=60°$이므로

$\triangle APC$에서 사인법칙에 의하여

$$\frac{\overline{CP}}{\sin(\angle CAP)}=\frac{\overline{AP}}{\sin 60°}$$

$$=\frac{2\sqrt{3}}{3}\overline{AP} \qquad\qquad \cdots\cdots ㉠$$

즉, $\overline{AP}$의 길이가 최소일 때 ㉠의 값이 최소이다.

$\overline{AP}\perp\overline{BC}$일 때 $\overline{AP}$의 길이가 최소이므로 $\overline{AP}$의 길이의 최솟값은

$$\overline{AB}\sin 45°=3\sqrt{2}\times\frac{\sqrt{2}}{2}$$

$$=3$$

따라서 구하는 최솟값은

$$\frac{2\sqrt{3}}{3}\times 3=2\sqrt{3}$$

302

$\triangle$ABC의 외접원의 반지름의 길이가 3이므로 사인법칙에 의하여

$$\sin A + \sin B + \sin C = \frac{a}{2\times 3} + \frac{b}{2\times 3} + \frac{c}{2\times 3}$$

$$= \frac{a+b+c}{6}$$

$$= \frac{15}{6} = \frac{5}{2}$$

303

$\triangle$ABC의 외접원의 반지름의 길이가 6이므로 사인법칙에 의하여

$$\frac{\overline{BC}}{\sin 30^\circ} = \frac{\overline{AC}}{\sin 45^\circ} = 2\times 6$$

$$\therefore \overline{BC} = 6, \ \overline{AC} = 6\sqrt{2}$$

오른쪽 그림과 같이 꼭짓점 C에서 변 AB에
내린 수선의 발을 H라 하면

$\triangle$CAH에서

$$\overline{AH} = \overline{AC}\cos 30^\circ$$

$$= 6\sqrt{2}\times\frac{\sqrt{3}}{2}$$

$$= 3\sqrt{6}$$

$\triangle$CHB에서

$$\overline{HB} = \overline{BC}\cos 45^\circ = 6\times\frac{\sqrt{2}}{2} = 3\sqrt{2}$$

$$\therefore \overline{AB} = \overline{AH} + \overline{HB} = 3\sqrt{6} + 3\sqrt{2} = 3\sqrt{2}(\sqrt{3}+1)$$

304

$\triangle$ABC에서 $A : B : C = 1 : 2 : 3$이므로

$$A = 180^\circ \times \frac{1}{1+2+3} = 30^\circ$$

$$B = 180^\circ \times \frac{2}{1+2+3} = 60^\circ$$

$$C = 180^\circ \times \frac{3}{1+2+3} = 90^\circ$$

사인법칙에 의하여

$$a : b : c = \sin A : \sin B : \sin C$$

$$= \sin 30^\circ : \sin 60^\circ : \sin 90^\circ$$

$$= \frac{1}{2} : \frac{\sqrt{3}}{2} : 1 = 1 : \sqrt{3} : 2$$

따라서 $a = k, \ b = \sqrt{3}k, \ c = 2k \ (k>0)$라 하면

$$\frac{a^2+c^2}{ab} = \frac{k^2+(2k)^2}{k\times\sqrt{3}k} = \frac{5k^2}{\sqrt{3}k^2} = \frac{5\sqrt{3}}{3}$$

305

$\overline{AB} = x$라 하면 코사인법칙에 의하여

$$14^2 = 6^2 + x^2 - 2\times 6\times x\times\cos 120^\circ$$

$$196 = 36 + x^2 - 12x\times\left(-\frac{1}{2}\right)$$

$$x^2 + 6x - 160 = 0, \ (x+16)(x-10) = 0$$

$$\therefore x = 10 \ (\because x>0)$$

따라서 $\overline{AB}$의 길이는 10이다.

306

$\angle$ABC $= \theta$라 하면

$\angle$BAD $= \pi - \theta$

$\triangle$ABC에서 코사인법칙에 의하여

$$\overline{AC}^2 = 4^2 + 7^2 - 2\times 4\times 7\times\cos\theta$$

$$= 65 - 56\cos\theta$$

$\triangle$ABD에서 코사인법칙에 의하여

$$\overline{BD}^2 = 4^2 + 7^2 - 2\times 4\times 7\times\cos(\pi-\theta)$$

$$= 65 + 56\cos\theta$$

$$\therefore \overline{AC}^2 + \overline{BD}^2 = (65 - 56\cos\theta) + (65 + 56\cos\theta)$$

$$= 130$$

307

$\square$ABCD가 원에 내접하므로

$$B + D = 180^\circ \qquad \therefore B = 180^\circ - D$$

$$\therefore \cos B = \cos(180^\circ - D)$$

$$= -\cos D = -\frac{1}{3}$$

$\triangle$ABC에서 코사인법칙에 의하여

$$\overline{AC}^2 = 5^2 + 3^2 - 2\times 5\times 3\times\left(-\frac{1}{3}\right) = 44$$

$$\therefore \overline{AC} = \sqrt{44} = 2\sqrt{11} \ (\because \overline{AC}>0)$$

308

$\overline{BD} : \overline{CD} = 2 : 1$이므로

$$\overline{BD} = 6\times\frac{2}{2+1} = 4$$

$\triangle$ABC에서 코사인법칙에 의하여

$$\cos B = \frac{4^2+6^2-5^2}{2\times 4\times 6} = \frac{27}{48} = \frac{9}{16}$$

$\triangle$ABD에서 코사인법칙에 의하여

$$\overline{AD}^2 = 4^2 + 4^2 - 2\times 4\times 4\times\frac{9}{16} = 14$$

$$\therefore \overline{AD} = \sqrt{14} \ (\because \overline{AD}>0)$$

309

두 직선 $y=3x$와 $y=\frac{1}{3}x$가 직선 $x=3$과 만나는 점을 각각 A, B라 하면

A$(3, 9)$, B$(3, 1)$이므로

$$\overline{OA} = \sqrt{3^2+9^2} = 3\sqrt{10}$$

$$\overline{OB} = \sqrt{3^2+1^2} = \sqrt{10}$$

$$\overline{AB} = 9 - 1 = 8$$

$\triangle$AOB에서 코사인법칙에 의하여
$$\cos\theta=\frac{(3\sqrt{10})^2+(\sqrt{10})^2-8^2}{2\times 3\sqrt{10}\times\sqrt{10}}$$
$$=\frac{36}{60}=\frac{3}{5}$$

310

사인법칙에 의하여
$$a:b:c=\sin A:\sin B:\sin C$$
$$=4:\sqrt{3}:3$$
이때 가장 짧은 변의 대각의 크기가 가장 작으므로 가장 작은 내각의 크기는 B이다.
$$\therefore\ \theta=B$$
$a=4k,\ b=\sqrt{3}k,\ c=3k\,(k>0)$라 하면 코사인법칙에 의하여
$$\cos\theta=\cos B$$
$$=\frac{(3k)^2+(4k)^2-(\sqrt{3}k)^2}{2\times 3k\times 4k}$$
$$=\frac{22k^2}{24k^2}=\frac{11}{12}$$

311

길이가 8인 변의 대각의 크기를 θ라 하면 코사인법칙에 의하여
$$\cos\theta=\frac{5^2+7^2-8^2}{2\times 5\times 7}=\frac{10}{70}=\frac{1}{7}$$
$$\therefore\ \sin^2\theta=1-\cos^2\theta=1-\left(\frac{1}{7}\right)^2=\frac{48}{49}$$
$0°<\theta<180°$에서 $\sin\theta>0$이므로
$$\sin\theta=\sqrt{\frac{48}{49}}=\frac{4\sqrt{3}}{7}$$
삼각형의 외접원의 반지름의 길이를 R이라 하면 사인법칙에 의하여
$$\frac{8}{\sin\theta}=2R$$
$$\therefore\ R=\frac{8}{\sin\theta}\times\frac{1}{2}=8\times\frac{7}{4\sqrt{3}}\times\frac{1}{2}=\frac{7\sqrt{3}}{3}$$
따라서 삼각형의 외접원의 넓이는
$$\pi R^2=\pi\times\left(\frac{7\sqrt{3}}{3}\right)^2=\frac{49}{3}\pi$$

312

코사인법칙에 의하여
$$\cos A=\frac{8^2+x^2-6^2}{2\times 8\times x}=\frac{x^2+28}{16x}=\frac{x}{16}+\frac{7}{4x}$$
$x>0$에서 $\dfrac{x}{16}>0,\ \dfrac{7}{4x}>0$이므로 산술평균과 기하평균의 관계에 의하여
$$\frac{x}{16}+\frac{7}{4x}\geq 2\sqrt{\frac{x}{16}\times\frac{7}{4x}}=2\sqrt{\frac{7}{64}}=\frac{\sqrt{7}}{4}$$
위의 식에서 등호는 $\dfrac{x}{16}=\dfrac{7}{4x}$일 때 성립하므로
$4x^2=112$에서 $x^2=28$
$$\therefore\ x=2\sqrt{7}\ (\because\ x>0)$$
따라서 $\cos A$의 최솟값은 $\dfrac{\sqrt{7}}{4}$이고, 그때의 x의 값은 $2\sqrt{7}$이므로
$$a=\frac{\sqrt{7}}{4},\ b=2\sqrt{7}$$

$$\therefore\ \frac{b}{a}=b\times\frac{1}{a}=2\sqrt{7}\times\frac{4}{\sqrt{7}}=8$$

개념 보충

산술평균과 기하평균의 관계

$a>0,\ b>0$일 때,
$$\frac{a+b}{2}\geq\sqrt{ab}\ (\text{단, 등호는 } a=b\text{일 때 성립한다.})$$

313

$\triangle$ABC의 외접원의 반지름의 길이를 R이라 하면 사인법칙에 의하여
$$\sin A=\frac{a}{2R},\ \sin B=\frac{b}{2R}$$
위의 식을 $a^2\sin B=b^2\sin A$에 대입하면
$$a^2\times\frac{b}{2R}=b^2\times\frac{a}{2R}$$
$$a^2b-ab^2=0,\ ab(a-b)=0$$
$$\therefore\ a=b\ (\because\ a>0,\ b>0)$$
따라서 $\triangle$ABC는 $a=b$인 이등변삼각형이다.

314

코사인법칙에 의하여
$$\cos A=\frac{b^2+c^2-a^2}{2bc},\ \cos C=\frac{a^2+b^2-c^2}{2ab}$$
위의 식을 $c\cos A=b+a\cos C$에 대입하면
$$c\times\frac{b^2+c^2-a^2}{2bc}=b+a\times\frac{a^2+b^2-c^2}{2ab}$$
$$b^2+c^2-a^2=2b^2+a^2+b^2-c^2$$
$$2c^2-2a^2=2b^2$$
$$\therefore\ c^2=a^2+b^2$$
따라서 $\triangle$ABC는 $C=90°$인 직각삼각형이다.

315

$\cos A:\cos B=b:a$에서
$$a\cos A=b\cos B \qquad\qquad \cdots\cdots\ \text{㉠}$$
코사인법칙에 의하여
$$\cos A=\frac{b^2+c^2-a^2}{2bc},\ \cos B=\frac{c^2+a^2-b^2}{2ca} \qquad \cdots\cdots\ \text{㉡}$$
㉡을 ㉠에 대입하면
$$a\times\frac{b^2+c^2-a^2}{2bc}=b\times\frac{c^2+a^2-b^2}{2ca}$$
$$a^2(b^2+c^2-a^2)=b^2(c^2+a^2-b^2)$$
$$a^4-b^4-a^2c^2+b^2c^2=0$$
$$(a^2+b^2)(a^2-b^2)-c^2(a^2-b^2)=0$$
$$(a^2-b^2)(a^2+b^2-c^2)=0$$
$$(a+b)(a-b)(a^2+b^2-c^2)=0$$
$$\therefore\ a=b\ \text{또는}\ a^2+b^2=c^2\ (\because\ a>0,\ b>0)$$
따라서 $\triangle$ABC는 $a=b$인 이등변삼각형 또는 $C=90°$인 직각삼각형이다.

316

$\triangle ABC$에서 $A=75°-30°=45°$이므로 사인법칙에 의하여

$$\frac{20}{\sin 45°}=\frac{\overline{AC}}{\sin 30°}$$

→ 삼각형의 한 외각의 크기는 그와 이웃하지 않는 두 내각의 크기의 합과 같다.

$20\sin 30°=\overline{AC}\sin 45°$

$\therefore \overline{AC}=20\sin 30°\times\dfrac{1}{\sin 45°}$

$$=20\times\frac{1}{2}\times\frac{2}{\sqrt{2}}=10\sqrt{2}\,(\mathrm{m})$$

따라서 두 지점 A, C 사이의 거리는 $10\sqrt{2}\,\mathrm{m}$이다.

317

$\triangle ABQ$에서

$\angle AQB=180°-(75°+60°)=45°$이므로

사인법칙에 의하여

$$\frac{\overline{AQ}}{\sin 60°}=\frac{30}{\sin 45°}$$

$\overline{AQ}\sin 45°=30\sin 60°$

$\therefore \overline{AQ}=30\sin 60°\times\dfrac{1}{\sin 45°}$

$$=30\times\frac{\sqrt{3}}{2}\times\frac{2}{\sqrt{2}}=15\sqrt{6}\,(\mathrm{m})$$

따라서 $\triangle PQA$에서

$\overline{PQ}=\overline{AQ}\tan 30°$

$$=15\sqrt{6}\times\frac{\sqrt{3}}{3}=15\sqrt{2}\,(\mathrm{m})$$

318

$\triangle BCD$에서

$$\overline{BC}=\frac{5}{\tan 45°}=\frac{5}{1}=5\,(\mathrm{m})$$

$\triangle ACD$에서

$$\overline{AC}=\frac{5}{\tan 30°}=\frac{5}{\frac{\sqrt{3}}{3}}=5\sqrt{3}\,(\mathrm{m})$$

$\triangle ABC$에서 코사인법칙에 의하여

$\overline{AB}^2=5^2+(5\sqrt{3})^2-2\times5\times5\sqrt{3}\times\cos 30°$

$$=25+75-50\sqrt{3}\times\frac{\sqrt{3}}{2}=25$$

$\therefore \overline{AB}=5\,(\mathrm{m})\,(\because \overline{AB}>0)$

따라서 두 지점 A, B 사이의 거리는 $5\,\mathrm{m}$이다.

319

오른쪽 그림의 원뿔의 전개도에서 구하는 도로의 가장 짧은 거리는 선분 AB의 길이이다.

호 AA'의 길이는 밑면의 둘레의 길이와 같으므로

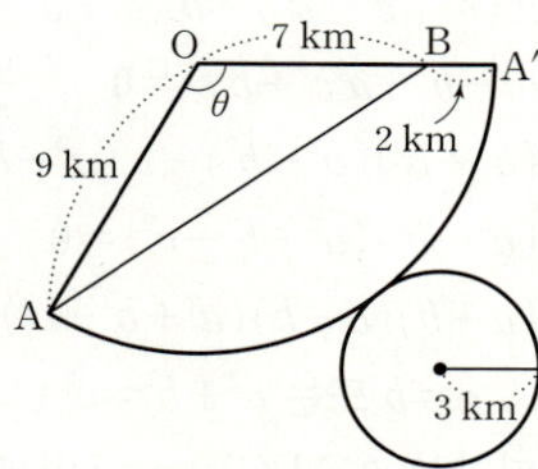

$9\theta=6\pi$에서 $\theta=\dfrac{2}{3}\pi$

$\triangle OAB$에서 코사인법칙에 의하여

$\overline{AB}^2=9^2+7^2-2\times9\times7\times\cos\dfrac{2}{3}\pi$

$$=81+49-2\times9\times7\times\left(-\frac{1}{2}\right)=193\,(\mathrm{km})$$

따라서 가장 짧은 도로의 길이는 $\sqrt{193}\,\mathrm{km}$이다.

320

$\angle CDF=\theta$라 하면 $\angle BDE=\dfrac{\pi}{2}-\theta$

$\overline{AE}=\overline{DE}$이므로 $\overline{BE}=1-\overline{AE}=1-\overline{DE}$

같은 방법으로

$\overline{AF}=\overline{DF}$이므로 $\overline{CF}=1-\overline{AF}=1-\overline{DF}$

$\triangle BDE$와 $\triangle DCF$의 외접원의 반지름의 길이를 각각 r_1, r_2라 하면 $\triangle BDE$에서 사인법칙에 의하여

$$\frac{1-\overline{DE}}{\sin\left(\frac{\pi}{2}-\theta\right)}=\frac{\overline{DE}}{\sin\frac{\pi}{4}}=2r_1 \qquad \cdots\cdots ㉠$$

$\triangle DCF$에서 사인법칙에 의하여

$$\frac{1-\overline{DF}}{\sin\theta}=\frac{\overline{DF}}{\sin\frac{\pi}{4}}=2r_2 \qquad \cdots\cdots ㉡$$

이때 $r_1:r_2=2:1$이므로 $r_1=2r_2$

㉠에서 $\overline{DE}=2r_1\times\sin\dfrac{\pi}{4}=\sqrt{2}\,r_1$

㉡에서 $\overline{DF}=2r_2\times\sin\dfrac{\pi}{4}=\sqrt{2}\,r_2$이므로

$\overline{DF}=x$라 하면 $\overline{DE}=2\overline{DF}=2x$

㉠에서 $\dfrac{\sqrt{2}}{2}(1-2x)=2x\sin\left(\dfrac{\pi}{2}-\theta\right)=2x\cos\theta$이므로

양변을 제곱하면 $\dfrac{1}{2}(1-2x)^2=4x^2\cos^2\theta$

$(1-2x)^2=8x^2\cos^2\theta \qquad \cdots\cdots ㉢$

㉡에서 $\dfrac{\sqrt{2}}{2}(1-x)=x\sin\theta$이므로

양변을 제곱하면 $\dfrac{1}{2}(1-x)^2=x^2\sin^2\theta$

$4(1-x)^2=8x^2\sin^2\theta \qquad \cdots\cdots ㉣$

㉢$+$㉣을 하면

$(1-2x)^2+4(1-x)^2=8x^2(\sin^2\theta+\cos^2\theta)=8x^2$

$\therefore x=\dfrac{5}{12}$

따라서 $p=12$, $q=5$이므로 $p+q=12+5=17$

321

$\triangle ABC$의 넓이가 9이므로 $\dfrac{1}{2}\times3\sqrt{3}\times4\sqrt{3}\times\sin A=9$

$18\sin A=9 \qquad \therefore \sin A=\dfrac{1}{2}$

이때 $0°<A<180°$이므로 $A=30°$ 또는 $A=150°$

322

$\overline{AD}=x$라 하면 $\triangle ABC=\triangle ABD+\triangle ACD$에서

$\dfrac{1}{2}\times8\times4\times\sin 120°$

$=\dfrac{1}{2}\times8\times x\times\sin 60°+\dfrac{1}{2}\times4\times x\times\sin 60°$

$$16 \times \frac{\sqrt{3}}{2} = 4x \times \frac{\sqrt{3}}{2} + 2x \times \frac{\sqrt{3}}{2}$$

$$16 = 4x + 2x, \ 6x = 16 \qquad \therefore x = \frac{8}{3}$$

따라서 $\overline{AD}$의 길이는 $\frac{8}{3}$이다.

323

$\overparen{AB} : \overparen{BC} : \overparen{CA} = 3 : 4 : 5$이므로

$$\angle AOB = 360° \times \frac{3}{3+4+5} = 90°$$

$$\angle BOC = 360° \times \frac{4}{3+4+5} = 120°$$

$$\angle COA = 360° \times \frac{5}{3+4+5} = 150°$$

이때 $\triangle ABC$의 외접원의 반지름의 길이가 4이므로

$\triangle ABC = \triangle AOB + \triangle BOC + \triangle COA$

$$= \frac{1}{2} \times 4 \times 4 \times \sin 90° + \frac{1}{2} \times 4 \times 4 \times \sin 120°$$

$$+ \frac{1}{2} \times 4 \times 4 \times \sin 150°$$

$$= 8 \times 1 + 8 \times \frac{\sqrt{3}}{2} + 8 \times \frac{1}{2}$$

$$= 12 + 4\sqrt{3}$$

 한 원에서 호의 길이는 그 호에 대한 중심각의 크기에 정비례하므로 호의 길이의 비는 중심각의 크기의 비와 같다. 따라서 위의 문제에서 $\overparen{AB} : \overparen{BC} : \overparen{CA} = 3 : 4 : 5$이므로 $\angle AOB : \angle BOC : \angle COA = 3 : 4 : 5$이다. 이때 $\overparen{AB} : \overparen{BC} : \overparen{CA}$에 대한 중심각의 크기의 합은 $360°$이다.

324

$\angle COA = \theta$라 하면 $\triangle COA$에서 코사인법칙에 의하여

$$\cos \theta = \frac{2^2 + 2^2 - 1^2}{2 \times 2 \times 2} = \frac{7}{8}$$

$\triangle BOD$에서 $\angle BOD = \frac{\pi}{2} - \theta$이고,

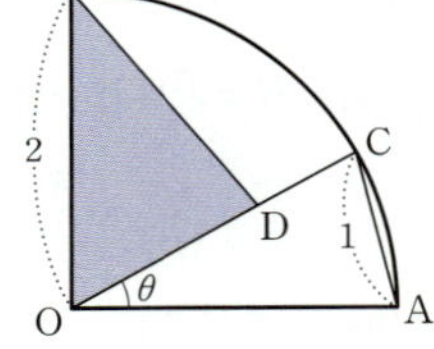

$\triangle BOD$의 넓이가 $\frac{7}{6}$이므로

$\overline{OD} = x$로 놓으면

$$\frac{1}{2} \times 2 \times x \times \sin\left(\frac{\pi}{2} - \theta\right) = \frac{7}{6} \text{에서 } x \cos \theta = \frac{7}{6}$$

$$\frac{7}{8} x = \frac{7}{6} \qquad \therefore x = \frac{4}{3}$$

$$\therefore \overline{OD} = \frac{4}{3}$$

325

$\triangle ABC$에서 $\overline{BC} = a$, $\overline{CA} = b$, $\overline{AB} = c$라 하고, $\triangle ABC$의 외접원의 반지름의 길이를 R이라 하면 $\triangle ABC$의 외접원의 넓이가 9π이므로 $\pi R^2 = 9\pi$에서 $R = 3$

사인법칙에 의하여

$$\sin A = \frac{a}{2R} = \frac{a}{6}, \ \sin B = \frac{b}{2R} = \frac{b}{6}$$

조건 ㈎에서 $3 \sin A = 2 \sin B$이므로

$$3 \times \frac{a}{6} = 2 \times \frac{b}{6} \qquad \therefore b = \frac{3}{2} a \qquad\qquad \cdots\cdots \ \unicode{x1D4F}$$

조건 ㈏에서 $\cos B = \cos C$이므로 $\dfrac{a^2 + c^2 - b^2}{2ac} = \dfrac{a^2 + b^2 - c^2}{2ab}$

$c(a^2 + b^2 - c^2) = b(a^2 + c^2 - b^2)$

$a^2 c + b^2 c - c^3 = a^2 b + bc^2 - b^3$

$a^2(b-c) - bc(b-c) - (b^3 - c^3) = 0$

$(b-c)(a^2 - bc - b^2 - bc - c^2) = 0$

$(b-c)\{a^2 - (b+c)^2\} = 0, \ (b-c)(a+b+c)(a-b-c) = 0$

이때 $a+b+c \neq 0$, $a-b-c \neq 0$이므로 $b = c$ $\qquad \cdots\cdots \ \unicode{x1D4F}$

$a = 2k \ (k > 0)$라 하면 ㉠, ㉡에서 $b = c = 3k$

$\triangle ABC$에서 코사인법칙에 의하여

$$\cos A = \frac{(3k)^2 + (3k)^2 - (2k)^2}{2 \times 3k \times 3k} = \frac{14k^2}{18k^2} = \frac{7}{9}$$

$$\therefore \sin A = \sqrt{1 - \cos^2 A} = \sqrt{1 - \left(\frac{7}{9}\right)^2} = \frac{4}{9}\sqrt{2}$$

$$a = 6 \sin A = 6 \times \frac{4}{9}\sqrt{2} = \frac{8}{3}\sqrt{2}$$

$$b = c = \frac{3}{2} a = \frac{3}{2} \times \frac{8}{3}\sqrt{2} = 4\sqrt{2}$$

따라서 $\triangle ABC$의 넓이는

$$\frac{1}{2} bc \sin A = \frac{1}{2} \times 4\sqrt{2} \times 4\sqrt{2} \times \frac{4}{9}\sqrt{2} = \frac{64}{9}\sqrt{2}$$

326

등변사다리꼴의 한 대각선의 길이를 x라 하면 두 대각선의 길이는 같고, $\square ABCD$의 넓이가 $2\sqrt{2}$이므로

$$\frac{1}{2} \times x \times x \times \sin 135° = 2\sqrt{2}$$

$$\frac{1}{2} x^2 \times \frac{\sqrt{2}}{2} = 2\sqrt{2}, \ x^2 = 8 \qquad \therefore x = 2\sqrt{2} \ (\because x > 0)$$

따라서 등변사다리꼴의 한 대각선의 길이는 $2\sqrt{2}$이다.

327

$\triangle ABC$에서 코사인법칙에 의하여

$$\cos B = \frac{4^2 + 6^2 - (2\sqrt{19})^2}{2 \times 4 \times 6} = -\frac{24}{48} = -\frac{1}{2}$$

이때 $0° < B < 180°$이므로 $B = 120°$

$$\therefore \square ABCD = 4 \times 6 \times \sin 120°$$

$$= 24 \times \frac{\sqrt{3}}{2} = 12\sqrt{3}$$

328

$\square ABCD$의 넓이가 $4\sqrt{3}$이므로

$$\frac{1}{2} ab \sin 60° = 4\sqrt{3}$$

$$\frac{1}{2} ab \times \frac{\sqrt{3}}{2} = 4\sqrt{3} \qquad \therefore ab = 16$$

$a > 0$, $b > 0$이므로 산술평균과 기하평균의 관계에 의하여

$a + b \geq 2\sqrt{ab} = 2\sqrt{16} = 8$ (단, 등호는 $a = b = 4$일 때 성립한다.)

따라서 $a + b$의 최솟값은 8이다.

329

오른쪽 그림과 같이 $\overline{AC}$를 그으면 $\triangle ABC$에서 코사인법칙에 의하여

$$\overline{AC}^2=1^2+2^2-2\times1\times2\times\cos60°$$
$$=1+4-4\times\frac{1}{2}=3$$

$$\therefore \overline{AC}=\sqrt{3}\ (\because \overline{AC}>0)$$

또, $\triangle ABC$에서 사인법칙에 의하여

$$\frac{\sqrt{3}}{\sin60°}=\frac{1}{\sin(\angle ACB)}$$

$$\sqrt{3}\sin(\angle ACB)=\sin60°$$

$$\therefore \sin(\angle ACB)=\sin60°\times\frac{1}{\sqrt{3}}=\frac{\sqrt{3}}{2}\times\frac{1}{\sqrt{3}}=\frac{1}{2}$$

이때 $0°<\angle ACB<75°$이므로

$\angle ACB=30°$이고 $\angle ACD=75°-30°=45°$

$$\therefore \square ABCD=\triangle ABC+\triangle ACD$$
$$=\frac{1}{2}\times1\times2\times\sin60°+\frac{1}{2}\times\sqrt{3}\times2\times\sin45°$$
$$=1\times\frac{\sqrt{3}}{2}+\sqrt{3}\times\frac{\sqrt{2}}{2}=\frac{\sqrt{3}+\sqrt{6}}{2}$$

330

$\angle AFC=\alpha$, $\angle CDE=\beta$라 하면

$$\cos\alpha=\frac{\sqrt{10}}{10}$$이므로

$$\sin\alpha=\sqrt{1-\left(\frac{\sqrt{10}}{10}\right)^2}=\frac{3\sqrt{10}}{10}$$

$\overline{AB}\,/\!/\,\overline{DC}$이므로

$\angle ECD=\angle EFB=\pi-\alpha$ (엇각)

$\triangle CDE$에서 사인법칙에 의하여

$$\frac{\overline{ED}}{\sin(\pi-\alpha)}=\frac{10}{\sin\beta}=2\times5\sqrt{2}$$

$$\overline{ED}=10\sqrt{2}\times\sin\alpha=10\sqrt{2}\times\frac{3\sqrt{10}}{10}=6\sqrt{5}$$

$$\sin\beta=\frac{10}{10\sqrt{2}}=\frac{\sqrt{2}}{2}\qquad\therefore \beta=\frac{\pi}{4}$$

$\overline{CD}=x$라 하면 $\triangle CDE$에서 코사인법칙에 의하여

$$(6\sqrt{5})^2=x^2+10^2-2\times x\times10\cos(\pi-\alpha)$$
$$180=x^2+100+20x\cos\alpha$$
$$x^2+2\sqrt{10}x-80=0$$

$$\therefore x=-\sqrt{10}+\sqrt{10+80}=2\sqrt{10}\ (\because x>0)$$

$\overline{AB}\,/\!/\,\overline{CD}$이므로

$$\angle ABE=\angle CDE=\frac{\pi}{4}\ (\text{엇각})$$

즉, $\triangle ABE$는 직각이등변삼각형이다.

$\overline{AB}=2\sqrt{10}$이므로 $\overline{BE}=\overline{AE}=2\sqrt{5}$

$\triangle AED$에서 $\overline{AD}=\sqrt{(2\sqrt{5})^2+(6\sqrt{5})^2}=10\sqrt{2}$

$\angle BAD=\theta$라 하면 $\triangle ABD$에서 코사인법칙에 의하여

$$\cos\theta=\frac{(2\sqrt{10})^2+(10\sqrt{2})^2-(8\sqrt{5})^2}{2\times2\sqrt{10}\times10\sqrt{2}}=-\frac{\sqrt{5}}{5}$$

$$\sin\theta=\sqrt{1-\left(-\frac{\sqrt{5}}{5}\right)^2}=\frac{2\sqrt{5}}{5}$$

$$\therefore \square ABCD=\overline{AB}\times\overline{AD}\times\sin\theta$$
$$=2\sqrt{10}\times10\sqrt{2}\times\frac{2\sqrt{5}}{5}=80$$

 ● 83쪽

331 $30°$ **332** $B=90°$인 직각삼각형

333 (1) $\dfrac{\sqrt{15}}{4}$ (2) $\dfrac{15\sqrt{15}}{4}$ **334** $\sqrt{3}$

331

코사인법칙에 의하여

$$c^2=(1+\sqrt{3})^2+(\sqrt{2})^2-2\times(1+\sqrt{3})\times\sqrt{2}\times\cos45°$$
$$=4+2\sqrt{3}+2-2\sqrt{2}(1+\sqrt{3})\times\frac{\sqrt{2}}{2}=4$$

$\therefore c=2\ (\because c>0)$ …… ㉮

사인법칙에 의하여

$$\frac{\sqrt{2}}{\sin B}=\frac{2}{\sin45°},\ \sqrt{2}\sin45°=2\sin B$$

$$\therefore \sin B=\sqrt{2}\sin45°\times\frac{1}{2}$$
$$=\sqrt{2}\times\frac{\sqrt{2}}{2}\times\frac{1}{2}=\frac{1}{2}$$ …… ㉯

이때 $0°<B<180°$이므로

$B=30°$ 또는 $B=150°$

그런데 $B+C<180°$이므로

$B=30°$ …… ㉰

채점 기준	배점 비율
㉮ c의 값 구하기	40%
㉯ $\sin B$의 값 구하기	40%
㉰ B의 크기 구하기	20%

332

$\sin A=\cos\left(\dfrac{\pi}{2}-B\right)\cos C$에서

$\cos\left(\dfrac{\pi}{2}-B\right)=\sin B$이므로

$\sin A=\sin B\cos C$ …… ㉠   …… ㉮

$\triangle ABC$의 외접원의 반지름의 길이를 R이라 하면 사인법칙에 의하여

$$\sin A=\frac{a}{2R}, \ \sin B=\frac{b}{2R} \qquad \cdots\cdots ㉡$$

또, 코사인법칙에 의하여

$$\cos C=\frac{a^2+b^2-c^2}{2ab} \qquad \cdots\cdots ㉢$$

㉡, ㉢을 ㉠에 대입하면

$$\frac{a}{2R}=\frac{b}{2R}\times\frac{a^2+b^2-c^2}{2ab}$$

$$2a^2=a^2+b^2-c^2$$

$$\therefore \ b^2=a^2+c^2 \qquad \cdots\cdots ㉯$$

따라서 $\triangle ABC$는 $B=90°$인 직각삼각형이다. $\qquad \cdots\cdots ㉰$

채점 기준	배점 비율
㉮ 주어진 등식을 간단히 하기	30 %
㉯ a, b, c 사이의 관계식 알기	50 %
㉰ $\triangle ABC$의 모양 결정하기	20 %

333

(1) $\overline{AN}:\overline{NC}=3:5$이므로 $\overline{AN}=3k$, $\overline{NC}=5k$ $(k>0)$라 하면

$$\overline{AC}=\overline{AN}+\overline{NC}=3k+5k=8k$$

$2\overline{AB}=\overline{AC}$에서

$2\overline{AB}=8k \qquad \therefore \ \overline{AB}=4k$

점 M은 선분 AB의 중점이므로

$$\overline{AM}=\frac{1}{2}\overline{AB}=\frac{1}{2}\times4k=2k$$

$\overline{MN}=\overline{AB}=4k$이므로 $\triangle AMN$에서 코사인법칙에 의하여

$$\cos A=\frac{(2k)^2+(3k)^2-(4k)^2}{2\times2k\times3k}=-\frac{1}{4} \qquad \cdots\cdots ㉮$$

$$\therefore \ \sin A=\sqrt{1-\left(-\frac{1}{4}\right)^2}=\frac{\sqrt{15}}{4} \qquad \cdots\cdots ㉯$$

(2) $\triangle AMN$의 외접원의 반지름의 길이를 R이라 하면

$2\pi R=4\pi$에서 $R=2$

$\triangle AMN$에서 사인법칙에 의하여

$$\frac{\overline{MN}}{\sin A}=2\times2에서$$

$$\frac{4k}{\frac{\sqrt{15}}{4}}=4 \qquad \therefore \ k=\frac{\sqrt{15}}{4}$$

$$\therefore \ \overline{AB}=4k=4\times\frac{\sqrt{15}}{4}=\sqrt{15}$$

$$\overline{AC}=8k=8\times\frac{\sqrt{15}}{4}=2\sqrt{15} \qquad \cdots\cdots ㉰$$

$$\therefore \ \triangle ABC=\frac{1}{2}\times\overline{AB}\times\overline{AC}\times\sin A$$

$$=\frac{1}{2}\times\sqrt{15}\times2\sqrt{15}\times\frac{\sqrt{15}}{4}$$

$$=\frac{15\sqrt{15}}{4} \qquad \cdots\cdots ㉱$$

채점 기준	배점 비율
㉮ $\cos A$의 값 구하기	30 %
㉯ $\sin A$의 값 구하기	20 %
㉰ $\overline{AB}, \overline{AC}$의 길이 구하기	30 %
㉱ $\triangle ABC$의 넓이 구하기	20 %

334

$$\triangle ABC=\frac{1}{2}\times8\times5\times\sin 60°$$

$$=20\times\frac{\sqrt{3}}{2}=10\sqrt{3} \qquad \cdots\cdots ㉠ \qquad \cdots\cdots ㉮$$

한편, 코사인법칙에 의하여

$$b^2=8^2+5^2-2\times8\times5\times\cos 60°$$

$$=64+25-80\times\frac{1}{2}=49$$

$$\therefore \ b=7 \ (\because b>0)$$

이때 삼각형 ABC의 내접원의 반지름의 길이를 r이라 하면

$$\triangle ABC=\frac{1}{2}r(5+7+8)=10r \qquad \cdots\cdots ㉡ \qquad \cdots\cdots ㉯$$

㉠, ㉡에서 $10\sqrt{3}=10r$이므로

$$r=\sqrt{3}$$

따라서 삼각형 ABC의 내접원의 반지름의 길이는 $\sqrt{3}$이다. $\cdots\cdots ㉰$

채점 기준	배점 비율
㉮ 삼각형 ABC의 넓이 구하기	30 %
㉯ 삼각형 ABC의 넓이를 내접원의 반지름의 길이에 대한 식으로 나타내기	40 %
㉰ 삼각형 ABC의 내접원의 반지름의 길이 구하기	30 %

삼각형의 넓이와 내접원의 반지름의 길이

삼각형 ABC의 내심을 I, 내접원의 반지름의 길이를 r이라 하면

$$\triangle ABC=\triangle IBC+\triangle ICA+\triangle IAB$$

$$=\frac{1}{2}ar+\frac{1}{2}br+\frac{1}{2}cr$$

$$=\frac{1}{2}r(a+b+c)$$

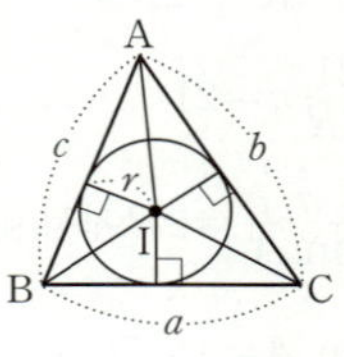

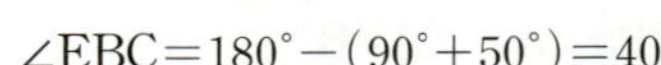

1등급 실력 완성 ● 84쪽 ~ 85쪽

335 400	**336** ②	**337** ②	**338** 191	
339 $\overline{AC}=\frac{6\sqrt{5}}{5}$, $\overline{BC}=\frac{2\sqrt{5}}{5}$			**340** 21	**341** 21
342 ①	**343** 60	**344** $16\sqrt{2}$		

335

사인법칙

(전략) 사인법칙을 이용하여 $\overline{AB}$, $\overline{CD}$의 길이를 각각 삼각함수로 나타낸 후 $\sin^2\theta+\cos^2\theta=1$임을 이용한다.

(풀이) 오른쪽 그림과 같이 $\square ABCD$의 두 대각선이 만나는 점을 E라 하면 $\triangle BCE$에서

$\angle BEC=90°$이므로

$\angle EBC=180°-(90°+50°)=40°$

$\triangle ABC$에서 사인법칙에 의하여

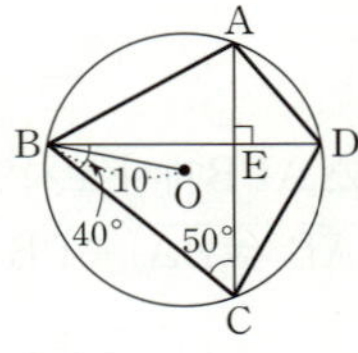

$$\frac{\overline{AB}}{\sin 50°}=2\times10 \qquad \therefore \ \overline{AB}=20\sin 50°$$

또, △BCD에서 사인법칙에 의하여

$$\frac{\overline{CD}}{\sin 40^\circ}=2\times 10$$

$$\therefore \overline{CD}=20\sin 40^\circ$$

이때

$$\sin 40^\circ=\sin(90^\circ-50^\circ)=\cos 50^\circ$$

이므로

$$\overline{CD}=20\cos 50^\circ$$

$$\therefore \overline{AB}^2+\overline{CD}^2=(20\sin 50^\circ)^2+(20\cos 50^\circ)^2$$
$$=400\sin^2 50^\circ+400\cos^2 50^\circ$$
$$=400(\sin^2 50^\circ+\cos^2 50^\circ)$$
$$=400\times 1=400$$

336

사인법칙 ⊕ 사인법칙의 변형

(전략) 사인법칙을 이용하여 A의 크기를 구한 후 △ABC의 넓이를 이용하여 $\overline{AD}$의 길이를 구한다.

(풀이) △ABC의 외접원의 반지름의 길이를 R이라 하면
사인법칙에 의하여

$$\sin B=\frac{12}{2R},\ \sin C=\frac{9}{2R}$$

$a(\sin B+\sin C)=21$에서

$$a\left(\frac{12}{2R}+\frac{9}{2R}\right)=21$$

$$\frac{21}{2R}a=21 \qquad \therefore \frac{a}{2R}=1$$

$\dfrac{a}{\sin A}=2R$에서 $\sin A=\dfrac{a}{2R}=1$이므로

$\sin A=1$이고 $A=\dfrac{\pi}{2}$

△ABC=△ABD+△ADC이므로

$$\frac{1}{2}\times 9\times 12=\frac{1}{2}\times 9\times\overline{AD}\times\sin\frac{\pi}{4}+\frac{1}{2}\times\overline{AD}\times 12\times\sin\frac{\pi}{4}$$

$$54=\frac{9\sqrt{2}}{4}\overline{AD}+3\sqrt{2}\,\overline{AD}$$

$$\therefore \overline{AD}=\frac{36\sqrt{2}}{7}$$

337

사인법칙 ⊕ 코사인법칙

(전략) 코사인법칙을 이용하여 $\overline{AB}^2$의 값을 구한 후 $\overline{AC}$의 길이를 구한다.

(풀이) 점 P가 선분 AB의 수직이등분선 위의 점이므로

$$\overline{PB}=\overline{PA}=10\sqrt{6}$$

□APBC가 원에 내접하므로

$$\cos(\angle APB)=\cos(\pi-\angle ACB)$$
$$=-\cos(\angle ACB)=\frac{5}{8}$$

△APB에서 코사인법칙에 의하여

$$\overline{AB}^2=\overline{PA}^2+\overline{PB}^2-2\times\overline{PA}\times\overline{PB}\times\cos(\angle APB)$$
$$=(10\sqrt{6})^2+(10\sqrt{6})^2-2\times 10\sqrt{6}\times 10\sqrt{6}\times\frac{5}{8}$$
$$=450 \qquad\qquad \cdots\cdots\ \bigcirc$$

$\overline{AC}=a$라 하면 $\overline{BC}=2a$이고, △ABC에서 코사인법칙에 의하여

$$\overline{AB}^2=\overline{AC}^2+\overline{BC}^2-2\times\overline{AC}\times\overline{BC}\times\cos(\angle ACB)$$
$$=a^2+(2a)^2-2\times a\times 2a\times\left(-\frac{5}{8}\right)$$
$$=\frac{15}{2}a^2 \qquad\qquad \cdots\cdots\ \bigcirc\!\!\!\!\bigcirc$$

㉠, ㉡에서 $\dfrac{15}{2}a^2=450$이므로

$$a^2=60$$

$$\therefore a=2\sqrt{15}\ (\because a>0)$$

따라서 △ADC의 외접원의 반지름의 길이를 R이라 하면 사인법칙에 의하여

$$\frac{2\sqrt{15}}{\sin\frac{\pi}{3}}=2R$$이므로

$$R=\frac{2\sqrt{15}}{2\times\frac{\sqrt{3}}{2}}=2\sqrt{5}$$

338

사인법칙 ⊕ 코사인법칙

(전략) 원주각의 성질을 이용하여 $\cos(\angle BEC)$의 값을 구하고, 코사인법칙을 이용하여 $\overline{CD}$와 $\overline{BC}$의 길이를 구한다.

(풀이) $\overline{CD}=a$라 하면 $\overline{CE}=5\sqrt{3}-a$

$\angle BAC=\angle BEC$ ($\because$ 호 BC에 대한 원주각)이므로

$$\cos(\angle BEC)=\cos(\angle BAC)=\frac{\sqrt{3}}{6}$$

△ECD에서 코사인법칙에 의하여

$$a^2=5^2+(5\sqrt{3}-a)^2-2\times 5\times(5\sqrt{3}-a)\times\cos(\angle BEC)$$
$$=25+75-10\sqrt{3}a+a^2-10(5\sqrt{3}-a)\times\frac{\sqrt{3}}{6}$$

$$\frac{25\sqrt{3}}{3}a=75,\ a=3\sqrt{3}$$

$$\therefore \overline{CD}=3\sqrt{3},\ \overline{CE}=2\sqrt{3}$$

△ABD∽△ECD (AA 닮음)이므로
$\overline{AB}:\overline{EC}=\overline{BD}:\overline{CD}$에서

$$2:2\sqrt{3}=\overline{BD}:3\sqrt{3}$$

$$2\sqrt{3}\,\overline{BD}=6\sqrt{3}$$

$$\therefore \overline{BD}=3$$

$$\therefore \overline{BE}=\overline{BD}+\overline{DE}=3+5=8$$

△EBC에서 코사인법칙에 의하여

$$\overline{BC}^2=8^2+(2\sqrt{3})^2-2\times 8\times 2\sqrt{3}\times\cos(\angle BEC)$$
$$=64+12-32\sqrt{3}\times\frac{\sqrt{3}}{6}$$
$$=60$$

$$\therefore \overline{BC}=2\sqrt{15}\ (\because \overline{BC}>0)$$

이때

$$\sin(\angle BAC)=\sqrt{1-\left(\frac{\sqrt{3}}{6}\right)^2}=\frac{\sqrt{33}}{6}$$

이므로 △ABC의 외접원의 반지름의 길이를 R이라 하면 사인법칙에 의하여

$$\frac{\overline{BC}}{\sin(\angle BAC)}=2R$$에서

$2R=\dfrac{2\sqrt{15}}{\dfrac{\sqrt{33}}{6}}$이므로 $R=\dfrac{6\sqrt{55}}{11}$

따라서 $\triangle ABC$의 외접원의 넓이는

$\pi\times\left(\dfrac{6\sqrt{55}}{11}\right)^2=\dfrac{180}{11}\pi$

즉, $p=11$, $q=180$이므로

$p+q=11+180=191$

339

사인법칙의 변형 ⊕ 코사인법칙의 변형

전략 조건 ㈐를 이용하여 a와 b 사이의 관계식을 구한 후 코사인법칙과 조건 ㈎, ㈏를 이용하여 a, b의 값을 구한다.

풀이 $\triangle ABC$의 외접원의 반지름의 길이를 R이라 하면 사인법칙에 의하여

$\sin A=\dfrac{a}{2R}$, $\sin B=\dfrac{b}{2R}$

이므로 조건 ㈐에서

$\dfrac{\sin B}{\sin A}=\dfrac{\dfrac{b}{2R}}{\dfrac{a}{2R}}=\dfrac{b}{a}=3 \qquad \therefore b=3a$

조건 ㈎에서 $c=2$이므로 코사인법칙에 의하여

$\cos C=\dfrac{a^2+b^2-2^2}{2ab}=\dfrac{a^2+(3a)^2-2^2}{2\times a\times 3a}=\dfrac{10a^2-4}{6a^2}$

즉, 조건 ㈏에서 $\dfrac{10a^2-4}{6a^2}=\dfrac{5}{6}$이므로

$6(10a^2-4)=30a^2$, $a^2=\dfrac{4}{5}$ $\qquad \therefore a=\dfrac{2\sqrt{5}}{5}$ $(\because a>0)$

$\therefore b=3a=3\times\dfrac{2\sqrt{5}}{5}=\dfrac{6\sqrt{5}}{5}$

$\therefore \overline{AC}=b=\dfrac{6\sqrt{5}}{5}$, $\overline{BC}=a=\dfrac{2\sqrt{5}}{5}$

340

사인법칙과 코사인법칙의 실생활에의 활용

전략 $\overline{AC}$를 긋고, 코사인법칙을 이용하여 $\overline{CD}$의 길이를 구한다.

풀이 오른쪽 그림과 같이 $\overline{AC}$를 그으면

$\triangle ABC$에서 코사인법칙에 의하여

$\overline{AC}^2=20^2+32^2-2\times 20\times 32\times\cos 60°$

$\qquad =400+1024-1280\times\dfrac{1}{2}$

$\qquad =784$ $\qquad\qquad \cdots\cdots$ ㉠

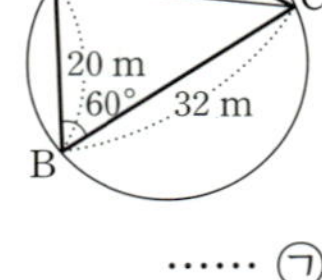

한편, $\square ABCD$가 원에 내접하므로

$B+D=180°$

$\therefore D=180°-B=180°-60°=120°$

$\triangle ACD$에서 코사인법칙에 의하여

$\overline{AC}^2=12^2+\overline{CD}^2-2\times 12\times\overline{CD}\times\cos 120°$

$\qquad =144+\overline{CD}^2-24\times\overline{CD}\times\left(-\dfrac{1}{2}\right)$

$\qquad =144+\overline{CD}^2+12\overline{CD}$ $\qquad\qquad \cdots\cdots$ ㉡

㉠, ㉡에서 $784=144+\overline{CD}^2+12\overline{CD}$이므로

$\overline{CD}^2+12\overline{CD}-640=0$

$(\overline{CD}+32)(\overline{CD}-20)=0$

$\therefore \overline{CD}=20\,(m)$ $(\because \overline{CD}>0)$

$\therefore \overline{AB}+\overline{BC}+\overline{CD}+\overline{DA}=20+32+20+12=84\,(m)$

따라서 수호가 A 지점을 출발한 후 다시 A 지점으로 되돌아오는 데 걸린 시간은 $\dfrac{84}{4}=21$(초)이므로 $t=21$

$\color{red}{\rightharpoonup (시간)=\dfrac{(거리)}{(속력)}}$

341

삼각형의 넓이

전략 $\angle DPE$의 크기를 A에 대한 식으로 나타내고, $\triangle ABC=4\triangle PDE$임을 이용한다.

풀이 $\triangle ABC=\dfrac{1}{2}\times 12\times 7\times\sin A$

$\qquad\qquad =42\sin A$

또, $\angle DPE=180°-A$이므로

$\overline{PD}=x$, $\overline{PE}=y$라 하면

$\triangle PDE=\dfrac{1}{2}xy\sin(180°-A)$

$\qquad\qquad =\dfrac{1}{2}xy\sin A$

이때 $\triangle ABC=4\triangle PDE$이므로

$42\sin A=4\times\dfrac{1}{2}xy\sin A$

$42\sin A=2xy\sin A$ $\qquad \therefore xy=21$

$\therefore \overline{PD}\times\overline{PE}=21$

참고 $\angle ADP=90°$, $\angle AEP=90°$이므로

$\square ADPE$에서

$\angle DAE+\angle DPE=360°-(90°+90°)=180°$

$\therefore \angle DPE=180°-\angle DAE=180°-A$

342

코사인법칙 ⊕ 삼각형의 넓이

전략 네 점 A, D, C, E가 한 원 위에 있고 삼각형 ABE의 넓이와 삼각형 ABC의 넓이가 같음을 이용한다.

풀이 $\triangle ABC$와 $\triangle ADE$가 정삼각형이므로 $\angle ACD=\angle AED=60°$

즉, 오른쪽 그림과 같이 네 점 A, D, C, E는 한 원 위에 있다.

이때 $\angle ACE=\angle ADE=60°$이고

$\angle BAC=60°$이므로 $\angle BAC=\angle ACE$

즉, $\overline{AB}/\!/\overline{CE}$

따라서 $\triangle ABE$와 $\triangle ABC$의 넓이가 같으므로 $\angle BAE=\theta$라 하면

$\dfrac{1}{2}\times\overline{AB}\times\overline{AE}\times\sin\theta=\dfrac{\sqrt{3}}{4}\times 6^2$

$\dfrac{1}{2}\times 6\times\sqrt{30}\times\sin\theta=9\sqrt{3}$

$\therefore \sin\theta=\dfrac{3\sqrt{10}}{10}$

$\overline{AE}>3\sqrt{3}$에서 $\dfrac{\pi}{2}<\theta<\pi$이고,

$$\cos\theta=-\sqrt{1-\left(\frac{3\sqrt{10}}{10}\right)^2}=-\frac{\sqrt{10}}{10}$$

$\triangle ABE$에서 코사인법칙에 의하여

$$\overline{BE}^2=\overline{AB}^2+\overline{AE}^2-2\times\overline{AB}\times\overline{AE}\times\cos\theta$$
$$=36+30-2\times6\times\sqrt{30}\times\left(-\frac{\sqrt{10}}{10}\right)$$
$$=66+12\sqrt{3}$$

따라서 $a=66$, $b=12$이므로

$$a+b=66+12=78$$

343

코사인법칙의 변형 ⊕ 삼각형의 넓이

(전략) 코사인법칙을 이용하여 A의 크기를 구한 후 삼각형의 넓이를 이용하여 각 변의 길이를 구한다.

(풀이) 조건 (개)에서 $a:b:c=7:3:5$이므로

$a=7k$, $b=3k$, $c=5k$ $(k>0)$라 하면 코사인법칙에 의하여

$$\cos A=\frac{(3k)^2+(5k)^2-(7k)^2}{2\times3k\times5k}=\frac{-15k^2}{30k^2}=-\frac{1}{2}$$

이때 $0°<A<180°$이므로 $A=120°$

$$\therefore \triangle ABC=\frac{1}{2}\times3k\times5k\times\sin120°$$
$$=\frac{1}{2}\times15k^2\times\frac{\sqrt{3}}{2}=\frac{15\sqrt{3}}{4}k^2$$

조건 (내)에서 $\triangle ABC=60\sqrt{3}$이므로

$$\frac{15\sqrt{3}}{4}k^2=60\sqrt{3}$$

$k^2=16$ $\quad\therefore k=4 \ (\because k>0)$

따라서 $a=28$, $b=12$, $c=20$이므로 $\triangle ABC$의 둘레의 길이는

$28+12+20=60$

(다른 풀이) 조건 (개)에 의하여 $a=7k$, $b=3k$, $c=5k$ $(k>0)$라 하면 헤론의 공식에서

$$s=\frac{7k+3k+5k}{2}=\frac{15}{2}k$$

$$\therefore \triangle ABC=\sqrt{\frac{15}{2}k\left(\frac{15}{2}k-7k\right)\left(\frac{15}{2}k-3k\right)\left(\frac{15}{2}k-5k\right)}$$
$$=\sqrt{\frac{675}{16}k^4}=\frac{15\sqrt{3}}{4}k^2$$

조건 (내)에서 $\triangle ABC=60\sqrt{3}$이므로 $\frac{15\sqrt{3}}{4}k^2=60\sqrt{3}$

$k^2=16$ $\quad\therefore k=4 \ (\because k>0)$

따라서 $a=28$, $b=12$, $c=20$이므로 $\triangle ABC$의 둘레의 길이는

$28+12+20=60$

1등급 비법

헤론의 공식

세 변의 길이 a, b, c가 주어진 삼각형 ABC의 넓이 S는

$$S=\sqrt{s(s-a)(s-b)(s-c)}\ \left(\text{단}, s=\frac{a+b+c}{2}\right)$$

344

코사인법칙의 변형 ⊕ 사각형의 넓이

(전략) $\overline{AB}$에 평행하도록 $\overline{DE}$를 긋고, $\square ABCD=\square ABED+\triangle DEC$임을 이용한다.

(풀이) 오른쪽 그림과 같이 점 D를 지나고 $\overline{AB}$와 평행한 직선이 $\overline{BC}$와 만나는 점을 E라 하고 $\angle DEC=\theta$라 하면

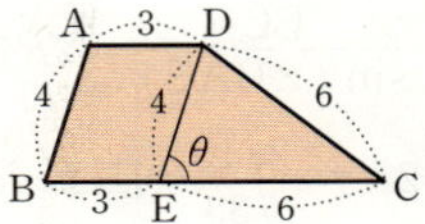

$\overline{DE}=4$, $\overline{BE}=3$이고

$\overline{EC}=9-3=6$

$\triangle DEC$에서 코사인법칙에 의하여

$$\cos\theta=\frac{4^2+6^2-6^2}{2\times4\times6}=\frac{16}{48}=\frac{1}{3}$$

$$\therefore \sin^2\theta=1-\cos^2\theta=1-\left(\frac{1}{3}\right)^2=\frac{8}{9}$$

$0°<\theta<180°$에서 $\sin\theta>0$이므로

$$\sin\theta=\sqrt{\frac{8}{9}}=\frac{2\sqrt{2}}{3}$$

$$\therefore \triangle DEC=\frac{1}{2}\times4\times6\times\sin\theta$$
$$=12\times\frac{2\sqrt{2}}{3}=8\sqrt{2}$$

또, $\square ABED$는 평행사변형이고 $\angle ABE=\angle DEC=\theta$이므로

$\square ABED=4\times3\times\sin\theta$

→ $\overline{AB}\,/\!/\,\overline{DE}$이므로 동위각의 크기는 서로 같다.

$$=12\times\frac{2\sqrt{2}}{3}=8\sqrt{2}$$

$$\therefore \square ABCD=\square ABED+\triangle DEC$$
$$=8\sqrt{2}+8\sqrt{2}=16\sqrt{2}$$

345 $-\dfrac{1}{3}$ **346** 6 **347** ④

345

코사인법칙의 변형

(1단계) $\overline{BP}=\overline{DP}=x$라 하고 $\cos\theta$를 x에 대한 식으로 나타낸다.

$\triangle ABD$에서 $\overline{BD}=\sqrt{1^2+1^2}=\sqrt{2}$

$\overline{BP}=\overline{DP}=x$라 하면 $\triangle BPD$에서 코사인법칙에 의하여

$$\cos\theta=\frac{x^2+x^2-(\sqrt{2})^2}{2\times x\times x}$$
$$=\frac{2x^2-2}{2x^2}$$
$$=1-\frac{1}{x^2}$$

(2단계) x의 값의 범위를 구하여 $\cos\theta$의 값의 범위를 구한다.

그런데 $\dfrac{\sqrt{3}}{2}\le\overline{BP}\le1$, 즉 $\dfrac{\sqrt{3}}{2}\le x\le1$이므로

$$\frac{3}{4}\le x^2\le1, \ 1\le\frac{1}{x^2}\le\frac{4}{3}$$

$$-\frac{4}{3}\le-\frac{1}{x^2}\le-1$$

$$-\frac{1}{3}\le1-\frac{1}{x^2}\le0$$

$$\therefore -\frac{1}{3}\le\cos\theta\le0$$

3단계 $\cos\theta$의 최댓값과 최솟값을 각각 구하여 합을 구한다.

따라서 $\cos\theta$의 최댓값은 0, 최솟값은 $-\dfrac{1}{3}$이므로 구하는 합은

$$0+\left(-\dfrac{1}{3}\right)=-\dfrac{1}{3}$$

참고 $\overline{BP}$의 길이의 범위는 한 변의 길이가 1인 정삼각형 BCE에서 구할 수 있다.

오른쪽 그림과 같이 점 B에서 $\overline{CE}$에 내린 수선의 발을 H라 하면 점 P가 점 H와 일치할 때 $\overline{BP}$의 길이는 $\dfrac{\sqrt{3}}{2}$으로 가장 짧고, 점 P가 점 C(또는 점 E)와 일치할 때 $\overline{BP}$의 길이는 1로 가장 길다.

$$\therefore \dfrac{\sqrt{3}}{2} \le \overline{BP} \le 1$$

346

사인법칙의 변형 ➕ 코사인법칙의 변형

1단계 △ACE에서 사인법칙을 이용하여 $\overline{BF}$, $\overline{FC}$의 길이를 구한다.

$\angle CAE=\theta$라 하면 $\sin\theta=\dfrac{1}{4}$이고, $\overline{BC}=4$이므로

△ACE에서 사인법칙에 의하여

$$\dfrac{\overline{CE}}{\sin\theta}=\overline{BC}$$

$$\dfrac{\overline{CE}}{\dfrac{1}{4}}=4 \qquad \therefore \overline{CE}=1$$

$\overline{BF}=\overline{CE}=1$이므로

$$\overline{FC}=\overline{BC}-\overline{BF}=4-1=3$$

2단계 △ABF에서 사인법칙을 이용하여 $\sin(\angle ABF)$를 k에 대한 식으로 나타내고 이를 이용하여 $\overline{AC}$의 길이도 k에 대한 식으로 나타낸다.

$\overline{BC}=\overline{DE}$에서 선분 DE도 주어진 원의 지름이므로

$$\angle BAC=\angle DAE=90°$$

$$\angle BAD=90°-\angle DAC=\theta$$

△ABF에서 사인법칙에 의하여

$$\dfrac{k}{\sin(\angle ABF)}=\dfrac{1}{\sin\theta}=4$$이므로

$$\sin(\angle ABF)=\dfrac{k}{4}$$

직각삼각형 ABC에서

$$\sin(\angle ABC)=\dfrac{\overline{AC}}{4}$$이므로

$$\overline{AC}=4\sin(\angle ABC)=4\times\dfrac{k}{4}=k$$

3단계 △ABC에서 $\cos(\angle BCA)$를 k에 대한 식으로 나타내고 △AFC에서 코사인법칙을 이용하여 k^2의 값을 구한다.

직각삼각형 ABC에서

$$\cos(\angle BCA)=\dfrac{k}{4}$$이므로

△AFC에서 코사인법칙에 의하여

$$\overline{AF}^2=\overline{AC}^2+\overline{FC}^2-2\times\overline{AC}\times\overline{FC}\times\cos(\angle FCA)$$

$$k^2=k^2+3^2-2\times k\times 3\times\dfrac{k}{4}$$

$$\dfrac{3}{2}k^2=9 \qquad \therefore k^2=6$$

347

사인법칙의 변형 ➕ 코사인법칙의 변형

1단계 $\angle BAC=\theta$로 놓고, 코사인법칙을 이용하여 $\overline{BC}$, $\overline{DE}$의 길이를 구한다.

$\angle BAC=\theta$라 하면 △ABC에서 코사인법칙에 의하여

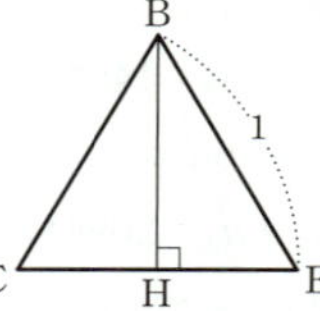

$$\overline{BC}^2=2^2+3^2-2\times 2\times 3\times\cos\theta$$
$$=13-12\cos\theta$$
$$\therefore \overline{BC}=\sqrt{13-12\cos\theta}\ (\because \overline{BC}>0)$$

△AEC에서 $\overline{AE}=3\cos\theta$

△ABD에서 $\overline{AD}=2\cos\theta$

△AED에서 코사인법칙에 의하여

$$\overline{DE}^2=(2\cos\theta)^2+(3\cos\theta)^2-2\times 2\cos\theta\times 3\cos\theta\times\cos\theta$$
$$=13\cos^2\theta-12\cos^3\theta$$
$$=\cos^2\theta(13-12\cos\theta)$$
$$\therefore \overline{DE}=\cos\theta\sqrt{13-12\cos\theta}\ (\because \overline{DE}>0)$$

2단계 두 삼각형 ABC와 AED의 외접원의 넓이의 차에 대한 식을 세운다.

△ABC와 △AED의 외접원의 반지름의 길이를 각각 R, r이라 하면 사인법칙에 의하여

$$\dfrac{\sqrt{13-12\cos\theta}}{\sin\theta}=2R, \quad \dfrac{\cos\theta\sqrt{13-12\cos\theta}}{\sin\theta}=2r$$

$\pi R^2-\pi r^2=\dfrac{5}{4}\pi$이므로 $R^2-r^2=\dfrac{5}{4}$

$$\left(\dfrac{\sqrt{13-12\cos\theta}}{2\sin\theta}\right)^2-\left(\dfrac{\cos\theta\sqrt{13-12\cos\theta}}{2\sin\theta}\right)^2$$
$$=\dfrac{(13-12\cos\theta)(1-\cos^2\theta)}{4\sin^2\theta}$$
$$=\dfrac{13-12\cos\theta}{4}$$

즉, $\dfrac{13-12\cos\theta}{4}=\dfrac{5}{4}$이므로

$$\cos\theta=\dfrac{2}{3}$$

$$\sin^2\theta=1-\cos^2\theta=1-\left(\dfrac{2}{3}\right)^2=\dfrac{5}{9}$$

$0°<\theta<180°$에서 $\sin\theta>0$이므로

$$\sin\theta=\sqrt{\dfrac{5}{9}}=\dfrac{\sqrt{5}}{3}$$

3단계 □AEPD가 원에 내접하는 사각형임을 알고 △DEP의 외접원의 넓이를 구한다.

□AEPD에서 $\angle AEP=\angle ADP=\dfrac{\pi}{2}$이므로 네 점 A, E, P, D는 모두 선분 AP를 지름으로 하는 한 원 위에 있다.

△AED의 외접원과 △DEP의 외접원이 일치하므로 △DEP의 외접원의 반지름의 길이는 r이다.

따라서 △DEP의 외접원의 넓이는

$$\pi r^2=\pi\left(\dfrac{\cos\theta\sqrt{13-12\cos\theta}}{2\sin\theta}\right)^2$$
$$=\pi\left(\dfrac{\dfrac{2}{3}\sqrt{13-12\times\dfrac{2}{3}}}{2\times\dfrac{\sqrt{5}}{3}}\right)$$
$$=\pi$$

III 수열

07 등차수열과 등비수열

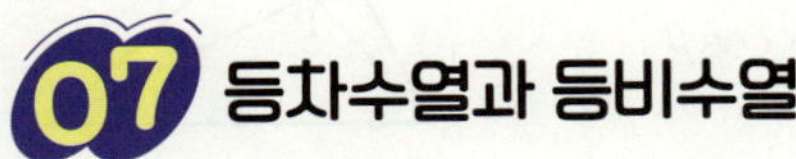

● 90쪽 ~ 96쪽

<table>
<tr><td>348 ③</td><td>349 $a_n=2n-13$</td><td>350 ④</td><td>351 25</td></tr>
<tr><td>352 6</td><td>353 제17항</td><td>354 ⑤</td><td>355 12</td><td>356 $\frac{3}{2}$</td></tr>
<tr><td>357 150</td><td>358 ②</td><td>359 ③</td><td>360 1680</td><td>361 ①</td></tr>
<tr><td>362 15</td><td>363 ②</td><td>364 ⑤</td><td>365 ⑤</td><td>366 ④</td></tr>
<tr><td>367 9</td><td>368 16</td><td>369 ③</td><td>370 ①</td><td>371 ⑤</td></tr>
<tr><td>372 9</td><td>373 ②</td><td>374 ⑤</td><td>375 90%</td><td>376 ⑤</td></tr>
<tr><td>377 ①</td><td>378 ③</td><td>379 ④</td><td>380 $\frac{21}{4}$ m</td><td>381 ②</td></tr>
<tr><td>382 ④</td><td>383 ④</td><td>384 ①</td><td>385 5</td></tr>
</table>

348

첫째항이 37, 공차가 $34-37=-3$이므로 주어진 등차수열의 일반항을 a_n이라 하면

$a_n=37+(n-1)\times(-3)=-3n+40$

-20을 제 k 항이라 하면

$-3k+40=-20, \ -3k=-60 \qquad \therefore k=20$

따라서 -20은 제 20 항이다.

349

등차수열 $\{a_n\}$의 첫째항을 a, 공차를 d라 하면

$a_4+a_9=0$이므로 $(a+3d)+(a+8d)=0$

$\therefore 2a+11d=0 \qquad\qquad\qquad \cdots\cdots$ ㉠

또, $a_6=-1$이므로 $a+5d=-1 \qquad\qquad \cdots\cdots$ ㉡

㉠, ㉡을 연립하여 풀면 $a=-11, \ d=2$

$\therefore a_n=-11+(n-1)\times2=2n-13$

1등급 비법

등차수열 $\{a_n\}$의 일반항 a_n은 다음과 같은 순서로 구한다.
(ⅰ) 첫째항을 a, 공차를 d라 하고 주어진 조건을 이용하여 $a, \ d$에 대한 방정식을 세운다.
(ⅱ) (ⅰ)의 식을 연립하여 $a, \ d$의 값을 구한다.
(ⅲ) (ⅱ)에서 구한 $a, \ d$의 값을 $a_n=a+(n-1)d$에 대입한다.

350

$a_8-|a_{10}|=0$에서 $a_8=|a_{10}| \qquad \therefore a_8=a_{10}$ 또는 $a_8=-a_{10}$

등차수열 $\{a_n\}$의 공차를 d라 하면

(ⅰ) $a_8=a_{10}$일 때,

$\quad d=0$이므로 조건을 만족시키지 않는다.

(ⅱ) $a_8=-a_{10}$일 때,

$\quad a_3+5d=-(a_3+7d)$이므로 $12+5d=-12-7d$

$\quad 12d=-24 \qquad \therefore d=-2$

$\therefore a_1=a_3-2d=12-2\times(-2)=16$

351

등차수열 $\{a_n\}$의 첫째항을 a, 공차를 d라 하면

$a_2+a_6=14$에서 $(a+d)+(a+5d)=14$

$2a+6d=14 \qquad \therefore a+3d=7 \qquad\qquad \cdots\cdots$ ㉠

$a_3+a_7=20$에서 $(a+2d)+(a+6d)=20$

$2a+8d=20 \qquad \therefore a+4d=10 \qquad\qquad \cdots\cdots$ ㉡

㉠, ㉡을 연립하여 풀면 $a=-2, \ d=3$

따라서 $a_n=-2+(n-1)\times3=3n-5$이므로

$a_{10}=3\times10-5=25$

352

등차수열 $\{a_n\}$의 공차를 d라 하면

$a_5=3a_1$에서 $a_1+4d=3a_1$

$2a_1=4d \qquad \therefore a_1=2d \qquad\qquad\qquad \cdots\cdots$ ㉠

$a_1{}^2+a_3{}^2=20$에서 $a_1{}^2+(a_1+2d)^2=20$

㉠을 ㉡에 대입하면 $a_1{}^2+(a_1+a_1)^2=20$

$5a_1{}^2=20 \qquad \therefore a_1{}^2=4$

이때 $a_1>0$이므로 $a_1=2$

$\therefore a_5=a_1+4d=a_1+2a_1=3a_1=3\times2=6$

353

등차수열 $\{a_n\}$의 첫째항을 a, 공차를 d라 하면

$a_6=21$에서 $a+5d=21 \qquad\qquad\qquad \cdots\cdots$ ㉠

$a_3:a_{12}=3:1$에서 $a_3=3a_{12}$이므로

$a+2d=3(a+11d), \ a+2d=3a+33d$

$\therefore 2a+31d=0 \qquad\qquad\qquad \cdots\cdots$ ㉡

㉠, ㉡을 연립하여 풀면 $a=31, \ d=-2$

$\therefore a_n=31+(n-1)\times(-2)=-2n+33$

$-2n+33<0$에서 $n>\frac{33}{2}=16.5$

따라서 처음으로 음수가 되는 항은 제 17 항이다.

1등급 비법

첫째항이 a, 공차가 d인 등차수열 $\{a_n\}$에서
① 처음으로 양수가 되는 항
$\Rightarrow a+(n-1)d>0$을 만족시키는 자연수 n의 최솟값을 구한다.
② 처음으로 음수가 되는 항
$\Rightarrow a+(n-1)d<0$을 만족시키는 자연수 n의 최솟값을 구한다.

354

세 수 $10, \ x^2-2x, \ 4x$가 이 순서대로 등차수열을 이루므로

$2(x^2-2x)=10+4x, \ 2x^2-8x-10=0$

$x^2-4x-5=0, \ (x+1)(x-5)=0$

$\therefore x=-1$ 또는 $x=5$

따라서 모든 실수 x의 값의 합은 $(-1)+5=4$

참고 $x=-1$일 때 주어진 세 수는 10, 3, -4이므로 공차가 -7인 등차수열을 이루고, $x=5$일 때 주어진 세 수는 10, 15, 20이므로 공차가 5인 등차수열을 이룬다.

개념 보충

등차중항

세 수 a, b, c가 이 순서대로 등차수열을 이루면
$$b=\frac{a+c}{2} \iff 2b=a+c$$

355

다섯 개의 수 $\frac{8}{3}$, a, b, c, $\frac{16}{3}$이 이 순서대로 등차수열을 이루므로

세 수 $\frac{8}{3}$, b, $\frac{16}{3}$도 이 순서대로 등차수열을 이룬다.

$\therefore b=\frac{1}{2}\left(\frac{8}{3}+\frac{16}{3}\right)=4$

또, 세 수 a, 4, c도 이 순서대로 등차수열을 이루므로

$a+c=2\times4=8$ $\therefore a+b+c=8+4=12$

참고 다섯 개의 수 a, b, c, d, e가 이 순서대로 등차수열을 이루면 세 수 a, c, e도 이 순서대로 등차수열을 이룬다.

356

등차수열 $\{a_n\}$의 공차를 d라 하면

$a_2+a_3=(a_1+d)+(a_1+2d)=2a_1+3d$

$a_4+a_5=(a_1+3d)+(a_1+4d)=2a_1+7d$

즉, 세 수 a_1, $2a_1+3d$, $2a_1+7d$가 이 순서대로 등차수열을 이루므로

$2(2a_1+3d)=a_1+(2a_1+7d)$

$4a_1+6d=3a_1+7d$ $\therefore a_1=d$

$\therefore \frac{a_6}{a_4}=\frac{a_1+5d}{a_1+3d}=\frac{d+5d}{d+3d}=\frac{6d}{4d}=\frac{3}{2}$

357

조건 (가)에서 직각삼각형의 세 변의 길이를 각각

$a-d$, a, $a+d$ $\left(0<d<\frac{a}{2}\right)$

라 하면 피타고라스 정리에 의하여

$(a+d)^2=a^2+(a-d)^2$

$a(a-4d)=0$ $\therefore a=4d$ $(\because a>0)$ ······ ㉠

조건 (나)에서 $a+d=25$이므로 ㉠을 이 식에 대입하면

$4d+d=25, 5d=25$ $\therefore d=5$

$d=5$를 ㉠에 대입하면 $a=20$

따라서 직각삼각형의 세 변의 길이는 15, 20, 25이므로

직각삼각형의 넓이는 $\frac{1}{2}\times15\times20=150$

참고 삼각형의 세 변의 길이를 각각 $a-d$, a, $a+d$ $(0<d<a)$ 라 하면 삼각형의 가장 긴 변의 길이는 나머지 두 변의 길이의 합보다 작아야 하므로

$(a-d)+a>a+d$ $\therefore d<\frac{a}{2}$

$\therefore 0<d<\frac{a}{2}$

358

삼차방정식 $x^3+3x^2+kx-3=0$이 서로 다른 세 실근을 갖고 이 세 실근이 등차수열을 이루므로 세 실근을 $a-d$, a, $a+d$ $(d\geq0)$ 라 하면 삼차방정식의 근과 계수의 관계에 의하여

$(a-d)+a+(a+d)=-3$

$3a=-3$ $\therefore a=-1$

또, $(a-d)\times a\times(a+d)=3$이므로

$(-1-d)\times(-1)\times(-1+d)=3, d^2=4$

$\therefore d=2$ $(\because d\geq0)$

따라서 세 실근은 -3, -1, 1이므로

$k=(-3)\times(-1)+(-1)\times1+1\times(-3)=-1$

다른 풀이 삼차방정식 $x^3+3x^2+kx-3=0$이 서로 다른 세 실근을 갖고 이 세 실근이 등차수열을 이루므로 세 실근을 $a-d$, a, $a+d$ $(d\geq0)$라 하면 삼차방정식의 근과 계수의 관계에 의하여

$(a-d)+a+(a+d)=-3$이므로 $a=-1$

-1이 $x^3+3x^2+kx-3=0$의 한 근이므로

$(-1)^3+3\times(-1)^2+k\times(-1)-3=0$ $\therefore k=-1$

1등급 비법

삼차방정식의 근과 계수의 관계
삼차방정식 $ax^2+bx^2+cx+d=0$의 세 근을 α, β, γ라 하면
$$\alpha+\beta+\gamma=-\frac{b}{a}, \quad \alpha\beta+\beta\gamma+\gamma\alpha=\frac{c}{a}, \quad \alpha\beta\gamma=-\frac{d}{a}$$

359

등차수열 $\{a_n\}$의 첫째항을 a, 공차를 d라 하면

$a_2=1$에서 $a+d=1$ ······ ㉠

$a_4=-5$에서 $a+3d=-5$ ······ ㉡

㉠, ㉡을 연립하여 풀면 $a=4$, $d=-3$

따라서 첫째항부터 제20항까지의 합은

$\frac{20\{2\times4+(20-1)\times(-3)\}}{2}=-490$

360

등차수열 $\{a_n\}$의 첫째항을 a, 공차를 d라 하면

$S_{15}=255$에서 $\frac{15\{2a+(15-1)d\}}{2}=255$

$15(2a+14d)=510$ $\therefore a+7d=17$ ······ ㉠

$S_{30}=960$에서 $\frac{30\{2a+(30-1)d\}}{2}=960$

$15(2a+29d)=960$ $\therefore 2a+29d=64$ ······ ㉡

㉠, ㉡을 연립하여 풀면 $a=3$, $d=2$

$\therefore S_{40}=\frac{40\{2\times3+(40-1)\times2\}}{2}=1680$

361

등차수열 23, a_1, a_2, a_3, $\cdots$, a_n, -45에서

$23+a_1+a_2+a_3+\cdots+a_n+(-45)=23+(-110)+(-45)$
$$=-132$$

즉, 첫째항이 23, 끝항이 -45, 항의 개수가 $n+2$인 등차수열의 합이 -132이므로

$$\frac{(n+2)\{23+(-45)\}}{2}=-132$$

$n+2=12 \qquad \therefore n=10$

두 수 사이에 수를 넣어 만든 등차수열의 합
두 수 a와 b 사이에 n개의 수를 넣어 만든 등차수열의 합을 S라 하면 S는 첫째항이 a, 끝항이 b, 항의 개수가 $n+2$인 등차수열의 합이므로

$$S=\frac{(n+2)(a+b)}{2}$$

362

등차수열 $\{a_n\}$의 첫째항을 a라 하면 $S_{10}=S_{20}$에서

$$\frac{10\{2a+(10-1)\times2\}}{2}=\frac{20\{2a+(20-1)\times2\}}{2}$$

$2a+18=2(2a+38),\ 2a+18=4a+76$

$-2a=58 \qquad \therefore a=-29$

$\therefore a_n=-29+(n-1)\times2=2n-31$

$2n-31>0$에서 $n>\dfrac{31}{2}=15.5$

즉, 수열 $\{a_n\}$은 제16항부터 양수이므로 첫째항부터 제15항까지의 합이 최소이다.

따라서 S_n의 값이 최소가 되도록 하는 n의 값은 15이다.

363

두 자리 자연수 중에서 3의 배수는

$12,\ 15,\ 18,\ \cdots,\ 99$ $\cdots\cdots$ ㉠

이때 $99=12+3\times29$이므로 ㉠은 첫째항이 12, 끝항이 99, 항의 개수가 30인 등차수열이다.

즉, 그 합은 $\dfrac{30(12+99)}{2}=1665$

두 자리 자연수 중에서 7의 배수는

$14,\ 21,\ 28,\ \cdots,\ 98$ $\cdots\cdots$ ㉡

이때 $98=14+7\times12$이므로 ㉡은 첫째항이 14, 끝항이 98, 항의 개수가 13인 등차수열이다.

즉, 그 합은 $\dfrac{13(14+98)}{2}=728$

한편, 두 자리 자연수 중에서 3과 7의 공배수, 즉 21의 배수는

$21,\ 42,\ 63,\ 84$ $\cdots\cdots$ ㉢

이므로 이 네 수의 합은 $21+42+63+84=210$

따라서 두 자리 자연수 중에서 3 또는 7로 나누어떨어지는 수의 총합은 $1665+728-210=2183$

364

자연수 n에 대하여 직선 $x=n$이 두 이차함수 $y=\dfrac{1}{10}x^2$,

$y=\dfrac{1}{10}x^2-2x+1$의 그래프에 의하여 잘린 선분의 길이를 a_n이라 하면

$$a_n=\frac{1}{10}n^2-\left(\frac{1}{10}n^2-2n+1\right)=2n-1$$

따라서 10개의 선분 $l_1,\ l_2,\ l_3,\ \cdots,\ l_{10}$의 길이의 합은 등차수열 $\{a_n\}$의 첫째항부터 제10항까지의 합과 같고

$a_1=2\times1-1=1,\ a_{10}=2\times10-1=19$이므로 구하는 길이의 합은

$$\frac{10(1+19)}{2}=100$$

365

등차수열 $\{a_n\}$의 공차가 2이고,

$S_{k+10}=S_k+(a_{k+1}+a_{k+2}+\cdots+a_{k+10})$이므로

$S_{k+10}=640$에서

$S_k+\{(a_k+2)+(a_k+4)+\cdots+(a_k+20)\}=640$

$S_k+\left\{10a_k+\dfrac{10\times(2+20)}{2}\right\}=640$

이때 $a_k=31$이므로

$S_k+(10\times31+110)=640$

$\therefore S_k=640-(310+110)=220$

다른 풀이 등차수열 $\{a_n\}$의 첫째항을 a라 하면

$a_k=a+(k-1)\times2=31$ $\cdots\cdots$ ㉠

$S_{k+10}=\dfrac{(k+10)\{2a+(k+9)\times2\}}{2}=640$ $\cdots\cdots$ ㉡

㉠에서 $a=-2k+33$이고 이 식을 ㉡에 대입하여 정리하면

$k^2-32k+220=0$

$(k-10)(k-22)=0 \qquad \therefore k=10$ 또는 $k=22$

(ⅰ) $k=10$일 때, $a=-2\times10+33=13$

(ⅱ) $k=22$일 때, $a=-2\times22+33=-11$

이때 $a>0$이므로 $k=10,\ a=13$

$\therefore S_k=S_{10}=\dfrac{10\times(2\times13+9\times2)}{2}=220$

366

첫째항이 $\dfrac{1}{27}$, 공비가 $\left(-\dfrac{1}{9}\right)\div\dfrac{1}{27}=-3$이므로 주어진 등비수열의 일반항을 a_n이라 하면

$$a_n=\frac{1}{27}\times(-3)^{n-1}$$

243이 제 k항이라 하면

$\dfrac{1}{27}\times(-3)^{k-1}=243,\ \dfrac{1}{3^3}\times(-3)^{k-1}=3^5$

$(-3)^{k-1}=3^8=(-3)^8,\ k-1=8 \qquad \therefore k=9$

따라서 243은 제9항이다.

367

등비수열 $\{a_n\}$의 첫째항을 a, 공비를 r이라 하면

$\dfrac{a_{13}}{a_3}+\dfrac{a_{14}}{a_4}+\dfrac{a_{15}}{a_5}+\cdots+\dfrac{a_{22}}{a_{12}}=30$에서

$\dfrac{ar^{12}}{ar^2}+\dfrac{ar^{13}}{ar^3}+\dfrac{ar^{14}}{ar^4}+\cdots+\dfrac{ar^{21}}{ar^{11}}=30$

$r^{10}+r^{10}+r^{10}+\cdots+r^{10}=30,\ 10r^{10}=30 \qquad \therefore r^{10}=3$

$\therefore \dfrac{a_{55}}{a_{35}}=\dfrac{ar^{54}}{ar^{34}}=r^{20}=(r^{10})^2=3^2=9$

368

등비수열 $\{a_n\}$의 공비를 r이라 하면
$a_8-a_6=16$에서 $r^7-r^5=16$이므로

$$r^7\left(1-\frac{1}{r^2}\right)=16 \qquad \therefore 1-\frac{1}{r^2}=\frac{16}{r^7} \qquad\qquad \cdots\cdots \text{㉠}$$

$\dfrac{1}{a_6}-\dfrac{1}{a_8}=1$에서 $\dfrac{1}{r^5}-\dfrac{1}{r^7}=1$이므로

$$\frac{1}{r^5}\left(1-\frac{1}{r^2}\right)=1 \qquad\qquad \cdots\cdots \text{㉡}$$

㉠을 ㉡에 대입하면

$$\frac{1}{r^5}\times\frac{16}{r^7}=1 \qquad \therefore r^{12}=16$$

$$\therefore a_{13}=r^{12}=16$$

다른 풀이 $a_8-a_6=16$, $\dfrac{1}{a_6}-\dfrac{1}{a_8}=\dfrac{a_8-a_6}{a_6 a_8}=1$이므로

$a_8 a_6=16$

a_7은 a_1과 a_{13}의 등비중항이고, a_6과 a_8의 등비중항이므로

$a_7{}^2=a_1 a_{13}=a_6 a_8=16$

이때 $a_1=1$이므로 $a_{13}=16$

369

등비수열 $\{a_n\}$의 첫째항을 a, 공비를 $r\,(r>0)$이라 하면

$a_2=\dfrac{3}{2}$이므로 $ar=\dfrac{3}{2}$ $\qquad\qquad \cdots\cdots \text{㉠}$

$a_4=\dfrac{3}{8}$이므로 $ar^3=\dfrac{3}{8}$ $\qquad\qquad \cdots\cdots \text{㉡}$

㉠을 ㉡에 대입하면

$$\frac{3}{2}r^2=\frac{3}{8}, \ r^2=\frac{1}{4} \qquad \therefore r=\frac{1}{2}\ (\because r>0)$$

$r=\dfrac{1}{2}$을 ㉠에 대입하면

$$\frac{1}{2}a=\frac{3}{2} \qquad \therefore a=3$$

$$\therefore a_n=3\times\left(\frac{1}{2}\right)^{n-1}$$

$3\times\left(\dfrac{1}{2}\right)^{n-1}<\dfrac{1}{100}$에서 $\left(\dfrac{1}{2}\right)^{n-1}<\dfrac{1}{300}$이므로

$2^{n-1}>300$

이때 $2^8=256$, $2^9=512$이므로

$n-1\geq 9 \qquad \therefore n\geq 10$

따라서 처음으로 $\dfrac{1}{100}$보다 작아지는 항은 제 10 항이다.

370

등비수열 $\dfrac{1}{3}$, a_1, a_2, a_3, $\cdots$, a_n, 81의 공비를 $r\,(r>0)$이라 하면 81은 제$(n+2)$항이므로

$$\frac{1}{3}r^{n+1}=81에서 \ r^{n+1}=243=3^5 \qquad\qquad \cdots\cdots \text{㉠}$$

이때 모든 항의 곱이 3^{15}이므로

$$\frac{1}{3}\times a_1\times a_2\times a_3\times\cdots\times a_n\times 81=3^{15}에서$$

$$\left(\frac{1}{3}\right)^{n+1}\times 3^4\times r^{1+2+3+\cdots+n}=3^{15}$$

$$3^{-3-n}\times r^{\frac{n(n+1)}{2}}=3^{15} \qquad \therefore 3^{3-n}\times(r^{n+1})^{\frac{n}{2}}=3^{15}$$

이 식에 ㉠을 대입하면

$$3^{3-n}\times(3^5)^{\frac{n}{2}}=3^{15}에서 \ 3^{3+\frac{3}{2}n}=3^{15}$$

즉, $3+\dfrac{3}{2}n=15$이므로 $\dfrac{3}{2}n=12$ $\qquad \therefore n=8$

371

세 수 2, a, b가 이 순서대로 등차수열을 이루므로

$2a=2+b$ $\qquad\qquad\qquad\qquad \cdots\cdots \text{㉠}$

세 수 2, b, a가 이 순서대로 등비수열을 이루므로

$b^2=2a$ $\qquad\qquad\qquad\qquad \cdots\cdots \text{㉡}$

㉠을 ㉡에 대입하면

$b^2=2+b$, $b^2-b-2=0$

$(b+1)(b-2)=0$

$\therefore b=-1$ 또는 $b=2$

$b=-1$이면 ㉠에서 $a=\dfrac{1}{2}$

$b=2$이면 ㉠에서 $a=2$

그런데 $a\neq b$이므로 $a=\dfrac{1}{2}$, $b=-1$

$$\therefore a^2+b^2=\frac{1}{4}+1=\frac{5}{4}$$

372

세 수 $\sin\theta$, $\dfrac{1}{3}$, $\cos\theta$가 이 순서대로 등비수열을 이루므로

$$\sin\theta\cos\theta=\left(\frac{1}{3}\right)^2=\frac{1}{9}$$

$$\therefore \tan\theta+\frac{1}{\tan\theta}=\frac{\sin\theta}{\cos\theta}+\frac{\cos\theta}{\sin\theta}$$

$$=\frac{\sin^2\theta+\cos^2\theta}{\sin\theta\cos\theta}$$

$$=\frac{1}{\frac{1}{9}}=9$$

개념 보충

삼각함수 사이의 관계

① $\tan\theta=\dfrac{\sin\theta}{\cos\theta}$ $\qquad\qquad$ ② $\sin^2\theta+\cos^2\theta=1$

373

등차수열 $\{a_n\}$의 첫째항을 a, 공차를 d라 하면

$a_2=a+d$, $a_5=a+4d$, $a_{17}=a+16d$

이때 a_2, a_5, a_{17}이 이 순서대로 등비수열을 이루므로

$a_5{}^2=a_2 a_{17}$

즉, $(a+4d)^2=(a+d)(a+16d)$에서

$a^2+8ad+16d^2=a^2+17ad+16d^2$

$9ad=0 \qquad \therefore a=0\ (\because d\neq 0)$

$$\therefore \frac{a_{10}}{a_2}=\frac{9d}{d}=9$$

374

세 번째 줄에 있는 5개의 수는 왼쪽부터 차례대로 공비가 2인 등비수열을 이루므로 $a=\dfrac{2k}{2^2}=\dfrac{k}{2}$

다음 그림과 같이 세 번째 줄의 $2k$와 인접한 아래쪽 칸의 수는 주어진 규칙에 의하여 $2k$의 k배인 $2k^2$이다.

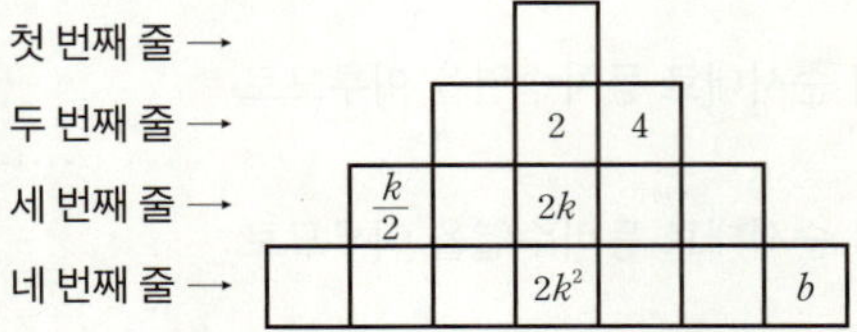

네 번째 줄에 있는 7개의 수는 왼쪽부터 차례대로 공비가 2인 등비수열을 이루므로
$$b=2k^2\times2^3=16k^2$$
$$ab=\dfrac{k}{2}\times16k^2=8k^3=64,\ k^3=8$$

이때 k는 실수이므로 $k=2$

375

처음 불순물의 양을 A라 하고 정수 필터를 한 번 통과할 때마다 불순물의 양이 r배씩 줄어든다고 하면 정수 필터를 n번 통과한 후의 불순물의 양은
$$Ar^n$$
정수 필터를 6번 통과한 후의 불순물의 양이 처음 불순물의 양보다 19 % 줄어들었으므로
$$Ar^6=(1-0.19)A$$
$$r^6=0.81\qquad\therefore r^3=0.9\ (\because r>0)$$
정수 필터를 3번 통과한 후의 불순물의 양은
$$Ar^3=0.9A$$
따라서 정수 필터를 3번 통과한 후의 불순물의 양은 처음 불순물의 양의 90 %이다.

376

등비수열 $\{a_n\}$의 일반항은 $a_n=5\times(\sqrt{2})^{n-1}$
이때 $a_1{}^2,\ a_2{}^2,\ a_3{}^2,\ \cdots,\ a_{16}{}^2$은 $5^2,\ 5^2\times2,\ 5^2\times2^2,\ \cdots,\ 5^2\times2^{15}$이므로
$a_1{}^2+a_2{}^2+a_3{}^2+\cdots+a_{16}{}^2$은 첫째항이 5^2, 공비가 2인 등비수열의 첫째항부터 제16항까지의 합과 같다.
$$\therefore a_1{}^2+a_2{}^2+a_3{}^2+\cdots+a_{16}{}^2=\dfrac{5^2(2^{16}-1)}{2-1}=25(2^{16}-1)$$

참고 수열 $\{a_n\}$이 공비가 r인 등비수열이면 수열 $\{a_n{}^2\}$은 공비가 r^2인 등비수열이다.

377

등비수열 $\{a_n\}$의 공비를 $r\ (r>1)$이라 하면
$$\dfrac{S_4}{S_2}=\dfrac{6a_3}{a_5}\text{에서}$$
$$\dfrac{S_4}{S_2}=\dfrac{\dfrac{3(r^4-1)}{r-1}}{\dfrac{3(r^2-1)}{r-1}}=\dfrac{r^4-1}{r^2-1}=\dfrac{(r^2-1)(r^2+1)}{r^2-1}=r^2+1$$

$$\dfrac{6a_3}{a_5}=\dfrac{6\times3r^2}{3r^4}=\dfrac{6}{r^2}$$
즉, $r^2+1=\dfrac{6}{r^2}$이므로 $r^4+r^2-6=0$
$$(r^2-2)(r^2+3)=0\qquad\therefore r^2=2\ (\because r^2>0)$$
$$\therefore a_7=3\times r^6=3\times(r^2)^3=3\times2^3=24$$

378

등비수열 $\{a_n\}$의 첫째항을 a, 공비를 r이라 하면
$$S_n=\dfrac{a(r^n-1)}{r-1}=10 \qquad\qquad \cdots\cdots\ \text{㉠}$$
$$S_{2n}=\dfrac{a(r^{2n}-1)}{r-1}=\dfrac{a(r^n-1)(r^n+1)}{r-1}=30 \qquad \cdots\cdots\ \text{㉡}$$
㉠을 ㉡에 대입하면
$$10(r^n+1)=30,\ r^n+1=3\qquad\therefore r^n=2$$
$$\therefore S_{3n}=\dfrac{a(r^{3n}-1)}{r-1}$$
$$=\dfrac{a(r^n-1)(r^{2n}+r^n+1)}{r-1}$$
$$=10\times(2^2+2+1)$$
$$=70$$

379

등비수열 $\{a_n\}$의 첫째항을 a, 공비를 r이라 하면 수열 $\{a_n\}$의 첫째항부터 제n항까지의 합 S_n은
$S_{10}=7$이므로 $\dfrac{a(r^{10}-1)}{r-1}=7 \qquad\qquad \cdots\cdots\ \text{㉠}$
$a_{11}+a_{12}+a_{13}+\cdots+a_{20}=S_{20}-S_{10}=21$이므로
$$S_{20}-7=21\qquad\therefore S_{20}=28$$
즉, $S_{20}=\dfrac{a(r^{20}-1)}{r-1}=\dfrac{a(r^{10}-1)(r^{10}+1)}{r-1}=28 \qquad \cdots\cdots\ \text{㉡}$
㉠을 ㉡에 대입하면
$$7(r^{10}+1)=28,\ r^{10}+1=4\qquad\therefore r^{10}=3$$
따라서 제21항부터 제40항까지의 합은
$$a_{21}+a_{22}+a_{23}+\cdots+a_{40}=S_{40}-S_{20}$$
$$=\dfrac{a(r^{40}-1)}{r-1}-28$$
$$=\dfrac{a(r^{20}-1)(r^{20}+1)}{r-1}-28$$
$$=28\times(3^2+1)-28$$
$$=252$$

380

첫 번째 파이프의 길이를 a m라 하고 파이프의 길이가 r배씩 감소한다고 하면 첫 번째 파이프부터 7번째 파이프까지의 길이의 합이 3 m이므로

$$\frac{a(1-r^7)}{1-r}=3 \qquad\qquad \cdots\cdots \text{㉠}$$

또, 8번째 파이프부터 14번째 파이프까지의 길이의 합이 $\dfrac{3}{2}$ m이므로

$$\frac{ar^7(1-r^7)}{1-r}=\frac{3}{2} \qquad\qquad \cdots\cdots \text{㉡}$$

㉠을 ㉡에 대입하면

$$3r^7=\frac{3}{2} \qquad \therefore r^7=\frac{1}{2}$$

따라서 21개의 파이프로 이루어진 팬파이프에서 전체 파이프의 길이의 합은

$$\frac{a(1-r^{21})}{1-r}=\frac{a(1-r^7)(1+r^7+r^{14})}{1-r}$$
$$=3\times\left\{1+\frac{1}{2}+\left(\frac{1}{2}\right)^2\right\}$$
$$=\frac{21}{4}\,(\text{m})$$

381

매월 초에 100만 원씩 적립할 때, 24개월째 말의 적립금의 원리합계는

$$100\times1.01+100\times1.01^2+\cdots+100\times1.01^{24}$$
$$=\frac{100\times1.01(1.01^{24}-1)}{1.01-1}$$
$$=\frac{101(1.27-1)}{0.01}$$
$$=2727(\text{만 원})$$

382

매년 말에 a만 원씩 적립할 때, 10년째 연말까지의 적립금의 원리합계는

$$a+a\times1.04+a\times1.04^2+\cdots+a\times1.04^9$$
$$=\frac{a(1.04^{10}-1)}{1.04-1}$$
$$=\frac{a(1.48-1)}{0.04}=12a(\text{만 원})$$

즉, $12a=600$이어야 하므로 $a=50$

383

$S_n=(n+1)^2$에서 $n\geq2$일 때,

$$a_n=S_n-S_{n-1}$$
$$=(n+1)^2-n^2$$
$$=2n+1$$

따라서 $a_2=2\times2+1=5$, $a_4=2\times4+1=9$이므로

$$a_2+a_4=5+9=14$$

384

$S_n=3\times2^n+k$에서

(i) $n=1$일 때,
$$a_1=S_1=3\times2+k=k+6$$

(ii) $n\geq2$일 때,
$$a_n=S_n-S_{n-1}$$
$$=(3\times2^n+k)-(3\times2^{n-1}+k)$$
$$=3\times2^{n-1} \qquad\qquad \cdots\cdots \text{㉠}$$

수열 $\{a_n\}$이 첫째항부터 등비수열을 이루도록 하기 위해서는 ㉠에 $n=1$을 대입한 것과 $a_1=k+6$이 같아야 하므로

$$k+6=3 \qquad \therefore k=-3$$

385

$S_n=3n^2-2n$에서

(i) $n=1$일 때,
$$a_1=S_1=3\times1^2-2\times1=1$$

(ii) $n\geq2$일 때,
$$a_n=S_n-S_{n-1}$$
$$=(3n^2-2n)-\{3(n-1)^2-2(n-1)\}$$
$$=6n-5 \qquad\qquad \cdots\cdots \text{㉠}$$

이때 $a_1=1$은 ㉠에 $n=1$을 대입한 것과 같으므로

$$a_n=6n-5$$
$$10\leq a_n\leq40\text{에서 } 10\leq6n-5\leq40$$
$$15\leq6n\leq45 \qquad \therefore \frac{5}{2}\leq n\leq\frac{15}{2}$$

따라서 자연수 n은 3, 4, 5, 6, 7의 5개이다.

386 5 **387** $-\dfrac{25}{2}$ **388** (1) 2 (2) 4 **389** 5

386

$x^2+nx+n-1=0$에서 $(x+1)(x+n-1)=0$ $\cdots\cdots$ ㉮

(i) $\alpha=1-n$, $\beta=-1$일 때,

$1-n$, -1, 2가 이 순서대로 등차수열을 이루므로

$$-2=(1-n)+2 \qquad \therefore n=5$$

(ii) $\alpha=-1$, $\beta=1-n$일 때,

-1, $1-n$, 2가 이 순서대로 등차수열을 이루므로

$$2(1-n)=-1+2,\ 1-n=\frac{1}{2} \qquad \therefore n=\frac{1}{2} \qquad \cdots\cdots \text{㉯}$$

이때 n은 자연수이므로 $n=5$ $\cdots\cdots$ ㉰

채점 기준	배점 비율
㉮ 이차방정식의 좌변을 인수분해하기	30 %
㉯ 등차중항을 이용하여 n의 값 구하기	60 %
㉰ 자연수 n의 값 구하기	10 %

387

$f(x)=3x^2+2x+a$라 하면 $f(x)$를 x, $x-1$, $x+2$로 나누었을 때의 나머지는 각각

$f(0)=a$

$f(1)=3+2+a=a+5$

$f(-2)=12-4+a=a+8$ ...... ㉮

즉, a, $a+5$, $a+8$이 이 순서대로 등비수열을 이루므로

$(a+5)^2=a(a+8)$

$a^2+10a+25=a^2+8a$

$2a=-25$ $\therefore a=-\dfrac{25}{2}$ ...... ㉯

채점 기준	배점 비율
㉮ x, $x-1$, $x+2$로 나누었을 때의 나머지 구하기	50 %
㉯ a의 값 구하기	50 %

개념 보충

나머지정리
다항식 $f(x)$를 일차식 $x-\alpha$로 나누었을 때의 나머지를 R이라 하면
$$R=f(\alpha)$$

388

(1) 등비수열 $\{a_n\}$의 공비를 r이라 하면

$a_2+a_4+a_6+\cdots+a_{2k}$는 첫째항이 $3r$, 공비가 r^2인 등비수열의 첫째항부터 제 k 항까지의 합과 같으므로

$a_2+a_4+a_6+\cdots+a_{2k}$

$=\dfrac{3r\{(r^2)^k-1\}}{r^2-1}$

$=\dfrac{3r(r^{2k}-1)}{r^2-1}$

$=510$ ...... ㉠

$a_1+a_3+a_5+\cdots+a_{2k-1}$은 첫째항이 3, 공비가 r^2인 등비수열의 첫째항부터 제 k 항까지의 합과 같으므로

$a_1+a_3+a_5+\cdots+a_{2k-1}$

$=\dfrac{3\{(r^2)^k-1\}}{r^2-1}$

$=\dfrac{3(r^{2k}-1)}{r^2-1}$

$=255$ ...... ㉡ ...... ㉮

㉡을 ㉠에 대입하면

$255r=510$ $\therefore r=2$ ...... ㉯

(2) $r=2$를 ㉡에 대입하면

$\dfrac{3(4^k-1)}{4-1}=255$, $4^k-1=255$

$4^k=256=4^4$ $\therefore k=4$ ...... ㉰

	채점 기준	배점 비율
(1)	㉮ 주어진 조건을 공비에 대한 식으로 나타내기	40 %
	㉯ 공비 구하기	30 %
(2)	㉰ k의 값 구하기	30 %

389

$S_n=3^{n-4}+5$, $T_n=n^2+kn-1$이라 하면

$a_7=S_7-S_6$

$=(3^3+5)-(3^2+5)$

$=18$ ...... ㉮

$b_7=T_7-T_6$

$=(7^2+7k-1)-(6^2+6k-1)$

$=k+13$ ...... ㉯

이때 $a_7=b_7$이므로

$18=k+13$ $\therefore k=5$ ...... ㉰

채점 기준	배점 비율
㉮ a_7의 값 구하기	40 %
㉯ b_7의 값을 k에 대한 식으로 나타내기	40 %
㉰ k의 값 구하기	20 %

1등급 실력 완성

● 98쪽 ~ 100쪽

390 ④	**391** ②	**392** ⑤	**393** ①	**394** ③
395 ③	**396** 20	**397** $\dfrac{8^{11}}{9^{10}}$	**398** ①	**399** ③
400 10	**410** ②	**402** -25		

390

등차수열

전략 주어진 함수의 그래프가 직선 $x=3$에 대하여 대칭이므로 네 교점의 x좌표를 각각 $3-3d$, $3-d$, $3+d$, $3+3d$로 놓는다.

풀이 $f(x)=|x^2-6x+4|=|(x-3)^2-5|$라 하면 함수 $y=f(x)$의 그래프가 직선 $x=3$에 대하여 대칭이므로

$a_1=3-3d$, $a_2=3-d$, $a_3=3+d$, $a_4=3+3d$ $(d>0)$라 할 수 있다.

$f(a_1)=f(3-3d)=|9d^2-5|=9d^2-5$

$f(a_2)=f(3-d)=|d^2-5|=-(d^2-5)=-d^2+5$

이때 $f(a_1)=f(a_2)=k$이므로

$9d^2-5=-d^2+5$에서 $10d^2=10$ $\therefore d^2=1$

$\therefore k=9d^2-5=9\times1-5=4$

1등급 비법

등차수열을 이루는 수
① 등차수열을 이루는 세 수: $a-d$, a, $a+d$
② 등차수열을 이루는 네 수: $a-3d$, $a-d$, $a+d$, $a+3d$

391

등차수열의 활용

전략 첫째 날부터 매일 외우는 영어 단어의 개수가 등차수열을 이룸을 이용하여 일반항을 구한다.

풀이 민지가 첫째 날 외우는 영어 단어의 개수를 a라 하고, 매일 외우는 영어 단어의 개수를 첫째 날부터 차례대로 나열한 수열을 $\{a_n\}$이라 하면 $\{a_n\}$은 a, $a+3$, $a+6$, $\cdots$

즉, 첫째항이 a, 공차가 3인 등차수열이므로

$a_n=a+(n-1)\times3$

이때 12일째 되는 날에 외운 영어 단어의 개수가 첫째 날 외웠던
영어 단어의 개수의 4배이므로
$a+(12-1)\times3=4a$, $-3a=-33$ $\therefore a=11$
$\therefore a_n=11+(n-1)\times3=3n+8$
k일째 되는 날 100개가 넘는 영어 단어를 외운다고 하면
$3k+8>100$에서 $k>\dfrac{92}{3}=30.\times\times\times$
따라서 처음으로 하루에 100개가 넘는 영어 단어를 외운 날은 영
어 단어를 외우기 시작한 지 31일째 되는 날이다.

392

등차수열의 합

(전략) 등차수열의 합의 공식을 이용한다.

(풀이) 등차수열 $\{a_n\}$의 첫째항을 a, 공차를 d라 하면
조건 (개)에서 $a_1+a_2+a_3+a_4+a_5=100$이므로
$$\frac{5\{a+(a+4d)\}}{2}=100$$
$2a+4d=40$ $\therefore a+2d=20$ $\cdots\cdots$ ㉠
조건 (내)에서 $a_{n-4}+a_{n-3}+a_{n-2}+a_{n-1}+a_n=250$이므로
$$\frac{5[\{a+(n-5)d\}+\{a+(n-1)d\}]}{2}=250$$
$2a+(2n-6)d=100$ $\therefore a+(n-3)d=50$ $\cdots\cdots$ ㉡
조건 (대)에서 $\dfrac{n\{2a+(n-1)d\}}{2}=3500$ $\cdots\cdots$ ㉢
㉠+㉡을 하면 $2a+(n-1)d=70$ $\cdots\cdots$ ㉣
㉣을 ㉢에 대입하면 $\dfrac{n\times70}{2}=3500$
$35n=3500$ $\therefore n=100$

393

등차수열의 합

(전략) $|S_3|=|S_6|=|S_{11}|-3$에서 $S_3=S_6$인 경우와 $S_3=-S_6$인 경우로 나누어 생각한다.

(풀이) 등차수열 $\{a_n\}$의 공차를 d라 하자.
$d\geq0$이면 등차수열 $\{a_n\}$의 첫째항이 양수이므로 모든 자연수 n
에 대하여 $a_n>0$이 되어 주어진 조건을 만족시키지 않는다.
따라서 $d<0$이어야 한다.
(ⅰ) $S_3=S_6$일 때,
$$\frac{3(2a_1+2d)}{2}=\frac{6(2a_1+5d)}{2}$$에서
$2a_1+2d=2(2a_1+5d)$ $\therefore a_1=-4d$
$S_3=S_6=-9d>0$, $S_{11}=\dfrac{11(2a_1+10d)}{2}=11d<0$이므로
$S_3=-S_{11}-3$에서
$-9d=-11d-3$ $\therefore d=-\dfrac{3}{2}$
$\therefore a_1=-4\times\left(-\dfrac{3}{2}\right)=6$
(ⅱ) $S_3=-S_6$일 때,
$$\frac{3(2a_1+2d)}{2}=-\frac{6(2a_1+5d)}{2}$$에서
$2a_1+2d=-2(2a_1+5d)$ $\therefore a_1=-2d$

$S_3=-S_6=-3d>0$, $S_{11}=\dfrac{11(2a_1+10d)}{2}=33d<0$이므로
$S_3=-S_{11}-3$에서
$-3d=-33d-3$ $\therefore d=-\dfrac{1}{10}$
$\therefore a_1=-2\times\left(-\dfrac{1}{10}\right)=\dfrac{1}{5}$
(ⅰ), (ⅱ)에서 조건을 만족시키는 모든 수열 $\{a_n\}$의 첫째항의 합은
$6+\dfrac{1}{5}=\dfrac{31}{5}$

394

등차수열 ⊕ 등차수열의 합

(전략) 첫째항과 공차가 1이 아닌 정수임을 이용하여 주어진 식을
'(정수)×(정수)=(정수)' 꼴로 변형한다.

(풀이) 등차수열 $\{a_n\}$의 첫째항을 a, 공차를 d라 하면
$2a_2a_7=a_4a_5-12$에서
$2(a+d)(a+6d)=(a+3d)(a+4d)-12$
$a^2+7ad=-12$
$\therefore a(a+7d)=-12$
이때 a와 d는 1이 아닌 정수이므로 가능한 순서쌍 (a, d)는
$(3, -1)$ 또는 $(4, -1)$이다.
(ⅰ) $a=3$, $d=-1$일 때,
$a_n=3+(n-1)\times(-1)=-n+4$이므로
$-n+4<0$에서 $n>4$
즉, 등차수열 $\{a_n\}$은 제5항부터 음수이므로 첫째항부터 제4항
까지의 합이 최대이다.
따라서 S_n의 최댓값은 $S_4=\dfrac{4\times(3+0)}{2}=6$
(ⅱ) $a=4$, $d=-1$일 때,
$a_n=4+(n-1)\times(-1)=-n+5$이므로
$-n+5<0$에서 $n>5$
즉, 등차수열 $\{a_n\}$은 제6항부터 음수이므로 첫째항부터 제5항
까지의 합이 최대이다.
따라서 S_n의 최댓값은 $S_5=\dfrac{5\times(4+0)}{2}=10$
(ⅰ), (ⅱ)에서 S_n의 최댓값은 10이다.

395

등차중항 ⊕ 등비중항

(전략) 등차중항과 등비중항을 이용하여 세 수 a, b, c 사이의 관계식을 구한다.

(풀이) $f(x)=ax^2-2bx+c$에서
ㄱ. a, b, c가 이 순서대로 등차수열을 이루면 $2b=a+c$
$\therefore f(-1)=a+2b+c=(a+c)+2b$
$=2b+2b=4b$
이때 $b\neq0$이므로 $f(-1)\neq0$ (거짓)
ㄴ. a, b, c가 이 순서대로 등차수열을 이루면
$2b=a+c$ $\cdots\cdots$ ㉠
이차방정식 $f(x)=0$의 판별식을 D라 할 때,
$D=(-2b)^2-4ac=(2b)^2-4ac$ $\cdots\cdots$ ㉡

㉠을 ㉡에 대입하면
$$D=(a+c)^2-4ac=a^2-2ac+c^2=(a-c)^2>0 \ (\because a\neq c)$$
따라서 함수 $y=f(x)$의 그래프는 x축과 서로 다른 두 점에서 만난다. (거짓)

ㄷ. $a,\ b,\ c$가 이 순서대로 등비수열을 이루면
$$b^2=ac \qquad\qquad \cdots\cdots ㉢$$
이차방정식 $f(x)=0$의 판별식을 D라 할 때,
$$\frac{D}{4}=(-b)^2-ac=b^2-ac \qquad\qquad \cdots\cdots ㉣$$
㉢을 ㉣에 대입하면
$$\frac{D}{4}=ac-ac=0$$
따라서 함수 $y=f(x)$의 그래프는 x축과 한 점에서 만난다.
(참)

이상에서 옳은 것은 ㄷ뿐이다.

개념 보충

이차함수의 그래프와 x축의 위치 관계

이차방정식 $ax^2+bx+c=0$의 판별식을 D라 할 때, 이차함수 $y=ax^2+bx+c$의 그래프와 x축의 위치 관계는 다음과 같다.
① $D>0$이면 서로 다른 두 점에서 만난다.
② $D=0$이면 한 점에서 만난다. (접한다.)
③ $D<0$이면 만나지 않는다.

396
등비수열의 활용

(전략) 규칙에 따라 등비수열의 일반항을 구한다.

(풀이) n단계에 그린 선분들의 길이의 합을 a_n이라 하면
$$a_1=1$$
$$a_2=\frac{1}{3}+\frac{1}{2}$$
$$a_3=\frac{1}{3}\times\left(\frac{1}{3}+\frac{1}{2}\right)+\frac{1}{2}\times\left(\frac{1}{3}+\frac{1}{2}\right)=\left(\frac{1}{3}+\frac{1}{2}\right)^2$$
$$\vdots$$
$$a_n=\left(\frac{1}{3}+\frac{1}{2}\right)^{n-1}$$
$$\therefore a_{10}=\left(\frac{1}{3}+\frac{1}{2}\right)^9=\left(\frac{5}{6}\right)^9$$
따라서 $p=6,\ q=5,\ m=9$이므로
$$p+q+m=6+5+9=20$$

397
등비수열의 활용

(전략) 첫 번째, 두 번째, 세 번째 시행 후 남아 있는 종이의 넓이를 차례대로 구한 후 규칙을 파악한다.

(풀이) 한 변의 길이가 3인 정사각형의 넓이는
$$3^2=9$$
첫 번째 시행 후 남아 있는 종이의 넓이는
$$9\times\frac{8}{9}$$

두 번째 시행 후 남아 있는 종이의 넓이는
$$\left(9\times\frac{8}{9}\right)\times\frac{8}{9}=9\times\left(\frac{8}{9}\right)^2$$
세 번째 시행 후 남아 있는 종이의 넓이는
$$\left\{9\times\left(\frac{8}{9}\right)^2\right\}\times\frac{8}{9}=9\times\left(\frac{8}{9}\right)^3$$
$$\vdots$$
따라서 11번째 시행 후 남아 있는 종이의 넓이는
$$9\times\left(\frac{8}{9}\right)^{11}=\frac{8^{11}}{9^{10}}$$

398
등비수열의 활용

(전략) 두 점 P_n, Q_n의 y좌표가 같음을 이용하여 등비수열 $\{x_n\}$의 일반항을 구한다.

(풀이) 두 점 A, P_1의 y좌표가 같고, 두 점 P_1, Q_1의 x좌표가 같으므로 점 P_1의 좌표는 $(x_1,\ 2^{64})$이고, 점 P_1은 곡선 $y=16^x$ 위의 점이므로
$$16^{x_1}=2^{64}$$
즉, $2^{4x_1}=2^{64}$에서 $4x_1=64$이므로
$$x_1=16$$
따라서 점 Q_1의 좌표는 $(16,\ 2^{16})$이다.
점 P_2의 좌표는 $(x_2,\ 2^{16})$이고, 점 P_2는 곡선 $y=16^x$ 위의 점이므로
$$16^{x_2}=2^{16}$$
즉, $2^{4x_2}=2^{16}$에서 $4x_2=16$이므로
$$x_2=4$$
따라서 점 Q_2의 좌표는 $(4,\ 2^4)$이다.
점 P_3의 좌표는 $(x_3,\ 2^4)$이고, 점 P_3은 곡선 $y=16^x$ 위의 점이므로
$$16^{x_3}=2^4$$
즉, $2^{4x_3}=2^4$에서 $4x_3=4$이므로
$$x_3=1$$
$$\vdots$$
즉, 수열 $\{x_n\}$은 첫째항이 16이고 공비가 $\frac{1}{4}$인 등비수열이므로
$$x_n=16\times\left(\frac{1}{4}\right)^{n-1}$$
$$=2^{6-2n}$$
$x_n<\frac{1}{k}$을 만족시키는 n의 최솟값이 6이므로
$x_5\geq\frac{1}{k}$이고 $x_6<\frac{1}{k}$이다.
$x_5\geq\frac{1}{k}$에서 $2^{-4}\geq\frac{1}{k}$
$$\therefore k\geq16$$
$x_6<\frac{1}{k}$에서 $2^{-6}<\frac{1}{k}$
$$\therefore k<64$$
따라서 $16\leq k<64$이므로 구하는 자연수 k의 개수는
$$64-16=48$$

399

등비수열의 합

(전략) 주어진 수열의 일반항은 $\frac{1}{3}(10^n-1)$임을 이용한다.

(풀이) $3=\frac{1}{3}(10-1)$, $33=\frac{1}{3}(\underset{10^2}{100}-1)$, $333=\frac{1}{3}(\underset{10^3}{1000}-1)$, $\cdots$

이므로 이 수열의 제 n 항은 $\frac{1}{3}(10^n-1)$

따라서 첫째항부터 제20항까지의 합은

$\frac{1}{3}(10-1)+\frac{1}{3}(10^2-1)+\frac{1}{3}(10^3-1)+\cdots+\frac{1}{3}(10^{20}-1)$

$=\frac{1}{3}(10+10^2+10^3+\cdots+10^{20})-\frac{20}{3}$

$=\frac{1}{3}\times\dfrac{10(10^{20}-1)}{10-1}-\frac{20}{3}$

첫째항과 공비가 모두 10인 등비수열의
첫째항부터 제20항까지의 합

$=\frac{10}{27}(10^{20}-19)$

400

등비수열의 합

(전략) 두 수열 $\{a_n\}$, $\left\{\dfrac{1}{a_n}\right\}$의 첫째항부터 제10항까지의 합을 각각 첫째항과 공비에 대한 식으로 나타낸다.

(풀이) 등비수열 $\{a_n\}$의 첫째항을 a, 공비를 r이라 하면

$a_1+a_2+a_3+\cdots+a_{10}=16$에서

$\dfrac{a(r^{10}-1)}{r-1}=16$ ...... ㉠

또, $\dfrac{1}{a_1}+\dfrac{1}{a_2}+\dfrac{1}{a_3}+\cdots+\dfrac{1}{a_{10}}$은 첫째항이 $\dfrac{1}{a}$, 공비가 $\dfrac{1}{r}$인 등비

수열의 첫째항부터 제10항까지의 합이므로

$\dfrac{\dfrac{1}{a}\left\{1-\left(\dfrac{1}{r}\right)^{10}\right\}}{1-\dfrac{1}{r}}=\dfrac{1}{a^2r^9}\times\dfrac{a(r^{10}-1)}{r-1}=4$ ...... ㉡

㉠을 이용하기 위해 약분하지 않는다.

㉠을 ㉡에 대입하면

$\dfrac{16}{a^2r^9}=4$ $\therefore a^2r^9=4$

$\therefore \log_2 a_1+\log_2 a_2+\log_2 a_3+\cdots+\log_2 a_{10}$

$\quad=\log_2(a_1a_2a_3\times\cdots\times a_{10})$

$\quad=\log_2(a\times ar\times ar^2\times\cdots\times ar^9)$

$\quad=\log_2 a^{10}r^{1+2+3+\cdots+9}$

$\quad=\log_2 a^{10}r^{45}=\log_2(a^2r^9)^5$

$\quad=\log_2 4^5=\log_2 2^{10}=10$

(다른 풀이) a^2r^9의 값은 다음과 같이 구할 수도 있다.

등비수열 $\{a_n\}$의 첫째항을 a, 공비를 r이라 하면

$a_1+a_2+a_3+\cdots+a_{10}=16$에서

$a+ar+ar^2+\cdots+ar^9=16$

$a(1+r+r^2+\cdots+r^9)=16$

$\therefore 1+r+r^2+\cdots+r^9=\dfrac{16}{a}$ ...... ㉠

또, $\dfrac{1}{a_1}+\dfrac{1}{a_2}+\dfrac{1}{a_3}+\cdots+\dfrac{1}{a_{10}}=4$에서

$\dfrac{1}{a}+\dfrac{1}{ar}+\dfrac{1}{ar^2}+\cdots+\dfrac{1}{ar^9}=4$

$\therefore \dfrac{r^9+r^8+r^7+\cdots+1}{ar^9}=4$ ...... ㉡

㉠을 ㉡에 대입하면

$\dfrac{16}{a}\times\dfrac{1}{ar^9}=4$ $\therefore a^2r^9=4$

401

등비수열의 합

(전략) '(정수)×(정수)=(정수)'임을 이용하여 공비 r의 값을 구한다.

(풀이) 등비수열 $\{a_n\}$의 공비를 r이라 하면

$a_2+a_3<12$에서 $3r+3r^2<12$

$\therefore r+r^2<4$

이때 r은 정수이므로

$r^2+r=0$ 또는 $r^2+r=1$ 또는 $r^2+r=2$ 또는 $r^2+r=3$

이때 $r^2+r=1$ 또는 $r^2+r=3$을 만족시키는 정수 r은 존재하지

않으므로 $r^2+r=0$ 또는 $r^2+r=2$이다.

(ⅰ) $r^2+r=0$일 때,

$\quad r(r+1)=0$이므로

$\quad r=-1\ (\because r\neq0)$

$\quad S_m=\dfrac{3\{1-(-1)^m\}}{1-(-1)}=33$에서

$\quad 1-(-1)^m=22$

$\quad \therefore (-1)^m=-21$

즉, $S_m=33$을 만족시키는 자연수 m은 존재하지 않는다.

(ⅱ) $r^2+r-2=0$일 때,

$\quad (r+2)(r-1)=0$이므로

$\quad r=-2\ (\because r\neq1)$

$\quad S_m=\dfrac{3\{1-(-2)^m\}}{1-(-2)}=33$에서

$\quad 1-(-2)^m=33$

$\quad \therefore (-2)^m=-32=(-2)^5$

$\quad \therefore m=5$

(ⅰ), (ⅱ)에서 $m=5$

402

수열의 합과 일반항 사이의 관계

(전략) 두 수열 $\{S_{2n-1}\}$, $\{S_{2n}\}$의 일반항을 각각 구한 후 $a_n=S_n-S_{n-1}$임을 이용하여 a_{12}를 구한다.

(풀이) 수열 $\{S_{2n-1}\}$은 공차가 6인 등차수열이므로

$S_{2n-1}=S_1+(n-1)\times6=6n-6+S_1$ ← ㉠

수열 $\{S_{2n}\}$은 공차가 -9인 등차수열이므로

$S_{2n}=S_2+(n-1)\times(-9)=-9n+9+S_2$ ← ㉡

$\therefore a_{12}=S_{12}-S_{11}$

㉡에 $n=6$을 대입한다.

$\quad=(-9\times6+9+S_2)-(6\times6-6+S_1)$

㉠에 $n=6$을 대입한다.

$\quad=S_2-S_1-75$

$\quad=a_2-75$

$\quad=50-75$

$\quad=-25$

403
등차수열

(1단계) 등차수열 $\{a_n\}$의 공차를 d $(d \neq 0)$라 하고, 두 집합 A, B의 원소를 d에 대한 식으로 나타낸다.

등차수열 $\{a_n\}$의 공차를 $d(d \neq 0)$라 하면

$a_1 = 2$, $a_2 = 2 + d$, $a_3 = 2 + 2d$, $a_4 = 2 + 3d$

이므로

$b_1 = 4 + d$, $b_2 = 4 + 3d$, $b_3 = 4 + 5d$

(2단계) 집합 $A \cap B$의 원소를 구한다.

집합 $A \cap B$의 원소는 공차가 $2d$의 배수이어야 하므로

$n(A \cap B) = 2$가 되기 위해서는

$A \cap B = \{a_1,\ a_3\}$

(3단계) 경우에 따른 a_{10}의 값을 구하고, a_{10}의 값의 합을 구한다.

(i) $A \cap B = \{a_1,\ a_3\} = \{b_1,\ b_2\}$일 때,

　$4 + d = 2$이므로

　$d = -2$

　$\therefore a_{10} = 2 + 9 \times (-2) = -16$

(ii) $A \cap B = \{a_1,\ a_3\} = \{b_2,\ b_3\}$일 때,

　$4 + 3d = 2$이므로

　$d = -\dfrac{2}{3}$

　$\therefore a_{10} = 2 + 9 \times \left(-\dfrac{2}{3}\right) = -4$

(i), (ii)에서 모든 등차수열 $\{a_n\}$에 대하여 a_{10}의 값의 합은

$-16 + (-4) = -20$

개념 보충

교집합과 합집합

두 집합 A, B에 대하여

① 집합 A에도 속하고 집합 B에도 속하는 모든 원소로 이루어진 집합을 A와 B의 교집합이라 하고, 기호로 $A \cap B$와 같이 나타낸다.

　⇨ $A \cap B = \{x \mid x \in A$ 그리고 $x \in B\}$

② 집합 A에 속하거나 집합 B에 속하는 모든 원소로 이루어진 집합을 A와 B의 합집합이라 하고, 기호로 $A \cup B$와 같이 나타낸다.

　⇨ $A \cup B = \{x \mid x \in A$ 또는 $x \in B\}$

404
등차수열

(1단계) $T_{10} = 15$임을 이용하여 등차수열 $\{a_n\}$의 공차를 구한다.

등차수열 $\{a_n\}$의 공차를 d라 하면

$T_{10} = (a_1 - a_2) + (a_3 - a_4) + \cdots + (a_9 - a_{10})$

　　$= -d \times 5 = 15$

$\therefore d = -3$

(2단계) $T_{15} = -14$임을 이용하여 등차수열 $\{a_n\}$의 첫째항을 구한다.

$T_{15} = a_1 + (-a_2 + a_3) + (-a_4 + a_5) + \cdots + (-a_{14} + a_{15})$

　　$= a_1 + 7d = -14$

$\therefore a_1 = -14 - 7 \times (-3) = 7$

(3단계) $|T_n| > 20$을 만족시키는 자연수 n의 최솟값을 구한다.

(i) $n = 2k - 1$일 때,

　$T_{2k-1} = a_1 + (-a_2 + a_3) + (-a_4 + a_5)$

　　　　　　　　　　　　　$+ \cdots + (-a_{2k-2} + a_{2k-1})$

　　　　$= a_1 - 3(k - 1)$

　　　　$= -3k + 10$

　$|T_{2k-1}| > 20$에서 $|-3k + 10| > 20$이므로

　　$-3k + 10 > 20$ 또는 $-3k + 10 < -20$

　　$3k < -10$ 또는 $3k > 30$

　$\therefore k < -\dfrac{10}{3}$ 또는 $k > 10$

　즉, $|T_{2k-1}| > 20$을 만족시키는 자연수 k의 최솟값은 11이다.

(ii) $n = 2k$일 때,

　$T_{2k} = (a_1 - a_2) + (a_3 - a_4) + \cdots + (a_{2k-1} - a_{2k})$

　　　$= 3k$

　$|T_{2k}| > 20$에서 $|3k| > 20$

　　$3k > 20$ 또는 $3k < -20$

　$\therefore k > \dfrac{20}{3}$ 또는 $k < -\dfrac{20}{3}$

　즉, $|T_{2k}| > 20$을 만족시키는 자연수 k의 최솟값은 7이다.

따라서 $|T_n| > 20$을 만족시키는 자연수 n의 최솟값은

$2 \times 7 = 14$

405
수열의 합과 일반항 사이의 관계

(1단계) 등비수열 $\{a_n a_{n+1}\}$의 공비를 r이라 하고, a_n과 r 사이의 관계식을 구한다.

조건 (나)에서 등비수열 $\{a_n a_{n+1}\}$의 공비를 r이라 하면

$\dfrac{a_{n+1} a_{n+2}}{a_n a_{n+1}} = r$이므로 $a_{n+2} = r a_n$

(2단계) $S_{10} = 33$임을 이용하여 공비 r의 값을 구한다.

조건 (가)에서 $S_1 = a_1 = 1$이고,

$a_3 = a_1 \times r = r$, $a_5 = a_3 \times r = r^2$, $\cdots$이므로

$a_{2n+1} = r^n$

이때 $S_{10} = 33$이므로

$S_{10} = S_{11} - a_{11} = 1 - r^5 = 33$

$r^5 = -32$　　$\therefore r = -2$

(3단계) S_{18}의 값을 구한다.

$\therefore S_{18} = S_{19} - a_{19} = 1 - r^9$

　　　$= 1 - (-2)^9 = 513$

 **수열의 합**

406 128	**407** 23	**408** 113	**409** ②	**410** ①
411 ①	**412** ⑤	**413** ④	**414** ①	
415 $2^{n+1}-n-2$		**416** ③	**417** $\dfrac{n(n+1)(n+2)}{6}$	
418 ②	**419** ②	**420** 9	**421** $\dfrac{200}{101}$	**422** ③
423 $\dfrac{5}{21}$	**424** ④	**425** ④	**426** ②	**427** ②
428 ④	**429** ②	**430** ①	**431** ②	**432** ②
433 ④	**434** 165			

406

$$\sum_{k=1}^{12}(a_k-2)^2=\sum_{k=1}^{12}(a_k^2-4a_k+4)=\sum_{k=1}^{12}a_k^2-4\sum_{k=1}^{12}a_k+\sum_{k=1}^{12}4$$
$$=100-4\times5+4\times12=128$$

407

$$\sum_{k=1}^{n}(a_{k+1}-a_k)$$
$$=(a_2-a_1)+(a_3-a_2)+(a_4-a_3)+\cdots+(a_{n+1}-a_n)$$
$$=a_{n+1}-a_1$$
즉, $a_{n+1}-a_1=n+4$이고 $a_1=10$이므로
$$a_{n+1}-10=n+4 \qquad \therefore a_{n+1}=n+14$$
위의 식에 $n=9$를 대입하면
$$a_{10}=9+14=23$$

408

$\sum\limits_{k=1}^{10}a_k=A$, $\sum\limits_{k=1}^{9}a_k=B$라 하면
$$\sum_{k=1}^{10}a_k+\sum_{k=1}^{9}a_k=137$$에서 $A+B=137$ $\qquad\cdots\cdots\ \bigcirc$
$$\sum_{k=1}^{10}a_k-\sum_{k=1}^{9}2a_k=101$$에서
$$\sum_{k=1}^{10}a_k-2\sum_{k=1}^{9}a_k=101 \qquad \therefore A-2B=101 \qquad\cdots\cdots\ \bigcirc\!\bigcirc$$
㉠, ㉡을 연립하여 풀면 $A=125$, $B=12$
$$\therefore a_{10}=\sum_{k=1}^{10}a_k-\sum_{k=1}^{9}a_k=A-B=125-12=113$$

409

$$\sum_{k=1}^{10}(a_k^2-2)=2\sum_{k=1}^{10}a_kb_k$$에서 $\sum\limits_{k=1}^{10}a_k^2-\sum\limits_{k=1}^{10}2=2\sum\limits_{k=1}^{10}a_kb_k$이므로
$$\sum_{k=1}^{10}a_k^2-2\times10=2\times5 \qquad \therefore \sum_{k=1}^{10}a_k^2=30$$
$$\therefore \sum_{k=1}^{10}a_k(2a_k+3b_k)=2\sum_{k=1}^{10}a_k^2+3\sum_{k=1}^{10}a_kb_k$$
$$=2\times30+3\times5=75$$

410

$$\sum_{k=1}^{9}(2k^2+ak)=2\sum_{k=1}^{9}k^2+a\sum_{k=1}^{9}k$$
$$=2\times\frac{9\times10\times19}{6}+a\times\frac{9\times10}{2}$$
$$=570+45a$$
즉, $570+45a=120$이므로
$$45a=-450 \qquad \therefore a=-10$$

411

$$\sum_{k=1}^{n+1}(k+2)^2-\sum_{k=1}^{n}(k^2+4)$$
$$=\sum_{k=1}^{n}(k+2)^2+\{(n+1)+2\}^2-\sum_{k=1}^{n}(k^2+4)$$
$$=\sum_{k=1}^{n}\{(k+2)^2-(k^2+4)\}+(n+3)^2$$
$$=\sum_{k=1}^{n}4k+(n+3)^2$$
$$=4\times\frac{n(n+1)}{2}+(n+3)^2$$
$$=3n^2+8n+9$$
즉, $3n^2+8n+9=165$이므로
$$3n^2+8n-156=0$$
$$(3n+26)(n-6)=0$$
$$\therefore n=-\frac{26}{3} \text{ 또는 } n=6$$
이때 n은 자연수이므로 $n=6$

> **참고** 두 수열 $\{a_n\}$, $\{b_n\}$에 대하여
> $$\sum_{k=1}^{n+1}a_k+\sum_{k=1}^{n}b_k=\left(\sum_{k=1}^{n}a_k+a_{n+1}\right)+\sum_{k=1}^{n}b_k$$
> $$=\sum_{k=1}^{n}(a_k+b_k)+a_{n+1}$$

412

$$\sum_{k=1}^{10}\left(\sum_{j=1}^{5}jk\right)-\sum_{k=1}^{5}\left\{\sum_{j=1}^{10}(j+k)\right\}$$
$$=\sum_{k=1}^{10}\left(k\sum_{j=1}^{5}j\right)-\sum_{k=1}^{5}\left(\sum_{j=1}^{10}j+\sum_{j=1}^{10}k\right)$$
$$=\sum_{k=1}^{10}\left(k\times\frac{5\times6}{2}\right)-\sum_{k=1}^{5}\left(\frac{10\times11}{2}+10k\right)$$
$$=15\sum_{k=1}^{10}k-\sum_{k=1}^{5}55-10\sum_{k=1}^{5}k$$
$$=15\times\frac{10\times11}{2}-55\times5-10\times\frac{5\times6}{2}$$
$$=400$$

1등급 비법

∑를 여러 개 포함한 식의 계산
① ∑의 일반항에서 상수와 상수가 아닌 것을 구별하여 계산한다.
$$\Rightarrow \sum_{i=1}^{m}\left(\sum_{k=1}^{n}ia_k\right)=\sum_{i=1}^{m}\left(i\sum_{k=1}^{n}a_k\right)$$
i는 상수 i는 상수가 아니다.
② 괄호가 있는 경우에는 괄호 안부터 계산한다.

413

$$\sum_{k=1}^{10} 2k = 2(1+2+3+4+\cdots+9+10)$$

$$\sum_{k=2}^{10} 2k = 2(2+3+4+\cdots+9+10)$$

$$\sum_{k=3}^{10} 2k = 2(3+4+\cdots+9+10)$$

$$\vdots$$

$$\sum_{k=9}^{10} 2k = 2(9+10)$$

$$\sum_{k=10}^{10} 2k = 2\times10$$

$$\therefore \sum_{k=1}^{10} 2k + \sum_{k=2}^{10} 2k + \sum_{k=3}^{10} 2k + \cdots + \sum_{k=10}^{10} 2k$$

$$= 2(1\times1 + 2\times2 + 3\times3 + \cdots + 10\times10)$$

$$= 2\sum_{k=1}^{10} k^2$$

$$= 2\times\frac{10\times11\times21}{6}$$

$$= 770$$

다른 풀이 $\displaystyle\sum_{k=1}^{10} 2k + \sum_{k=2}^{10} 2k + \sum_{k=3}^{10} 2k + \cdots + \sum_{k=10}^{10} 2k$

$$= 2\left[\sum_{k=1}^{10} k + \left(\sum_{k=1}^{10} k - 1\right) + \left\{\sum_{k=1}^{10} k - (1+2)\right\} + \cdots\right.$$
$$\left. + \left\{\sum_{k=1}^{10} k - (1+2+\cdots+9)\right\}\right]$$

$$= 20\sum_{k=1}^{10} k - 2\{1 + (1+2) + \cdots + (1+2+\cdots+9)\}$$

수열 $1,\ 1+2,\ 1+2+3,\ \cdots$의 제 k 항을 a_k라 하면

$$a_k = \sum_{i=1}^{k} i = \frac{k(k+1)}{2} = \frac{1}{2}(k^2+k)$$

이므로 수열 $\{a_n\}$의 첫째항부터 제 9 항까지의 합은

$$1 + (1+2) + (1+2+3) + \cdots + (1+2+\cdots+9)$$

$$= \sum_{k=1}^{9} a_k = \frac{1}{2}\sum_{k=1}^{9}(k^2+k)$$

$$= \frac{1}{2}\left(\frac{9\times10\times19}{6} + \frac{9\times10}{2}\right) = 165$$

$$\therefore \sum_{k=1}^{10} 2k + \sum_{k=2}^{10} 2k + \sum_{k=3}^{10} 2k + \cdots + \sum_{k=10}^{10} 2k$$

$$= 20\sum_{k=1}^{10} k - 2\times165$$

$$= 20\times\frac{10\times11}{2} - 330 = 770$$

414

이차방정식의 근과 계수의 관계에 의하여

$$a_n = \frac{2n-1}{2n^2+n-1} = \frac{2n-1}{(2n-1)(n+1)} = \frac{1}{n+1}$$

$$\therefore \sum_{k=1}^{10} \frac{1}{a_k} = \sum_{k=1}^{10}(k+1)$$

$$= \sum_{k=1}^{10} k + \sum_{k=1}^{10} 1$$

$$= \frac{10\times11}{2} + 1\times10$$

$$= 65$$

415

수열 $1,\ 1+2,\ 1+2+4,\ 1+2+4+8,\ \cdots$의 제 k 항을 a_k라 하면

$$a_k = 1 + 2 + 2^2 + \cdots + 2^{k-1}$$ → 첫째항이 1, 공비가 2인 등비수열의 첫째항부터 제 k 항까지의 합

$$= \frac{1\times(2^k-1)}{2-1}$$

$$= 2^k - 1$$

따라서 주어진 수열의 첫째항부터 제 n 항까지의 합은

$$\sum_{k=1}^{n} a_k = \sum_{k=1}^{n}(2^k-1)$$

$$= \sum_{k=1}^{n} 2^k - \sum_{k=1}^{n} 1$$

$$= \frac{2(2^n-1)}{2-1} - 1\times n$$

$$= 2^{n+1} - n - 2$$

416

$$\sum_{k=1}^{20} (-1)^k k^2$$

$$= -1^2 + 2^2 - 3^2 + 4^2 - \cdots - 19^2 + 20^2$$

$$= (2^2 + 4^2 + \cdots + 20^2) - (1^2 + 3^2 + \cdots + 19^2)$$

$$= \sum_{k=1}^{10}(2k)^2 - \sum_{k=1}^{10}(2k-1)^2$$

$$= \sum_{k=1}^{10} 4k^2 - \sum_{k=1}^{10}(4k^2-4k+1)$$

$$= \sum_{k=1}^{10}\{4k^2 - (4k^2-4k+1)\}$$

$$= \sum_{k=1}^{10}(4k-1) = \sum_{k=1}^{10} 4k - \sum_{k=1}^{10} 1$$

$$= 4\times\frac{10\times11}{2} - 1\times10 = 210$$

417

수열 $1\times n,\ 2\times(n-1),\ 3\times(n-2),\ \cdots,\ n\times1$의 제 k 항을 a_k라 하면

$$a_k = k\{n-(k-1)\} = -k^2 + (n+1)k$$

따라서 주어진 식은 수열 $\{a_n\}$의 첫째항부터 제 n 항까지의 합이므로

$$\sum_{k=1}^{n} a_k = \sum_{k=1}^{n}\{-k^2 + (n+1)k\}$$

$$= -\sum_{k=1}^{n} k^2 + (n+1)\sum_{k=1}^{n} k$$

$$= -\frac{n(n+1)(2n+1)}{6} + (n+1)\times\frac{n(n+1)}{2}$$

$$= \frac{n(n+1)(n+2)}{6}$$

418

$$\sum_{k=1}^{n} a_k = S_n$$이라 하면

$$S_n = 2^{n+1} - 2$$

(i) $n=1$일 때,

$$a_1 = S_1 = 4 - 2 = 2$$

(ii) $n\geq2$일 때,
$$a_n=S_n-S_{n-1}$$
$$=(2^{n+1}-2)-(2^n-2)=2^n \qquad \cdots\cdots \text{㉠}$$
이때 $a_1=2$는 ㉠에 $n=1$을 대입한 것과 같으므로 모든 자연수 n
에 대하여 $a_n=2^n$
따라서 $a_k{}^2=(2^k)^2=4^k$이므로
$$\sum_{k=1}^{4}a_k{}^2=\sum_{k=1}^{4}4^k=\frac{4(4^4-1)}{4-1}=\frac{4\times255}{3}=340$$

419

$\sum_{k=1}^{n}a_k=S_n$이라 하면

$S_n=n^2+n$

(i) $n=1$일 때,
$$a_1=S_1=1+1=2$$
(ii) $n\geq2$일 때,
$$a_n=S_n-S_{n-1}$$
$$=(n^2+n)-\{(n-1)^2+(n-1)\}=2n \qquad \cdots\cdots \text{㉠}$$
이때 $a_1=2$는 ㉠에 $n=1$을 대입한 것과 같으므로 모든 자연수 n
에 대하여 $a_n=2n$
따라서 $a_{2k-1}-a_{2k}=2(2k-1)-2\times2k=-2$이므로
$$a_5-a_6+a_7-a_8+\cdots+a_{111}-a_{112}$$
$$=(a_5-a_6)+(a_7-a_8)+\cdots+(a_{111}-a_{112})$$
$$=(-2)+(-2)+\cdots+(-2)$$
$$=(-2)\times54=-108$$

$(*)$에 $k=3,\ 4,\ \cdots,\ 56$을 대입한다.

다른 풀이 $\sum_{k=1}^{n}a_k=n^2+n$에서 수열 $\{a_n\}$은 첫째항부터 등차수열을
이룸을 알 수 있다.

$a_n=S_n-S_{n-1}=2n$에서 수열 $\{a_n\}$의 공차는 2이므로
$$a_5-a_6+a_7-a_8+\cdots+a_{111}-a_{112}$$
$$=-(a_6-a_5)-(a_8-a_7)-\cdots-(a_{112}-a_{111})$$
$$=-2-2-\cdots-2$$
$$=(-2)\times54=-108$$

420

$$\sum_{k=1}^{n}\frac{1}{(2k+1)(2k+3)}$$
$$=\frac{1}{2}\sum_{k=1}^{n}\left(\frac{1}{2k+1}-\frac{1}{2k+3}\right)$$
$$=\frac{1}{2}\left\{\left(\frac{1}{3}-\frac{1}{5}\right)+\left(\frac{1}{5}-\frac{1}{7}\right)+\cdots+\left(\frac{1}{2n+1}-\frac{1}{2n+3}\right)\right\}$$
$$=\frac{1}{2}\left(\frac{1}{3}-\frac{1}{2n+3}\right)=\frac{n}{3(2n+3)}$$

즉, $\dfrac{n}{3(2n+3)}=\dfrac{1}{7}$이므로

$7n=6n+9 \qquad \therefore n=9$

개념 보충

부분분수로의 변형

$$\frac{1}{AB}=\frac{1}{B-A}\left(\frac{1}{A}-\frac{1}{B}\right) \ (\text{단},\ A\neq B)$$

421

수열 $1,\ \dfrac{1}{1+2},\ \dfrac{1}{1+2+3},\ \dfrac{1}{1+2+3+4},\ \cdots$의 제 k 항을 a_k라 하면

$$a_k=\frac{1}{1+2+3+\cdots+k}=\frac{1}{\dfrac{k(k+1)}{2}}$$
$$=\frac{2}{k(k+1)}=2\left(\frac{1}{k}-\frac{1}{k+1}\right)$$

따라서 주어진 수열의 첫째항부터 제 100 항까지의 합은

$$\sum_{k=1}^{100}a_k=2\sum_{k=1}^{100}\left(\frac{1}{k}-\frac{1}{k+1}\right)$$
$$=2\left\{\left(1-\frac{1}{2}\right)+\left(\frac{1}{2}-\frac{1}{3}\right)+\left(\frac{1}{3}-\frac{1}{4}\right)+\cdots\right.$$
$$\left.+\left(\frac{1}{100}-\frac{1}{101}\right)\right\}$$
$$=2\left(1-\frac{1}{101}\right)=\frac{200}{101}$$

422

$x^2=\sqrt{n}\,x$에서 $x^2-\sqrt{n}\,x=0$

$x(x-\sqrt{n})=0 \qquad \therefore x=0$ 또는 $x=\sqrt{n}$

즉, 곡선 $y=x^2$과 직선 $y=\sqrt{n}\,x$가 만나는 서로 다른 두 점의 좌표
는 $(0,\ 0),\ (\sqrt{n},\ n)$이므로
$$f(n)=\sqrt{(\sqrt{n}-0)^2+(n-0)^2}=\sqrt{n+n^2}=\sqrt{n(n+1)}$$
$$\therefore \sum_{n=1}^{10}\frac{1}{\{f(n)\}^2}=\sum_{n=1}^{10}\frac{1}{n(n+1)}=\sum_{n=1}^{10}\left(\frac{1}{n}-\frac{1}{n+1}\right)$$
$$=\left(1-\frac{1}{2}\right)+\left(\frac{1}{2}-\frac{1}{3}\right)+\cdots+\left(\frac{1}{10}-\frac{1}{11}\right)$$
$$=1-\frac{1}{11}=\frac{10}{11}$$

423

(i) $a_1=S_1=\dfrac{1}{2}$

(ii) $n\geq2$일 때,
$$a_n=S_n-S_{n-1}=\frac{n}{n+1}-\frac{n-1}{n}$$
$$=\frac{n^2-(n-1)(n+1)}{n(n+1)}=\frac{1}{n(n+1)} \qquad \cdots\cdots \text{㉠}$$

이때 $a_1=\dfrac{1}{2}$은 ㉠에 $n=1$을 대입한 것과 같으므로 모든 자연수 n

에 대하여 $a_n=\dfrac{1}{n(n+1)}$

$$\therefore \sum_{k=1}^{5}\frac{a_{k+1}}{k}$$
$$=\sum_{k=1}^{5}\frac{1}{k(k+1)(k+2)}$$
$$=\frac{1}{2}\sum_{k=1}^{5}\left\{\frac{1}{k(k+1)}-\frac{1}{(k+1)(k+2)}\right\}$$
$$=\frac{1}{2}\left\{\left(\frac{1}{1\times2}-\frac{1}{2\times3}\right)+\left(\frac{1}{2\times3}-\frac{1}{3\times4}\right)+\left(\frac{1}{3\times4}-\frac{1}{4\times5}\right)\right.$$
$$\left.+\left(\frac{1}{4\times5}-\frac{1}{5\times6}\right)+\left(\frac{1}{5\times6}-\frac{1}{6\times7}\right)\right\}$$
$$=\frac{1}{2}\left(\frac{1}{2}-\frac{1}{42}\right)=\frac{1}{2}\times\frac{21-1}{42}=\frac{5}{21}$$

424

$f(x)=2x^2+(1-n)x$라 하면

다항식 $f(x)$를 $x-n$으로 나눈 나머지는 나머지정리에 의하여

$a_n=f(n)=2n^2+(1-n)n=n^2+n$

$$\therefore \sum_{n=1}^{2026}\frac{1}{a_n}=\sum_{n=1}^{2026}\frac{1}{n^2+n}=\sum_{n=1}^{2026}\frac{1}{n(n+1)}$$

$$=\sum_{n=1}^{2026}\left(\frac{1}{n}-\frac{1}{n+1}\right)$$

$$=\left(1-\frac{1}{2}\right)+\left(\frac{1}{2}-\frac{1}{3}\right)+\left(\frac{1}{3}-\frac{1}{4}\right)$$

$$+\cdots+\left(\frac{1}{2026}-\frac{1}{2027}\right)$$

$$=1-\frac{1}{2027}=\frac{2026}{2027}$$

425

x에 대한 이차방정식 $x^2-n(n+2)x+n^2+2n=0$의 두 근이 α_n, β_n이므로 근과 계수의 관계에 의하여

$\alpha_n+\beta_n=n(n+2)$, $\alpha_n\beta_n=n^2+2n$

$$\therefore \sum_{n=1}^{5}\left(1-\frac{1}{\alpha_n}\right)\left(1-\frac{1}{\beta_n}\right)$$

$$=\sum_{n=1}^{5}\left\{1-\left(\frac{1}{\alpha_n}+\frac{1}{\beta_n}\right)+\frac{1}{\alpha_n\beta_n}\right\}$$

$$=\sum_{n=1}^{5}\left(1-\frac{\alpha_n+\beta_n}{\alpha_n\beta_n}+\frac{1}{\alpha_n\beta_n}\right)$$

$$=\sum_{n=1}^{5}\frac{1}{\alpha_n\beta_n}\ (\because \alpha_n+\beta_n=\alpha_n\beta_n)$$

$$=\sum_{n=1}^{5}\frac{1}{n(n+2)}=\frac{1}{2}\sum_{n=1}^{5}\left(\frac{1}{n}-\frac{1}{n+2}\right)$$

$$=\frac{1}{2}\left\{\left(1-\frac{1}{3}\right)+\left(\frac{1}{2}-\frac{1}{4}\right)+\left(\frac{1}{3}-\frac{1}{5}\right)\right.$$

$$\left.+\left(\frac{1}{4}-\frac{1}{6}\right)+\left(\frac{1}{5}-\frac{1}{7}\right)\right\}$$

$$=\frac{1}{2}\left(1+\frac{1}{2}-\frac{1}{6}-\frac{1}{7}\right)$$

$$=\frac{1}{2}\times\frac{42+21-7-6}{42}=\frac{25}{42}$$

따라서 $p=42$, $q=25$이므로

$p+q=42+25=67$

다른 풀이 이차방정식 $x^2-n(n+2)x+n^2+2n=0$의 두 근이 α_n, β_n이므로

$x^2-n(n+2)x+n^2+2n=(x-\alpha_n)(x-\beta_n)$ $\cdots\cdots$ ㉠

주어진 식은 x에 대한 항등식이므로 ㉠에 양변에 $x=1$을 대입하면

$1=(1-\alpha_n)(1-\beta_n)$이므로

$$\left(1-\frac{1}{\alpha_n}\right)\left(1-\frac{1}{\beta_n}\right)=\frac{\alpha_n-1}{\alpha_n}\times\frac{\beta_n-1}{\beta_n}=\frac{(1-\alpha_n)(1-\beta_n)}{\alpha_n\beta_n}$$

$$=\frac{1}{\alpha_n\beta_n}=\frac{1}{n(n+2)}\ (\because \alpha_n\beta_n=n(n+2))$$

$$\therefore \sum_{n=1}^{5}\left(1-\frac{1}{\alpha_n}\right)\left(1-\frac{1}{\beta_n}\right)=\sum_{n=1}^{5}\frac{1}{n+2}=\frac{1}{2}\sum_{n=1}^{5}\left(\frac{1}{n}-\frac{1}{n+2}\right)$$

$$=\frac{1}{2}\left(1+\frac{1}{2}-\frac{1}{6}-\frac{1}{7}\right)=\frac{25}{42}$$

따라서 $p=42$, $q=25$이므로 $p+q=67$

426

수열 $\dfrac{4}{\sqrt{1}+\sqrt{3}}$, $\dfrac{4}{\sqrt{2}+\sqrt{4}}$, $\cdots$, $\dfrac{4}{\sqrt{48}+\sqrt{50}}$의 제 k항을 a_k라 하면

$$a_k=\frac{4}{\sqrt{k}+\sqrt{k+2}}=\frac{4(\sqrt{k}-\sqrt{k+2})}{(\sqrt{k}+\sqrt{k+2})(\sqrt{k}-\sqrt{k+2})}$$

$$=-2(\sqrt{k}-\sqrt{k+2})=2(\sqrt{k+2}-\sqrt{k})$$

$$\therefore \frac{4}{\sqrt{1}+\sqrt{3}}+\frac{4}{\sqrt{2}+\sqrt{4}}+\cdots+\frac{4}{\sqrt{48}+\sqrt{50}}$$

$$=\sum_{k=1}^{48}a_k=2\sum_{k=1}^{48}(\sqrt{k+2}-\sqrt{k})$$

$$=2\{(\sqrt{3}-\sqrt{1})+(\sqrt{4}-\sqrt{2})+(\sqrt{5}-\sqrt{3})+\cdots$$

$$+(\sqrt{49}-\sqrt{47})+(\sqrt{50}-\sqrt{48})\}$$

$$=2(-\sqrt{1}-\sqrt{2}+\sqrt{49}+\sqrt{50})$$

$$=2(-1-\sqrt{2}+7+5\sqrt{2})=12+8\sqrt{2}$$

따라서 $a=12$, $b=8$이므로 $a+b=12+8=20$

427

$x^2-4nx+(4n^2-1)=0$에서 $(x-2n+1)(x-2n-1)=0$

$\therefore \alpha_n=2n-1$, $\beta_n=2n+1\ (\because \alpha_n<\beta_n)$

$$\therefore \sum_{n=1}^{12}\frac{1}{\sqrt{\alpha_n}+\sqrt{\beta_n}}$$

$$=\sum_{n=1}^{12}\frac{1}{\sqrt{2n-1}+\sqrt{2n+1}}$$

$$=\sum_{n=1}^{12}\frac{\sqrt{2n-1}-\sqrt{2n+1}}{(\sqrt{2n-1}+\sqrt{2n+1})(\sqrt{2n-1}-\sqrt{2n+1})}$$

$$=-\frac{1}{2}\sum_{n=1}^{12}(\sqrt{2n-1}-\sqrt{2n+1})$$

$$=-\frac{1}{2}\{(1-\sqrt{3})+(\sqrt{3}-\sqrt{5})+\cdots+(\sqrt{23}-\sqrt{25})\}$$

$$=-\frac{1}{2}(1-5)=2$$

428

등차수열 $\{a_n\}$의 첫째항과 공차가 같으므로 첫째항을 a라 하면

$a_n=a+(n-1)a=an$

$$\sum_{k=1}^{15}\frac{1}{\sqrt{a_k}+\sqrt{a_{k+1}}}$$

$$=\sum_{k=1}^{15}\frac{1}{\sqrt{ak}+\sqrt{a(k+1)}}$$

$$=\sum_{k=1}^{15}\frac{\sqrt{ak}-\sqrt{a(k+1)}}{(\sqrt{ak}+\sqrt{a(k+1)})(\sqrt{ak}-\sqrt{a(k+1)})}$$

$$=\sum_{k=1}^{15}\frac{\sqrt{a(k+1)}-\sqrt{ak}}{a}$$

$$=\frac{1}{a}\sum_{k=1}^{15}\left(\sqrt{a(k+1)}-\sqrt{ak}\right)$$

$$=\frac{1}{a}\{(\sqrt{2a}-\sqrt{a})+(\sqrt{3a}-\sqrt{2a})+\cdots+(\sqrt{16a}-\sqrt{15a})\}$$

$$=\frac{1}{a}(-\sqrt{a}+4\sqrt{a})=\frac{1}{a}\times3\sqrt{a}=\frac{3}{\sqrt{a}}$$

즉, $\dfrac{3}{\sqrt{a}}=2$이므로 $\sqrt{a}=\dfrac{3}{2}$ $\quad\therefore a=\dfrac{9}{4}$

$$\therefore a_4=4a=4\times\frac{9}{4}=9$$

429

$$\sum_{k=1}^{60}\log_2\left(\frac{1}{k+3}+1\right)=\sum_{k=1}^{60}\log_2\frac{k+4}{k+3}$$
$$=\log_2\frac{5}{4}+\log_2\frac{6}{5}+\log_2\frac{7}{6}$$
$$\qquad\qquad\qquad+\cdots+\log_2\frac{64}{63}$$
$$=\log_2\left(\frac{5}{4}\times\frac{6}{5}\times\frac{7}{6}\times\cdots\times\frac{64}{63}\right)$$
$$=\log_2\frac{64}{4}=\log_2 16$$
$$=\log_2 2^4=4$$

430

$$\sum_{k=2}^{l}\log_3 a_k$$
$$=\sum_{k=2}^{l}\log_3\left(1-\frac{1}{k^2}\right)$$
$$=\sum_{k=2}^{l}\log_3\frac{k^2-1}{k^2}$$
$$=\sum_{k=2}^{l}\log_3\left(\frac{k-1}{k}\times\frac{k+1}{k}\right)$$
$$=\log_3\left(\frac{1}{2}\times\frac{3}{2}\right)+\log_3\left(\frac{2}{3}\times\frac{4}{3}\right)+\log_3\left(\frac{3}{4}\times\frac{5}{4}\right)+\cdots$$
$$\qquad\qquad\qquad+\log_3\left(\frac{l-1}{l}\times\frac{l+1}{l}\right)$$
$$=\log_3\left\{\left(\frac{1}{2}\times\frac{3}{2}\right)\times\left(\frac{2}{3}\times\frac{4}{3}\right)\times\left(\frac{3}{4}\times\frac{5}{4}\right)\times\cdots\right.$$
$$\qquad\qquad\qquad\left.\times\left(\frac{l-1}{l}\times\frac{l+1}{l}\right)\right\}$$
$$=\log_3\left(\frac{1}{2}\times\frac{l+1}{l}\right)=\log_3\frac{l+1}{2l}$$

$$\log_3 5-2=\log_3 5-\log_3 9=\log_3\frac{5}{9}$$

즉, $\log_3\dfrac{l+1}{2l}=\log_3\dfrac{5}{9}$이므로

$$\frac{l+1}{2l}=\frac{5}{9},\ 9(l+1)=10l$$

$$9l+9=10l\qquad\therefore l=9$$

431

$\displaystyle\sum_{k=1}^{n}a_k=S_n$이라 하면

$$S_n=\log_2\frac{(n+1)(n+2)}{2}$$

(ⅰ) $n=1$일 때,

$$a_1=S_1=\log_2\frac{2\times3}{2}=\log_2 3$$

(ⅱ) $n\geq2$일 때,

$$a_n=S_n-S_{n-1}$$
$$=\log_2\frac{(n+1)(n+2)}{2}-\log_2\frac{n(n+1)}{2}$$
$$=\log_2\frac{n+2}{n}\qquad\qquad\cdots\cdots\text{㉠}$$

이때 $a_1=\log_2 3$은 ㉠에 $n=1$을 대입한 것과 같으므로 모든 자연수 n에 대하여 $a_n=\log_2\dfrac{n+2}{n}$

$$\therefore \sum_{k=1}^{15}a_{2k}=\sum_{k=1}^{15}\log_2\frac{2k+2}{2k}=\sum_{k=1}^{15}\log_2\frac{k+1}{k}$$
$$=\log_2\frac{2}{1}+\log_2\frac{3}{2}+\cdots+\log_2\frac{16}{15}$$
$$=\log_2\left(\frac{2}{1}\times\frac{3}{2}\times\cdots\times\frac{16}{15}\right)$$
$$=\log_2 16=\log_2 2^4=4$$

432

$1\times2+2\times2^2+3\times2^3+\cdots+100\times2^{100}$의 값을 S라 하면

$$S=1\times2+2\times2^2+3\times2^3+\cdots+100\times2^{100}\qquad\cdots\cdots\text{㉠}$$

㉠의 양변에 2를 곱하면

$$2S=1\times2^2+2\times2^3+\cdots+99\times2^{100}+100\times2^{101}\qquad\cdots\cdots\text{㉡}$$

㉠$-$㉡을 하면

$$-S=2+2^2+2^3+\cdots+2^{100}-100\times2^{101}$$

→ 첫째항과 공비가 모두 2인 등비수열의 첫째항부터 제100항까지의 합

$$=\frac{2(2^{100}-1)}{2-1}-100\times2^{101}$$
$$=2^{101}-2-100\times2^{101}$$
$$=-99\times2^{101}-2$$

$$\therefore S=99\times2^{101}+2$$

433

주어진 수열을 각 항의 분모와 분자의 합이 같은 것끼리 묶으면

$\left(\dfrac{1}{1}\right), \left(\dfrac{1}{2}, \dfrac{2}{1}\right), \left(\dfrac{1}{3}, \dfrac{2}{2}, \dfrac{3}{1}\right), \left(\dfrac{1}{4}, \dfrac{2}{3}, \dfrac{3}{2}, \dfrac{4}{1}\right), \cdots$

이때 n번째 묶음의 분모와 분자의 합은 $n+1$이고, n번째 묶음의 k번째 항의 분자는 k이므로 $\dfrac{5}{8}$는 12번째 묶음의 5번째 항이다.

→ 분모와 분자의 합이 13

n번째 묶음의 항의 개수는 n이므로 첫 번째 묶음부터 11번째 묶음까지의 항의 개수는

$\displaystyle\sum_{n=1}^{11} n = \dfrac{11 \times 12}{2} = 66$

따라서 첫 번째 묶음부터 12번째 묶음의 5번째 항까지의 항의 개수는 $66+5=71$이므로 $\dfrac{5}{8}$가 처음으로 나오는 항은 제 71항이다.

1등급 비법

항을 묶어서 만드는 수열

항을 몇 개씩 묶었을 때 규칙성을 갖는 수열에 대한 문제는 다음과 같은 순서로 해결한다.

(i) 주어진 수열을 규칙성을 갖도록 묶는다.

(ii) 각 묶음의 항의 개수와 규칙성을 조사한다.

(iii) 구하려는 것이 몇 번째 묶음의 몇 번째 항인지 파악한다.

434

제 k행에 나열된 수의 개수는 $2k-1$이므로 제1행부터 제 16행까지 나열된 수들의 총개수는

$\displaystyle\sum_{k=1}^{16} (2k-1) = 2 \times \dfrac{16 \times 17}{2} - 1 \times 16 = 256$

이때 $256 = 5 \times 51 + 1$이므로 256개의 수들은 1, 3, 5, 7, 9가 규칙적으로 51번 반복해서 나타나고 마지막 숫자 1이 남는다.

즉, 제16행의 맨 오른쪽 수가 1이므로 제17행의 맨 왼쪽 수는 3이다.

따라서 제17행에 나열된 수의 개수는 $2 \times 17 - 1 = 33$이고 $33 = 5 \times 6 + 3$이므로 제17행에 나열된 수들의 총합은

$(3+5+7+9+1) \times 6 + 3 + 5 + 7 = 25 \times 6 + 15 = 165$

내신 적중 서술형 ● 108쪽

435 284 **436** 590 **437** 75
438 (1) $2 \times 4^n - 1$ (2) 2723

435

$\displaystyle\sum_{k=1}^{15} (k-2a)^2 = \sum_{k=1}^{15} (k^2 - 4ak + 4a^2)$

$\displaystyle = \sum_{k=1}^{15} k^2 - 4a \sum_{k=1}^{15} k + \sum_{k=1}^{15} 4a^2$

$= \dfrac{15 \times 16 \times 31}{6} - 4a \times \dfrac{15 \times 16}{2} + 4a^2 \times 15$

$= 60a^2 - 480a + 1240$

$= 60(a-4)^2 + 280$ ⋯⋯ ㉮

따라서 $\displaystyle\sum_{k=1}^{15} (k-2a)^2$은 $a=4$일 때 최솟값 280을 가지므로

$a=4, \ m=280$ ⋯⋯ ㉯

$\therefore \ a+m = 4 + 280 = 284$ ⋯⋯ ㉰

채점 기준	배점 비율
㉮ $\displaystyle\sum_{k=1}^{15} (k-2a)^2$을 a에 대한 식으로 나타내기	60 %
㉯ $a, \ m$의 값 구하기	30 %
㉰ $a+m$의 값 구하기	10 %

436

$\displaystyle\sum_{k=1}^{10} S_k = \sum_{k=1}^{10} \dfrac{1}{4k^2 - 1}$

$\displaystyle = \sum_{k=1}^{10} \dfrac{1}{(2k-1)(2k+1)}$

$\displaystyle = \dfrac{1}{2} \sum_{k=1}^{10} \left(\dfrac{1}{2k-1} - \dfrac{1}{2k+1} \right)$

$= \dfrac{1}{2} \left\{ \left(1 - \dfrac{1}{3}\right) + \left(\dfrac{1}{3} - \dfrac{1}{5}\right) + \cdots + \left(\dfrac{1}{19} - \dfrac{1}{21}\right) \right\}$

$= \dfrac{1}{2} \left(1 - \dfrac{1}{21}\right) = \dfrac{10}{21}$ ⋯⋯ ㉮

$\displaystyle\sum_{k=1}^{10} a_k = S_{10} = \dfrac{1}{4 \times 10^2 - 1} = \dfrac{1}{399}$ ⋯⋯ ㉯

$\therefore \displaystyle\sum_{k=1}^{10} (S_k + a_k) = \sum_{k=1}^{10} S_k + \sum_{k=1}^{10} a_k$

$= \dfrac{10}{21} + \dfrac{1}{399} = \dfrac{191}{399}$ ⋯⋯ ㉰

따라서 $p=399, \ q=191$이므로

$p+q = 399 + 191 = 590$ ⋯⋯ ㉱

채점 기준	배점 비율
㉮ $\displaystyle\sum_{k=1}^{10} S_k$의 값 구하기	40 %
㉯ $\displaystyle\sum_{k=1}^{10} a_k$의 값 구하기	25 %
㉰ $\displaystyle\sum_{k=1}^{10} (S_k + a_k)$의 값 구하기	25 %
㉱ $p+q$의 값 구하기	10 %

437

수열 $\{a_n\}$은 첫째항이 2, 공비가 4인 등비수열이므로

$a_n = 2 \times 4^{n-1} = 2 \times 2^{2n-2}$

$= 2^{2n-1}$ ⋯⋯ ㉮

$\therefore \displaystyle\sum_{k=1}^{15} \log_8 a_k = \sum_{k=1}^{15} \log_8 2^{2k-1}$

$\displaystyle = \sum_{k=1}^{15} \log_{2^3} 2^{2k-1}$

$\displaystyle = \sum_{k=1}^{15} \dfrac{2k-1}{3}$

$= \dfrac{1}{3} \sum_{k=1}^{15} (2k-1)$

$= \dfrac{1}{3} \left(2 \times \dfrac{15 \times 16}{2} - 1 \times 15\right)$

$= 75$ ⋯⋯ ㉯

채점 기준	배점 비율
㉮ 일반항 a_n 구하기	30 %
㉯ $\sum_{k=1}^{15} \log_8 a_k$의 값 구하기	70 %

참고 $a>0$, $a\neq 1$, $b>0$이고 m, n은 실수, $m\neq 0$일 때,

$$\log_{a^m} b^n = \frac{n}{m} \log_a b$$

438

(1) 4^n, 즉 2^{2n}의 모든 양의 약수의 총합 a_n은

$$a_n = 1 + 2 + \cdots + 2^{2n}$$
$$= \frac{2^{2n+1}-1}{2-1} = 2^{2n+1} - 1 = 2 \times 4^n - 1 \qquad \cdots\cdots ㉮$$

(2) $\sum_{k=1}^{5} a_k = \sum_{k=1}^{5} (2 \times 4^k - 1)$

$$= 2 \sum_{k=1}^{5} 4^k - 1 \times 5 = 2 \times \frac{4(4^5-1)}{4-1} - 5$$
$$= 2728 - 5 = 2723 \qquad \cdots\cdots ㉯$$

	채점 기준	배점 비율
(1)	㉮ a_n을 4의 거듭제곱을 이용한 식으로 나타내기	50 %
(2)	㉯ $\sum_{k=1}^{5} a_k$의 값 구하기	50 %

개념 보충

자연수 n이 $n = a^\alpha \times b^\beta \times c^\gamma$으로 소인수분해 될 때,
(n의 약수의 총합)
$= (1 + a + \cdots + a^\alpha) \times (1 + b + \cdots + b^\beta) \times (1 + c + \cdots + c^\gamma)$

실력 완성 ● 109 ~ 110쪽

439 ③	**440** ②	**441** 53	**442** 21	**443** 0
444 ①	**445** ⑤	**446** -2	**447** ⑤	**448** 8

439

합의 기호 $\sum$의 뜻과 성질

전략 두 등차수열의 합은 등차수열이 됨을 이용한다.

풀이 두 수열 $\{a_n\}$, $\{b_n\}$이 각각 등차수열이므로 수열 $\{a_n + b_n\}$도 등차수열이다.

이때 $\sum_{k=1}^{20} a_k + \sum_{k=1}^{20} b_k = 2000$에서 $\sum_{k=1}^{20} (a_k + b_k) = 2000$이므로 등차수열 $\{a_n + b_n\}$은 첫째항이 $a_1 + b_1 = 50$이고 첫째항부터 제20항까지의 합이 2000이다.

즉, $\dfrac{20(50 + a_{20} + b_{20})}{2} = 2000$이므로

→ 첫째항이 $a_1 + b_1$, 끝항이 $a_{20} + b_{20}$, 항의 개수가 20인 등차수열의 합

$50 + a_{20} + b_{20} = 200$

$\therefore a_{20} + b_{20} = 150$

참고 등차수열 $\{a_n\}$의 공차가 d_1이고, 등차수열 $\{b_n\}$의 공차가 d_2이면 수열 $\{a_n + b_n\}$은 첫째항이 $a_1 + b_1$이고 공차가 $d_1 + d_2$인 등차수열이다.

440

자연수의 거듭제곱의 합

전략 $1^2 + 3^2 + 5^2 + \cdots + (2k-1)^2$을 $\sum$를 사용하여 간단히 한 후 a_n을 n에 대한 식으로 나타낸다.

풀이 $1^2 + 3^2 + 5^2 + \cdots + (2k-1)^2$

$$= \sum_{i=1}^{k} (2i-1)^2 = \sum_{i=1}^{k} (4i^2 - 4i + 1)$$
$$= 4 \times \frac{k(k+1)(2k+1)}{6} - 4 \times \frac{k(k+1)}{2} + 1 \times k$$
$$= \frac{k(2k+1)(2k-1)}{3}$$

$$\therefore a_n = \sum_{k=1}^{n} \frac{1^2 + 3^2 + 5^2 + \cdots + (2k-1)^2}{4k^2 - 2k}$$
$$= \sum_{k=1}^{n} \frac{\frac{k(2k+1)(2k-1)}{3}}{2k(2k-1)}$$
$$= \sum_{k=1}^{n} \frac{2k+1}{6}$$
$$= \frac{1}{6} \times \left\{ 2 \times \frac{n(n+1)}{2} + 1 \times n \right\}$$
$$= \frac{n(n+2)}{6}$$

위의 식에 $n = 10$을 대입하면

$$a_{10} = \frac{10 \times 12}{6} = 20$$

441

$\sum$를 이용한 수열의 합

전략 주어진 등식의 좌변을 수열의 합으로 생각하여 수열의 제k항을 구하고, 수열의 합을 $\sum$를 사용하여 나타낸다.

풀이 수열 $\left(2 - \dfrac{1}{n}\right)^2$, $\left(2 - \dfrac{2}{n}\right)^2$, $\left(2 - \dfrac{3}{n}\right)^2$, $\cdots$, $\left(2 - \dfrac{n}{n}\right)^2$의 제$k$항을 a_k라 하면

$$a_k = \left(2 - \frac{k}{n}\right)^2 = 4 - \frac{4k}{n} + \frac{k^2}{n^2}$$

이때 주어진 등식의 좌변은 수열 $\{a_n\}$의 첫째항부터 제n항까지의 합이므로

$$\sum_{k=1}^{n} a_k = \sum_{k=1}^{n} \left(4 - \frac{4k}{n} + \frac{k^2}{n^2}\right)$$
$$= \sum_{k=1}^{n} 4 - \frac{4}{n} \sum_{k=1}^{n} k + \frac{1}{n^2} \sum_{k=1}^{n} k^2$$
$$= 4 \times n - \frac{4}{n} \times \frac{n(n+1)}{2} + \frac{1}{n^2} \times \frac{n(n+1)(2n+1)}{6}$$
$$= \frac{(2n-1)(7n-1)}{6n}$$

따라서 $a = 2$, $b = 7$ 또는 $a = 7$, $b = 2$이므로

$$a^2 + b^2 = 4 + 49 = 53$$

442

$\sum$로 표현된 S_n과 a_n 사이의 관계

전략 $\sum_{k=1}^{n} a_k = S_n$으로 놓고 $a_n = S_n - S_{n-1}$ $(n \geq 2)$임을 이용하여 수열 $\{a_n\}$의 일반항을 구한다.

풀이 $\sum_{k=1}^{n} a_k = S_n$이라 하면

$S_n = 5^{n-1} + 3$

(i) $n=1$일 때,

$\quad a_1 = S_1 = 1 + 3 = 4$

(ii) $n \geq 2$일 때,

$\quad a_n = S_n - S_{n-1}$

$\quad\quad = (5^{n-1} + 3) - (5^{n-2} + 3)$

$\quad\quad = 4 \times 5^{n-2}$ $\qquad\qquad$ ...... ㉠

이때 $a_1 = 4$는 ㉠에 $n=1$을 대입한 것과 다르므로

$a_1 = 4$, $a_n = 4 \times 5^{n-2}$ $(n \geq 2)$

$\therefore \sum\limits_{k=1}^{8} a_{2k-1} = a_1 + a_3 + a_5 + a_7 + a_9 + a_{11} + a_{13} + a_{15}$

$\quad\quad = 4 + 4 \times 5 + 4 \times 5^3 + 4 \times 5^5 + \cdots + 4 \times 5^{13}$

$\quad\quad = 4 + \dfrac{4 \times 5\{(5^2)^7 - 1\}}{5^2 - 1}$

첫째항이 4×5, 공비가 5^2인 등비수열의 첫째항부터 제7항까지의 합

$\quad\quad = 4 + \dfrac{5(5^{14} - 1)}{6}$

$\quad\quad = \dfrac{5^{15} + 19}{6}$

따라서 $p=6$, $q=15$이므로

$p + q = 6 + 15 = 21$

 $a_n = S_n - S_{n-1}$임을 이용하여 구한 수열 $\{a_n\}$의 일반항 a_n이 항상 $n=1$일 때부터 성립하는 것은 아니다.

따라서 수열의 합 S_n을 이용하여 일반항 a_n을 구할 때는 $a_1 = S_1$의 값이 $a_n = S_n - S_{n-1}$에 $n=1$을 대입한 값과 같은지 확인해야 한다.

443

분수의 꼴인 수열의 합

전략 $\sum\limits_{k=1}^{10} \dfrac{a_{k+1}}{k+1} = \sum\limits_{k=1}^{10} \dfrac{a_k}{k} - \dfrac{a_1}{1} + \dfrac{a_{11}}{11}$임을 이용하여 식을 변형한다.

풀이 $\sum\limits_{k=1}^{10} \dfrac{a_{k+1}}{k(k+1)}$

$\quad = \sum\limits_{k=1}^{10} a_{k+1}\left(\dfrac{1}{k} - \dfrac{1}{k+1}\right)$

$\quad = \sum\limits_{k=1}^{10} \left(\dfrac{a_{k+1}}{k} - \dfrac{a_{k+1}}{k+1}\right)$

이때 $\sum\limits_{k=1}^{10} \dfrac{a_k}{k} = \sum\limits_{k=1}^{10} \dfrac{a_{k+1}}{k}$이므로

$\sum\limits_{k=1}^{10} \left(\dfrac{a_{k+1}}{k} - \dfrac{a_{k+1}}{k+1}\right)$

$= \sum\limits_{k=1}^{10} \dfrac{a_k}{k} - \sum\limits_{k=1}^{10} \dfrac{a_{k+1}}{k+1}$

$= \sum\limits_{k=1}^{10} \dfrac{a_k}{k} - \left(\sum\limits_{k=1}^{10} \dfrac{a_k}{k} - \dfrac{a_1}{1} + \dfrac{a_{11}}{11}\right)$

$= a_1 - \dfrac{a_{11}}{11} = 0 \left(\because a_1 = \dfrac{a_{11}}{11}\right)$

 $\sum\limits_{k=1}^{10} \dfrac{a_k}{k} = \sum\limits_{k=1}^{10} \dfrac{a_{k+1}}{k}$에서

$a_1 + \dfrac{a_2}{2} + \dfrac{a_3}{3} + \cdots + \dfrac{a_{10}}{10} = a_2 + \dfrac{a_3}{2} + \dfrac{a_4}{3} + \cdots + \dfrac{a_{11}}{10}$이므로

$a_1 + \left(\dfrac{1}{2} - 1\right)a_2 + \left(\dfrac{1}{3} - \dfrac{1}{2}\right)a_3 + \cdots + \left(\dfrac{1}{10} - \dfrac{1}{9}\right)a_{10} - \dfrac{a_{11}}{10} = 0$

$\therefore \sum\limits_{k=1}^{10} \dfrac{a_{k+1}}{k(k+1)} = \sum\limits_{k=1}^{9} \dfrac{a_{k+1}}{k(k+1)} + \dfrac{a_{11}}{10 \times 11}$

$\quad = \sum\limits_{k=1}^{9} a_{k+1}\left(\dfrac{1}{k} - \dfrac{1}{k+1}\right) + \dfrac{a_{11}}{10 \times 11}$

$\quad = \left(1 - \dfrac{1}{2}\right)a_2 + \left(\dfrac{1}{2} - \dfrac{1}{3}\right)a_3 + \cdots + \left(\dfrac{1}{9} - \dfrac{1}{10}\right)a_{10}$

$\qquad\qquad\qquad\qquad + \dfrac{a_{11}}{10 \times 11}$

$\quad = a_1 - \dfrac{a_{11}}{10} + \dfrac{a_{11}}{10 \times 11} \left(\because \sum\limits_{k=1}^{10} \dfrac{a_k}{k} = \sum\limits_{k=1}^{10} \dfrac{a_{k+1}}{k}\right)$

$\quad = a_1 - \dfrac{a_{11}}{10} + a_{11}\left(\dfrac{1}{10} - \dfrac{1}{11}\right)$

$\quad = a_1 - \dfrac{a_{11}}{11} = 0 \left(\because a_1 = \dfrac{a_{11}}{11}\right)$

444

분수의 꼴인 수열의 합

전략 공차가 0이 아니므로 $a_6 = -a_8$임을 이용한다.

풀이 $|a_6| = a_8$에서 $a_6 = a_8$ 또는 $a_6 = -a_8$

이때 등차수열 $\{a_n\}$의 공차가 0이 아니므로 $a_6 = -a_8$

$a_6 \geq 0$이면 $|a_6| = a_8$에서 $a_6 = a_6 + 2d$ $\quad \therefore d = 0$

그런데 수열 $\{a_n\}$의 공차가 0이 아니므로 $a_6 < 0$이다.

즉, $a_6 < 0 < a_8$이므로 등차수열 $\{a_n\}$의 공차를 d라 하면 $d > 0$

$a_6 = -a_8$에서 $a_1 + 5d = -(a_1 + 7d)$

$\therefore a_1 = -6d$ $\qquad\qquad\qquad\qquad$ ...... ㉠

$\sum\limits_{k=1}^{5} \dfrac{1}{a_k a_{k+1}} = \dfrac{5}{96}$에서

$\sum\limits_{k=1}^{5} \dfrac{1}{a_k a_{k+1}} = \sum\limits_{k=1}^{5} \dfrac{1}{a_{k+1} - a_k}\left(\dfrac{1}{a_k} - \dfrac{1}{a_{k+1}}\right)$

$\quad = \sum\limits_{k=1}^{5} \dfrac{1}{d}\left(\dfrac{1}{a_k} - \dfrac{1}{a_{k+1}}\right)$

$\quad = \dfrac{1}{d}\left\{\left(\dfrac{1}{a_1} - \dfrac{1}{a_2}\right) + \left(\dfrac{1}{a_2} - \dfrac{1}{a_3}\right) + \cdots + \left(\dfrac{1}{a_5} - \dfrac{1}{a_6}\right)\right\}$

$\quad = \dfrac{1}{d}\left(\dfrac{1}{a_1} - \dfrac{1}{a_6}\right) = \dfrac{1}{d}\left(\dfrac{1}{a_1} - \dfrac{1}{a_1 + 5d}\right)$

$\quad = \dfrac{5}{a_1(a_1 + 5d)}$

즉, $\dfrac{5}{a_1(a_1 + 5d)} = \dfrac{5}{96}$이므로

$a_1(a_1 + 5d) = 96$ $\qquad\qquad\qquad\qquad$ ...... ㉡

㉠을 ㉡에 대입하면

$6d^2 = 96$ $\quad \therefore d = 4 \ (\because d > 0)$

$d = 4$를 ㉠에 대입하면 $a_1 = -24$

$\therefore \sum\limits_{k=1}^{15} a_k = \dfrac{15 \times \{2 \times (-24) + (15-1) \times 4\}}{2} = 60$

445

분모가 무리식인 수열의 합

전략 원의 방정식과 직선의 방정식을 연립하여 풀어 교점의 x좌표를 구한다.

풀이 원 $x^2 + y^2 = n$이 직선 $y = \sqrt{3}x$와 제1사분면에서 만나는 점의 좌표를 (x_n, y_n)이라 하자.

$x_n^2 + y_n^2 = n$에 $y_n = \sqrt{3}x_n$을 대입하면

$x_n^2 + (\sqrt{3}x_n)^2 = n$, $x_n^2 = \dfrac{n}{4}$ $\quad \therefore x_n = \dfrac{\sqrt{n}}{2} \ (\because x_n > 0)$

$$\therefore \sum_{k=1}^{48} \frac{x_{k+1}}{x_k+x_{k+2}}$$

$$=\sum_{k=1}^{48} \frac{\dfrac{\sqrt{k+1}}{2}}{\dfrac{\sqrt{k}}{2}+\dfrac{\sqrt{k+2}}{2}}=\sum_{k=1}^{48}\frac{\sqrt{k+1}}{\sqrt{k}+\sqrt{k+2}}$$

$$=\sum_{k=1}^{48}\frac{\sqrt{k+1}(\sqrt{k}-\sqrt{k+2})}{(\sqrt{k}+\sqrt{k+2})(\sqrt{k}-\sqrt{k+2})}$$

$$=\sum_{k=1}^{48}\frac{\sqrt{k}\sqrt{k+1}-\sqrt{k+1}\sqrt{k+2}}{k-(k+2)}$$

$$=-\frac{1}{2}\sum_{k=1}^{48}(\sqrt{k}\sqrt{k+1}-\sqrt{k+1}\sqrt{k+2})$$

$$=-\frac{1}{2}\{(1\times\sqrt{2}-\sqrt{2}\times\sqrt{3})+(\sqrt{2}\times\sqrt{3}-\sqrt{3}\times\sqrt{4})$$
$$+\cdots+(\sqrt{48}\times\sqrt{49}-\sqrt{49}\times\sqrt{50})\}$$

$$=-\frac{1}{2}(\sqrt{2}-35\sqrt{2})=17\sqrt{2}$$

446

여러 가지 수열의 응용

전략 조건 (가)를 이용하여 $a_1+a_2+a_3+a_4$의 값을 a_1에 대한 식으로 나타내고, 조건 (나)를 이용하여 $a_5+a_6+a_7+a_8$, $a_9+a_{10}+a_{11}+a_{12}$, $\cdots$의 값을 각각 a_1에 대한 식으로 나타낸다.

풀이 조건 (가)에서 네 항 a_1, a_2, a_3, a_4는 이 순서대로 공비가 -2인 등비수열을 이루므로

$a_2=-2a_1$, $a_3=4a_1$, $a_4=-8a_1$

$\therefore a_1+a_2+a_3+a_4=a_1+(-2a_1)+4a_1+(-8a_1)=-5a_1$

또, 조건 (나)에서 모든 자연수 n에 대하여 $a_{n+4}=a_n+2$이므로

$a_5+a_6+a_7+a_8=(a_1+2)+(a_2+2)+(a_3+2)+(a_4+2)$
$\qquad\qquad\qquad=(a_1+a_2+a_3+a_4)+8=-5a_1+8$

같은 방법으로 하면

$a_9+a_{10}+a_{11}+a_{12}=(a_5+a_6+a_7+a_8)+8$
$\qquad\qquad\qquad\quad=(-5a_1+8)+8=-5a_1+16$

$a_{13}+a_{14}+a_{15}+a_{16}=(a_9+a_{10}+a_{11}+a_{12})+8$
$\qquad\qquad\qquad\quad=(-5a_1+16)+8=-5a_1+24$

$a_{17}+a_{18}+a_{19}+a_{20}=(a_{13}+a_{14}+a_{15}+a_{16})+8$
$\qquad\qquad\qquad\quad=(-5a_1+24)+8=-5a_1+32$

$\therefore \sum_{n=1}^{20} a_n=-5a_1+(-5a_1+8)+(-5a_1+16)$
$\qquad\qquad\qquad\quad+(-5a_1+24)+(-5a_1+32)$
$\qquad\qquad\quad=-25a_1+80$

즉, $-25a_1+80=130$이므로

$-25a_1=50$ $\quad\therefore a_1=-2$

447

여러 가지 수열의 응용

전략 $2n^2-11n+14$의 부호와 n이 짝수, 홀수인 경우에 따라 a_n이 달라질 수 있음을 이해한다.

풀이 $2n^2-11n+14=(n-2)(2n-7)$

(i) $(n-2)(2n-7)<0$, 즉 $2<n<\dfrac{7}{2}$일 때,

$\quad$ n이 짝수이면 $a_n=0$, n이 홀수이면 $a_n=1$

(ii) $(n-2)(2n-7)>0$, 즉 $n<2$ 또는 $n>\dfrac{7}{2}$일 때,

$\quad$ n이 짝수이면 $a_n=2$, n이 홀수이면 $a_n=1$

(iii) $(n-2)(2n-7)=0$, 즉 $n=2$ 또는 $n=\dfrac{7}{2}$일 때,

$\quad$ $a_n=1$

$\therefore \displaystyle\sum_{n=2}^{10} a_n=a_2+a_3+a_4+a_5+a_6+a_7+a_8+a_9+a_{10}$
$\qquad\qquad\quad=1+1+2+1+2+1+2+1+2=13$

개념 보충

실수 a의 실수인 n제곱근

n이 2 이상인 자연수일 때,

	$a>0$	$a=0$	$a<0$
n이 짝수	$\sqrt[n]{a}$, $-\sqrt[n]{a}$	0	없다.
n이 홀수	$\sqrt[n]{a}$	0	$\sqrt[n]{a}$

448

여러 가지 수열의 응용

전략 각 줄의 규칙을 파악한 후 위에서 k번째 줄의 수열의 일반항을 구한다.

풀이 위에서 첫 번째 줄의 수열의 일반항은

$1+(n-1)\times2$

위에서 두 번째 줄의 수열의 일반항은

$1+(n-1)\times4$

위에서 세 번째 줄의 수열의 일반항은

$1+(n-1)\times6$

위에서 네 번째 줄의 수열의 일반항은

$1+(n-1)\times8$

$$\vdots$$

위에서 k번째 줄의 수열의 일반항은

$1+(n-1)\times2k$

위에서 k번째 줄에서 205가 나타난다고 하면

$1+(n-1)\times2k=205$에서

$2k(n-1)=204$ $\quad\therefore k(n-1)=102$

이때 k, $n-1$은 모두 자연수이므로 205가 나타나는 횟수는 102의
양의 약수의 개수와 같다. (k의 개수)

$102=2\times3\times17$이므로 102의 양의 약수의 개수는

$(1+1)\times(1+1)\times(1+1)=8$

따라서 205가 나타나는 횟수는 8이다.

참고 n은 자연수이므로 $n-1\geq0$

그런데 $n-1=0$이면 $k(n-1)=102$가 성립하지 않는다.

따라서 $n-1\neq0$이므로 $n-1$은 자연수이다.

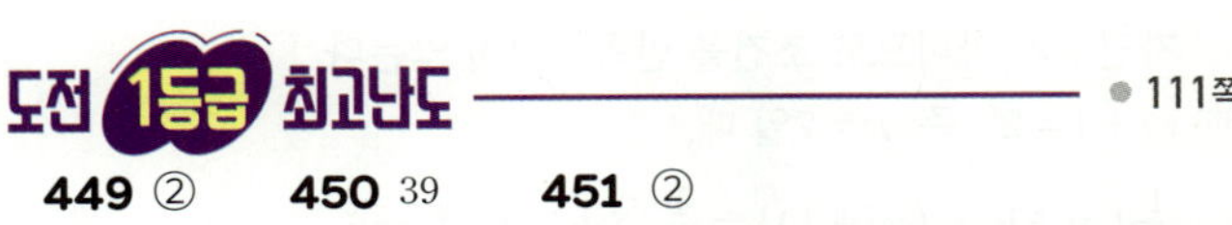

449

분수의 꼴인 수열의 합

〔1단계〕 두 정사각형이 겹치는 부분의 가로, 세로의 길이를 각각 n에 대한 식으로 나타내어 a_n을 구한다.

두 정사각형 A_n, A_{n+1}이 겹치는 부분의 가로의 길이는

$$\frac{3n}{2}-(n+1)=\frac{n-2}{2}$$

이고, 세로의 길이는 $\frac{n}{2}$이므로

$$a_n=\frac{n-2}{2}\times\frac{n}{2}=\frac{n(n-2)}{4}$$

〔2단계〕 $\sum\limits_{n=3}^{10}\dfrac{1}{a_n}$의 값을 구한다.

$$\therefore \sum_{n=3}^{10}\frac{1}{a_n}=\sum_{n=3}^{10}\frac{4}{n(n-2)}$$

$$=2\sum_{n=3}^{10}\left(\frac{1}{n-2}-\frac{1}{n}\right)$$

$$=2\left\{\left(1-\frac{1}{3}\right)+\left(\frac{1}{2}-\frac{1}{4}\right)+\left(\frac{1}{3}-\frac{1}{5}\right)+\cdots\right.$$

$$\left.+\left(\frac{1}{7}-\frac{1}{9}\right)+\left(\frac{1}{8}-\frac{1}{10}\right)\right\}$$

$$=2\left(1+\frac{1}{2}-\frac{1}{9}-\frac{1}{10}\right)=\frac{116}{45}$$

450

로그가 포함된 수열의 합

〔1단계〕 $\sum\limits_{k=1}^{m}a_k$를 m에 대한 식으로 나타낸다.

$$\sum_{k=1}^{m}a_k$$

$$=\log_2\sqrt{2\times2}+\log_2\sqrt{2\times\frac{3}{2}}+\log_2\sqrt{2\times\frac{4}{3}}$$

$$+\cdots+\log_2\sqrt{2\times\frac{m+1}{m}}$$

$$=\log_2\sqrt{2^m\times\left(2\times\frac{3}{2}\times\frac{4}{3}\times\cdots\times\frac{m+1}{m}\right)}$$

$$=\frac{1}{2}\log_2 2^m(m+1)=\frac{1}{2}\{\log_2 2^m+\log_2(m+1)\}$$

$$=\frac{1}{2}\{m+\log_2(m+1)\}$$

〔2단계〕 $m+1$이 2의 거듭제곱 꼴임을 이용하여 $\sum\limits_{k=1}^{m}a_k$의 값이 20 이하의 자연수가 되도록 하는 m의 값을 구한다.

$\sum\limits_{k=1}^{m}a_k=\dfrac{1}{2}\{m+\log_2(m+1)\}$에서 $\sum\limits_{k=1}^{m}a_k$의 값이 20 이하의 자연수가 되어야 하므로 $m+1$은 2의 거듭제곱 꼴이다.

(i) $m+1=2$, 즉 $m=1$일 때,

$$\frac{1}{2}\{m+\log_2(m+1)\}=\frac{1}{2}(1+\log_2 2)=1$$

(ii) $m+1=2^2$, 즉 $m=3$일 때,

$$\frac{1}{2}\{m+\log_2(m+1)\}=\frac{1}{2}(3+\log_2 2^2)=\frac{5}{2}$$

자연수가 아니므로 조건을 만족시키지 않는다.

(iii) $m+1=2^3$, 즉 $m=7$일 때,

$$\frac{1}{2}\{m+\log_2(m+1)\}=\frac{1}{2}(7+\log_2 2^3)=5$$

(iv) $m+1=2^4$, 즉 $m=15$일 때,

$$\frac{1}{2}\{m+\log_2(m+1)\}=\frac{1}{2}(15+\log_2 2^4)=\frac{19}{2}$$

자연수가 아니므로 조건을 만족시키지 않는다.

(v) $m+1=2^5$, 즉 $m=31$일 때,

$$\frac{1}{2}\{m+\log_2(m+1)\}=\frac{1}{2}(31+\log_2 2^5)=18$$

(vi) $m+1=2^6$, 즉 $m=63$일 때,

$$\frac{1}{2}\{m+\log_2(m+1)\}=\frac{1}{2}(63+\log_2 2^6)=\frac{69}{2}$$

자연수가 아니고 20보다 크므로 조건을 만족시키지 않는다.

〔3단계〕 자연수 m의 값의 합을 구한다.

이상에서 $\sum\limits_{k=1}^{m}a_k$의 값이 20 이하의 자연수가 되도록 하는 자연수 m의 값은 1, 7, 31이다.

따라서 구하는 모든 자연수 m의 값의 합은 $1+7+31=39$

451

여러 가지 수열의 응용

〔1단계〕 공차가 음의 정수임을 이용하여 a_5의 값의 범위를 구한다.

등차수열 $\{a_n\}$의 공차를 d $(d<0)$라 하면 a_6, d가 모두 정수이므로 등차수열 $\{a_n\}$의 모든 항은 정수이다.

이때 $d=a_6-a_5=-2-a_5$에서 $d<0$이므로

$$-2-a_5<0 \qquad \therefore a_5>-2$$

〔2단계〕 공차를 구한다.

(i) $a_5=-1$일 때,

$d=a_6-a_5=-2-(-1)=-1$이므로 $a_n=-n+4$

따라서

$$\sum_{k=1}^{8}|a_k|=|a_1|+|a_2|+\cdots+|a_8|$$

$$=3+2+1+0+1+2+3+4=16$$

$$\sum_{k=1}^{8}a_k+42=a_1+a_2+\cdots+a_8+42$$

$$=3+2+1+0-1-2-3-4+42=38$$

이므로 $\sum\limits_{k=1}^{8}|a_k|\neq\sum\limits_{k=1}^{8}a_k+42$

(ii) a_5가 음이 아닌 정수일 때,

$n\leq5$이면 $a_n\geq0$이므로 $|a_n|=a_n$

$n\geq6$이면 $a_n<0$이므로 $|a_n|=-a_n$

$$\sum_{k=1}^{8}|a_k|=\sum_{k=1}^{8}a_k+42$$에서

$$a_1+a_2+a_3+a_4+a_5-a_6-a_7-a_8$$

$$=a_1+a_2+a_3+a_4+a_5+a_6+a_7+a_8+42$$

$$-a_6-a_7-a_8=a_6+a_7+a_8+42$$

$$a_6+a_7+a_8=-21, a_6+(a_6+d)+(a_6+2d)=-21$$

$$3a_6+3d=-21, a_6+d=-7$$

$$a_6=-2이므로 -2+d=-7 \qquad \therefore d=-5$$

〔3단계〕 $\sum\limits_{k=1}^{8}a_k$의 값을 구한다.

(i), (ii)에서 $d=-5$이므로 $a_1=a_6-5d=-2-5\times(-5)=23$

$$\therefore \sum_{k=1}^{8}a_k=\frac{8\{2\times23+(8-1)\times(-5)\}}{2}=44$$

09 수학적 귀납법

452 ①	**453** 84	**454** ③	**455** ②	**456** ②
457 ⑤	**458** 105	**459** ④	**460** ②	**461** 11
462 ③	**463** 65	**464** 15	**465** ⑤	**466** ①
467 ②	**468** ⑤	**469** ⑤	**470** ①	**471** 192
472 4일 후	**473** 56	**474** ④	**475** ③	**476** ①
477 ④	**478** ①			

452

$a_{n+1}=a_n-6$에서 수열 $\{a_n\}$은 공차가 -6인 등차수열이다.

이때 첫째항이 10이므로

$a_n=10+(n-1)\times(-6)=-6n+16$

$a_k=-26$에서 $-6k+16=-26$

$-6k=-42$ $\quad\therefore k=7$

453

$a_{n+2}-a_{n+1}=a_{n+1}-a_n$, 즉 $2a_{n+1}=a_n+a_{n+2}$에서 수열 $\{a_n\}$은 등차수열이므로 첫째항을 a, 공차를 d라 하면

$a_2=8$에서 $a+d=8$ $\qquad\qquad \cdots\cdots$ ㉠

$a_{10}=24$에서 $a+9d=24$ $\qquad\qquad \cdots\cdots$ ㉡

㉠, ㉡을 연립하여 풀면 $a=6$, $d=2$

따라서 $a_n=6+(n-1)\times2=2n+4$이므로

$a_{40}=2\times40+4=84$

454

$a_{n+1}=\dfrac{a_n+a_{n+2}}{2}$, 즉 $2a_{n+1}=a_n+a_{n+2}$에서 수열 $\{a_n\}$은 등차수열이므로 첫째항을 a, 공차를 d라 하면

$a_2+a_{10}=18$에서 $(a+d)+(a+9d)=18$

$2a+10d=18$ $\quad\therefore a+5d=9$ $\qquad \cdots\cdots$ ㉠

$a_4=5a_2$에서 $a+3d=5(a+d)$

$4a+2d=0$ $\quad\therefore d=-2a$ $\qquad \cdots\cdots$ ㉡

㉠, ㉡을 연립하여 풀면 $a=-1$, $d=2$

$\therefore \displaystyle\sum_{k=1}^{10} a_k=\dfrac{10\{2\times(-1)+(10-1)\times2\}}{2}=80$

455

$S_{n+1}-S_{n-1}$

$=(a_1+a_2+a_3+\cdots+a_{n-1}+a_n+a_{n+1})$
$\qquad\qquad\qquad -(a_1+a_2+a_3+\cdots+a_{n-1})$

$=a_n+a_{n+1}$

이므로

$(S_{n+1}-S_{n-1})^2=4a_na_{n+1}+1$에서

$(a_n+a_{n+1})^2=4a_na_{n+1}+1$

$a_n{}^2-2a_na_{n+1}+a_{n+1}{}^2=1$ $\quad\therefore (a_n-a_{n+1})^2=1$

이때 $a_2<a_3<\cdots<a_n<\cdots$ 이므로 $a_n-a_{n+1}=-1$

$\therefore a_{n+1}-a_n=1$ $(n\geq2)$

따라서 수열 $\{a_n\}$은 둘째항이 4이고 공차가 1인 등차수열이므로

$a_{10}=4+1\times8=12$

456

$\dfrac{a_{n+1}}{a_n}=\dfrac{1}{2}$에서 $a_{n+1}=\dfrac{1}{2}a_n$이므로 수열 $\{a_n\}$은 공비가 $\dfrac{1}{2}$인 등비수열이다.

이때 첫째항이 32이므로

$a_n=32\times\left(\dfrac{1}{2}\right)^{n-1}=\left(\dfrac{1}{2}\right)^{-5}\times\left(\dfrac{1}{2}\right)^{n-1}=\left(\dfrac{1}{2}\right)^{n-6}$

$\therefore a_8=\left(\dfrac{1}{2}\right)^2=\dfrac{1}{4}$

457

$a_{n+1}{}^2=a_na_{n+2}$에서 수열 $\{a_n\}$은 등비수열이므로 공비를 r이라 하면

$a_1=3$, $a_2=9$이므로

$a_2=a_1r$에서 $9=3r$ $\quad\therefore r=3$

따라서 $a_n=3\times3^{n-1}=3^n$이므로

$\dfrac{a_8}{a_6}+\dfrac{a_9}{a_7}+\dfrac{a_{10}}{a_8}+\dfrac{a_{11}}{a_9}+\dfrac{a_{12}}{a_{10}}=\dfrac{3^8}{3^6}+\dfrac{3^9}{3^7}+\dfrac{3^{10}}{3^8}+\dfrac{3^{11}}{3^9}+\dfrac{3^{12}}{3^{10}}$

$=3^2+3^2+3^2+3^2+3^2$

$=5\times3^2=45$

458

$\log_5 a_{n+1}=\log_5 a_n+1$에서

$\log_5 a_{n+1}=\log_5 a_n+\log_5 5$

$\log_5 a_{n+1}=\log_5 5a_n$ $\quad\therefore a_{n+1}=5a_n$

즉, 수열 $\{a_n\}$은 공비가 5인 등비수열이다.

이때 첫째항이 1이므로 $a_n=1\times5^{n-1}=5^{n-1}$

$\therefore a_1\times a_2\times a_3\times\cdots\times a_{15}=1\times5^1\times5^2\times\cdots\times5^{14}$

$=5^{1+2+\cdots+14} \rightarrow \displaystyle\sum_{k=1}^{14}k$

$=5^{\frac{14\times15}{2}}=5^{105}$

$\therefore k=105$

459

이차방정식 $x_2-2a_{n+1}x+a_na_{n+2}=0$이 중근을 가지므로

이 이차방정식의 판별식을 D라 할 때,

$\dfrac{D}{4}=a_{n+1}{}^2-a_na_{n+2}=0$ $\quad\therefore a_{n+1}{}^2=a_na_{n+2}$

즉, 수열 $\{a_n\}$은 등비수열이므로 공비를 r이라 하면

조건 (가)에서 $a_1=\dfrac{3}{2}$, $a_2=3$이므로

$a_2=a_1r$, $3=\dfrac{3}{2}r$ $\quad\therefore r=2$

$\therefore a_n=\dfrac{3}{2}\times2^{n-1}$

$a_{n+1}{}^2=a_na_{n+2}$이므로 조건 (나)에서

$x^2-2a_{n+1}x+a_na_{n+2}=0$, $x^2-2a_{n+1}x+a_{n+1}{}^2=0$

$(x-a_{n+1})^2=0$ $\quad\therefore b_n=x=a_{n+1}$

$\therefore \displaystyle\sum_{k=1}^{10} b_k=\sum_{k=1}^{10} a_{k+1}=\sum_{k=1}^{10}\dfrac{3}{2}\times2^k=\dfrac{3}{2}\times\dfrac{2(2^{10}-1)}{2-1}=3069$

460

$a_{n+1}=a_n+3n-1$의 n에 1, 2, 3, $\cdots$, 9를 차례대로 대입한 후 변끼리 더하면

$$a_2=a_1+3\times1-1$$
$$a_3=a_2+3\times2-1$$
$$a_4=a_3+3\times3-1$$
$$\vdots$$
$$+\,)\ \ a_{10}=a_9+3\times9-1$$
$$a_{10}=a_1+\sum_{k=1}^{9}(3k-1)$$
$$=-2+3\times\frac{9\times10}{2}-1\times9$$
$$=124$$

461

$a_{n+1}=3^n a_n$의 n에 1, 2, 3, $\cdots$, $n-1$을 차례대로 대입한 후 변끼리 곱하면

$$a_2=3^1 a_1$$
$$a_3=3^2 a_2$$
$$a_4=3^3 a_3$$
$$\vdots$$
$$\times\,)\ \ a_n=3^{n-1}a_{n-1}$$
$$a_n=3^1\times3^2\times3^3\times\cdots\times3^{n-1}\times a_1$$
$$=3^{1+2+3+\cdots+(n-1)}\times1$$
$$=3^{\frac{n(n-1)}{2}}$$

$a_k=3^{55}$에서

$3^{\frac{k(k-1)}{2}}=3^{55}$이므로

$$\frac{k(k-1)}{2}=55,\ k^2-k-110=0$$
$$(k+10)(k-11)=0$$

$\therefore k=-10$ 또는 $k=11$

그런데 k는 자연수이므로 $k=11$

462

조건 (개)에서

$$\sum_{n=1}^{8}a_n=(a_1+a_5)+(a_2+a_6)+(a_3+a_7)+(a_4+a_8)$$
$$=15\times4=60$$

이때 $\sum\limits_{n=1}^{4}a_n=6$이므로

$$\sum_{n=5}^{8}a_n=\sum_{n=1}^{8}a_n-\sum_{k=1}^{4}a_n=60-6=54$$

조건 (나)에서

$$a_6=a_5+5$$
$$a_7=a_6+6=a_5+11$$
$$a_8=a_7+7=a_5+18$$

이므로

$$\sum_{n=5}^{8}a_n=a_5+a_6+a_7+a_8$$
$$=a_5+(a_5+5)+(a_5+11)+(a_5+18)$$
$$=4a_5+34$$

따라서 $4a_5+34=54$이므로 $4a_5=20$

$\therefore a_5=5$

463

$$a_{n+1}=\begin{cases}a_n+3n & (n\text{이 4의 배수가 아닌 경우})\leftarrow\text{㉠}\\ a_n-5 & (n\text{이 4의 배수인 경우})\quad\leftarrow\text{㉡}\end{cases}$$

의 n에 1, 2, 3, $\cdots$, 8을 차례대로 대입하면

$$a_2=a_1+3\times1=3+3=6$$
$$a_3=a_2+3\times2=6+6=12$$
$$a_4=a_3+3\times3=12+9=21$$
$$a_5=a_4-5=21-5=16$$
$$a_6=a_5+3\times5=16+15=31$$
$$a_7=a_6+3\times6=31+18=49$$
$$a_8=a_7+3\times7=49+21=70$$

$\therefore a_9=a_8-5=70-5=65$

$n=1, 2, 3$은 각각 4의 배수가 아니므로 ㉠에 대입한다.

$n=4$는 4의 배수이므로 ㉡에 대입한다.

$n=5, 6, 7$은 각각 4의 배수가 아니므로 ㉠에 대입한다.

$n=8$은 4의 배수이므로 ㉡에 대입한다.

464

$a_{n+1}=2a_n+1$의 n에 1, 2, 3, $\cdots$, 14를 차례대로 대입하면

$$a_2=2a_1+1=2+1$$
$$a_3=2a_2+1=2(2+1)+1=2^2+2+1$$
$$a_4=2a_3+1=2(2^2+2+1)+1=2^3+2^2+2+1$$
$$\vdots$$
$$a_{15}=2a_{14}+1=2^{14}+2^{13}+2^{12}+\cdots+2+1$$
$$=\frac{1\times(2^{15}-1)}{2-1}=2^{15}-1$$

$\therefore \log_2(a_{15}+1)=\log_2 2^{15}=15$

465

$a_{n+1}=2a_n+2^{n+1}$의 n에 1, 2, 3, $\cdots$, 15를 차례대로 대입하면

$$a_2=2a_1+2^2=2^2+2^2=2\times2^2$$
$$a_3=2a_2+2^3=2\times2\times2^2+2^3=3\times2^3$$
$$a_4=2a_3+2^4=2\times3\times2^3+2^4=4\times2^4$$
$$\vdots$$
$$a_{16}=2a_{15}+2^{16}=2\times15\times2^{15}+2^{16}=16\times2^{16}$$

$\therefore \log_2 a_{16}=\log_2(16\times2^{16})=\log_2 2^{20}=20$

466

$$a_{n+1}=\begin{cases} 2^{a_n+1} & (a_n\leq 0) \\ \log_2 a_n & (a_n>0) \end{cases}$$

의 n에 1, 2, 3, …을 차례대로 대입하면

$a_2=\log_2 a_1=\log_2 4=2$

$a_3=\log_2 a_2=\log_2 2=1$

$a_4=\log_2 a_3=\log_2 1=0$

$a_5=2^{a_4+1}=2^{0+1}=2$

$a_6=\log_2 a_5=\log_2 2=1$

$a_7=\log_2 a_6=\log_2 1=0$

$\vdots$

따라서 수열 $\{a_n\}$은 제2항부터 2, 1, 0이 이 순서대로 반복되고,

$100-1=3\times 33$이므로

$a_{100}=0$

467

$a_{n+2}=a_{n+1}-a_n$의 n에 1, 2, 3, …을 차례대로 대입하면

$a_3=a_2-a_1=3-2=1$

$a_4=a_3-a_2=1-3=-2$

$a_5=a_4-a_3=-2-1=-3$

$a_6=a_5-a_4=-3-(-2)=-1$

$a_7=a_6-a_5=-1-(-3)=2$

$a_8=a_7-a_6=2-(-1)=3$

$a_9=a_8-a_7=3-2=1$

$a_{10}=a_9-a_8=1-3=-2$

$a_{11}=a_{10}-a_9=-2-1=-3$

$a_{12}=a_{11}-a_{10}=-3-(-2)=-1$

$\vdots$

따라서 수열 $\{a_n\}$은 2, 3, 1, -2, -3, -1이 이 순서대로 반복되고,

$35=6\times 5+5$이므로

$$\sum_{k=1}^{35} a_k=\{2+3+1+(-2)+(-3)+(-1)\}\times 5$$
$$+2+3+1+(-2)+(-3)$$
$$=1$$

468

$a_{n+1}=(3a_n$을 7로 나누었을 때의 나머지$)$

의 n에 1, 2, 3, …을 차례대로 대입하면

a_2의 값은 $3a_1$, 즉 3을 7로 나누었을 때의 나머지이므로

$a_2=3$

a_3의 값은 $3a_2$, 즉 9를 7로 나누었을 때의 나머지이므로

$a_3=2$

a_4의 값은 $3a_3$, 즉 6을 7로 나누었을 때의 나머지이므로

$a_4=6$

a_5의 값은 $3a_4$, 즉 18을 7로 나누었을 때의 나머지이므로

$a_5=4$

a_6의 값은 $3a_5$, 즉 12를 7로 나누었을 때의 나머지이므로

$a_6=5$

a_7의 값은 $3a_6$, 즉 15를 7로 나누었을 때의 나머지이므로

$a_7=1$

$\vdots$

따라서 수열 $\{a_n\}$은 1, 3, 2, 6, 4, 5가 이 순서대로 반복되고,

$88=6\times 14+4$이므로

$a_{88}=6$

469

$a_{n+1}=2S_n+3$에서 $S_n=\dfrac{a_{n+1}-3}{2}$이므로

$S_{n-1}=\dfrac{a_n-3}{2}\ (n\geq 2)$

한편, $S_n-S_{n-1}=a_n\ (n=1, 2, 3, \cdots)$이므로

$S_n-S_{n-1}=\dfrac{a_{n+1}-3}{2}-\dfrac{a_n-3}{2}=\dfrac{a_{n+1}-a_n}{2}$에서

$a_n=\dfrac{a_{n+1}-a_n}{2},\ 2a_n=a_{n+1}-a_n$

$\therefore a_{n+1}=3a_n\ (n\geq 2)$

$a_{n+1}=2S_n+3$에서 양변에 $n=1$을 대입하면

$a_2=2S_1+3=2a_1+3=2\times 3+3=9$

따라서 수열 $\{a_n\}$은 첫째항이 3이고 공비가 3인 등비수열이므로

$a_n=3\times 3^{n-1}=3^n$ $\therefore a_6=3^6=729$

다른 풀이 $a_{n+1}=2S_n+3$

양변에 $n=1$을 대입하면

$a_2=2S_1+3=2a_1+3=2\times 3+3=9$

양변에 $n=2, 3, 4, 5$를 차례대로 대입하면

$a_3=2S_2+3=2(a_1+a_2)+3$
$\quad=2\times(3+9)+3=27$

$a_4=2S_3+3=2(a_1+a_2+a_3)+3$
$\quad=2\times(3+9+27)+3=81$

$a_5=2S_4+3=2(a_1+a_2+a_3+a_4)+3$
$\quad=2\times(3+9+27+81)+3=243$

$a_6=2S_5+3=2(a_1+a_2+a_3+a_4+a_5)+3$
$\quad=2\times(3+9+27+81+243)+3=729$

470

$a_{n+1}=1-4\times S_n$에서 $S_n=\dfrac{1-a_{n+1}}{4}$이므로

$S_{n-1}=\dfrac{1-a_n}{4}\ (n\geq 2)$

한편, $S_n-S_{n-1}=a_n\ (n=1, 2, 3 \cdots)$이므로

$S_n-S_{n-1}=\dfrac{1-a_{n+1}}{4}-\left(\dfrac{1-a_n}{4}\right)=\dfrac{-a_{n+1}+a_n}{4}$에서

$a_n=\dfrac{-a_{n+1}+a_n}{4},\ 4a_n=-a_{n+1}+a_n$

$\therefore a_{n+1}=-3a_n\ (n\geq 2)$

즉, 수열 $\{a_{n+1}\}$은 첫째항이 a_2이고 공비가 -3인 등비수열이다.

이때 $a_4=4$이므로

$a_4=a_2\times(-3)^2=4$에서 $a_2=\dfrac{4}{9}$

또, $S_1=\dfrac{1-a_2}{4}$이고 $a_1=S_1$이므로

$a_1=\dfrac{1}{4}-\dfrac{1}{4}\times\dfrac{4}{9}=\dfrac{5}{36}$

$a_6=a_4\times(-3)^2=4\times9=36$

$\therefore a_1\times a_6=\dfrac{5}{36}\times36=5$

471

$\dfrac{a_{n+1}}{a_n}=\dfrac{S_{n+1}}{S_n}$에서 $\dfrac{a_{n+1}}{a_n}=\dfrac{S_n+a_{n+1}}{S_n}$이므로

$S_na_{n+1}=a_nS_n+a_na_{n+1}$

$(S_n-a_n)a_{n+1}=a_nS_n$

$\therefore a_{n+1}=\dfrac{a_nS_n}{S_n-a_n}=\dfrac{a_nS_n}{S_{n-1}}\ (n\geq2)$

양변에 $n=2$를 대입하면

$a_3=\dfrac{a_2S_2}{S_1}=\dfrac{3\times(1+3)}{1}=12$

$a_4=\dfrac{a_3S_3}{S_2}=\dfrac{12\times(12+4)}{4}=48$

$\therefore a_5=\dfrac{a_4S_4}{S_3}$

$\qquad=\dfrac{48\times(48+16)}{16}=192$

472

n일 후 어항 속에 들어 있는 물의 양을 a_n L라 하면

$a_{n+1}=\dfrac{1}{2}a_n+10 \qquad\qquad \cdots\cdots \text{㉠}$

$a_1=\dfrac{1}{2}\times10+10$

㉠의 n에 1, 2, 3, $\cdots$을 차례대로 대입하면

$a_2=\dfrac{1}{2}a_1+10=\dfrac{1}{2}\left(\dfrac{1}{2}\times10+10\right)+10$

$\qquad=\left(\dfrac{1}{2}\right)^2\times10+\dfrac{1}{2}\times10+10$

$a_3=\dfrac{1}{2}a_2+10$

$\qquad=\dfrac{1}{2}\left\{\left(\dfrac{1}{2}\right)^2\times10+\dfrac{1}{2}\times10+10\right\}+10$

$\qquad=\left(\dfrac{1}{2}\right)^3\times10+\left(\dfrac{1}{2}\right)^2\times10+\dfrac{1}{2}\times10+10$

$\qquad\vdots$

$a_n=\left(\dfrac{1}{2}\right)^n\times10+\left(\dfrac{1}{2}\right)^{n-1}\times10+\cdots+\dfrac{1}{2}\times10+10$

$\qquad=10\times\dfrac{\left\{1-\left(\dfrac{1}{2}\right)^{n+1}\right\}}{1-\dfrac{1}{2}}=20\times\left\{1-\left(\dfrac{1}{2}\right)^{n+1}\right\}$

이때 $a_n\geq19$이므로 $20\left\{1-\left(\dfrac{1}{2}\right)^{n+1}\right\}\geq19$

$1-\left(\dfrac{1}{2}\right)^{n+1}\geq\dfrac{19}{20} \qquad \therefore \left(\dfrac{1}{2}\right)^{n+1}\leq\dfrac{1}{20}$

따라서 가능한 n의 최솟값은 4이므로 처음으로 물의 양이 19 L 이상이 되는 날은 오늘부터 4일 후이다.

473

n개의 직선에 의하여 분할된 평면에 직선 1개를 추가하면 평면 $(n+1)$개가 추가되므로

$a_{n+1}=a_n+(n+1) \qquad\qquad \cdots\cdots \text{㉠}$

이때 1개의 직선에 의하여 분할되는 평면의 개수는 2이므로

$a_1=2$

㉠의 n에 1, 2, 3, $\cdots$, 10을 차례대로 대입하면

$a_2=a_1+2$

$a_3=a_2+3=a_1+2+3$

$a_4=a_3+4=a_1+2+3+4$

$\qquad\vdots$

$\therefore a_{10}=a_9+10=a_1+2+3+4+\cdots+10$

$\qquad=2+\left(\dfrac{10\times11}{2}-1\right)$

$\qquad=56$

474

n회 시행 후 용기 B에 담긴 물의 양을 b_n L라 하면

$a_{n+1}=\dfrac{1}{2}a_n+\dfrac{1}{2}\left(\dfrac{1}{2}a_n+b_n\right)$

$\qquad=\dfrac{3}{4}a_n+\dfrac{1}{2}b_n \qquad\qquad \cdots\cdots \text{㉠}$

한편, $a_n+b_n=2$이므로

$b_n=2-a_n$을 ㉠에 대입하면

$a_{n+1}=\dfrac{3}{4}a_n+\dfrac{1}{2}(2-a_n)$

$\qquad=\dfrac{1}{4}a_n+1$

475

(ⅰ) $n=1$일 때,

$\qquad$(좌변)$=1+\dfrac{1}{1}=2$, (우변)$=1+1=2$

따라서 $n=1$일 때 ㉠이 성립한다.

(ⅱ) $n=k$일 때 ㉠이 성립한다고 가정하면

$\left(1+\dfrac{1}{1}\right)\left(1+\dfrac{1}{2}\right)\left(1+\dfrac{1}{3}\right)\times\cdots\times\left(1+\dfrac{1}{k}\right)=k+1$

위의 식의 양변에 $\boxed{1+\dfrac{1}{k+1}}$을 곱하면

$\left(1+\dfrac{1}{1}\right)\left(1+\dfrac{1}{2}\right)\left(1+\dfrac{1}{3}\right)\times\cdots\times\left(1+\dfrac{1}{k}\right)\times\left(\boxed{1+\dfrac{1}{k+1}}\right)$

$=(k+1)\times\left(\boxed{1+\dfrac{1}{k+1}}\right)$

$=(k+1)+1=\boxed{k+2}$

따라서 $n=k+1$일 때도 ㉠이 성립한다.

(ⅰ), (ⅱ)에 의하여 모든 자연수 n에 대하여 ㉠이 성립한다.

즉, $f(k)=1+\dfrac{1}{k+1}=\dfrac{k+2}{k+1}$, $g(k)=k+2$이므로

$f(3)\times g(2)=\dfrac{5}{4}\times4=5$

476

(i) $n=2$일 때, $2^3-2=6$은 3의 배수이다.

따라서 $n=2$일 때 n^3-n은 3의 배수이다.

(ii) $n=k$ $(k\geq2)$일 때 n^3-n이 3의 배수라 가정하면

$k^3-k=3m$ $(m$은 자연수$)$으로 놓을 수 있다.

이때 $n=k+1$이면

$$(k+1)^3-(k+1)=(k^3+3k^2+3k+1)-(k+1)$$
$$=k^3+\boxed{3k^2+2k}$$
$$=k^3-k+3k^2+3k$$
$$=3m+3(\boxed{k^2+k})$$
$$=3(m+\boxed{k^2+k})$$

따라서 $n=k+1$일 때도 n^3-n은 3의 배수이다.

(i), (ii)에 의하여 $n\geq2$인 모든 자연수 n에 대하여 n^3-n은 3의 배수이다.

$\therefore$ (가): $3k^2+2k$, (나): k^2+k

수학적 귀납법; 배수의 증명

$n\geq a$인 모든 자연수 n에 대하여 $f(n)$이 l의 배수임을 증명하려면 다음과 같은 순서로 한다.

(i) $f(a)$가 l의 배수임을 확인한다. (단, a는 자연수)

(ii) $n=k$일 때 $f(k)$가 l의 배수라 가정한다. (단, $k\geq a$)

(iii) $n=k+1$일 때 $f(k+1)=l(\blacksquare+\bullet)$ 꼴로 정리하여 $f(k+1)$도 l의 배수임을 보인다.

477

(i) $n=5$일 때,

(좌변)$=\boxed{32}$, (우변)$=25$

따라서 $n=5$일 때 ㉠이 성립한다.

(ii) $n=k$ $(k\geq5)$일 때 ㉠이 성립한다고 가정하면

$2^k>k^2$ $\qquad$ …… ㉡

㉡의 양변에 2를 곱하면 $2^{k+1}>2k^2$

이때

$2k^2-(k+1)^2=k^2-2k-1=(k-1)^2-2>0$

$\therefore$ $2^{k+1}>\boxed{(k+1)^2}$

따라서 $n=k+1$일 때도 ㉠이 성립한다.

(i), (ii)에 의하여 $n\geq5$인 모든 자연수 n에 대하여 ㉠이 성립한다.

$\therefore$ (가): 32, (나): $(k+1)^2$

478

(i) $n=2$일 때,

(좌변)$=1+\dfrac{1}{2}=\boxed{\dfrac{3}{2}}$, (우변)$=\dfrac{4}{2+1}=\dfrac{4}{3}$

따라서 $n=2$일 때 ㉠이 성립한다.

(ii) $n=k$ $(k\geq2)$일 때 ㉠이 성립한다고 가정하면

$1+\dfrac{1}{2}+\dfrac{1}{3}+\cdots+\dfrac{1}{k}>\dfrac{2k}{k+1}$ $\qquad$ …… ㉡

㉡의 양변에 $\boxed{\dfrac{1}{k+1}}$을 더하면

$1+\dfrac{1}{2}+\dfrac{1}{3}+\cdots+\dfrac{1}{k}+\boxed{\dfrac{1}{k+1}}>\dfrac{2k}{k+1}+\boxed{\dfrac{1}{k+1}}$

이때

$$\dfrac{2k+1}{k+1}-\dfrac{2k+2}{k+2}$$
$$=\dfrac{(2k+1)(k+2)-(2k+2)(k+1)}{(k+1)(k+2)}$$
$$=\dfrac{k}{(k+1)(k+2)}>0$$

이므로

$\dfrac{2k}{k+1}+\boxed{\dfrac{1}{k+1}}>\boxed{\dfrac{2k+2}{k+2}}$

$\therefore$ $1+\dfrac{1}{2}+\dfrac{1}{3}+\cdots+\dfrac{1}{k+1}+\boxed{\dfrac{1}{k+1}}>\boxed{\dfrac{2k+2}{k+2}}$

따라서 $n=k+1$일 때도 ㉠이 성립한다.

(i), (ii)에 의하여 $n\geq2$인 모든 자연수 n에 대하여 ㉠이 성립한다.

이때

$p=\dfrac{3}{2}$, $f(k)=\dfrac{1}{k+1}$, $g(k)=\dfrac{2k+2}{k+2}$이므로

$$\dfrac{6p}{f(4)+g(3)}=\dfrac{6\times\dfrac{3}{2}}{\dfrac{1}{4+1}+\dfrac{2\times3+2}{3+2}}$$
$$=\dfrac{9}{\dfrac{9}{5}}=5$$

 수학적 귀납법을 이용하여 명제를 증명할 때는 증명하는 과정의 앞뒤 관계를 파악하여 빈칸에 알맞은 식이나 값을 구한다. 위의 문제에서 $n=k+1$일 때 부등식이 성립함을 보이려면

좌변의 맨 마지막에 더해지는 식은 $\dfrac{1}{k+1}$이어야 하므로 ㉡의 양변에 $\dfrac{1}{k+1}$을 더해야 한다.

수학적 귀납법; 부등식의 증명

$n\geq a$ $(a$는 2 이상의 자연수$)$인 모든 자연수 n에 대하여 부등식이 성립함을 증명하려면 다음과 같은 순서로 한다.

(i) $n=a$일 때 부등식이 성립함을 확인한다.

(ii) $n=k$ $(k\geq a)$일 때 부등식이 성립한다고 가정한다.

(iii) $A>B$, $B>C$이면 $A>C$임을 이용하여 $n=k+1$일 때도 부등식이 성립함을 보인다.

 $\qquad$ ●119쪽

479 15 $\qquad$ **480** 2

481 (1) $a_n+a_{n+1}=(-1)^{n+1}$ (2) 2025 $\qquad$ **482** 풀이 참조

479

$a_{n+1}^2-2a_na_{n+1}+a_n^2=16$에서

$(a_{n+1}-a_n)^2=16$

이때 $a_n<a_{n+1}$이므로 $a_{n+1}-a_n>0$

$\therefore a_{n+1}-a_n=4$ ...... ㉮

즉, 수열 $\{a_n\}$은 공차가 4인 등차수열이다.

이때 첫째항이 -5이므로

$a_n=-5+(n-1)\times4=4n-9$ ...... ㉯

$a_k>50$에서 $4k-9>50$

$4k>59$ $\therefore k>\dfrac{59}{4}=14.75$

따라서 자연수 k의 최솟값은 15이다. ...... ㉰

채점 기준	배점 비율
㉮ 주어진 등식을 변형하여 a_n, a_{n+1} 사이의 관계식 구하기	40 %
㉯ 일반항 a_n 구하기	30 %
㉰ 주어진 부등식을 만족시키는 자연수 k의 최솟값 구하기	30 %

480

$a_{n+1}=\dfrac{n+2}{n}a_n$의 n에 1, 2, 3, $\cdots$, 19를 차례대로 대입한 후 변끼리 곱하면

$$a_2=\frac{3}{1}a_1$$

$$a_3=\frac{4}{2}a_2$$

$$a_4=\frac{5}{3}a_3$$

$$\vdots$$

$$a_{19}=\frac{20}{18}a_{18}$$

$$\times\ )\ a_{20}=\frac{21}{19}a_{19}$$

$$a_{20}=\frac{3}{1}\times\frac{4}{2}\times\frac{5}{3}\times\cdots\times\frac{20}{18}\times\frac{21}{19}\times a_1$$

$$=\frac{20\times21}{1\times2}\times a_1$$

$$=210a_1$$ ...... ㉮

즉, $210a_1=420$이므로

$a_1=2$ ...... ㉯

채점 기준	배점 비율
㉮ a_{20}을 a_1에 대한 식으로 나타내기	70 %
㉯ a_1의 값 구하기	30 %

481

(1) 조건 (나)에서 직선 P_nP_{n+1}의 기울기가 $(-1)^{n+1}$이므로

$$\frac{a_{n+1}^2-a_n^2}{a_{n+1}-a_n}=(-1)^{n+1}$$

$$\frac{(a_{n+1}+a_n)(a_{n+1}-a_n)}{a_{n+1}-a_n}=(-1)^{n+1}$$

$$\therefore a_n+a_{n+1}=(-1)^{n+1}$$ ...... ㉮

(2) 조건 (개)에서 점 P_1의 좌표가 $(0,0)$이므로 $a_1=0$

(1)에서 구한 식의 n에 1, 2, 3, $\cdots$을 차례대로 대입하면

$a_1+a_2=(-1)^2$에서

$a_2=1-a_1=1-0=1$

$a_2+a_3=(-1)^3$에서

$a_3=-1-a_2=-1-1=-2$

$a_3+a_4=(-1)^4$에서

$a_4=1-a_3=1-(-2)=3$

$$\vdots$$

$a_{n-1}+a_n=(-1)^n$에서

$a_n=(n-1)\times(-1)^n$ ...... ㉯

$\therefore a_{2026}=(2026-1)\times(-1)^{2026}$

$=2025$ ...... ㉰

	채점 기준	배점 비율
(1)	㉮ a_n과 a_{n+1} 사이의 관계식 구하기	40 %
(2)	㉯ 일반항 a_n 구하기	50 %
	㉰ 점 P_{2026}의 x좌표 구하기	10 %

두 점을 지나는 직선의 기울기

두 점 (x_1, y_1), (x_2, y_2) $(x_1\neq x_2)$를 지나는 직선의 기울기는 $\dfrac{y_1-y_2}{x_1-x_2}$이다.

482

(i) $n=1$일 때,

$$(\text{좌변})=1^3=1,\ (\text{우변})=\left(\frac{1\times2}{2}\right)^2=1$$

따라서 $n=1$일 때 주어진 등식이 성립한다. ...... ㉮

(ii) $n=k$일 때 주어진 등식이 성립한다고 가정하면

$$1^3+2^3+3^3+\cdots+k^3=\left\{\frac{k(k+1)}{2}\right\}^2$$

위의 식의 양변에 $(k+1)^3$을 더하면

$$1^3+2^3+3^3+\cdots+k^3+(k+1)^3$$

$$=\left\{\frac{k(k+1)}{2}\right\}^2+(k+1)^3$$

$$=(k+1)^2\left\{\left(\frac{k}{2}\right)^2+(k+1)\right\}$$

$$=\left\{\frac{(k+1)(k+2)}{2}\right\}^2$$

따라서 $n=k+1$일 때도 주어진 등식이 성립한다.

(i), (ii)에 의하여 모든 자연수 n에 대하여 주어진 등식이 성립한다. ...... ㉯

채점 기준	배점 비율
㉮ $n=1$일 때, 주어진 등식이 성립함을 증명하기	20 %
㉯ 수학적 귀납법을 이용하여 모든 자연수 n에 대하여 주어진 등식이 성립함을 증명하기	80 %

483 ②	**484** ④	**485** ④	**486** ②	**487** ④
488 ②	**489** 39	**490** ⑤	**491** ③	**492** ⑤

483

등차수열의 귀납적 정의

(전략) $2a_{n+1}=a_n+a_{n+2}$에서 수열 $\{a_n\}$은 등차수열임을 이용한다.

(풀이) $2a_{n+1}=a_n+a_{n+2}$에서 수열 $\{a_n\}$은 등차수열이므로
첫째항을 a, 공차를 d라 하면

$S_8=40$에서 $\dfrac{8(2a+7d)}{2}=40$

$\therefore 2a+7d=10$　　　　　$\cdots\cdots$ ㉠

$S_{15}=-30$에서 $\dfrac{15(2a+14d)}{2}=-30$

$\therefore a+7d=-2$　　　　　$\cdots\cdots$ ㉡

㉠, ㉡을 연립하여 풀면

$a=12,\ d=-2$

$\therefore S_{10}=\dfrac{10\{2\times12+9\times(-2)\}}{2}=30$

> **개념 보충**
>
> 첫째항이 a, 공차가 d인 등차수열의 첫째항부터 제 n 항까지의 합 S_n은
> $$S_n=\dfrac{n\{2a+(n-1)d\}}{2}$$

484

등비수열의 귀납적 정의

(전략) 수열 $\{a_n+b_n\}$과 수열 $\{a_n-b_n\}$의 일반항을 각각 구한다.

(풀이) $a_{n+1}=2a_n+b_n$　　　　　$\cdots\cdots$ ㉠

$b_{n+1}=a_n+2b_n$　　　　　$\cdots\cdots$ ㉡

㉠+㉡을 하면

$a_{n+1}+b_{n+1}=3(a_n+b_n)\ (n\geq1)$

이때 $a_1+b_1=2+1=3$이므로 수열 $\{a_n+b_n\}$은 첫째항이 3이고
공비가 3인 등비수열이다.

$\therefore a_n+b_n=3\times3^{n-1}=3^n$

㉠−㉡을 하면

$a_{n+1}-b_{n+1}=a_n-b_n\ (n\geq1)$

이때 $a_1-b_1=2-1=1$이므로 수열 $\{a_n-b_n\}$은 첫째항이 1이고
공비가 1인 등비수열이다.

$\therefore a_n-b_n=1$

두 식 $a_n+b_n=3^n$, $a_n-b_n=1$을 연립하여 풀면

$a_n=\dfrac{3^n+1}{2},\ b_n=\dfrac{3^n-1}{2}$

$\therefore a_{10}\times b_{10}=\left(\dfrac{3^{10}+1}{2}\right)\times\left(\dfrac{3^{10}-1}{2}\right)$

$\qquad\qquad\quad =\dfrac{3^{20}-1}{4}$

485

여러 가지 수열의 귀납적 정의

(전략) 수열 $\{a_n\}$을 수열 $\{a_{2n-1}\}$과 수열 $\{a_{2n}\}$으로 나누어 각각의 일반항을 구한다.

(풀이) $a_{n+1}=\begin{cases} \dfrac{a_n}{3} & (n\text{이 홀수인 경우}) \\ 3a_{n-1} & (n\text{이 짝수인 경우}) \end{cases}$

의 n에 1, 2, 3, $\cdots$, 10을 차례대로 대입하면

$a_2=\dfrac{a_1}{3}=\dfrac{1}{3}$

$a_3=3a_1=3\times1=3$

$a_4=\dfrac{a_3}{3}=\dfrac{3}{3}=1$

$a_5=3a_3=3\times3=3^2$

$a_6=\dfrac{a_5}{3}=\dfrac{3^2}{3}=3$

$\vdots$

즉, 수열 $\{a_{2n-1}\}$은 첫째항이 1이고 공비가 3인 등비수열이고, 수열
$\{a_{2n}\}$은 첫째항이 $\dfrac{1}{3}$이고 공비가 3인 등비수열이다.

$\therefore \displaystyle\sum_{k=1}^{10}a_k=\sum_{k=1}^{5}(a_{2k-1}+a_{2k})$

$\qquad\qquad =\dfrac{(3^5-1)}{3-1}+\dfrac{\dfrac{1}{3}(3^5-1)}{3-1}$

$\qquad\qquad =\dfrac{\left(1+\dfrac{1}{3}\right)(3^5-1)}{3-1}$

$\qquad\qquad =\dfrac{4}{3}\times121=\dfrac{484}{3}$

따라서 $p=3,\ q=484$이므로
$p+q=3+484=487$

486

여러 가지 수열의 귀납적 정의

(전략) $a_{n+1}=\dfrac{a_n}{1+a_n}$의 n에 1, 2, 3, $\cdots$을 차례대로 대입하여 각 항을 구한 후
규칙을 찾아 a_n을 구한다.

(풀이) $a_{n+1}=\dfrac{a_n}{1+a_n}$의 n에 1, 2, 3, $\cdots$을 차례대로 대입하면

$a_2=\dfrac{a_1}{1+a_1}=\dfrac{2}{1+2}=\dfrac{2}{3}$

$a_3=\dfrac{a_2}{1+a_2}=\dfrac{\dfrac{2}{3}}{1+\dfrac{2}{3}}=\dfrac{2}{5}$

$a_4=\dfrac{a_3}{1+a_3}=\dfrac{\dfrac{2}{5}}{1+\dfrac{2}{5}}=\dfrac{2}{7}$

$\vdots$

$\therefore a_n=\dfrac{2}{2n-1}$

$a_k=\dfrac{2}{47}$에서 $\dfrac{2}{2k-1}=\dfrac{2}{47}$이므로

$2k-1=47,\ 2k=48$

$\therefore k=24$

487

수가 반복되는 수열의 귀납적 정의

전략 $a_{n+1}=\begin{cases} a_n-3 & (a_n>0) \\ a_n{}^2 & (a_n\leq0) \end{cases}$ 의 n에 1, 2, 3, …을 차례대로 대입하여 반복

되는 수의 규칙을 찾는다.

풀이 $a_{n+1}=\begin{cases} a_n-3 & (a_n>0) \\ a_n{}^2 & (a_n\leq0) \end{cases}$ 의 n에 1, 2, 3, …을 차례대로 대입

하면

$a_2=a_1-3=1-3=-2$

$a_3=a_2{}^2=(-2)^2=4$

$a_4=a_3-3=4-3=1$

$\vdots$

즉, 수열 $\{a_n\}$은 1, -2, 4가 이 순서대로 반복된다.

이때 $\{1+(-2)+4\}\times6=18$이므로

$\displaystyle\sum_{k=1}^{18}a_k=18$

따라서 $m=19$일 때,

$\displaystyle\sum_{k=1}^{19}a_k=\sum_{k=1}^{18}a_k+a_{19}=18+1=19$이므로

구하는 자연수 m의 값은 19이다.

488

여러 가지 수열의 귀납적 정의

전략 $a_n>n$, $a_n\leq n$일 때, 주어진 식의 n에 1, 2, 3, …을 대입하여 각 항을 구하고 규칙을 찾는다.

풀이 $a_1=3$

$a_1>1$이므로 $a_2=a_1=3$

$a_2>2$이므로 $a_3=a_2=3$

$a_3\leq3$이므로 $a_4=4\times3-2-a_3=7$

$a_4>4$이므로 $a_5=a_4=7$

$a_5>5$이므로 $a_6=a_5=7$

$a_6>6$이므로 $a_7=a_6=7$

$a_7\leq7$이므로 $a_8=4\times7-2-a_7=19$

$a_8>8$이므로 $a_9=a_8=19$

$\vdots$

$a_{18}>18$이므로 $a_{19}=a_{18}=19$

$a_{19}\leq19$이므로 $a_{20}=4\times19-2-a_{19}=55$

따라서 $a_k>20$이 되도록 하는 자연수 k의 최솟값은 20이다.

489

여러 가지 수열의 귀납적 정의

전략 주어진 관계식을 정리한 후 관계식의 n에 1, 2, 3, …, 19를 차례대로 대입하여 변끼리 더한다.

풀이 주어진 관계식에서 $\dfrac{2n+1}{n(n+1)}=\dfrac{1}{n}+\dfrac{1}{n+1}$이므로

$a_{n+1}=a_n+(-1)^n\times\left(\dfrac{1}{n}+\dfrac{1}{n+1}\right)$

$\therefore a_{n+1}-a_n=(-1)^n\times\left(\dfrac{1}{n}+\dfrac{1}{n+1}\right)$ $\quad$ …… ㉠

㉠의 n에 1, 2, 3, …, 19를 차례대로 대입한 후 변끼리 더하면

$a_2-a_1=(-1)\times\left(1+\dfrac{1}{2}\right)=-1-\dfrac{1}{2}$

$a_3-a_2=(-1)^2\times\left(\dfrac{1}{2}+\dfrac{1}{3}\right)=\dfrac{1}{2}+\dfrac{1}{3}$

$a_4-a_3=(-1)^3\times\left(\dfrac{1}{3}+\dfrac{1}{4}\right)=-\dfrac{1}{3}-\dfrac{1}{4}$

$\vdots$

$+\,)\ \ a_{20}-a_{19}=(-1)^{19}\times\left(\dfrac{1}{19}+\dfrac{1}{20}\right)=-\dfrac{1}{19}-\dfrac{1}{20}$

$\overline{\qquad a_{20}-a_1=-1-\dfrac{1}{20}=-\dfrac{21}{20}\qquad}$

이때 $a_1=2$이므로

$a_{20}-2=-\dfrac{21}{20}$ $\quad\therefore a_{20}=\dfrac{19}{20}$

따라서 $p=20$, $q=19$이므로

$p+q=20+19=39$

490

수열의 귀납적 정의의 활용

전략 a_1, a_2, a_3의 값을 차례대로 구한 후 수열 $\{a_n\}$의 규칙을 찾는다.

풀이 물 90 g에 소금 10 g을 섞은 소금물의 농도가 a_1 %이므로

$a_1=\dfrac{10}{90+10}\times100=10$

이때 a_n %의 소금물 90 g에 소금 10 g을 섞은 소금물의 농도가 a_{n+1} %이므로

$a_{n+1}=\dfrac{90\times\dfrac{a_n}{100}+10}{100}\times100=\dfrac{9}{10}a_n+10$

이 식의 n에 1, 2, 3, 4를 차례대로 대입하면

$a_2=\dfrac{9}{10}a_1+10=\dfrac{9}{10}\times10+10=9+10$

$a_3=\dfrac{9}{10}a_2+10=\dfrac{9}{10}(9+10)+10=\dfrac{9^2}{10}+9+10$

$a_4=\dfrac{9}{10}a_3+10=\dfrac{9}{10}\left(\dfrac{9^2}{10}+9+10\right)+10$

$\quad=\dfrac{9^3}{10^2}+\dfrac{9^2}{10}+9+10$

$\therefore a_5=\dfrac{9}{10}a_4+10=\dfrac{9}{10}\left(\dfrac{9^3}{10^2}+\dfrac{9^2}{10}+9+10\right)$

$\quad=\dfrac{9^4}{10^3}+\dfrac{9^3}{10^2}+\dfrac{9^2}{10}+9+10$

$\quad=\dfrac{10\left\{1-\left(\dfrac{9}{10}\right)^5\right\}}{1-\dfrac{9}{10}}$

$\quad=100\left\{1-\left(\dfrac{9}{10}\right)^5\right\}$

따라서 $p=100$, $q=5$이므로

$p+q=100+5=105$

개념 보충

$(\text{소금물의 농도})=\dfrac{(\text{소금의 양})}{(\text{소금물의 양})}\times100$

491

수열의 합 S_n이 포함된 수열의 귀납적 정의

[전략] $(n+1)S_{n+1}-nS_n$을 구한다.

[풀이] ㉠에 의하여

$$nS_n=n+\sum_{k=1}^{n-1}S_k \ (n\geq 2) \qquad \cdots\cdots \ ㉡$$

㉠에서 ㉡을 빼서 정리하면

$$(n+1)S_{n+1}-nS_n=(n+1)-n+\sum_{k=1}^{n}S_k-\sum_{k=1}^{n-1}S_k$$
$$=1+S_n$$

에서 $(n+1)(S_{n+1}-S_n)=1$이므로

$$(\boxed{n+1})\times a_{n+1}=1 \ (n\geq 2)$$

$a_1=1=\dfrac{1}{1}$이고,

$2S_2=2+S_1=2+a_1$이므로

모든 자연수 n에 대하여 $na_n=\boxed{1}$, 즉 $\dfrac{1}{a_n}=n$

$$\therefore \sum_{k=1}^{10}\frac{1}{a_k}=\sum_{k=1}^{10}k=\frac{10\times 11}{2}=\boxed{55}$$

따라서 $f(n)=n+1$, $p=1$, $q=55$이므로

$$f(p+q)=f(1+55)=f(56)=56+1=57$$

492

수학적 귀납법

[전략] 수학적 귀납법을 이해하고 증명 과정을 완성한다.

[풀이] (i) $n=1$일 때,

(좌변)$=a_1$,

(우변)$=a_2-\boxed{\dfrac{1}{2}}=\left(1+\dfrac{1}{2}\right)-\dfrac{1}{2}=1=a_1$

이므로 (★)이 성립한다.

(ii) $n=m$일 때, (★)이 성립한다고 가정하면

$$a_1+2a_2+3a_3+\cdots+ma_m=\frac{m(m+1)}{4}(2a_{m+1}-1)$$

이다.

$n=m+1$일 때 (★)이 성립함을 보이자.

$$a_1+2a_2+3a_3+\cdots+ma_m+(m+1)a_{m+1}$$
$$=\frac{m(m+1)}{4}(2a_{m+1}-1)+(m+1)a_{m+1}$$
$$=(m+1)a_{m+1}\left(\boxed{\frac{m}{2}}+1\right)-\frac{m(m+1)}{4}$$
$$=\frac{(m+1)(m+2)}{2}a_{m+1}-\frac{m(m+1)}{4}$$
$$=\frac{(m+1)(m+2)}{2}\left(a_{m+2}-\boxed{\frac{1}{m+2}}\right)-\frac{m(m+1)}{4}$$
$$=\frac{(m+1)(m+2)}{4}(2a_{m+2}-1)$$

따라서 $n=m+1$일 때도 (★)이 성립한다.

(i), (ii)에 의하여 모든 자연수 n에 대하여

$$a_1+2a_2+3a_3+\cdots+na_n=\frac{n(n+1)}{4}(2a_{n+1}-1)$$

이 성립한다.

따라서 $p=\dfrac{1}{2}$, $f(m)=\dfrac{m}{2}$, $g(m)=\dfrac{1}{m+2}$이므로

$$p+\frac{f(5)}{g(3)}=\frac{1}{2}+\frac{\dfrac{5}{2}}{\dfrac{1}{5}}=13$$

493

여러 가지 수열의 귀납적 정의

[1단계] $a_{14}, a_{13}, a_{12}, a_{11}, a_{10}$의 값을 구한다.

2 이상 15 이하의 자연수 n에 대하여

$n\neq 4$, $n\neq 9$이면 $a_{n+1}=a_n+1$이므로

$a_{15}=1$에서 $a_{14}=0$, $a_{13}=-1$, $a_{12}=-2$, $a_{11}=-3$, $a_{10}=-4$

[2단계] $a_9>0$일 때와 $a_9\leq 0$일 때, a_1의 값을 구한다.

(i) $a_9>0$일 때,

$a_9-\sqrt{9}\times a_{\sqrt{9}}=a_{10}$에서 $a_9-3a_3=-4$

㉠ $a_4>0$일 때,

$a_5=a_4-\sqrt{4}\times a_{\sqrt{4}}=a_4-2a_2$

한편, $a_6=a_5+1$, $a_7=a_6+1$, $a_8=a_7+1$, $a_9=a_8+1$에서

$a_5=a_9-4=3a_3-8$이므로

$a_4=a_5+2a_2=2a_2+3a_3-8$

또, $a_4=a_3+1$, $a_3=a_2+1$이므로

$a_3=a_4-1$, $a_2=a_3-1=a_4-2$

즉, $a_4=2(a_4-2)+3(a_4-1)-8$에서

$a_4=\dfrac{15}{4}$, $a_3=\dfrac{11}{4}$, $a_2=\dfrac{7}{4}$

$a_9=3\times\dfrac{11}{4}-4=\dfrac{17}{4}>0$

$\therefore a_1=-a_2=-\dfrac{7}{4}$

㉡ $a_4\leq 0$일 때,

$a_5=a_4+1$, $a_4=a_3+1$이므로

$3a_3-8=a_3+2$에서 $a_3=5$

즉, $a_4=6$이므로 $a_4\leq 0$을 만족시키지 않는다.

(ii) $a_9\leq 0$일 때,

$a_9=a_{10}-1=-5$　　$\therefore a_5=a_9-4=-9$

㉠ $a_4>0$일 때,

$a_4-\sqrt{4}\times a_{\sqrt{4}}=a_5$에서 $a_4-2a_2=-9$

한편, $a_3=a_2+1$이므로 $a_4=a_3+1=a_2+2$

두 식을 연립하면 $a_2=11$, $a_4=13$

$\therefore a_1=-a_2=-11$

㉡ $a_4\leq 0$일 때,

$a_5=a_4+1$, $a_4=a_3+1$, $a_3=a_2+1$이므로 $a_5=a_2+3$

$a_2=a_5-3=-12$　　$\therefore a_1=-a_2=12$

(i), (ii)에서 모든 a_1의 값의 곱은

$$\left(-\frac{7}{4}\right) \times (-11) \times 12 = 231$$

494

수열의 귀납적 정의의 활용

（1단계）S_1의 값을 구한다.

두 점 P_1, P_2의 좌표는 각각 $(1, 0)$, $(0, 1)$이므로

삼각형 OP_1P_2의 넓이 $S_1 = \dfrac{1}{2} \times 1 \times 1 = \dfrac{1}{2}$

（2단계）$\overline{P_nP_{n+1}}$과 $\overline{P_{n+1}P_{n+2}}$ 사이의 관계식을 구하고, $\overline{P_nP_{n+1}}$을 n에 대한 식으로 나타낸다.

$\overline{P_1P_2} = \sqrt{(0-1)^2 + (1-0)^2} = \sqrt{2}$이고

점 P_{n+2}는 선분 P_nP_{n+1}을 $2 : n$으로 내분하는 점이므로

$\overline{P_nP_{n+1}} : \overline{P_{n+1}P_{n+2}} = (n+2) : n$

$\therefore \overline{P_{n+1}P_{n+2}} = \dfrac{n}{n+2} \times \overline{P_nP_{n+1}}$

이 식의 n에 $1, 2, 3, \cdots$을 차례대로 대입하면

$\overline{P_2P_3} = \dfrac{1}{3} \times \overline{P_1P_2} = \dfrac{1}{3} \times \sqrt{2} = \dfrac{2}{3 \times 2} \times \sqrt{2}$

$\overline{P_3P_4} = \dfrac{2}{4} \times \overline{P_2P_3} = \dfrac{2}{4} \times \dfrac{1}{3} \times \sqrt{2} = \dfrac{2}{4 \times 3} \times \sqrt{2}$

$\overline{P_4P_5} = \dfrac{3}{5} \times \overline{P_3P_4} = \dfrac{3}{5} \times \dfrac{2}{4} \times \dfrac{1}{3} \times \sqrt{2} = \dfrac{2}{5 \times 4} \times \sqrt{2}$

$\overline{P_5P_6} = \dfrac{4}{6} \times \overline{P_4P_5} = \dfrac{4}{6} \times \dfrac{3}{5} \times \dfrac{2}{4} \times \dfrac{1}{3} \times \sqrt{2} = \dfrac{2}{6 \times 5} \times \sqrt{2}$

$\therefore \overline{P_nP_{n+1}} = \dfrac{2\sqrt{2}}{n(n+1)}$

（3단계）S_n과 $\sum\limits_{k=1}^{10} S_k$의 값을 구한다.

이때 직선 P_1P_2의 기울기는 $\dfrac{0-1}{1-0}$이므로 직선 P_1P_2의 방정식은

$y = -x+1$, 즉 $x+y-1=0$이다.

삼각형 OP_nP_{n+1}의 높이는 원점 O와 직선 P_1P_2 사이의 거리와 같

으므로 $\dfrac{|0+0-1|}{\sqrt{1^2+1^2}} = \dfrac{1}{\sqrt{2}}$

$\therefore S_n = \dfrac{1}{2} \times \overline{P_nP_{n+1}} \times \dfrac{1}{\sqrt{2}}$

$\qquad = \dfrac{1}{2} \times \dfrac{2\sqrt{2}}{n(n+1)} \times \dfrac{1}{\sqrt{2}}$

$\qquad = \dfrac{1}{n(n+1)}$

$\therefore \sum\limits_{k=1}^{10} S_k = \sum\limits_{k=1}^{10} \dfrac{1}{k(k+1)}$

$\qquad = \sum\limits_{k=1}^{10} \left(\dfrac{1}{k} - \dfrac{1}{k+1}\right)$

$\qquad = \left(1 - \dfrac{1}{2}\right) + \left(\dfrac{1}{2} - \dfrac{1}{3}\right) + \cdots + \left(\dfrac{1}{10} - \dfrac{1}{11}\right)$

$\qquad = 1 - \dfrac{1}{11} = \dfrac{10}{11}$

따라서 $p = 11$, $q = 10$이므로

$p + q = 11 + 10 = 21$

개념 보충

좌표평면 위의 두 점 A, B에 대하여 선분 AB를 $m : n$ $(m > 0$, $n > 0)$으로 내분하는 점을 P라 하면

$$\overline{AB} : \overline{AP} = (m+n) : m, \ \text{즉} \ \overline{AP} = \dfrac{m}{m+n} \overline{AB}$$

실력 상승 문제집

파사쥬

대표 유형과 실전 문제로 내신과 수능을
동시에 대비하는 실력 상승 실전서

국어 국어, 문학, 독서
영어 기본영어, 유형구문, 유형독해, 20회 듣기모의고사,
25회 듣기 기본 모의고사
수학 수학Ⅰ, 수학Ⅱ, 확률과 통계, 미적분

수능 완성 문제집

수능 주도권

핵심 전략으로 수능의 기선을 제압하는
수능 완성 실전서

국어영역 문학, 독서, 언어와 매체, 화법과 작문
영어영역 독해편, 듣기편
수학영역 수학Ⅰ, 수학Ⅱ, 확률과 통계, 미적분

수능 기출 문제집

N기출

수능N 기출이 답이다!

국어영역 공통과목_문학,
공통과목_독서,
선택과목_화법과 작문,
선택과목_언어와 매체
영어영역 고난도 독해 LEVEL 1,
고난도 독해 LEVEL 2,
고난도 독해 LEVEL 3
수학영역 공통과목_수학Ⅰ+수학Ⅱ 3점 집중,
공통과목_수학Ⅰ+수학Ⅱ 4점 집중,
선택과목_확률과 통계 3점/4점 집중,
선택과목_미적분 3점/4점 집중,
선택과목_기하 3점/4점 집중

N기출 모의고사

수능의 답을 찾는 우수 문항 기출 모의고사

수학영역 공통과목_수학Ⅰ+수학Ⅱ
선택과목_확률과 통계,
선택과목_미적분

미래엔 교과서 연계 도서

미래엔 교과서 자습서

교과서 예습 복습과 학교 시험 대비까지
한 권으로 완성하는 자율학습서

[2022 개정]
국어 공통국어1, 공통국어2*
영어 공통영어1, 공통영어2
수학 공통수학1, 공통수학2,
기본수학1, 기본수학2
사회 통합사회1, 통합사회2*, 한국사1, 한국사2*
과학 통합과학1, 통합과학2
제2외국어 중국어, 일본어
한문 한문

*2025년 상반기 출간 예정

[2015 개정]
국어 문학, 독서, 언어와 매체, 화법과 작문,
실용 국어
수학 수학Ⅰ, 수학Ⅱ, 확률과 통계,
미적분, 기하
한문 한문Ⅰ

미래엔 교과서 평가 문제집

학교 시험에서 자신 있게
1등급의 문을 여는 실전 유형서

[2022 개정]
국어 공통국어1, 공통국어2*
사회 통합사회1, 통합사회2*, 한국사1, 한국사2*
과학 통합과학1, 통합과학2

*2025년 상반기 출간 예정

[2015 개정]
국어 문학, 독서, 언어와 매체